식품가공저장학

박명수　박헌국　방병호　조갑연
조효현　최부돌　강창수　공 저

도서출판 **진 로**

머 리 말

식품은 생산되는 시기가 일정하게 정해져 있는 경우가 많다. 따라서 식품을 신선하게 보관하기 위한 저장 방법과 부패 또는 변질이 일어나지 않도록 하기 위한 가공 방법에 대하여 많은 연구가 진행되어 왔다.

처음에는 과학적인 근거가 없이 단순히 경험에 의존하여 저장성을 높이기 위해서 가공을 시행해 왔으나 17세기 무렵부터 가공원리가 과학적으로 규명되기 시작하면서 저장 및 가공 기술이 비약적으로 발전하게 되었다. 이와 같이 저장 및 가공기술이 발달함에 따라서 과거에는 볼 수 없었던 다양한 종류의 식품들이 생산되어 유통되고 있으며 소비자들은 이들 식품을 어디에서나 쉽게 구입할 수 있게 되었다. 그러나 이들 식품에 대한 올바른 지식을 갖추지 못한 소비자들은 단지 포장의 화려함이나 선전 등에 현혹되어 식품을 잘못 선택하게 됨으로써 고혈압, 고지혈증, 당뇨, 비만 등과 같은 성인병이 급격히 증가되고 있는 추세이다. 이러한 성인병은 일단 발병하면 완치가 거의 불가능하며 예방이 최선의 방법이라고 알려져 있기 때문에 식품에 대한 올바른 지식이 절대적으로 필요하다고 하겠다. 즉, 자신이 선택한 식품이 어떻게 저장된 것인지 또는 어떻게 가공 처리된 것인지에 대한 지식을 갖추어야 하며 그 지식에 따라서 올바르게 식품을 선택하고 소비하여야만 한다.

이 책은 식품영양학과, 식품조리학과, 식품과학과, 식품공학과, 식품가공학과, 농화학과 등과 같은 식품관련학과의 학생들을 대상으로 한 교과서 또는 참고서로 사용될 수 있도록 제작되었다. 이 책에서는 식품을 공부하는 학생들이 기초적으로 알아야만 하는 각종 식재료의 저장 원리와 저장 방법, 가공에 대한 기초적 이론과 가공 방법 등에 관한 내용을 이해하기 쉽도록 정리하였다. 제한된 지면에 식품의 저장과 가공에 대하여 많은 내용을 다루려다 보니 내용이 다소 미흡한 부분이 없지 않으나 지속적으로 수정과 보완을 통하여 더욱 알찬 교재가 되도록 최선의 노력을 하겠다.

끝으로 이 책의 출판을 위하여 많은 도움을 주신 도서출판 진로 사장님과 직원 여러분들의 노고에 깊이 감사를 드린다.

2011년 7월

저 자

차 례

제 1 장

식품가공 및 저장이란

현대의 식품가공 및 저장의 개념이 시작된 것은 19세기 초 니콜라스 아페르트(Nicolas Appert)가 음식물을 밀폐된 용기에 넣고 가열함으로서 음식물을 보존할 수 있음을 밝힌데 기인하며, 초기 통조림 제조과정을 아페르트법(appertization)이라 하여 오래전부터 음식물의 보관에 널리 사용되어 왔다. 그 후 루이 파스퇴르(Louis Pasteur)는 프랑스의 중요한 특산물인 포도주의 산패 방지법으로 50℃로 열처리하여 유산균을 죽이면 산패를 방지할 수 있다는 것을 실험으로 증명하여 미생물과 식품 부패와의 관계를 밝혔다. 이와 같은 과학적인 근거를 통해 마침내 식품을 장기 보관하는 식품 저장 및 가공 기술의 개발이 가능하게 되어 오늘날에 이르렀다.

식품가공(食品加工, food processing) 이란 농·축·수산물을 원료로 하여 식품을 생산하는 일이고, 식품저장(食品貯藏, food preservation) 이란 식품의 변질을 방지하기 위하여 과학기술의 원리를 응용하는 여러 가지 수단이라 할 수 있다. 그러나 가공과 저장 사이의 명확한 구별이 있는 것은 아니다. 저장을 목적으로 한 처리에 의해 식품의 품질이 향상되고 그 결과로 원재료와는 다른 가공식품이 되는 경우도 있다. 우유를 발효시킨 치즈가 대표적인 예이다. 그리고 배추김치처럼 그 반대로 필요에 따라 가공한 결과 저장성이 향상되는 경우도 있다. 이와 같이 식품의 가공과 저장이 서로 대응하면서 발전해 왔다. 즉, 식품가공 및 저장이라 함은 원재료에 이화학적 또는 생물학적 변화를 일으켜 오래 보존할 수 있거나 이용 가치를 향상시키는 조작을 의미한다.

1. 식품가공 및 저장의 목적

식품은 인간이 생명유지를 위해 필요로 하는 영양소와 감성의 기능을 만족시키고 건강하며 장수할 수 있도록 하는 생리활성을 가진 물질이다. 이런 식품은 시간이 경과함에 따라 품질이 저하되어 일정 시간이 경과되면 소비할 수 없는 상태에 이르게 된다. 식품가공 및 저장의 의의를 바르게 이해하기 위해서는 우선 식품원료와 식품의 생산에서 소비자의 식탁에 이르기까지 일련의 유통의 전 과정을 이해할 필요가 있다. 이러한 과정을 거치는 동안 식품은 원료 그 자체가 지니고 있는 기본적인 특성뿐만 아니라 각 단계에서 어떠한 환경과 가공 공정을 거쳤느냐에 따라 그 품질이 변화되는 정도는 달라진다. 일반적인 품질의 저하 요인은 표 1-1에서와 같이 기계적 요인, 물리적 요인, 화학반응의 요인, 효소 및 미생물의 요인 등으로 나눌 수 있다. 이러한 품질 저하의 요인 및 성질에 대하여 잘 이해한다면 보다 적합한 식품의 가공 및 저장 기술을 적용할 수 있을 것이다.

표 1-1 품질 저하의 주된 요인과 현상

<table>
<tr><th colspan="2">품질저하 요인</th><th>품질저하 현상</th><th>품질저하 요인</th><th>품질저하 현상</th></tr>
<tr><td rowspan="3">생물학적 요인</td><td>미생물</td><td>미생물 증식
독소 생성
이취 발달</td><td rowspan="2">물리적 요인</td><td rowspan="2">상의 변화
향미 손실
용질 및 물분자의 이송
결정화 및 재결정화
수축 및 붕괴</td></tr>
<tr><td>효소</td><td>효소적 갈변
이취 발달</td></tr>
<tr><td>화학반응</td><td>악취
영양소 손실
산화 및 환원
비효소적 갈변</td><td>기계적 요인</td><td>압력에 의한 포장 손상
진동에 의한 상처
파손</td></tr>
</table>

식품저장의 주된 목적은 식품변화의 요인 중의 하나인 미생물에 의한 영향을 최소화시키는 것으로 식품에 대한 미생물의 영향은 미생물의 증식억제, 불활성화 및 2차 오염 방지 등이 있다. 주요 식품저장 기술은 표 1-2와 같다.

표 1-2 주요 식품저장 기술

	저 장 방 법
억제 (inhibition)	저온저장, 수분활성도 감소, 산소제거, 기체제거, 화학적 변형, 구조적 변형, 상전이(phase transition), 이산화탄소 농도 증가, 냉동, 표면코팅, 보존제 첨가, 산성화
불활성화 (inactivation)	조리, 조사(irradiation), 전류, 고온살균, 저온살균, 고압처리, 튀기기, 블랜칭
2차 오염 방지 (Recontamination)	무균가공, 위생적 가공, 위생적 저장, 포장

식품의 가공은 각종 식량자원, 식품소재, 식품재료를 사용하여 업무용 또는 가정에서 조리 목적 그대로 식용에 공급되는 것을 만드는 것이다. 따라서 식품가공은 조리적인 것과 공장 규모적 처리공정을 모두 포함한다. 식품을 가공함으로 다음과 같은 효과를 기대할 수 있다.

① 소화흡수가 용이해져 영양 가치를 높인다.
② 적당한 가공처리로 저장성, 운반성, 유통성이 향상된다.
③ 식품의 부재료는 가공을 통해 새로운 자원(동물의 사료 등)으로 이용된다.
④ 원재료의 맛뿐만 아니라 새로운 맛이 생겨 기호성을 높인다.
⑤ 미생물과 효소 등을 조절하기 때문에 위생적으로 안전을 보장받을 수 있다.
⑥ 한 식품에 다른 식품을 혼합 가공함으로써 영양소의 균형을 조절할 수 있으며, 부족한 성분의 강화가 가능함으로 식품의 영양특성을 향상시킬 수 있다.
⑦ 부가가치가 낮은 1차 산물을 가공하여 부가가치가 높은 제품을 생산함으로써 경제적인 이득을 취할 수 있다.
⑧ 기타 조리의 노력을 줄이며, 외관을 좋게 하고, 또한 식품의 가격의 변동(가격 하락 등)을 방지한다.

2. 식품가공 및 저장의 종류

식품가공의 원료인 농축수산물의 종류가 많은 것과 같이 식품가공의 종류도 다양하다. 더욱이 근래에 가공설비와 기술이 발달함에 따라 그 수는 점점 더 많아지고 있다. 따라서 식품가공의 범위도 대단히 넓다. 식품가공은 제조원리 및 기타의 분야에서 아직 뚜렷한 체계가 서 있지 않아 분류하기가 어려우나 주된 방법은 가공 수단, 용도, 가공원료에 따라 주로 분류할 수 있다(표 1-3, 표 1-4, 표 1-5).

표 1-3 식품의 가공 수단에 따른 분류

가공법	가공 내용	가공 식품
물리적 가공 (기계적 가공)	원료가 물리적, 기계적 변화를 받아 가공식품으로 된 것(도정, 분쇄, 압편, 마쇄, 건조, 농축, 훈연, 유화)	연유, 젓갈류, 잼, 마요네즈, 백미, 소맥분, 면류, 압면, 건분, 식용유 등
화학적 가공	원료의 화학적 변화를 일으켜 가공식품을 만든 것(가수분해, 효소처리, 중화, 산화, 환원, 합성, 표백 등)	두부, 치즈, 어간장, 아미노산, 맥아엿, 포도당 등
미생물학적 가공	미생물 또는 효소의 작용으로 가공식품을 만든 것(곰팡이, 효모, 세균의 이용)	식초, 청국장, 된장, 청주, 간장, 유산균음료, 감주, 맥주, 포도주, 치즈, 빵 등

표 1-4 용도에 의한 분류

주식품	쌀, 빵, 소맥류, 정맥, 면류 등
부식품	두부, 김치, 채소, 곤약, 어패류의 보일드 또는 조미한 통조림, 냉동식품, 햄, 소시지 등
조미료	된장, 간장, 케찹, 소스, 화학조미료 등
기호품	주스, 차류, 주류 등

표 1-5 가공하는 원료의 종류에 따른 분류

구 분		원 료	식 품 의 예
동물성	축산가공	육 류 유 류 난 류	햄, 소시지, 베이컨, 훈연제품 등 우유, 분유, 버터, 치즈, 연유, 유산균음료 등 난분(卵粉), 마요네즈 등
	수산가공	어패류	멸치, 젓갈류, 어묵, 건어물, 훈연제품 등
식물성	농산가공	곡 류 서 류 두 류 과일류 채소류 종실류 기 타	국수, 밀가루, 쌀, 마카로니, 빵 등 당면, 전분, 물엿 등 된장, 청국장, 간장, 두부, 콩나물, 콩기름 등 주스, 젤리, 과일주, 잼, 젤리, 과일통조림 등 김치, 단무지, 장아치류, 건조채소 등 참기름, 들기름, 채종유 등 녹차, 홍차, 설탕, 커피, 코코아 등
	임산가공	버섯류 죽 순	송이버섯, 표고버섯, 느타리버섯 등 죽순통조림 등
	수산가공	해조류	미역, 김, 다시마, 한천 등

3. 식품가공 및 저장 기술의 발달과 전망

17세기 이전까지만 해도 과학적인 근거 없이 단순히 저장성을 높이기 위한 가공기술로 건조, 굽기, 찌기, 훈연, 염장, 당장, 저온저장, 발효 등이 개발되어 왔다. 17세기 무렵부터 화학 및 공학이론을 통하여 식품가공원리를 과학적으로 규명하기 시작하였으며 19세기 후반에는 식품가공의 이론이 과학적으로 증명, 정리되면서 새로운 가공기술이 대부분의 식품산업에 응용되게 되었다. 특히 식품가공기술은 제 1, 2차 세계대전을 통하여 급속히 발전하였는데 그것은 전쟁 중에 조리하지 않고 간단하게 먹을 수 있는 군인들의 전투식량을 만들어야 했기 때문이다. 현재는 새로운 식품소재의 합성 및 개발, 유전공학 기술의 이용, 식품의 품질 유지 방법 개발, 식품의 포장 및 유통방법 개발, 자동화시스템의 개발 등을 비롯한 다양한 가공, 저장기술의 개발로 새로운 식품이 만들어지고 있다.

미래에는 변비 방지 식품, 미(美)를 추구하는 식품, 치매 방지 식품, 활력 및 정력 유지 식품, 항암성 식품, 지능지수 향상 식품, 유아 및 임산부용 식품, 특수환자용 식품, 레저 및 스포츠 식품, 우주식품 등을 비롯한 특수목적 식품의 개발이 주목받을 것으로 판단된다(표 1-6). 또한 DIY(Do it yourself)식품의 개발이 활발할 것으로 생각되는데 이것은 모든 식품을 스스로가 원하는 대로 만들어 먹는다는 의미를 가지고 있다. 과거에는 완제품만을 구입하여 조리하였으나 요구르트 제조기, 콩나물 재배기, 청국장 제조기, 상추 재배기, 참기름 제조기, 두부 제조기, 맥주 제조기 등 가공기기의 사용으로 필요한 식품을 가정에서 직접 만들어 먹을 수 있게 될 것으로 기대되는 바이다.

표 1-6 주요 식품저장 기술

가치성	식 품
간편성	조리식품, 냉동 조리식품, 출장 요리식품, 배달식품, 간편 편의식품, 외식 패스트푸드, 파티 배달식품 등
건강성	유기농산물, 건강식품, 미용식품, 기능성식품, 자연식품, 특수용도식품 등
특수성	전투식품, 원양어선 선원식품, 레저식품, 우주식품, 산악 등산용식품, 병약자식품, 체중조절 다이어트식품, IQ식품, 유아식품, 노약자식품, 여성용 식품 등

제2장

식품가공 및 저장과 관련 있는 요인

식품을 가공하고 저장하는 과정에서 식품의 성분은 수분, 미생물, 효소, 산소, pH, 온도, 빛 등의 영향을 받아 여러 가지 변화가 일어난다. 식품의 품질 저하는 이들 요인들이 단독으로 작용하기 보다는 이들의 복합적인 작용에 의해 크게 영향을 받아 작용하는 현상이다. 이러한 변화 중에서 식품의 질을 변화시키는 바람직하지 못한 경우도 많다.

표 2-1 동·식물 조직의 유통기한

원 료	21℃에서의 유통기한(days)
육 류	1~2일
어 류	1~2일
가금류	1~2일
건조, 염, 훈연된 육류 및 어류	1년 이상
과 실	1~7일
건조과실	1년 이상
엽채류(상추, 시금치 등)	1~2일
뿌리작물(무순, 당근, 참마 등)	7~20일
건조 종자(곡류)	1년 이상

일반적으로 천연의 상태로는 상온에서 동·식물 조직의 유통기한은 표 2-1에 나타내었듯이 매우 짧고 쉽게 변화될 수밖에 없는 특징을 갖고 있다. 그러므로 이 영향인자들의 특성과 이들이 식품에 미치는 영향을 잘 이해하여 가공 및 저장에 적절히 활용하도록 해야겠다.

1. 수분

1) 결합수와 자유수

식품 중에 존재하는 물은 식품의 조직 성분과 단단히 결합하고 있는 결합수(bound water)와 결합되지 않고 자유로이 존재하는 자유수(free water)가 있다. 결합수는 조직 구성 물질과 결합되어 있는 수화수가 주된 것이지만 식품의 겔 중에 흡입되어 있는 물, 고체 표면에 흡착되어 있는 물도 있다. 결합수는 식품의 고분자 물질의 구조 유지에 관계하는 물로서 동결되지도 증발되지도 않으며 다른 용질의 용매로서도 이용되지 않으며 미생물의 번식에도 이용되지 않는 물이다.

한편 식품 조직 중에 기계적으로 들어있는 자유수는 수용성 물질의 용매로 이용되고 식품이 놓여 있는 환경에 따라 방습 또는 흡습하는 변동적인 물로서 미생물의 번식과 화학반응에도 이용된다.

일반적으로 잘 건조되어 수분 함량이 13% 정도인 식품은 세균과 곰팡이의 생육이 불가능하므로 그 건조 상태를 그대로 유지하면 저장성이 좋다. 그러나 동일한 수분 함량을 가진 식품이라도 식품의 종류에 따라 물이 각 식품의 성분들과 결합하는 강도가 다르므로 식품의 저장성을 단순히 수분 함량이 많고 적음을 가지고 만 말할 수는 없다. 즉 같은 수분 함량을 갖고 있는 식품이라도 결합수가 많은 식품은 미생물이 번식하기 어렵고 화학적 변화도 느려 저장성이 좋으나 자유수가 많은 식품은 미생물의 번식이 쉽고 화학적 변화도 받기 쉬워 저장성이 나쁘다.

결합수와 자유수의 성질을 요약하면 표 2-2와 같다.

표 2-2 결합수와 자유수의 성질

종 류	성 질
결합수	· 용매로 작용할 수 없다. · 미생물 생육에 이용될 수 없다. · 효소작용에 이용될 수 없다. · 대기압 하에서 0℃ 이하에서 얼지 않는 물이다. · 대기압 하에서 100℃ 이상 가열하거나 건조해도 제거되지 않는다. · 밀도가 높고 증기압이 낮다.
자유수	· 용매로 작용할 수 있다. · 미생물의 생육에 이용된다. · 효소작용에 이용된다. · 대기압 하에서 0℃ 이하에서 어는 물이다 · 대기압 하에서 100℃ 이상 가열하거나 건조하면 쉽게 제거된다.

2) 수분활성도

액체 상태의 수분은 모든 유기체의 생존에 필수적이다. 살아있는 유기체의 세포는 75% 이상의 수분을 포함하고 있으며 이는 세포의 활성 유지에 필수적이다. 물이 없다면 미생물을 포함한 모든 유기체들은 대개 15% 정도의 매우 적은 양의 수분만을 갖고 있어서 활발한 대사를 수행하지 못한다. 한편, 식품 속에 물이 들어있다고 해서 그 물이 모두 미생물의 성장에 이용될 수 있는 것이 아니다. 물이 다른 성분들과 결합되어 있는 경우 미생물은 세포막을 통해 수분을 흡수하지 못하게 된다. 수분이 미생물 성장에 이용될 수 없는 경우는 다음과 같다.

- 당이나 염분 같은 용질을 포함하고 있는 물.
- 얼음으로 결정화된 물.
- 물이 결정화 또는 수화(hydration)된 상태로 존재하는 물.
- 표면에 흡수된 채로 존재하는 물(matrix effect).

예를 들어 모래와 소금, 한천을 각각 1 L의 물이 들어 있는 서로 다른 비커에 넣고 비커를 얼렸다고 생각해 보자. 이 경우 비커에 들어 있던 수분의 이용 가능성에 어떤 변화가 있을까. 그 답은(그림 2-1)에 나타나 있다.

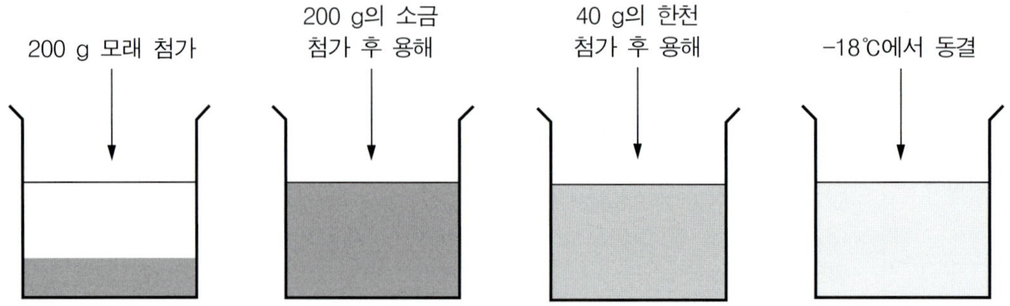

모래는 물에 용해되지도 않고 물이 표면으로 흡수되지도 않으므로 미생물의 성장에 이용할 수 있는 물의 양에는 변화가 없다.

소금은 용해되어 삼투압을 증가시켜 대부분의 미생물들이 이런 농도에서는 물의 이용을 할 수 없다.

한천은 친수성의 콜로이드를 형성하는 과정에서 물을 흡수한다. 이 농도(4%)에서는 많은 미생물이 물을 이용할 수 없다.

동결 시에는 얼음 결정이 생성된다. 물은 액체 상태에서 흡수가 가능하므로 어떠한 미생물도 자라지 못한다.

[그림 2-1] 다양한 물질의 첨가가 미생물 성장에 사용되는 물의 이용성에 미치는 영향

앞의 예에서 미생물의 성장에 이용 가능한 물의 양을 설명하는데 수분활성도(water activity, Aw)의 개념을 이용할 수 있다. 다시 말해 수분활성도란 식품 또는 다른 원재료 중에 존재하는 미생물의 성장에 필요한 이용 가능한 수분의 함량을 말한다.

$$\text{수분활성도} = \frac{\text{물질 또는 용액의 수증기압}}{\text{같은 온도의 물의 수증기압}}$$

수증기압의 단위는 mmHg이고 온도에 따라 변화한다(온도 의존적). 0℃ 순수 한 물의 수증기압은 4.579 mmHg이나 25℃가 되면 23.8 mmHg로 증가한다. 그림 2-2에 수증기압과 수분활성도의 관계가 나타나 있다.

식품 중의 설탕의 농도가 증가하면 할수록 수증기압은 더욱 낮아진다. 용액의 농도가 진해질수록 수증기압이 감소하게 되고 이에 따라 수분활성도 역시 감소하게 된다. 물이 표면에 흡수되거나 얼음 결정을 형성하는 경우에도 역시 수증기압이 낮아지게 되며 수분활성도가 감소한다. 물질이 완전히 건조된 경우 수증기압을 나타낼 만한 물 분자가 존재하지 않게 되므로 수분활성도는 '0'이 된다. 순수한 물의 수분활성도는 1.0~0사이 값을 가진다.

순수한 0℃의 물

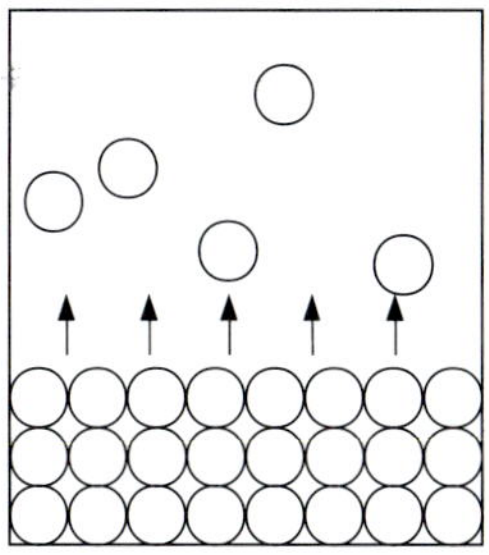

충분한 에너지를 가지고 있다면 물 분자는 액체의 표면을 떠나게 되고, 궁극적으로는 용기 안의 대기는 수증기로 포화되게 된다. 이 용기 내부의 압력이 곧 수증기압에 해당한다.

순수한 물의 수분 활성도 1.0

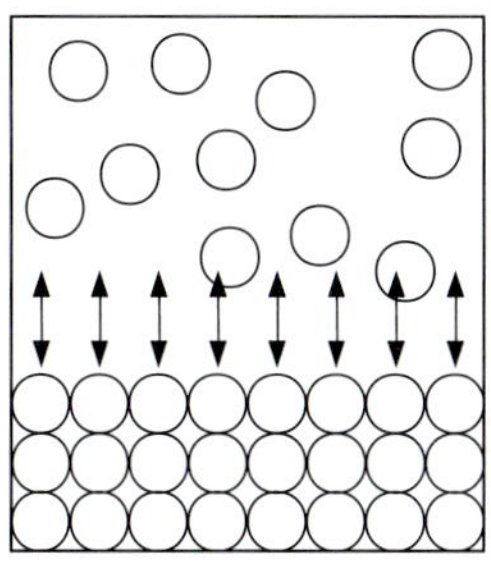

순수한 물의 수분활성도는 1.0으로, 액체의 표면을 떠나는 물 분자의 수와 들어오는 물 분자의 숫자가 같을 경우를 일컬어 평형상태에 도달했다고 말한다. 수증기압의 크기는 4.579 mmHg이고, 용기 내부의 평형상대습도는 100%이다.

0℃, 10%의 설탕 용액을 넣는다.

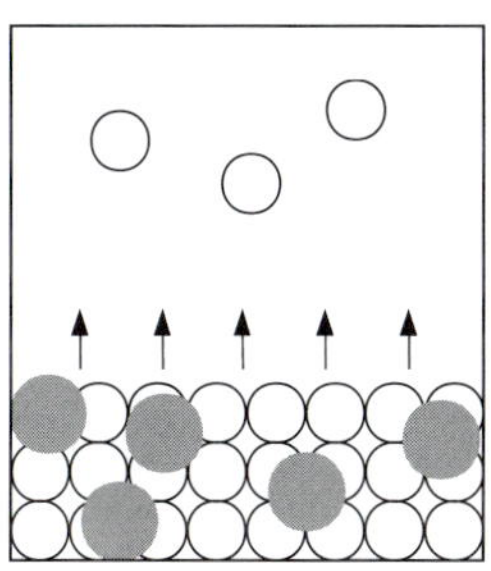

설탕과 같은 비휘발성 용질이 첨가되었을 경우 액체 표면을 빠져 나갈 수 있는 물 분자의 수는 적어져서 용기 내부의 수증기압은 감소한다.

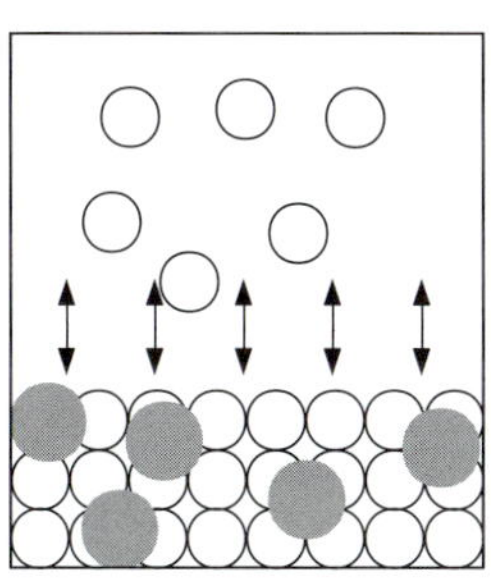

평형상태에 도달 했을 때의 수증기압의 크기는 4.551 mmHg로 감소하고, 평형상대습도는 100% 보다 낮아진다(99.4%).

$$Aw = \frac{4.551}{4.579} = 0.994$$

[그림 2-2] 수증기압과 수분활성도와의 관계

라울의 법칙에 따르면 :

$$Aw = \frac{N}{N + n}$$

여기에서 n은 용질의 몰수, N은 용매(물)의 몰수를 의미한다.
이 식을 변형하면,

$$Aw = \frac{\frac{W}{m}}{\frac{W}{m} + \frac{w}{M}}$$

여기에서 W는 용매의 무게, w는 용질의 무게, m은 용매의 몰질량(분자량), M은 용질의 분자량.

이 공식이 사용될 수 있는 예를 들면 다음과 같다.
100 mL 중에 5 g의 설탕이 녹아 있는 용액의 수분활성도는 얼마인가?

물과 설탕의 분자량은 각각 18과 342 이다.

$$Aw = \frac{\frac{100}{18}}{\frac{5}{342} + \frac{100}{18}}$$

$$Aw = \frac{5.56}{0.0146 + 5.56}$$

$$Aw = 0.997$$

[그림 2-3] 라울의 법칙(Raoult's law)과 수분활성도의 계산 방법

비록 식품에서 미생물이 이용 가능한 수분의 함량을 주로 수분활성도로 표현하긴 하지만 평형 상대습도(equilibrium relative humidity, ERH) 역시 많이 쓰이는 용어 중 하나이다. 이것은 식품과 평형 상태를 이루고 있는 대기 중의 수분함량을 나타낸 것으로 ERH = Aw X 100%와 같다.

예를 들어 수분활성도가 0.94 일 때 ERH는 94%이다.

그림 2-3에 나타낸 바와 같이 희석 용액의 수분활성도를 계산하는 데는 라울의 법칙(Raoult's law)을 이용할 수 있다. 그러면, 식품의 수분활성도를 계산할 때에도 라울의 법칙이 사용될 수 있을까?

예를 들어 식품에 용해되어 존재하는 물질(예 ; 소금, 설탕)의 정보를 알고

있는 경우에 수분활성도를 계산할 수 있다. 그러나 식품의 경우는 그 화학적, 물리적 구성 성분들이 매우 복잡하여 계산을 한다는 것도 정확한 결과가 아닌 대략적 경향만을 제시해줄 수 있을 뿐이다. 오늘날 특별한 장비를 이용해서 식품과 평형 상태인 대기의 수증기압을 측정함으로써 훨씬 더 정확하게 수분활성도를 측정할 수 있다. 예를 들어 100 g당 66 g의 설탕 함량을 가진 보통 잼을 보면 라울의 법칙을 통해 계산된 수분활성도는 0.90인 반면, 실제 측정된 수분활성도는 0.8로 차이를 보였다. 이것은 겔화의 목적으로 사용되었던 펙틴 성분과 관련이 있는데 펙틴은 상당히 큰 흡수 능력을 가지고 있고 수분활성도를 크게 감소시키는 역할을 한다.

(1) 식품의 수분활성도

식품 저장성이 좋고 나쁨은 단순히 식품에 함유된 수분 함량의 많고 적음에 의해 결정되지 않는다. 그 이유는 식품에 존재하는 수분의 상태가 위에서 기술한 것처럼 서로 다르기 때문이다.

표 2-3 각종 식품의 수분활성도

수분활성도	대 상 식 품
0.9 이상	채소, 과일, 어패류, 연제품, 식육가공품, 빵 등
0.9~0.6	카스테라, 사라미 소시지, 곡류, 두류, 소금에 절인 연어, 된장, 간장, 잼, 젓갈, 건어물, 건조과일 등
0.6~0.5	건멸치, 건국수, 건라면, 향신료(수분 10%), 가다랭이포(가스오부시), 사탕 등
0.5~0.3	건조 계란(수분 5%), 비스켓(수분 3~5%) 등
0.2	분유(수분 2~3%), 건조채소(수분 5%), 콘플레이크 등

식품에 존재하는 수분 함량은 밀폐된 용기에 들어 있는 경우를 제외하고는 대기 중에 방치할 경우 수분이 서로 교환되어 평형 상태에 이른다. 즉 대기 중의 습도가 높으면 식품은 수분을 흡수하며 낮으면 식품은 건조된다. 그러므로 식품 중의 수분 함량을 정적인 것으로 보지 않고 식품 자체의 수분함량과 대기의 상대습도(RH : Relative Humidity)간의 상관관계에 영향을 받는 동적인 것으로 보아 이 두 값의 비율인 수분활성도의 개념을 사용하며 실제

로 미생물에 의한 변패와 산화, 갈변 등의 화학 반응에 관여하는 수분의 지표로 수분 함량 보다는 수분활성도를 이용한다. 수분활성도는 이미 앞에서 설명했듯이 순수한 물의 수증기압(Po)과 그 온도에서 식품의 수증기압(P)의 비를 말한다.

$$Aw = P/Po \text{ 또는 } Aw = \text{상대습도(RH)}/100$$

위 식에 의하면 순수한 물의 Aw는 1이며 표 2-3과 같이 식품은 각종 성분이 함유되어 있어 Aw는 항상 1 보다 작은 값이 된다. Aw가 0.9 이상(수분 함량이 50% 이상)인 생선식품류는 미생물이 번식하기 쉬워 단시일 내에 부패하기 쉬우나 Aw가 0.65~0.9(수분 함량이 10~40%)인 식품류는 세균의 생육이 억제되고 물을 첨가하거나 가열하지 않고도 먹을 수 있으며 충분한 가소성을 지녀 감촉도 좋고 포장이 용이하다. 이와 같은 식품을 중간수분식품이라 하며 잼, 젤리, 건조 과일, 드라이 소시지, 양갱, 훈제품, 된장, 간장, 소금에 절여 말린 생선 등이 이에 속한다(표 2-4, 그림 2-4). 최근에는 알코올과 설탕을 가하여 Aw를 낮추고 블랜칭(blanching) 처리를 하거나 항균제, 항산화제 등을 첨가하여 저장성을 높인 새로운 중간수분식품의 개발이 진행되고 있다.

표 2-4 미생물의 생육과 수분활성도

미생물의 종류	최저 Aw	미생물종류	최저 Aw
일반 세균	0.90	호염 세균	≦0.75
일반 효모	0.88	내건성 곰팡이	0.65
일반 곰팡이	0.80	내삼투압성 효모·곰팡이	0.61

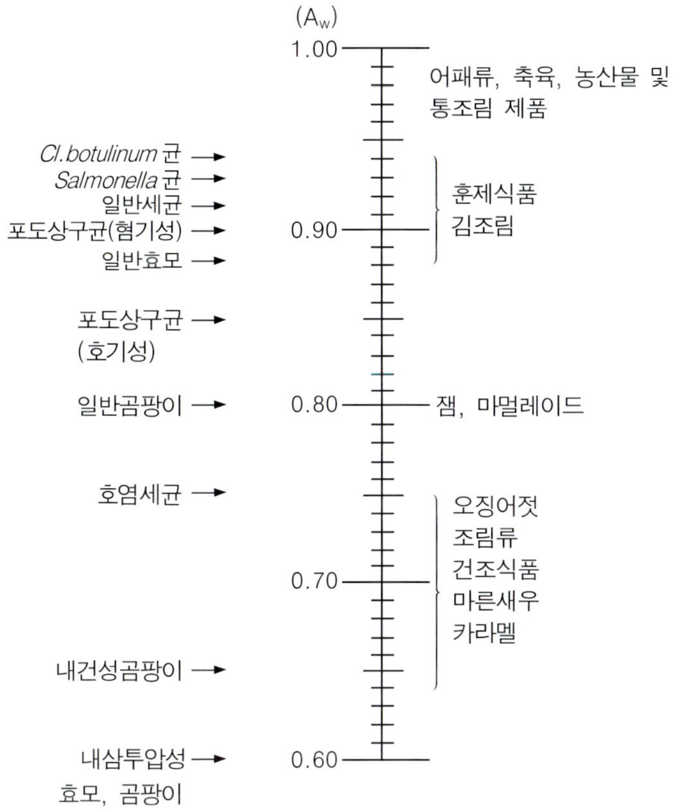

[그림 2-4] 미생물의 생육과 수분활성도

3) 등온흡습곡선

수분이 50% 이하인 식품을 일정 온도 하에 두고 각기 다른 상대습도에 두면 식품의 수분은 상대습도와 평형을 이루며 이때의 수분 함량을 평형 수분 함량(%)이라 한다. 식품 중 수분의 존재 상태를 나타내는 "등온흡습곡선"(moisture sorption isotherm)은 일정한 온도에서 여러 가지 상대습도로 조절된 용기에 식품을 넣고 상대습도와 식품의 수분이 평형을 이룰 때 대기 중의 상대습도를 횡축에 놓고 종축에는 여기에 대응하는 식품의 평형 수분함량을 표시한 점을 연결한 것으로 모양은 역S자형의 곡선이다. 이 곡선은 그림 2-5와 같이 곡선의 기울기가 다른 세 영역으로 나뉘는데, Ⅰ영역은 원점에서 저습도역의 굴곡점(Aw 0.1~0.2)까지의 물로서 식품의 조직 성분과 이온결합을 통해 단단히 결합하여 단분자층(monolayer)을 이루는 결합수이다.

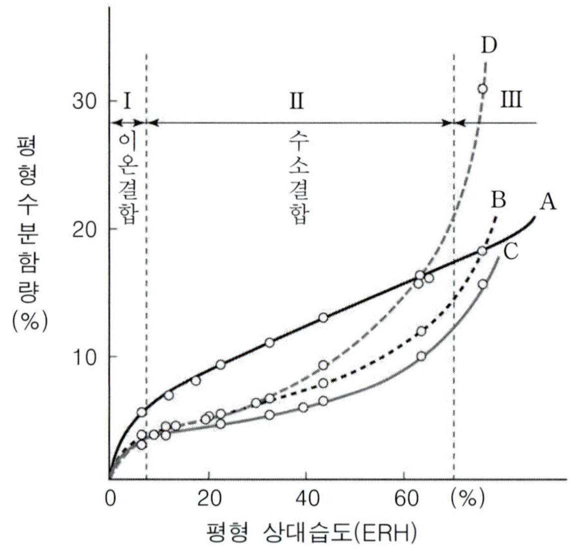

[그림 2-5] 각종 식품의 등온흡습곡선

Ⅱ영역은 저습도역의 굴곡점에서 고습도역의 굴곡점까지로 이 영역의 물은 물-용질 사이의 수소결합에 의해 다중층(multilayer)으로 흡착된 준결합수로서 식품의 가용성 성분을 용해한다. Ⅲ영역은 고습도역의 굴곡점 이상의 물로서 식품의 다공질 구조에 응축하여 존재하며 결합도가 가장 약하여 이동이 자유로운 자유수이다. Ⅲ영역의 물은 전체 물의 95% 이상을 차지한다.

등온흡습곡선은 식품의 성분 조성이 비슷하면 거의 비슷한 곡선을 그리며 같은 식품이라도 식품 주위의 온도가 다르면 다른 모양을 나타낸다. 그림 2-5에서 A형은 밀가루, 전분, 정백미, 건면 등의 전분질 식품이, B형은 육류, 난류, 치즈 등의 단백질 식품이, C형은 피망, 고구마, 콩, 양배추, 양파, 우유 등의 고당함량 식품이 각각 나타내는 곡선이다.

식품의 저장성을 높이기 위해서는 수분의 함량을 낮추어야하나 건조에 의해 과도하게 수분이 감소되면 오히려 식품 성분의 산화에 의해 변·퇴색이나 성분의 열화가 일어난다.

그림 2-6에서 건조가 진행됨에 따라 수분활성도가 낮아져 여러 가지 미생물이 생육하지 못하고 효소에 의한 변질 및 비효소적 갈변반응은 어려워지나 낮은 수분활성도 영역($Aw < 0.2$)에서 오히려 지질의 산화반응은 속도가 증가되는 특이한 현상이 나타난다. 이것은 단분자층을 이루는 수분이 과산화물이

나 산화를 촉매하는 금속 이온들을 수화하여 지질의 산화를 막고 있는데 이 단분자층이 과도한 건조(Aw < 0.2)에 의해 파괴되므로 직접 공기에 노출되어 산화가 일어나는 것이다. 그러므로 단분자층을 형성하는 수분 함량이 식품의 열화를 일으키지 않고 저장성을 부여할 수 있는 최소 필요량이며 최대 허용량이다. 각 식품은 각기 다른 등온흡습곡선을 나타내어 단분자층을 형성하는 수분 함량도 표 2-5와 같이 제각기 다르므로 건조 시에는 고려하여야 한다.

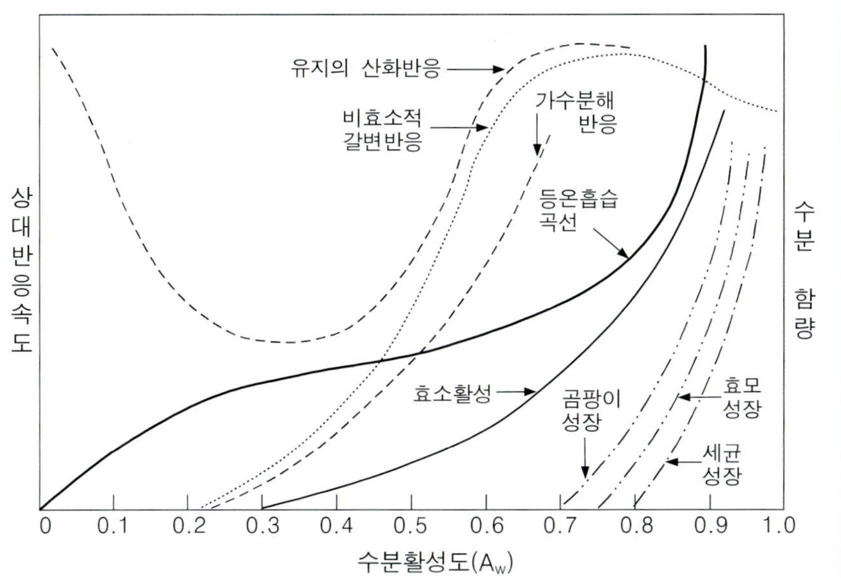

[그림 2-6] 수분활성도과 식품의 저장성

표 2-5 각종 식품의 단분자층 형성 수분 함량

식품		수분(%)	식품		수분(%)
A	소 백 분	8.2	C	탈지분유	4.8
	정 백 미	7.7		대 두 분	3.8
	옥수수 전분	8.8		차(茶)	3.4
B	동결건조 돼지고기 가다랭이포 건조 전란	5.8 5.0 4.7	D	동결건조 당근	4.4

2. 미생물

식품가공에 관여하는 미생물인 세균, 효모, 곰팡이에는 유용한 것과 유해한 것이 있다. 간장, 된장, 요구르트 등을 제조할 때는 유용한 미생물을 이용하고 통조림과 같은 장기 저장 식품을 만들 때는 유해한 균의 생육을 억제시켜야 한다. 식품미생물의 생육은 환경조건이 매우 민감하게 반응하므로 각종 미생물의 생육 조건을 잘 이해하여 적절히 활용한다.

1) 수분활성도와 미생물

수분활성도가 미생물에 미치는 영향은 미생물의 종류에 따라 다르게 나타난다. 각각의 미생물들은 자신의 성장에 적합한 수분활성도의 범위를 가지고 있는데 대부분의 미생물의 경우 대략 1.0 근처에 적정 수분활성도를 가지고 있다. 이 때 수분활성도도 높고 충분한 양의 영양소가 용해되어 있을수록 미생물들은 더욱 빨리 성장할 수 있다. 최적 수분활성도는 미생물에 따라 다양하지만 식품 중에 존재하는 미생물들의 종류에 다른 수분활성도의 범위가 그림 2-4(23쪽 참조)에 나타나 있다. 그림에서 보듯이 일반적으로 세균의 경우가 수분활성도의 감소에 더 민감한 편이고 효모와 곰팡이의 경우가 좀 더 저항성을 가지고 있다. 미생물 전체를 대상으로 발육의 최저 수분활성도는 어떤 종류의 곰팡이에서 나타나는 0.61 정도이다. 따라서 수분 활성도가 0.61 이하의 식품들에서는 미생물이 성장할 수 없고 이들 식품에서는 미생물에 의한 부패가 아닌 화학적 부패만이 발생하게 된다.

(1) 수분활성과 단세포 미생물의 성장곡선

그림 2-7에 수분활성도가 성장 곡선에 미치는 영향이 나타나 있다. 수분활성도가 낮아지면 다음과 같은 변화가 나타난다.

- 성장 속도가 느려진다.
- 유도기(lag phase)의 길이가 증가한다.
- 정지기에 측정한 세포의 숫자가 감소한다.
- 사멸기(death phase)에 세포가 급격하게 죽는 양상을 보인다.

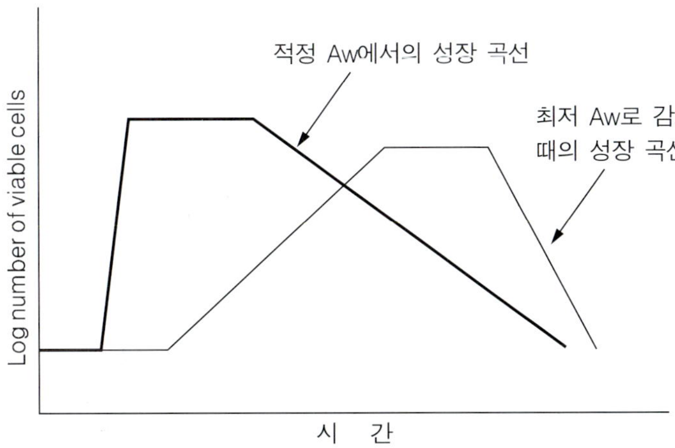

[그림 2-7] 수분활성도가 성장 곡선(growth curve)에 미치는 영향

(2) 성장에 필요한 최저 수분활성도 이하에서 미생물에 일어나는 변화

일반적으로 성장에 필요한 최저 수분활성도 근처의 환경에서 미생물은 가장 살아남기 힘든 반면 매우 건조한 조건에서는 살아남는 것이 오히려 더 쉬워진다. 이것은 수분이 결합하고 있는 방식과 관련이 있다. 물이 표면을 통해 흡착한 상태로 결합하고 있을 경우 성장은 제한되지만 살아남는 경향이 있다. 예로 수분활성도 0.1 이하인 동결 건조 식품을 들 수 있다. 동결 건조 시 물은 미생물 세포로부터 급속하게 제거되어 미생물은 휴지 상태로 활동을 멈춘 채 오랜 기간 동안 생존할 수 있게 된다. 동결 건조는 발효 산업에서 스타터 배양액을 저장하거나 운반에 편리한 상태로 보관하고자 할 때 및 실험실 등에서 연구 목적으로 미생물을 장기간 보관하고자 할 때 많이 이용된다.

당류나 소금을 이용해 저장하는 식품 중에 존재하는 미생물들은 삼투 현상을 겪게 된다. 세포가 활발하게 대사하고 성장할 수 있는 경우는 외부 수분이 세포 내부로 들어오려는 저장성(低張性) 환경에서이다. 세포 내부보다 많은 용질이 존재하는 고장성(高張性) 환경에서는 세포 중의 수분이 밖으로 빠져나가 세포는 비가역적으로 손상되고 사멸하게 된다. 삼투압으로 인한 손상 및 세포의 사멸은 다음의 원인들로 일어나게 된다.

- 세포의 성장과 분열에 필수적인 팽압(turgor pressure)의 감소.
- 세포막의 손상.

• 세포막에 결합하여 존재하는 효소의 손상.

• 세포 기질 중에 존재하는 효소의 손상.

삼투압이 미생물 세포에 미치는 영향은 그림 2-8에 나타나 있다.

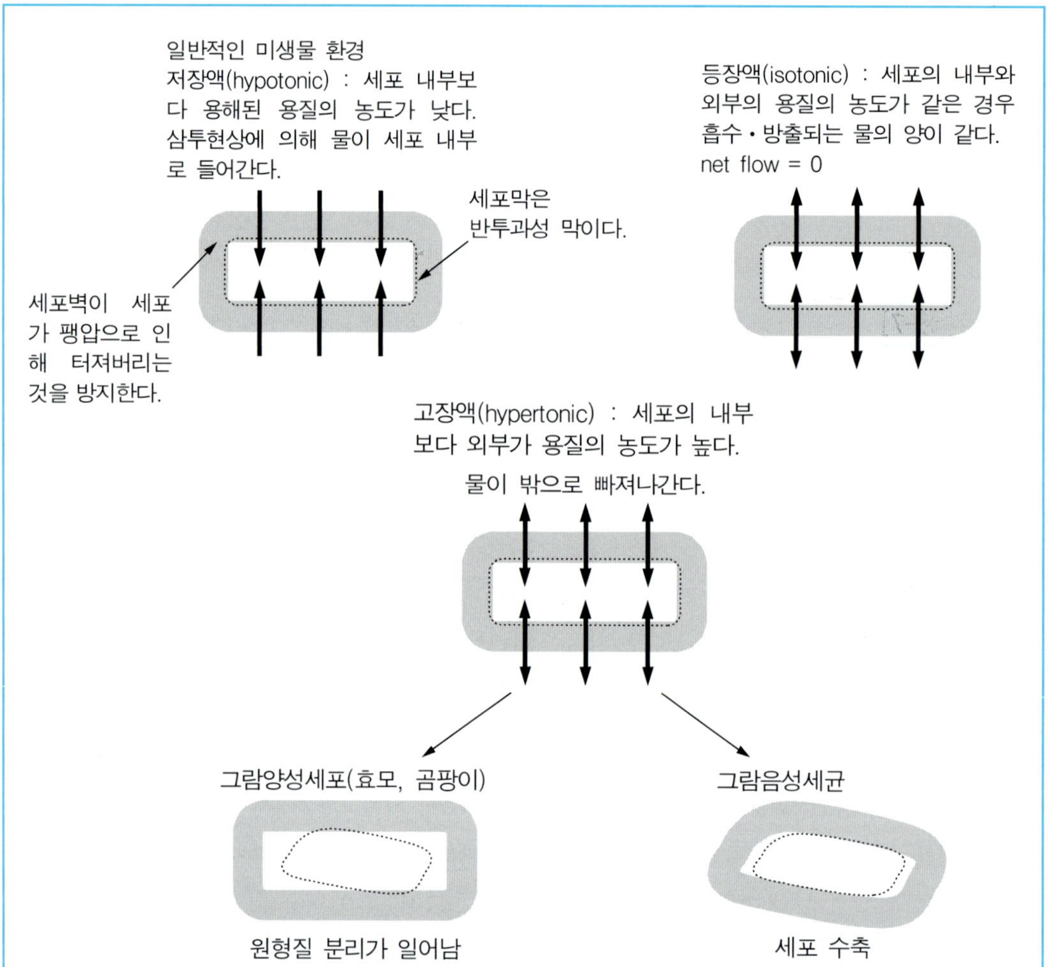

[그림 2-8] 삼투압이 미생물 세포에 미치는 영향

(3) 수분활성과 포자의 발아, 독소생성 및 내열성과의 관계

수분활성은 생육을 위한 활성 이외에 포자의 발아, 독소생산, 내열성과 미생물의 생존 등에 중요하다. 곰팡이가 포자를 형성하는 데는 발아 및 생육보다 더 높은 수분활성을 요구한다. 곰팡이의 유성적 포자형성이 무성적 포자형성보다 더 높은 수분활성을 요구한다.

세균의 포자형성에 요구되는 수분활성은 세균의 생육에 필요한 수분활성과 동일하지만 포자의 발아에는 보통 더 낮은 수분활성에서 일어난다. *Staphylococcus aureus* 에 의한 장관독소의 생성은 생육을 위한 것보다 더 높은 수분활성을 요구한다. 또한 *Aspergillus* 와 *Penicillium* 에 의한 진균독의 생성에는 생육에 보다 더 높은 수분활성 수준을 필요로 한다(표 2-6).

일반적으로 기질의 수분활성을 낮추는 것은 미생물의 내열성을 증가시킨다. 그러나 극단적으로 낮은 수준의 수분활성은 내열성을 감소시킬 수도 있다. 세균의 포자는 수분활성이 0.2~0.4에서 가장 내열성이 높다.

표 2-6 미생물 독소 생성 및 증식을 위한 최소 수분활성도

세균 및 곰팡이	최소 수분활성도(mininal water activity)		독소(toxin)
	성장	독소생성	
Clostridium botulinum	0.93~0.95	0.94~0.95	Type A
Staphylococcus aureus	0.86~0.87	0.87~0.90	Enterotoxin A
	0.86~0.87	0.97	Enterotoxin B
Aspergillus flavus	0.78~0.80	0.83~0.87	Aflatoxin
Aspergillus parasiticus	0.82	0.87	Aflatoxin
Aspergillus orchraceus	0.77~0.83	0.83~0.87	Ochratoxin
Penicillium cyclopium	0.81~0.85	0.87~0.90	Ochratoxin
Penicillium viridicatum	0.83	0.83~0.86	Ochratoxin
Penicillium ochraceus	0.76~0.81	0.80~0.88	Penicillic acid
Penicillium cyclopium	0.82~0.87	0.97	Penicillic acid
Penicillium martensii	0.79~0.83	0.99	Penicillic acid
Penicillium urticae	0.81~0.85	0.85~0.95	Patulin
Penicillium expansum	0.83~0.85	0.99	Patulin
Stachybotrys atra	0.94	0.94	Stachybotrym
Trichothecium roseum	0.90	-	Trichothecine

2) 산소와 미생물

고등식물의 호흡에는 산소가 절대적으로 필요하지만 미생물 중에는 생육

에 산소를 필요로 하는 것과 산소가 있으면 도리어 유해하여 사멸하는 것도 있다. 이것은 미생물이 에너지를 획득하기 위한 대사계의 차이에 의한 것으로 호기성균은 주로 산소호흡 혹은 산화적 대사에 의하여 에너지를 획득 하지만, 혐기성균은 혐기적 발효 혹은 분자 간 호흡에 의하여 에너지를 획득하며 통성혐기성균은 양쪽의 대사계를 모두 가지고 있다.

(1) 절대호기성균(strict aerobes)

유리산소가 있어야만 생육할 수 있으며, 에너지는 협의의 호흡 또는 산화에 의해 얻는다.

대부분의 곰팡이, 산막효모, 세균으로는 *Acetobacter* 속, *Pseudomonas* 속, *Bacillus*, *Sarcina*, 대부분의 *Micrococcus*, *Flavobacterium* 일부의 *Brevibacterium* 속이다.

(2) 통성혐기성균(facultative anaerobes)

유리산소의 유무와 관계없이 생육을 할 수 있는 균이다. 에너지 대사를 산화적으로나 혐기적, 즉 발효로 각각 할 수 있는 균들을 말한다.

(3) 절대혐기성균(strict anaerobes)

유리산소가 존재하면 생육을 하지 못한다. Cytochrome계 효소를 가지지 않았으므로 산소를 이용하지 못하며 산소가 존재하면 대사에 의하여 생성된 H_2O_2가 유해 작용을 하고 또 산화환원전위가 상승하여 생육을 불가능하게 만든다.

(4) 미호기성균(microaerophiles)

미량의 유리산소, 즉 대기압보다 낮은 산소분압이 생육에 필요한 균으로 *Campylobacter* 속 등이 여기에 속하며 산소호흡에 의해 에너지를 획득한다. 젖산균은 산소독립균으로 산소존재에 상관없이 발효에 의해서 에너지를 얻는다.

(5) 산소-독립균(Oxygen-independent organisms)

대부분의 유산균들은 주변 산소 존재여부와 관계없이 두 경우 모두에서 같은 종류의 대사산물과 같은 양의 세포 에너지를 내면서 성장할 수 있다. 이러한 균들을 일컬어 oxygen-independent organisms이라 한다. 때때로 유산균을 통성 혐기균이나 미호기성균 으로 보는 경우도 있으나 유산균은 발효 과정을 수행할 수 있고, cytochrome과 같은 효소를 가지고 있지 않기 때문에 이러한 분류는 적합하지 않다.

3) 온도와 미생물

세균은 각각 증식 가능한 범위가 있어 최고, 최적, 최저온도는 균종에 따라 다르지만 다음과 같이 3군으로 분류 한다. 몇몇 병원성균의 최저 생육 온도는 표 2-7과 같다.

표 2-7 몇몇 병원균의 최저 생육온도

병원성 박테리아	최저 생육온도(℃)
Clostridium botulinum Type E	3.3
Salmonella heidelberg	5.3
Salmonella typhimurium	6.2
Staphyloccus aureus	6.7
Bacillus cereus	10.0
Clostridium botulinum Type A & B	12.5
Clostridium perfringens	20.0

(1) 저온균(psychrophile, 호냉성균)

식품의 종류에 따라 약간 정의가 다르지만 일반적으로 0℃에서 2주만에 분명히 증식이 일어나는 세균을 말한다. 증식 최적온도는 일반적으로 12~18℃이다. 수중세균으로 대표되는 *Pseudomonas, Flavobacterium*속 등의 종류가 많다. 호냉균 중에서도 20℃ 이하에서 가장 빨리 생육하는 것을 편성 호냉성균(obligate psychrophile), 20℃ 이상에서 가장 빨리 생육하는 것을 통성호냉성균(facultative psychrophile)이라 한다.

(2) 중온균(mesophile, 호온성균)

0℃ 이하 또는 55℃ 이상에서 증식할 수 없는 균이다. 최적온도는 25~37℃로써 대부분의 세균, 효모, 곰팡이가 이에 해당되며 병원세균과 부패세균은 중온균이다.

(3) 고온균(thermophile, 호열성균)

55℃ 이상에서 증식이 가능한 균이다. 최적온도는 50~60℃로써 온천세균, 퇴비세균, 젖산균 등이 해당된다. 미생물은 증식의 최저온도 이하에서는 증식이 정지되지만 사멸되지는 않는다. 0℃ 이하의 온도에서 동결되어도 생존하고 있다. 오히려 미생물의 보존을 위해서는 동결저장을 하는 경우도 있다. 이것과는 반대로 미생물은 고온에서는 약하여 보통의 영양세균은 수분이 존재하는 경우 55~70℃에서 10~30분 가열로 사멸 된다. 그러나 세균의 포자는 열에 대한 저항력이 강하여 100℃의 습열에서도 사멸되지 않는 경우가 많다. 따라서 포자를 완전히 사멸하기 위해서는 고압증기멸균법으로 110~120℃의 고온가열이 필요하다. 또 건조 상태에서의 가열, 즉 건열에서는 살균효과가 낮으며 포자를 완전히 사멸하기 위해서는 150~160℃의 고온이 필요하다.

4) 삼투압과 미생물

생육환경의 삼투압은 미생물에 직접적인 영향을 미친다. 미생물은 각각의 증식 또는 생육에 적합한 삼투압의 범위가 있으며 그 범위보다 삼투압이 낮으면 세포는 파열되고 높을 경우에는 세포내부의 물이 반투현상으로 세포질막, 세포벽을 통하여 밖으로 빠져나온다(그림 2-8 참고).

그 결과 세포질이 수축되면서 원형질 분리가 일어나므로 증식할 수 없게 된다. 또 세균의 삼투압은 식염 등 염류 및 설탕 등의 당류의 존재에 의하여 변화 된다. 일반의 세균에서는 3% 정도의 식염의 존재 하에서는 증식이 억제되지만 어떤 종류는 어느 정도의 식염농도가 없으면 증식되지 않는 것이 있으며 이들을 호염성 세균이라고 한다. 그리고 균에 따라서는 식염이 거의 없어도 증식하거나 8~10% 정도의 식염농도에서도 증식하는 것이 있는 데 후자와 같은 균을 내염성균이라 한다. 호염성 세균류에는 다음과 같이 3군으로 분류한다.

(1) 미호염균

식염 2~5%에서 잘 증식하며 바닷물에서 발견된다. 보통 분리 되는 것으로 그림음성의 운동성이 있는 간균으로 *Pseudomonas, Achromobacter, Vibrio, Flavobacterium, Alcaligenes* 속 등의 호냉성 세균에 속하는 것이 많다.

(2) 중도호염균

식염 5~20%에서 최적의 증식을 나타내는 균들이다. 생선이나 염지 육에서 분리되며 가장 전형적인 것은 *Mc. halodenitrificans*로서 이 균은 소금 1.7% 이하에서는 자라지 못하고 4.5%가 최적이며 23% 까지 증식이 가능하다.

(3) 고도호염균

최적증식에 20~30%의 식염을 필요로 한다. 진하게 염지된 생선이나 고기, 염전 등이 붉은색을 띠는 것은 이 균이 적색색소를 생성하는 데 그 원인이 있다. 자주 발견되는 균주는 간균류로 *Halobacterium salinarium, H. halobium* 이고 구균으로는 *Micrococcus morrhae, Mc. litoralis* 등이고 다 같이 카로티노이드 색소를 생산한다.

5) 압력과 미생물

지상의 세균은 보통 30℃의 300기압에서 생육이 대단히 완만해지고 사멸이 증가되며 400기압에서는 거의 정지되지만 깊은 해저의 세균은 600기압에서도 생육하는 것이 있다. 그러나 일반적으로 식품미생물이 압력의 증감으로 인해 증식에 직접적인 영향을 미치는 환경에 노출되는 경우는 거의 없다.

6) pH와 미생물

미생물은 생육을 위하여 물, 영양소, 적당한 온도 및 pH를 필요로 한다. 식품의 부패 및 독소를 생성하는 최소 pH는 식품의 종류에 따라 차이가 있어 그 기준을 정하기 어렵다. 그러나 일반적으로 미생물에 의한 식품의 위생 안전성을 고려할 때 pH 4.5를 기준으로 한다. pH 4.5 이하에서는 *C. botulinum*이 증식할 수 없기 때문이며 또한 식품의 pH에 따라 내열성에 영향을 미치므로 생육 가능한 포자를 파괴하기 위하여 다른 열처리 시간을 필요로 한다. 그리고 약 pH 4.2 이하에서는 식중독을 일으키는 대부분의 미생물의 생육이 잘 제어되지만, 젖산균이나 효모, 곰팡이 종류들은 여전히 잘 생육할 수 있다. 몇몇 중요한 식품 부패와 독소를 생성하는 미생물의 생육이 가능한 최저 pH를 표 2-8에 나타내었다. 일반적으로 pH의 조절만으로 모든 미생물의 생육을 조절하기는 어려운 것이 사실이다.

표 2-8 식중독균의 pH 범위

미 생 물	최저 pH	최적 pH	최고 pH
Staphylococcus aureus	4.0	6.0~7.0	9.8
Clostridium perfringens	5.5	7.0	8.0
Listeria monocytogenes	4.1	6.0~8.0	9.6
Salmonella sp.	4.05	7.0	9.0
Vibrio parahaemolyticus	4.8	7.0	11.0
Bacillus cereus	4.9	7.0	9.3
Campylobacter sp.	4.9	7.0	9.0
Yersinia sp.	4.6	7.0~8.0	9.0
Clostridium botulinum	4.2	7.0	9.0

3. 효소

모든 생물은 그 조직 중의 합성, 분해, 산화나 환원 등 복잡한 화학반응계를 촉매하는 효소로 조화있는 신진대사(新進代謝)를 하고 있다. 효소(酵素)는 생체 내에서 생산되며, 높은 특이성(特異性)과 반응성(反應性)으로 유기화학

반응을 촉매하는 작용을 가지고 있는 단백질이다. 효소 반응에 영향을 주는 요인은 효소농도, 기질농도, pH, 온도, 활성제 및 저해제 등이 있다.

1) 효소반응에 영향을 주는 요인

(1) 효소와 기질의 농도의 영향

효소 반응속도는 일반적으로 효소 농도에 비례하여 증가지만 반응생성물이 효소 작용을 억제하는 경우도 있다. 한편, 효소 반응속도는 일정 범위까지는 기질의 농도에 비례하지만 이 범위를 넘었을 때는 비례하지 않는다.

(2) pH의 영향

효소는 단백질이므로 pH에 따라 그 활성이 크게 좌우되며 대부분의 효소는 일정한 pH범위에서만 특이적 활성을 갖는다. 효소 활성이 항상 pH에 의존하는 것은 효소내의 작용기 또는 기질의 이온화에 영향을 받기 때문이다. 대부분 효소의 Km값은 pH에 따라 변화한다. 최적 pH(optimum pH)는 효소 활성이 최대 값을 가장 잘 나타내는 특정 pH이다. 대부분의 효소의 최적 pH는 중성 또는 약산성 범위이지만 펩신(pH 1.5~2.5), 트립신(pH 7.5~ 10.0)의 경우도 있다. 대부분 효소의 *p*Kα는 아미노산의 곁사슬의 *p*Kα가 좌우되며 효소의 최적 pH는 종모양(bell-shape)의 그림을 갖는다(그림 2-9).

(3) 온도의 영향

일반적으로 온도가 10℃ 정도 올라갈 때 반응속도는 대략 두 배정도 증가한다. 효소 반응속도도 온도가 상승하면 증가하지만 효소는 단백질이므로 온도가 너무 올라가면 응고되어 변성된다. 최적 온도(optimum temperature)는 효소 활성이 최대 값을 갖는 특정 온도이다(그림 2-10). 대부분 효소는 온도가 40~50℃를 넘으면 효소 활성이 급격히 감소되어 변성되며 60℃ 이상에서는 극소수의 효소만이 활성을 유지할 수 있다.

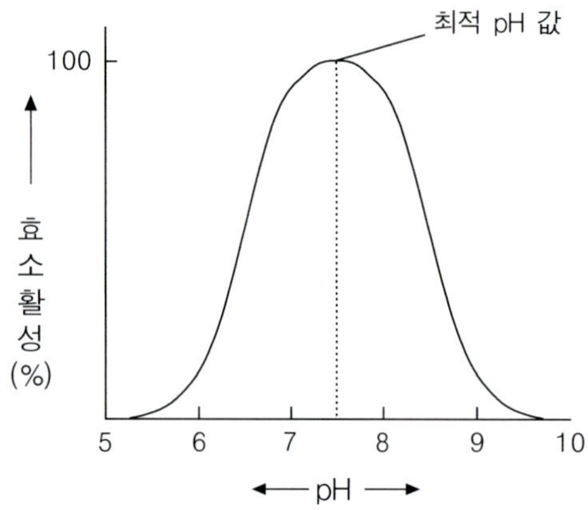

모든 효소는 최적 pH를 갖고 있다(효소가 최대 활성을 나타내는 하나의 pH).

[그림 2-9] 효소 활성에 미치는 pH의 영향

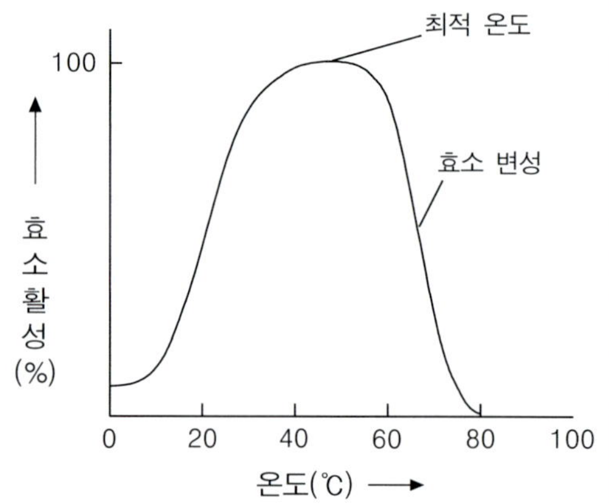

모든 효소는 최적온도(효소가 활성을 100% 나타내는 온도)의 범위를 나타낸다. 효소변성은 60~70℃ 초과온도에서 시작된다.

[그림 2-10] 효소활성에 있어서 온도의 영향

(4) 촉진제 및 억제제

효소의 작용은 특정 물질에 의하여 촉진되는데 이것을 효소의 촉진제라고 한다. 촉진제에는 칼슘, 철, 마그네슘, 아연, 구리, 망간 등이 있다. 폴리페놀 산화효소는 Cu^{2+} 이온에 의해 촉진되며 카복실라제는 Mg^{2+} 이온에 의하여 촉진된다. 효소의 작용을 억제하는 물질인 저해제는 가역적 또는 비가역적인 저해반응을 일으킨다. 아비산, 모노요오드초산 등은 강한 저해제이다.

2) 식품가공 및 저장에 영향을 주는 효소

생물이 식품의 대상으로서 수확 또는 포획되어서 저장되면 자기의 조직 중에 포함되고 있는 효소(자기효소, 自己酵素)에 의해서 식품의 품질저하 또는 부패 등의 변질이 일어난다. 또 미생물에 의한 변질도 그것이 생육할 때 생산하는 효소로 일어난다. 즉, 식품에 부착되어 있는 미생물의 균체의 효소 아밀라아제, 셀룰라아제, 프로테아제, 뉴클라아제 등이 각각 전분, 셀룰로오스, 단백질, 핵산 등 식품을 구성하고 있는 생체 고분자(生體 高分子)를 우선 첫째로 분해하고 이것들의 분해물이나 최초부터 존재하고 있던 저분자 화합물

이 미생물이 생산하는 효소류에 의해서 다시 저분자물질로 분해된다.

식품에 영향을 미치는 주된 효소는 각종의 가수분해효소(加水分解酵素)나 산화환원효소(酸化還元酵素)이며 주된 것을 표 2-9에 나타내었다.

표 2-9 식품의 품질 열화에 관한 주된 효소

성분의 변화	효 소 명	촉매하는 반응
단백질의 변화	Protease	단백질의 가수분해
지질의 변화	Lipase Lipoxygenase	지질의 가수분해 고도 불포화지방산의 산화
탄수화물의 변화	Amylase Phosphorylase Pectinase	전분의 가수분해 전분의 가인산분해 펙틴의 가수분해
영양소의 변화	Thiaminase Ascorbinase	티아민의 가수분해 L-아스코르빈산의 산화
핵산 관련물질의 변화	Myokinase ATPase Deaminase Xanthine oxidase	ATP의 인산전이 ATP의 가수분해 아민의 가수분해 크산틴의 산화
색의 변화	Polyphenol oxidase Chlorophyllase	폴리페놀류의 산화 클로로필의 가수분해
풍미의 변화	Peroxidase Catalase	수소-과산화물 산화환원 수소-과산화물 산화환원

동물이 죽은 다음 일정기간이 경과되면 근육이 투명도를 잃어 차차 경화(硬化)되고 동물의 개체도 경직(硬直)된다. 즉, 사후경직(死後硬直)이라고 불리우는 상태가 지속된다. 이 사후경직이 일어나는 것은 동물이 죽어서 근육조직으로 산소공급이 중단되면 그 혐기적 조건으로 글리코겐이 근육 속의 산소류에 의해서 해당작용(解糖作用)을 받아서 피루빈산을 거쳐서 젖산을 생성한다. 근육의 pH는 이 생성된 젖산으로 중성에서 산성이 되며, 효소 포스파타제가 활성화되어 ATP가 분해 소실되면 근육 중의 주단백질인 미오신(myosin), 액틴(actin)이 화합해서 액토미오신(actomyosin)이라는 섬유상 고분자 단백질을 형성하고 그와 더불어 근육전체의 조직이 경화된다.

다시 시간이 경과되면 그 조직 중의 처음부터 존재하고 있는 단백질 분해

효소의 작용으로 육질이 차차로 연해진다. 이같이 동물성 식품이 자기의 조직 내에 갖고 있는 효소로 저분자 화합물로 분해되는 현상을 자기소화(自己消化, 자가소화 ; autolysis)라고 부르고 있다. 단순히 자기소화라는 경우에는 단백질 성분의 효소적 분해를 의미하며 지질이나 탄수화물의 효소적 분해는 이것에 포함해서 생각하지 않는 것이 보통이다.

육류가 자기소화된 것을 미생물이 번식하기 쉬운 환경, 예를 들면 실온으로 방치해 두면 그 부패는 빨라지는데 저온(0~2℃)으로 10일간 이상 냉장해서 세균의 증식을 억제하면서 자기소화 시키면 단백질에서 아미노산으로의 분해와 동시에 ATP가 분해되어서 AMP로 되며 다시 AMP에서 IMP(이노신산)으로 변화로 정미성분이 증가하여 고기의 조직이 연화한다. 이것을 숙성(熟成 ; agening, ripening)이라 한다. 한편, 어류는 근막도 근섬유도 연약하므로 자기소화 시킬 필요는 없으며 오히려 강도의 경직 상태를 지속시킨 신선한 것이 바람직스럽다.

과일이나 채소류는 수확 후에도 생육 중에 축적된 각종의 당 분해, 즉 호흡작용을 계속하므로 그 품질의 저하를 초래한다, 일반의 호흡원료, 즉 호흡기질로서 사용되는 것은 당분(糖分)이다. 이 당이 호흡으로 탄산가스와 물이 되기까지의 과정은 해당계와 TCA사이클계로 크게 분류되는데 이 호흡대사에는 많은 효소가 관여하고 있다. 이들의 효소를 호흡효소라고 한다.

과일이나 채소의 호흡작용은 보통 자기분해(自己分解)라고 말하지 않으나 넓은 뜻으로는 자기분해현상에 포함시켜도 상관이 없다. 그 밖에 바람직스럽지 않은 효소반응으로서 폴리페놀 옥시다제(polyphenol oxidase)의 작용에 의해서 일으켜지는 소맥의 산패 등이 있다. 한편, 서양배, 바나나, 멜론, 토마토, 딸기와 같이 처음부터 존재하는 효소를 이용해서 후숙(추숙)시켜서 풍미 또는 색조를 좋게 하는 경우가 있다.

효소반응을 조절해서 식품의 악변(惡變)을 방지하는 저장법에는 표 2-10과 같은 것이 있다. 효소반응은 일반의 화학반응과 마찬가지로 온도가 높아질수록 반응속도가 증가한다. 그러나 효소는 단백질이므로 지나치게 온도가 높아지면 효소단백질은 열변성(熱變性)을 일으키며 그 작용은 상실된다. 즉, 효소는 고온 및 저온에서 그 활성이 저하되므로 식품을 가열하거나 냉장함으로서 식품의 품질저하를 방지할 수 있다.

표 2-10 효소반응의 조절에 의한 식품의 보장

① 수소를 실활시킨다.	가열처리 방사선조사 pH 조절
② 효소반응 속도를 저하시킨다.	pH 조절 저해제 첨가 저온 동결
③ 효소와 기질의 접촉을 방해한다(기질을 제거한다).	동결 탈수 · 건조 저산소농도 · 사스 치환

예컨대, 과일 및 채소의 조리가공의 전 처리로서 열처리, 즉 블렌칭(blanching)이 행해진다. 가열처리를 할 수 없는 생선, 과일이나 채소는 저온으로 저장된다.

효소는 다가(多價)의 양성이온물질인 단백질로 구성되고 있으며 그 활성 발현에 이온성 기가 관여되고 있으므로 효소의 활성은 pH에 의해 영향을 받는다. pH가 극히 높거나 낮을 경우에는 단백질의 고차구조가 변화하고 효소는 활성을 잃는다. 식품을 저장하는 경우에는 일반적으로 낮은 pH로 효소의 작용을 억제하고 있다. 예컨대, 사과, 복숭아와 같이 갈변(褐變)되기 쉬운 과일을 가공할 때 절편을 유기산의 수용액에 침지해서 갈변을 방지하거나 또 육류나 채소류를 초절임해서 저장한다.

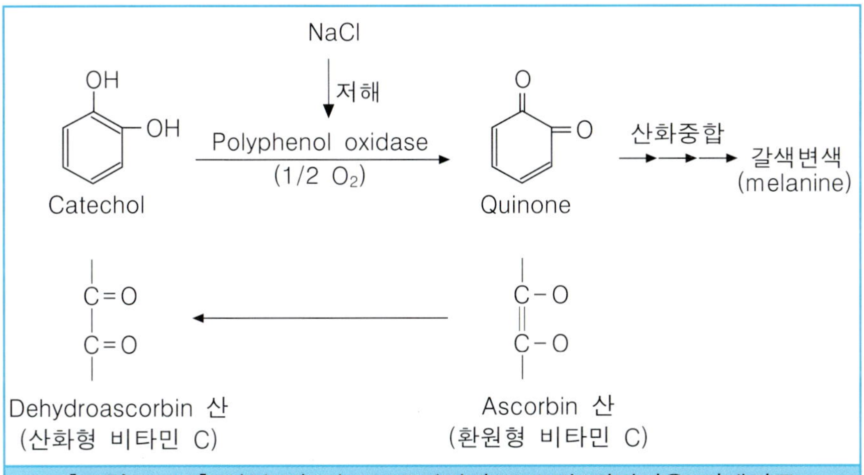

[그림 2-11] 식염 및 아스코르빈산의 효소적 갈변반응 저해기구

효소반응의 진행을 저해하는 화학물질에는 효소 단백질에 직접 작용하는 것과 효소에 의한 반응생성물에 작용하는 것 등이 있다. 예컨대, 식염은 효소 폴리페놀 옥시다아제의 활성을 저하시키고 과육(果肉)의 갈변을 방지한다. 한편, 아스코르빈산, 시스틴과 같이 환원력이 있는 물질은 효소에 의한 반응생성물 즉 키논을 환원하므로서 갈변반응의 진행을 억제하여 갈변을 방지한다(그림 2-11).

3) 식품가공에 관계하는 효소

(1) 탄수화물 분해효소

① α-아밀라아제와 β-아밀라아제

α-아밀라아제는 발아 곡류에 많이 존재하고 췌장액, 타액, 일부 세균, 곰팡이 등에 많이 함유되어 있다. 이 효소는 전분의 α-1,4결합을 무작위적으로 가수분해하여 저분자량의 덱스트린을 생성하는 액화효소로 전분 현탁액이 맑은 용액으로 변하고 점도가 감소되며 환원력이 증가 된다. 이 효소는 50℃ 정도에서 가장 큰 활성을 보이며 최적 pH는 4.0~6.0이다. 엿기름에는 α-아밀라아제와 β-아밀라제가 모두 함유되어 있다.

② 글루코아밀라아제와 풀루라나아제

글루코아밀라아제는 주로 곰팡이가 생산하는 요소로 고순도의 결정 포도당 제조에 많이 이용된다. 이효소는 α-1,4결합과 α-1,6결합을 가수분해하여 β-포도당을 생산한다. 플루라나아제(Pullulanase)는 α-1,6결합을 가수분해하는 분지 효소로 세균, 곡류, 감자 등에 존재한다. 이 효소는 분자량은 적지만 아밀로스와 비슷한 나선구조를 형성하며 한계 덱스트린에도 작용한다.

③ 셀룰라아제와 펙틴분해효소

셀룰라아제는 섬유소의 β-1,4결합을 가수분해하여 셀로비오스와 포도당을 생산하는 효소이다. 이 효소는 곰팡이, 효모, 세균 등에서 분비되며, 오렌지 주스의 청징에 이용된다.

펙틴 분해효소는 과일 및 채소의 조직에 널리 존재하여 이들 조직의 연화에 관여한다. 펙틴분해효소에는 불용성인 프로토펙틴을 펙틴으로 분해시키는 프록토펙티나아제, 펙틴의 메틸 에스터를 분해하여 펙틴산을 생산하는 펙틴 에스테라아제(펙티나아제), 폴리갈락투론산의 α-1,4결합을 분해하는 폴리갈락투로나아제 등이 있다. 이 효소는 과즙과 포도주의 청징에 이용되므로 효소 활성이 높은 과일을 사용하여 잼이나 젤리를 만들면 잘 응고되지 않는다. 과즙 중의 펙틴은 펄프 미립자를 현탁시키는 데 효과적이기 때문에 과육의 펄프가 현탁되도록 하는 과즙에서는 가공, 저장 중에 펙틴분해효소가 작용하지 못하도록 해야 한다.

④ 헤스페리디나아제

미숙한 감귤류 껍질에 있는 헤스페리딘은 모세혈관의 저항을 높여 주는 비타민 P의 효과가 있는 물질로 과즙을 혼탁하게 한다. *Aspergillus niger* 가 생산하는 헤스페리디나아제(Hesperidinase)는 헤스페리딘을 람노스와 헤스페리딘-7-글루코시드로 가수분해하여 과즙의 혼탁을 막아주는데, 최적 pH는 3.5, 최적온도는 60℃이다.

(2) 지방질 분해효소

① 리파아제

리파아제는 중성지방의 에스터 결합을 가수분해하여 지방산을 유리시켜 식품의 산도를 증가시킨다. 이 때 생성된 유리 지방산이 저급 지방산일 경우에는 식품에 좋지 않은 향미를 준다.

우유의 산패취는 리파아제의 작용에 의해 생성된 부티르산, 카프론산, 카프릴산 등과 같은 저급 유리 지방산에 기인하는데 이 중 부티르산은 우유의 독특한 산패취의 주원인 물질이다. 한편 리파아제는 치즈나 초콜릿의 독특한 향미를 내기 위해 사용되기도 한다.

② 리폭시다아제

리폭시다아제(Lipoxidase)는 두류에 특히 많이 존재하며 양파, 감자, 아스파라거스, 무, 밀의 배아 등에도 함유되어 있다. 이 효소는 기질 특이성이 높아 리놀레산, 리놀렌산, 아라키돈산 등과 그 에스터에만 작용하여 히드로퍼옥시드(Hydroperoxide)를 생성한다. 이 효소는 카로틴, 엽록소, 안토시안 등과 같은 색소를 파괴시켜 향미를 손상시키므로 과일이나 채소를 저장할 때에는 전처리 과정으로 데치기를 하여 불활성화시켜야 한다.

(3) 단백질 분해효소

① 펩신

펩신은 위액 중에 불활성 전구물질인 펩시노오겐으로 분비되어 위의 염산에 의해 자기촉매적으로 펩신으로 활성화된다. 이 효소는 산성 아미노산의 카복실기와 방향족 아미노산의 아미노기의 결합을 가수분해하는 효소로 최적 pH는 1.0~2.0이다.

② 트립신과 키모트립신

트립신은 췌장에서 분비되며 아르기닌, 리신과 같은 염기성 아미노산의 카복실기와 펩티드 결합을 가수분해하며 중성 pH에서 잘 작용한다. 키모트립신은 췌장에서 분비되는 효소로 방향족 아미노산의 카복실기와 펩티드 결합을 가수분해한다.

③ 카텝신

육류는 사후강직에 의해 생성된 젖산에 의해 pH가 감소되어 pH 6 정도가 되면 카텝신(Cathepsin)이 작용하게 되어 사후강직이 해제되면서 육질이 연화된다. 카텝신에는 펩신과 비슷한 기질 특이성을 보이는 카텝신 A, 트립신과 유사한 기질 특이성을 나타내는 카텝신 B 등이 있다.

④ 레닌

레닌(Rennin)은 송아지의 제4 위에서 생산되는 효소로 *Mucor* 속의 곰팡이가 분비하는 효소를 많이 이용한다. 이 효소는 우유의 카제인을 부분적으로 가수분해하여 불용성의 파라카제인을 생성하는데 이 원리를 이용하면 치즈를 만들 수 있다.

⑤ 파파인

파파인은 파파야에 함유되어 있는 효소로 염기성 아미노산이나 류신, 글리신과의 결합을 가수분해한다. 고기의 연육제, 맥주의 혼탁 제거, 소화제 등으로 이용한다.

(4) 뉴클레오티다아제

뉴클레오티다아제(nucleotidase)는 5′-모노뉴클레오티드를 분해하는 효소이다. 5′-IMP, 5′-GMP 등과 같은 5′-모노뉴클레오티드는 고기 및 생선의 구수한 맛 성분으로, 이들 식품에는 특히 5′-IMP가 많이 함유되어 있다. 5′-IMP는 뉴클레오티다아제에 의해 이노신으로 분해되고, 이노신은 다시 하이포잔틴(hypoxanthine)으로 분해된다. 5′-IMP는 구수한 맛을 내지만, 분해산물인 이노신과 하이포잔틴은 쓴맛을 낸다. 고기나 생선을 오래 저장하면 구수한 맛이 감소되는 것은 5′-IMP가 분해되기 때문이다.

5′-IMP의 생성은 사후강직과 밀접한 관계가 있다. 즉 동물의 사후에 포도당이 혐기적으로 분해되어 젖산이 생성되고 pH가 낮아지며 ATP가 급격히 감소하면서 사후강직 현상이 일어난다.

(5) 폴리페놀 산화효소

폴리페놀 산화효소인 페놀라아제와 티로시나아제는 과일이나 채소에서 효소적 갈변을 일으키는 효소이다. 폴리페놀 산화효소는 화합물인 카테킨(Catechin)이나 그 유도체인 클로로겐산(Chlorogenic acid) 등을 산화시키는데 이들 화합물은 퀴논(Quinone)을 거쳐 흑갈색인 멜라닌 색소를 형성한다. 티로시나아제(Tyrosinase)는 감자 등에 함유되어 있는 티로신을 산화하여 멜라닌을 생성한다. 사과, 배, 감 등은 상처를 입거나 껍질을 벗기면 변색이 일어나는데 이는 효소의 활성에 산소가 필요하기 때문이다. 이들 효소의 활성은 Cu^{2+}에 의해 활성화되고 Cl^{-}에 의해 억제되므로 과일을 깎아서 소금물에 담가 놓으면 갈변을 막을 수 있다.

(6) 향미효소

마늘, 고추냉이(산초) 등은 분말이나 페이스트 형태로 가공되는데 이들 특유의 강한 매운맛과 향은 조직을 파괴할 때 생성된다.

① 마늘을 썰거나 다지면 전구무질인 알린이 알리나아제라는 효소에 의해 강한 향미를 내는 알리신이 된다. 알리나아제의 최적 pH는 5~8이고 최적 온도는 37℃이다. 이보다 온도가 높으면 활성이 낮아지고 50℃ 이상이면 활성을 잃게 되므로 가공 또는 저장할 때 온도에 주의해야 한다.

② 고추냉이의 근경을 마쇄하면 전구체로 존재하는 시니그린(Sinigrin)이 미로시나아제(myrosinase)에 의해 분해되어 매운 향미성분인 알릴이소티오시아네이트를 생성한다. 분말형태의 고추냉이는 저장 중에 효소반응이 일어나지 않도록 온도와 수분함량을 잘 조절해야 한다. 수분함량이 1% 이하인 것은 오랫동안 저장할 수 있으나 5% 정도 되는 것은 2~3개월 저장하면 물을 넣고 페이스트 상태로 만들어도 매운맛을 내지 않는다.

4. 산소

공기(空氣)는 대체로 질소(N_2) 78%, 산소(O_2) 21%, 탄산가스(CO_2) 0.03%, 기타 미량의 가스를 포함하는 혼합기체이다. 거의 모든 생물은 공기 중의 유리산소(遊離酸素)를 이용하여 생체 내에 있는 물질을 산화하며 생성된 에너지를 이용하여 생육한다.

산소는 기저 상태에서도 산소분자는 일종의 유리기인 퍼래디컬의 상태 $:\ddot{\underset{\cdot\cdot}{O}}:\ddot{\underset{\cdot\cdot}{O}}:$ 에 있으므로 공기 중의 산소 즉 분자상 산소는 식품을 구성하는 여러 가지 성분을 산화해서 영양상의 가치를 손상시키고 색을 나쁘게 하여 방향(芳香)을 잃게 하거나 해서 식품으로서의 가치를 저하시키는 경우가 많다. 불포화 지방산이 자동 산화되는 경우에는 과산화 지질과 같은 유해물질도 생성된다. 과일이나 채소는 그 저장 중에도 호흡작용을 하며 공기 중의 산소를 섭취해서 탄산가스 또는 수분 등을 배출하고 그 저장물질을 소모한다.

그 결과 품질 저하를 초래한다. 이 호흡작용은 저온으로도 억제되지만 화학적으로 비교적 불활성인 탄산가스 또는 질소가스(N_2) 등을 사용하여 산소의 함량을 적게 한 조성인 기체로도 억제된다. 이 원리를 이용한 것이 가스 저장(gas storage)인 C.A.저장(controlled atmosphere storage)이다.

폴리에틸렌 등 경포장 식품에서의 진공포장, 불활성 가스 치환, 탈산소제의 봉입 또는 통·병조림에서 실시되는 밀봉 직전의 탈기(脫氣)도 C.A.저장과 똑같은 효과를 나타낸다. 산소의 양을 줄이므로서 다음과 같은 효과가 나타난다.

① 식품류에 부착하는 해충류의 생육을 저지한다.

② 곰팡이는 0.5% 보다 낮은 산소 함량으로는 생육되지 않으므로 곰팡이의 생육을 저지한다.

③ 산소의 존재 하에서 산화(散花)되기 쉬운 불포화화합물을 많이 포함하고 있는 식품 특히 유지나 유지를 많이 포함하는 식품의 산화를 방지한다.

④ 과일에 포함되고 있는 폴리페놀 화합물의 산화를 억제하고 갈변(褐變)을 방지한다.

⑤ 비타민 A, C와 같은 산화되기 쉬운 영양소의 손실을 적게 한다.

⑥ 식품의 향기, 색상의 변화 또는 풍미(風味)의 저하를 방지한다.

⑦ 식품을 통조림 식품과 같이 금속용기를 산화적으로 부식하는데 용기 내의 공기를 배제(탈기)하므로서 관재(罐滓)의 부식을 방지하고 간접적으로 식품의 품질열화(品質烈火)를 방지한다.

5. pH

pH는 모든 종류의 생물의 생육환경(生育環境)을 규정하는 중요한 인자의 하나이다. pH는 용액 중의 수소 이온의 농도를 나타낸다. 물 속에는 언제나 수소이온과 수산이온이 존재하고 있어 다음과 같은 관계가 성립한다.

$$\underset{\text{물}}{H_2O} \rightleftharpoons \underset{\text{수소이온}}{H^+} + \underset{\text{수산이온}}{OH^-}$$

이 화살 표시의 크기에서와 같이 대부분의 물은 이온화되지 않은 상태

(H_2O)로 존재하고 수소 이온(H^+)과 수산 이온(OH^-)의 존재량은 근소하다. 용액의 수소 이온과 수산 이온의 곱은 어떠한 경우도 일정하여 존재량은 근소하다. 용액의 수소 이온과 수산 이온의 곱은 어떠한 경우도 일정하여 실온에서는 $[H^+]\times[OH^-]=10^{-14}$이라는 관계가 성립된다. [ ]는 농도를 표시하고 있다. 완전히 순수한 물 1몰 중에 존재하는 H^+와 OH^-의 양은 각각 0.0000001(1×10^{-7})몰이다. 이와 같이 수소 이온 농도(水素 ion 濃度)를 몰수로 표시하면 토마토 주스 중의 수소 이온 농도는 0.0002(2×10^{-4})몰이며 국수를 만들 때 사용하는 소금물의 수소 이온 농도는 약 0.000000001 (1×10^{-9})몰이다. 이와 같이 수소 이온 농도를 몰수로 표시한다면 아주 적을 뿐 아니라 상호 비교할 경우 수의 단위가 복잡하게 된다. 그러나 이것을 부(負)의 상용대수(常用對數)로 표시한다면 토마토 주스는 3.7이 되고 염수는 약 9라고 간단하게 표현된다. 수소 이온 농도를 부(-)의 상용대수로 표시한 것이 pH이며 다음과 같이 정의한다.

$$pH = -\log[H^+]$$

위에 기술한 것 같이 H^+와 OH^-의 곱은 일정하기 때문에 pH 범위는 0에서 14까지의 사이에 한정되어 있다. pH 7을 중성, pH<7 산성, pH>7을 알칼리성이라 부른다. pH가 낮을수록 수소 이온농도는 높고 강한 산성이며 pH가 높을수록 수소 이온 농도가 낮으며 강한 알칼리성이다.

대부분의 생물학적 현상은 비교적 좁은 범위에 한정되어 있다(표 2-10). 특히 고등생물은 pH에 민감하다. 예로 인간의 혈액은 pH 7.30~7.45란 좁은 범위에서 유지되고 있으며, 어떤 원인으로 pH 7.0 이하가 되거나 pH 7.75 이상이 되면 죽고 만다.

각기 생물에 따라서 생육에 제일 좋은 pH가 있다. 이것을 최적(最適, 지적) pH라고 부르며 최적 pH보다 pH가 높거나 낮아도 생육은 대단히 곤란해지며 어느 pH를 넘으면 생육하지 못하고 드디어 사멸한다. pH 4 이하 또는 pH 9 이상에서 살아가는 생물은 없다.

대부분 세균의 최적 pH는 7부근이다. 유산균(乳酸菌)과 같이 산을 만드는 세균도 pH가 낮아지면 생육이 나빠진다. 효모의 생육의 최적 pH는 4~4.5이며 곰팡이는 pH 2~8.5의 사이에서 생육하지만 일반적으로 산성이 생육에 좋다.

우리들은 식초를 사용한 식품(예: 초밥, 초무침, pickles)이나 산유(酸乳) 또는 치즈제품, 감귤(특히 lemon)이 부패가 적으므로 비교적 장기간의 저장이 된다고 알고 있다. 이것은 그 속에 함유된 산 때문에 그 식품의 pH가 낮아져서 그 결과 세균의 생육이 억제되기 때문이다. 산의 주체는 각각 달라서 식초의 경우에는 초산, 유제품의 경우에는 젖산, 감귤의 경우는 구연산이다. 식품에 산미(酸味)를 첨가하는 데 기타의 산으로는 주석산(포도 등에 존재)이나 사과산(사과 등에 존재) 등이 있다. 또 시판 청량음료(市販 淸涼飮料)는 비교적 장기간 저장되는데 그것은 속에 녹아 있는 인산이나 탄산 등의 산에 의해서 pH가 낮아져 있기 때문이다. 이와 같은 제품의 pH는 생장, 재생(분열)할 수 있는 한계의 pH보다 낮다. 일반적으로 식품은 pH를 완충하는 능력을 갖고 있다. 이 완충능(緩衝能)때문에 식품의 pH는 일정하게 유지되고 변화를 받기 어렵다. 식품의 완충능의 크기는 그 성분 조성에 의해서 결정된다. 특히 단백질이 많은 식품은 대단히 큰 완충능을 나타낸다. 그래서 보통의 조리 조건에서는 식품의 pH가 크게 변화하지 않는다. 그러나 식품을 가공하는 경우에는 목적에 따라서 강산 또는 강알칼리를 사용하여 pH를 크게 내리거나 올리는 경우도 있다. 예로 육가공의 경우, 보통 고기의 pH는 6.3 정도이지만 이 pH에서 질소계 화합물을 사용하여 고기의 발색효과(發色效果)를 상승시키는 반응은 일어나기 어렵다. pH를 4.5 정도까지 내리면 반응이 부드럽게 일어나기 때문에 강산이 사용되는 것이다.

pH의 변화에 의해서 식품의 품질이 저하되는 경우가 있으며 식품 성분이 가수분해되거나 변색, 이취(異臭)의 발생 등 이상한 변화가 일어난다. 이 예로서는 단백질을 가열하였을 때 일어나는 황화수소나 암모니아의 발생을 들 수 있다. 이 반응은 pH 4.5 이하에서는 없지만 중성에서 알칼리성으로 갈수록 현저하다. 또 육류나 어류 등의 통조림에서 가끔 확인되는 유리 조각 모양의 결정은 중성, 알칼리성 측일 때는 석출이 어렵다. 생물은 미산성을 띄기 때문에 식품은 미산성의 것이 많으며 원래 알칼리성인 식품은 드물다(표 2-11 참조).

그러나 식품 가공 시 알칼리 처리를 하는 경우가 있다. 피틴이나 소금물에 의해 제조된 면류는 약알칼리성을 나타낸다.

초절임은 최종적으로 산미절임이 되지만 그 원료의 hominy는 미리 알칼리 처리된다. 식품공업적으로 단백질을 추출하는 이 경우는 바람직하지 못한 부반응이 일어나기 쉽다. 현재 특히 문제되는 것으로 lysinoalanine의 형성이 있다. Lysinoalanine의 형성에 따라서 lysine이 감소되는 것이 문제가 되는 것 뿐만 아니고 그 독성(毒性)이 염려되고 있다. 이와 같은 예와 같이 식품을 알칼리성 환경에 노출시키는 것은 가능한 피하는 것이 좋다.

표 2-11 식품의 pH 범위

식 품	pH범위	식 품	pH범위	식 품	pH범위	식 품	pH범위
난 백	7.6~9.5	버 섯	6.0~6.5	양 배 추	5.2~6.3	살 구	3.5~4.0
새 우	6.8~8.2	꽃양배추	6.0~6.7	순 무	5.2~5.6	사과소스	3.4~3.5
게	6.8~8.0	상 치	6.0~6.4	시 금 치	5.1~6.8	배	3.4~4.7
조개류(scallops)	6.8~7.1	난 황	6.0~6.3	아스파라거스	5.0~6.1	포 도	3.3~4.5
대구류(작은것)	6.7~7.1	옥 수 수	5.9~6.5	치즈(대부분)	5.0~6.1	체 리	3.2~4.7
대구류(큰것)	6.5~6.9	굴	5.9~6.6	Camembert	6.1~7.0	파인애플	3.2~4.1
메 기	6.6~7.0	셀 러 리	5.7~6.0	Cottage	4.1~5.4	복 숭 아	3.1~4.2
소다크래커	6.5~8.5	완 두 콩	5.6~6.8	Gouda	4.7	대 황	3.1~4.2
단풍시럽	6.5~7.0	칠 면 조	5.6~6.0	빵	5.0~6.0	딸 기	3.0~4.2
우 유	6.3~6.8	닭	5.5~6.4	홍 당 무	4.9~6.3	밀 감 류	2.9~4.0
양 배 추	6.3~6.6	큰 넙 치	5.5~5.8	사탕무, 근대	4.9~5.8	나무딸기	2.9~3.7
호 분	6.2~7.2	콩	5.4~6.5	바 나 나	4.5~5.2	사 과	2.9~3.5
대 구	6.2~7.6	감 자	5.4~6.3	건소세지	4.4~5.6	서양오얏	2.8~4.6
멜 론	6.2~6.5	호 두	5.4~5.5	피 망	4.3~5.2	오 렌 지	2.8~4.0
대추야자	6.2~6.4	돈 육	5.3~6.4	토마토주스	3.9~4.7	덩굴월귤	2.5~2.8
청 어	6.1~6.6	우 육	5.3~6.2	마요네즈	3.8~4.0	레 몬	2.2~2.4
버 터	6.1~6.4	양 파	5.3~5.8	토 마 토	4.7~4.9	라 임	1.8~2.0
꿀	6.0~6.8	고 구 마	5.3~5.6	잼 류	3.5~4.0		

6. 온도

일반적으로 화학반응 온도가 10℃ 상승하면 반응속도는 2~3배가 되지만 단백질의 경우에는 더욱 빨라진다. 예컨대 계란 알부민의 응고에서 보듯이 어떤 좁은 특정온도범위(69~76℃)에서 반응 속도가 6.25배를 나타내며 헤모글로빈은 60~70℃이면 14배의 반응속도로 된다(표 2-12).

표 2-12 10℃의 온도 상승에 다른 반응속도의 증가(Q10)

반 응	온도계수 (Q10)	온도범위 (℃)	반응	온도계수 (Q10)	온도범위 (℃)
대부분의 반응	2~3		단백질의 응고		
효소 맥아 아밀라제에 의한 전분의 소화	2.2	10~20	난알부민	6.25	69~76
효소 트립신에 의한 카제인의 소화	2.2	20~30	헤모글로빈	14	60~70

(Deatheage, 1978)

단백질의 열변성(熱變性)은 열이 단백질에 직접 작용하는 것이 아니며 열에 의해 단백질의 주위에 물 분자가 폴리펩티드 사이를 서로 연결하고 있는 수소결합에 충돌해서 이 수소결합을 파괴시켜 물 분자가 폴리펩타이드 사슬의 잔기와 수소결합을 하기 때문에 열 변성이 생긴다고 되어 있다. 식품을 고온 가열하면 그 분자를 구성하는 공유결합(共有結合)이 해제된다. 이 경우 중간적으로 유리기(遊離基 ; free radical)가 생성된다. 유리기는 일반적으로 매우 반응성이 활발하므로 거의 불규칙적으로 반응이 되풀이 되며 여러 가지 산화물(酸化物)을 형성한다.

조리 또는 가공할 때 고온을 사용하는 것은 식품의 보장성(保藏成)을 양호하게 하기 위해서 이지만 실제로 식품을 장기간 보장할 때 문제가 되는 온도는 일반적으로 생물이 생육(生育)되는 온도범위, 즉 상온을 중심으로 상하 수십도 정도이다.

온도가 낮을수록 미생물의 효소에 의한 식품 내부의 화학반응은 완만해진다. 즉, 온도가 10℃ 내려갈 때마다 반응속도는 약 2~3배 늦어지며 고체상태의 경우에는 더욱 늦어진다. 따라서 외부의 온도를 낮게 해서 식품을 저온으로 유지하면 미생물의 번식 및 활동은 심하게 방해된다. 동시에 식품에 포함되어 있는 효소의 작용도 억제된다. 예컨대 작용했다고 하더라도 그것에 의한 화학반응의 속도는 늦어지며 또 다시 동결하면 약화되며 식품은 장시간 동안 안정하게 저장된다.

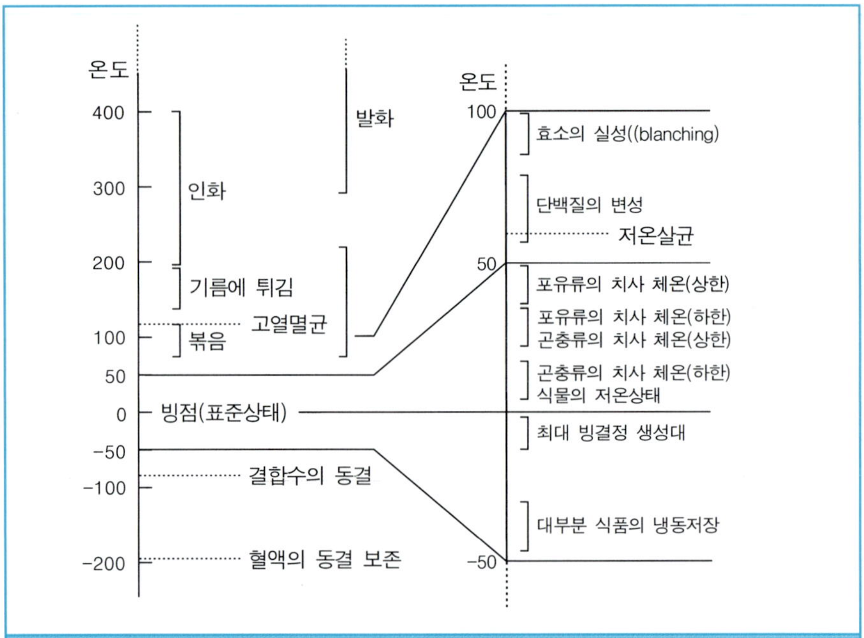

[그림 2-12] 가열·냉각 조작 및 자연 현상과 온도

7. 광선

태양광선이 직사(直射)된 식품은 직사되지 않은 것보다 또 밝은 장소에 저장된 것은 어두운 장소에 저장된 것보다 변질, 부패의 정도가 심하다. 이것은 300~450 nm 인 자외선이 많은 화학반응을 촉진하는 작용이 강하기 때문이다. 이 자외선으로 불포화화합물을 가지는 식용유지는 자동산화(自動酸化)되며 유지는 산패(酸敗)된다. 이 유지의 산화는 착색 셀로판에 의한 포장으로 억제된다. 200~300 nm 인 자외선에는 살균력(殺菌力)이 있다. 시판 자외선 살균등(殺菌燈)은 창고 또는 식품가공 공장 등 공기 중의 잡균수를 감소시키는 목적으로 사용되고 있으나 그 주파장은 254 nm 이다.

파장이 짧을수록 빛이 갖는 에너지는 크게 된다. 즉 파장이 짧은 방사선은 높은 에너지를 갖고 있으며 생물에 치명적인 영향을 주지만, 라디오 전파와 같이 파장이 긴 빛은 에너지가 대단히 작다. 표 2-13에 여러 전자파(電磁波)의 파장을 요약하였다. 이 중에 태양광선, 즉 주된 것은 적외선(열선), 가시광선, 자외선이다. 적외선은 열로서 전달되기 때문에 비교적 에너지가 적어서 다른 분자를 이온화하는 능력은 적다. 이들에 비해 자외선은 파장이 짧아서 에너지가 대단히 크다.

표 2-13 방사에너지의 전자스펙트럼

전자파	파장(meter)	전자파	파장(meter)
통상의 라디오파	500~100	자외선 ┌ 태양광의 지표 도달한	4×10^{-7}~1×10^{-8}
음파, 라디오, 텔레비전, 레이더 송신	100~0.01	자외선 ┤ 태양광의 지표 도달한 계	2.92×10^{-7}
		자외선 └ 살균 유효범위	2.8×10^{-7}~2×10^{-7}
초음파(microwave)가열	0.3~0.01	X선	1.5×10^{-8}~110^{-11}
적외방사 가열	3×10^{-4}~7×10^{-7}	gamma선	1.410^{-10}~510^{-13}
가시광(적, 황, 녹, 청, 자)	7×10^{-4}~4×10^{-7}	우주선	5×10^{-14}

적외선이 삽입된 분자는 강하게 이온화하여(즉 하전 된 상태가 되어) 화학 반응성이 대단히 높아진다. 일광에 노출되면 햇볕에 그을리지만 적외선 난로나 전등에 그을리지 않는 것은 전자가 자외선과 같은 에너지가 높은 빛을 갖고 있는 것에 반하여 후자는 적외선이나 가시광선과 같은 에너지가 낮은 빛이기 때문이다.

높은 에너지의 방사선은 살균이나 감자의 출아방지(出芽防止)의 목적으로 적극적으로 식품저장에 이용되고 있지만 이 책에서는 광선에 의한 변질(變質)을 중심으로 하여 우선 광선에 의해 변질이 어떠한 과정으로 일어나는가 설명하겠다.

일반적으로 색소를 함유한 식품은 이와 같은 장파장(에너지)의 광선에 의해서도 영향을 받기 때문에 저장 중에는 차광의 배려가 특히 필요하다. 색소가 공존하면 지질 뿐만 아니라 단백질도 변하기 쉽게 된다. 단백질을 구성하고 있는 아미노산을 아미노산 잔기(殘基)라 하며 이들 아미노산잔기 중에는 광 증감으로 분해되기 쉬운 잔기가 함유되었기 때문이다. 빛에 민감한 것은 히스티딘(histidine) 잔기, 티로신(tyrosine) 잔기, 트립토판(tryptophan) 잔기, 메티오닌(methionine) 잔기로 이들은 리보플라빈(riboflavin, Vitamin B_2 황색색소)과 같은 천연의 식품 성분에 의해서도 분해되는 가시성(可視性)이 크다. 이 경우 산소가 존재하면 그 분해는 현저하게 빨라진다.

이와 같이 지방이나 단백질은 광선에 의해서 간접적으로 변질을 받지만 리보플라빈과 같이 비타민 그 자체가 변질을 받는 경우도 있다. 우유 중에 많이 함유된 비타민 B_2는 위에 설명한 바와 같이 리보플라빈이라 부르는 황색의 물질이기 때문에 우선적으로 광선의 공격을 받는다. 따라서 비타민 B_2는 광선에 대단히 약하다. 우유를 2시간 직사광선에 쪼이면 비타민 B_2의 50~70%가 분해되고 만다.

제3장

식품가공의 기초공정

식품원료는 수확 또는 도살 시점부터 각종 미생물학적·생화학적 작용을 받아 신선도가 감소하고 점차 변패가 시작되어 섭취할 수 없는 상태로 되는 과정을 거치게 된다. 식품원료는 그 종류가 매우 다양하며, 모양, 크기 등의 구조적 특성과 색깔, 광택, 향미 등의 관능적 특성, 영양성과 안전성 그리고 가공적성 등을 가지고 있다. 이들 원료로부터 만든 가공제품이 상품성과 저장성을 갖추기 위해서는 원료의 품질이 좋아야 한다. 품질이 떨어지는 원료로는 어떠한 경우에도 고품질의 가공제품이나 저장성을 기대하기 어렵다.

식품가공이나 저장을 하기 위해 사용되는 처리공정 중 주로 물리적인 조작을 단위공정 이라 하는데 수송 · 세정 · 분쇄 · 혼합 · 열교환 · 건조 · 증발농축 · 증류 · 추출 · 흡착 · 흡수 · 포장 · 냉동 및 냉장 등을 말한다. 한편 유지의 수소첨가나 전분의 산당화 등과 같이 화학반응을 수반하는 것을 단위반응 과정이라 부른다. 일반적으로 원료의 처리는 원료의 처리공정만을 의미하지만 고품질의 제품을 생산하기 위해서는 세척, 선별, 등급 또는 탈피 등과 같은 물리적 가공조작을 하나 또는 두 개 이상 수행하게 된다. 식품가공은 단위조작과 단위반응과정이 함께 조합되어 이루어지고 있으며 모든 공정을 능률적이고 합리적인 방법으로 처리하여야 가공의 목적을 달성할 수 있다.

1. 식품가공 원료의 정선 및 세척

식품을 가공할 때에는 원료가 더럽혀져 있거나 원하지 않는 이물질이 섞여 있는데 이때 이물질을 제거하고 건전한 원료만을 가려내는 조작을 선별이라고 하며, 일정한 크기나 품질의 것만을 취하는 조작을 정선이라고 한다.

1) 이물질 제거

(1) 체 분리

체 분리 방법은 오직 크기의 차이에 의해서 분리하는 방법이다. 곡물에 모래가 섞여 있을 경우에는 모래는 빠져나가고 곡물은 걸리는 체를 쓰면 곡물을 골라냄과 동시에 어느 정도 깨끗이 할 수 있다.

이와 같은 원리를 이용하여 이물질을 제거하는 방법을 체 분리법이라고 한다. 체 분리 장치에는 회전식 드럼체와 평면체가 있는데 어떤 경우이든 간에 원료보다 크기가 크거나 작은 것을 분리해 내는 편리한 장치이다.

(2) 송풍에 의한 이물질 제거

쌀에 보리쌀·왕겨 및 모래가 섞여 있을 경우에는 모래만 체로 분리할 수 있을 뿐 보리쌀과 왕겨는 분리되지 않는다. 이와 같은 경우 쌀만을 필요로 할 때에는 보리쌀과 왕겨는 협잡물이다. 그런데, 쌀·보리쌀 및 왕겨는 크기는 비슷하지만 비중이 서로 다르므로 공기 중에 떨어뜨리면 낙하속도가 달라진다. 다시 말해, 송풍기로 바람을 일으키면 비중이 큰 것은 가까이 작은 것은 멀리 날아가 떨어진다.

이와 같이 비중과 알갱이 크기의 차이가 있는 경우에는 식품을 흐르는 공기 중에 떨어뜨려 이동하는 거리의 차이를 이용하여 협잡물을 제거할 수 있다.

(3) 자석에 의한 이물질 제거

곡물에 못이나 쇳가루 등이 섞여 있을 경우에는 자석으로 금속편을 제거할 수 있다.

자석식 정선기는 제분공업에서 곡물을 분쇄하기 전에 곡물에 섞인 못이나 머리핀, 옷핀, 그 밖의 금속조각들을 제거하는 데 효과적이다.

2) 선별

식품 원료의 종류에 따라 익은 정도, 크기, 모양, 무게, 색 등과 같은 성질이 다르기 때문에 그대로는 식품가공의 원료로 사용하기가 곤란하다. 따라서 동일한 성질을 가지는 것들을 골라내는 선별조작이 필요하다. 선별공정이란 물리적 특성의 차이에 따라서 분리, 제거 하는 공정으로서 주로 식품의 크기, 모양, 무게 및 색깔의 네 가지 특성에 의하여 선별 한다.

두부의 품질은 원료 콩에 따라 결정되기 때문에 검은 콩, 덜 익은 콩들을 골라내야 한다. 보리차나 커피를 볶을 경우에도 크기가 다른 것을 볶으면 작은 것은 타고, 큰 것은 덜 익는다. 따라서 원료의 선별은 가공에 앞서 반드시 필요하다.

수확한 원료를 잘 선별하면 가공 또는 저장상의 기술적 조작을 표준화시키고 작업능률을 향상시키며 제품의 원가를 절감할 수 있을 뿐 아니라 결국은 제품의 품질을 향상 시킬 수 있다.

(1) 무게에 의한 선별

감자・토마토・사과 등이 신선한 것들이라면 무게를 잴 때 크기별로 나누어 잴 수 있다. 무게는 하나씩 측정할 수도 있겠으나 노동력과 시간이 많이 소요되므로 이와 같은 작업을 최근에는 컴퓨터로 무게와 가격 등을 동시에 자동적으로 처리하는 무게 선별기(weight sorter)가 사용되고 있다.

(2) 크기에 위한 선별

크기에 의한 선별은 식품 원료의 크기를 재는 방법 중의 하나로서 고르고자 하는 물건의 크기와 같은 구멍을 뚫어 놓고 그 구멍을 통과시켜 선별하는 것이다.

따라서 평판이나 드럼통의 벽에 구멍을 뚫어 놓고 그 위를 식품이 지나가도록 만든 것이다. 그림 3-1은 평판체(flat-bed screen), 그림 3-2는 회전원통체(rotational drum screen)의 기본구조를 나타낸 것이다.

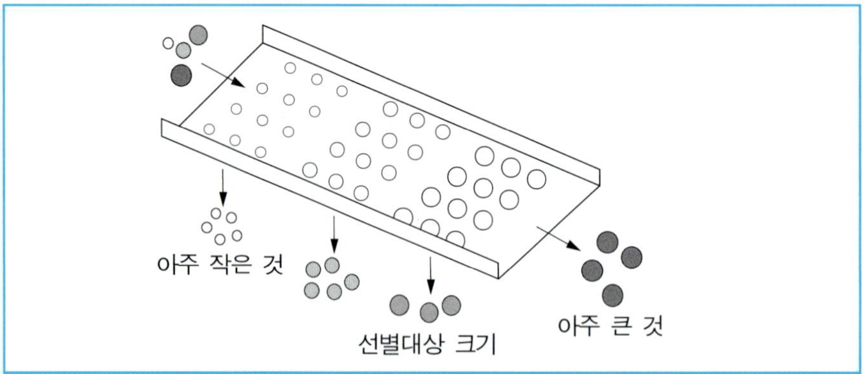

[그림 3-1] 평판식 크기별 선별기의 원리도

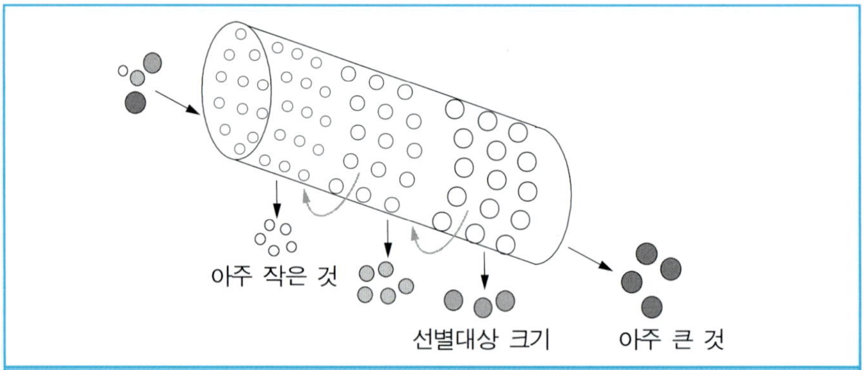

[그림 3-2] 회전원통체 선별기

(3) 모양에 의한 선별

식품의 모양은 종류별로 다르고 같은 종류라고 해도 반드시 동일한 모양을 갖는 것은 아니다. 이때 같은 모양의 재료를 한데 모아 두면 가공할 때 편리한 점이 많아 가공효율이 높아진다. 예를 들면 감자 탈피기를 사용하기 위해서는 감자가 돌출 부분이 없이 균일한 타원형을 갖는 것이 좋다. 오이가 만약 막대 모양을 하면 더 균일하게 포장할 수 있다.

모양에 의한 선별은 수동 또는 기계적으로 수행되며, 곡류의 선별에 많이 사용되는데 이 경우에 곡물의 모양에 맞도록 홈을 파서 그 홈에 들어가는 곡물만을 선별하는 선별기를 사용한다.

특히 크기와 무게에 의한 분류를 한 후에도 다른 모양을 가진 경우에는 길이와 직경을 고려한 모양에 따라 모양선별기를 사용하여 분류한다. 예를 들어 밀, 보리, 귀리, 쌀 등의 비슷한 곡류는 무게선별기와 크기선별기로는 분리하기 곤란하므로 모양선별기로 선별할 수 있다. 모양선별기 중 가장 일반적인 디스크형은 특정 디스크를 회전시키면서 수직 진동하여 같은 모양을 가진 재료를 한데 모을 수 있는 장점이 있고, 실린더형은 디스크형과 원리는 비슷하지만 회전하는 수평 실린더가 있어 이 속을 통과하면서 모양이 비슷한 것끼리 모이게 된다.

(4) 색깔에 의한 선별

색깔의 차이에 의한 선별방법은 광범위한 전자기적 스펙트럼을 이용하여 식품을 선별하는데, 이 원리는 가공원료의 반사와 투과특성을 이용한 것이다.

반사에 의한 선별은 식품재료에 빛을 스캐닝 했을 때 재료의 표면에서 복사, 산란, 반사 등 재료의 표면성질이 다르게 나타나는 원리를 이용한 것이다. 예를 들면, 반사 정도는 벌레 또는 표면에 흠이 있는 땅콩, 곡류, 커피콩의 분류, 흠이 있거나 껍질이 잘 벗겨지지 않은 과일이나 절단된 채소, 숙성정도가 다른 과일, 부적절하게 가공된 잼, 버터 등에 따라 달라지므로 쉽게 선별할 수 있다. 특히 반사 성질의 원리는 가공재료의 선별, 세척, 등급 시에도 이용되는데, 이 성질을 이용하면 노동력이 절약되고 분류와 처리능력이 높아진다.

광학적 색깔 선별은 반사원리를 이용하여, 식품의 색깔을 표준 색깔과 비교하여 서로 다른 것을 제거하는 방법이다. 기계적 색깔 선별은 수광센서에 의해 일어나는 신호를 이용하여 서로 다른 특정 색깔에 일어나는 불균형 정도를 증폭하여 특정 색깔을 가진 불순물을 제거하는 방법이다.

투과에 의한 선별은 식품재료에 투과되는 빛의 정도를 기준으로 판단하는데, 채소류, 곡류, 사과, 땅콩, 토마토, 복숭아 등에 빛을 투과시키면 결함 여부를 쉽게 알 수 있다. 이 원리를 이용하여 채소의 숙성, 중심부의 결함, 계란의 외부물질 혼입 여부와 혈흔의 존재 여부 등을 쉽게 식별할 수 있다.

3) 세정

식품원료의 세척은 오염물질과 위해물질을 제거하고, 이물질과 미생물을 감소 또는 제거하여 가공효율과 가공제품의 품질을 향상시키며, 또한 저장성을 증대 시킨다.

세정방법에는 건식 세정법과 습식 세정법이 있는데, 건식 세정법 만으로는 곡물에 묻은 흙·농약과 같은 이물질들을 완전히 제거할 수 없다. 이와 같은 경우에는 물로 씻어야 하는데, 물과 같은 액체 속에서 식품을 세척하는 방법을 습식 세정법이라고 한다.

(1) 침지세척

두부·장류 등을 제조할 때에는 콩을 씻는 조작이 필요하다. 식품에 묻어 있는 이물질을 떼어 내는 데에는 물속에 넣고 저어주거나 세척제를 첨가해 주는 경우가 있다.

(2) 분무세척법

다량의 식품을 세척하려고 할 때에는 일일이 씻을 수 없다. 이와 같은 경우에는 식품을 컨베이어에 실려 이동시키면서 그 위에 물을 세게 뿌려 줌으로써 세척하는 방법을 이용하면 편리하다. 여기서 물은 분무기나 노즐을 통하여 비교적 높은 압력으로 분사되어 협잡물을 떼어 낼 수 있는 힘을 가져야 한다. 그러나 압력이 너무 높으면 식품의 조직을 상하게 할 위험이 있다.

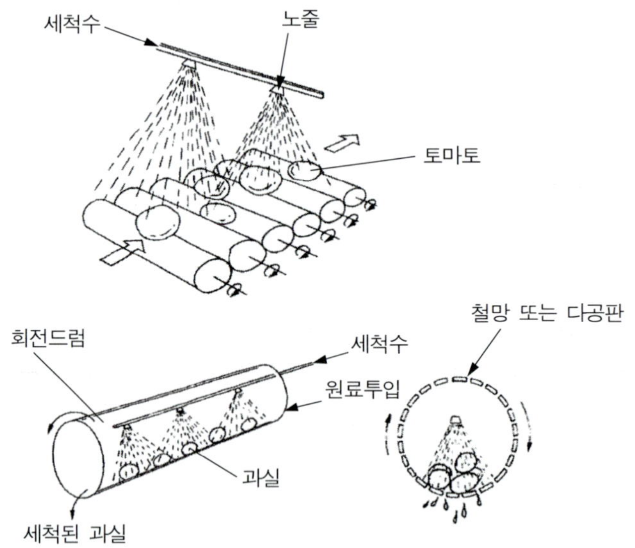

[그림 3-3] 분무세척기의 구조

이때 분무되는 물이 식품의 구석구석에 닿도록 해야 하기 때문에 컨베이어는 식품을 굴리면서 이동시킬 수 있는 롤러컨베이어에 식품을 운반하면서 노즐 밑을 통과하도록 하는 방법을 이용한다.

(3) 부유세척법

식품에 묻은 이물질은 물속에 담그면 협잡물이 분리되어 세척효과를 얻을 수 있다. 세척은 저어 주거나 세제와 같이 사용하면 더욱 효과적인데, 그 이유는 세척 조작은 물과 세척 대상물이 잘 접촉해야 하고 물과의 마찰력을 이용하는 것이기 때문이다. 물속에 담그면 밀도와 부력의 차이로 밀도가 높은 협잡물은 가라앉고, 밀도가 낮은 협잡물은 떠올라 분리해 낼 수 있게 된다.

지금 그림 3-4에서 보는 바와 같은 장치를 사용한다고 할 때 첫 번째 칸에서 부유된 것은 다음 칸으로 이동되어 재침강되고 여기서도 침강되지 않은 것은 배출된다. 이와 같은 장치를 사용하면 세척과 선별을 동시에 할 수 있는 장점이 있다.

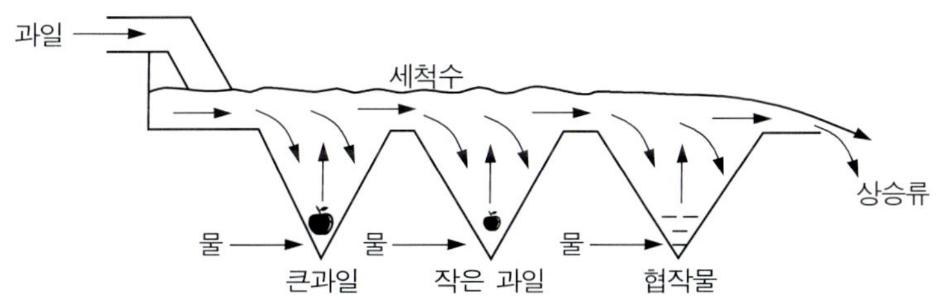

[그림 3-4] 부유식 세척기의 세척 원리

(4) 초음파세척법

초음파세척법(ultrasonic washing)은 담금 세척법과 그 원리는 같으나, 교반 에너지로써 사람이 들을 수 없는 초음파(16 kHz 이상)를 사용한다는 특징이 있다.

물에 20~100 kHz의 주파수를 가지는 초음파를 통과시키면 압력이 교대(고압 ↔ 저압)로 변하면서 기포가 급격히 생성되었다가 소멸된다. 그 결과 원료에 묻어 있는 입자에도 격렬히 교반 효과가 일어나 입자가 떨어지게 되는 현상이 나타나는데, 이 방법은 야채 속의 모래, 과일 표면에 부착된 왁스, 더러운 달걀의 세척에 적합하다.

2. 식품의 분쇄

1) 식품 분쇄의 특성

식품은 때때로 그 목적과 용도에 따라 형태를 변형시켜 원래의 크기보다 더 작게 만들 필요성이 있는 경우가 있는데, 이와 같이 원래의 형태를 기계적으로 작게 부수는 조작을 분쇄(size reduction)라고 한다.

식품을 가공하는 데에는 먼저 분쇄조작을 통하여 가루로 만든 다음 가공단계로 이어지는 것이 많다. 예를 들면, 밀을 분쇄하여 밀가루를 얻은 다음 여기에 물, 소금, 달걀, 버터 등을 배합하여 빵이나 과자를 만드는 것과 같다.

식품을 분쇄하는 목적은 다음과 같다.

① 일정한 입자 또는 가루로 만들어 그 이용가치를 높이기 위한 것으로서, 예를 들면 소맥제분공정과 옥수수 분쇄 공정이 여기에 속한다.

② 불필요한 성분을 분리·제거하기 위한 것으로서, 예를 들면 열매의 외피의 분쇄 등이 여기에 속한다.

③ 표면적을 증가시킴으로써 건조, 추출, 용해 및 증자를 쉽고 빠르게 하기 위한 목적이 있으며, 예를 들면 감자, 콩, 땅콩, 과실 등의 분쇄가 여기에 속한다.

④ 다른 재료와 균일하게 혼합시키기 위한 것으로서, 예를 들면 향신료의 분쇄가 여기에 속한다.

식품이 분쇄가 잘 되는지 안 되는지를 말할 때에는 분쇄성이 "좋다. 또는 나쁘다." 라는 말을 쓰는데, 식품은 그 종류가 다양한 것과 같이 물성의 차이가 크기 때문에 분쇄성도 식품마다 다르다.

분쇄성은 조직이 단단하다든지 또는 유연한 것만으로는 가늠할 수 없다. 설탕이나 소금은 단단한 결정이지만 쉽게 분쇄할 수 있는 반면, 육류(쇠고기 등)는 그 조직은 유연하나 분쇄성이 낮다. 또, 식품 조직의 주요 구성성분인

섬유질, 전분, 단백질, 수분 등의 함량 및 결합방식도 분쇄에 영향을 끼친다.

식품은 일반적으로 조직의 결합이 균일하지 않기 때문에 힘을 가하면 결합력이 가장 약한 부위부터 부서지게 된다. 이와 같이 결합력이 약한 부위를 약선 이라고 한다. 식품의 초기분쇄에 있어서는 주로 이 약선을 따라 쪼개지게 되므로 작은 힘으로도 분쇄가 되지만, 분쇄입자가 작아질수록 약선이 점차 없어지게 되므로 식품을 미세한 입자로 분쇄할수록 더 많은 힘이 소요된다.

(1) 원료의 특성

원료의 크기, 분쇄 후의 입자크기, 입도 분포, 이화학적 특성, 재료의 양, 습·건식의 구별 등을 고려하여야 하며, 특히 온도와 열에 민감한 식품의 경우에는 분쇄 중 식품성분의 열분해, 변색, 향기성분의 발산 등에 의해 품질이 저하되므로 온도를 일정 범위 내에서 유지할 수 있도록 냉각효율이 높은 분쇄기를 선정하여야 한다. 열에 민감한 식품은 드라이아이스나 액체질소를 사용하여 동결 분쇄를 하는 것이 좋다.

또한 단단한 정도, 부서지는 정도, 끈적거리는 정도, 융점, 구조, 비중, 화학적 안정성, 균일성, 순수성 등도 분쇄에 영향을 미치는 중요한 특성들이다.

(2) 수분 함량

원료에 함유된 수분이 분쇄공정을 도울 수도 있고 방해할 수도 있다. 대부분의 경우 수분함량이 3% 이상이 되면 분쇄기가 막히고, 시간당 분쇄량이나 분쇄효율이 감소하게 된다. 또한 수분함량이 많으면 가루가 서로 엉겨 덩어리를 형성하는 경향이 있다.

건조한 고체를 분쇄할 때 많은 먼지가 생겨 호흡기 질환을 야기하거나 인화성과 폭발성의 우려가 있으므로 원료에 적당한 수분이 있는 것이 좋다. 밀제분의 경우에도 수분함량을 엄격히 조절하며 옥수수는 습식방식으로 제분하는 것이 필요하다.

(3) 온도조건

분쇄과정에서 마찰열은 온도를 상승시켜 재료를 변하게 하거나 연화시키는데, 특히 열에 민감한 재료일 경우에는 재료가 서로 엉겨 붙거나 분쇄기에 붙으므로 가공효율이 나빠진다.

식품의 표면에 액체질소를 분사하여 순간적으로 동결한 후 충격 분쇄하는 동결분쇄의 경우 원료 품질의 열화를 억제하면서 미세하게 분쇄할 수 있다. 또한 상온분쇄 시에 발생하는 발열과 산화에 의한 품질변화를 최소화하고 물성변화, 영양파괴를 막을 수 있다. 또한 향미가 중요한 향신료나 조미료의 분쇄에 매우 유용한다.

분쇄된 가루를 체를 사용하여 얻는다. 이 가루제품의 입자별 크기와 수율을 알아내는 방법을 체분석(sieve analysis)이라고 한다.

체분석에 사용되는 체를 표준체(standard sieve)라고 하며, 그 종류에는 타일러표준체(Tyler standard sieve), 독일표준체(DIN) 및 일본표준체(JIS)가 있으나 타일러표준체가 가장 보편적으로 사용된다.

표준체의 단위는 메시(mesh)로 표시하는데, 메시 수는 체망의 길이 2.54 cm 속에 들어 있는 체눈의 수를 의미한다. 예를 들어 5메시 체라 하면 체의 길이 2.54 cm 내에 들어 있는 체눈의 수가 5개인 체를 말하는 것이다(그림 3-5).

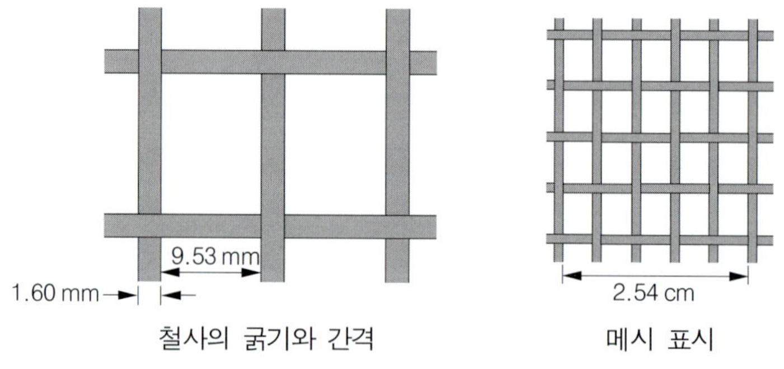

[그림 3-5] 메시체의 모양

2) 분쇄기의 종류

식품을 분쇄하는데 사용되는 분쇄기는 그 종류가 다양하고 명칭도 여러 가지로 불린다. 따라서 적당한 분쇄기를 선정하기 위해서는 여러 가지 요소를 면밀하게 검토해야 하는데, 이를테면 원료 물질의 특성, 사용 가능한 분쇄기의 종류, 가루제품의 특성, 수분함량과 온도조건에 대하여 잘 알아야 한다.

(1) 충격형 분쇄기

① 해머밀

해머밀(hammer mill)은 1개의 회전축에 고정되어 있는 원판 주위에 여러 개의 해머가 달려있는 것이다. 해머밀은 결정성 고체, 섬유질 원료 등을 분쇄할 수 있으므로 식품가공에서는 원당·마른 채소·절간고구마 등을 분쇄하는 데 널리 사용된다. 해머밀의 구조 및 식품에 분쇄되는 모양은 그림 3-6에서 보는 바와 같다.

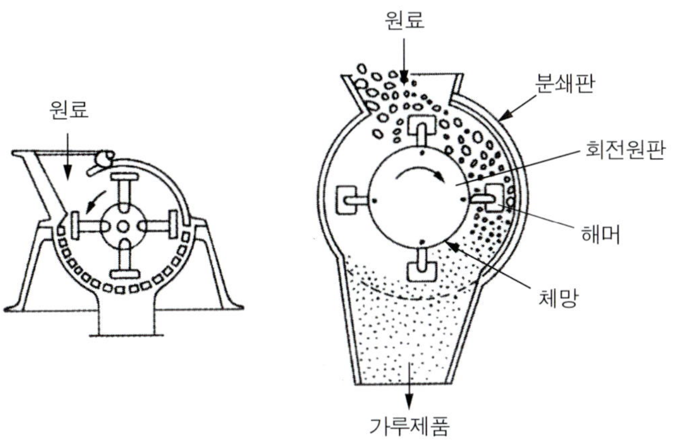

[그림 3-6] 해머밀

② 볼밀

볼밀(ball mill)은 그림 3-7에서 보는 바와 같이 저속으로 회전하는 수평형 원통과 그 속에 들어 있는 금속볼(steel ball)이나 돌(flint stone)로 구성되어 있다. 분쇄작용은 원통이 회전함에 따라 금속볼이 뒤집히고 부딪치면서 그 사이의 공간을 채우고 있는 원료가 분쇄됨으로써 이루어진다.

너무 느려도 효과가 없을 뿐만 아니라 너무 빨라도 원심력에 의하여 볼이 원통의 기벽에 붙어 같이 돌아가기 때문에 분쇄효과를 얻을 수 없다.

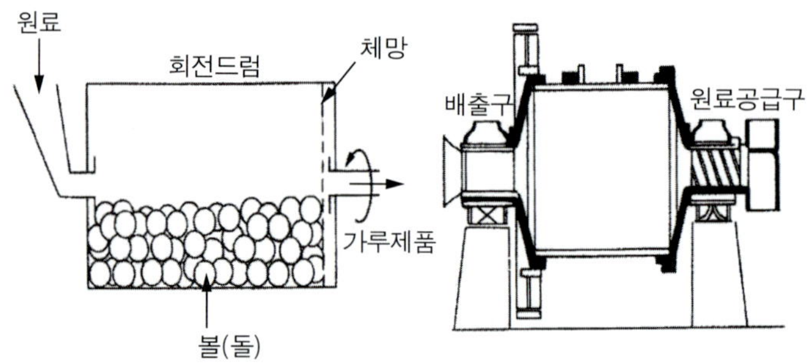

[그림 3-7] 볼밀

③ 핀밀

핀밀(pin mill)은 원판에 작은 막대모양의 핀이 붙어 있는 것으로서 식품가공에서 많이 사용된다(그림 3-8). 원판이 회전할 때 붙어 있는 핀이 회전하면서 원료를 타격하는 충격식 분쇄기이다.

[그림 3-8] 핀밀

(2) 전단형 분쇄기

① 디스크밀

디스크밀(disc mill)은 금속으로 된 원판(그림 3-9)을 또 다른 원판과 서로 맞대서 반대방향으로 회전시킨다. 이때 원료는 두 원판 사이의 좁은 간격에 투입되고 원판이 회전할 때 생기는 마찰력과 전단력에 의하여 분쇄된다.

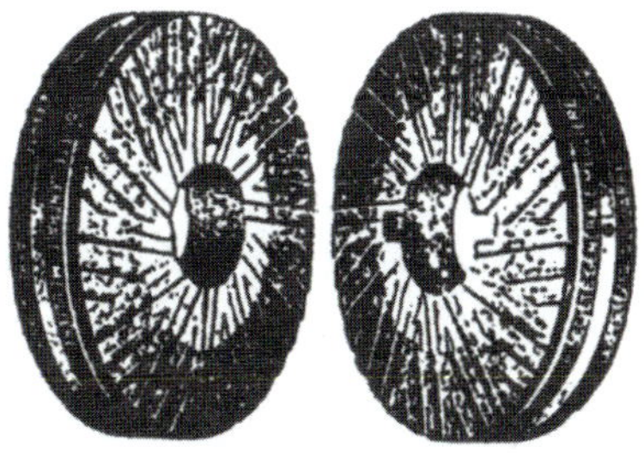

[그림 3-9] 디스크밀의 원판모양

(3) 압축전단형 분쇄기

대표적인 압축전단형 분쇄기로는 롤밀(roll mill)이 있으며 이 분쇄기는 2개 또는 그 이상의 무거운 금속롤(roll)이 서로 마주 보고 회전하면서 원료를 물고 들어가 롤을 통과할 때 압축력으로 분쇄한다. 경우에 따라서는 두 롤의 회전속도가 달라 전단력과 압축력에 의하여 분쇄효율이 높아지도록 설계되어 있다.

[그림 3-10] 여러 가지 홈이 팬 롤의 모양

(4) 절단형 분쇄기

식품 원료 중에는 건조된 채소와 같이 충격이나 전단력만으로는 잘 부서지지 않는 것이 있다. 이와 같은 경우에는 절단력을 분쇄원리로 이용하는 절단분쇄기(cutting mill, 그림 3-11 참조)를 사용해야 한다.

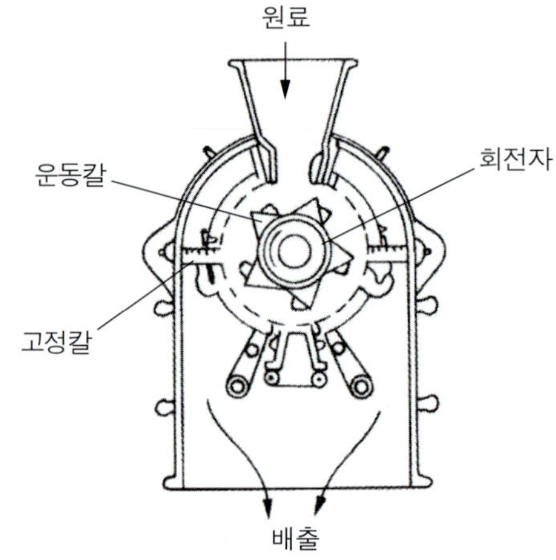

[그림 3-11] 커팅밀

(5) 충격식 과채류 분쇄기

고구마, 감자 및 과일류를 분쇄할 때에는 충격식 분쇄기(vegetable crusher)가 사용되기도 한다. 스크루에 의하여 원료가 투입되면 중앙에 여러 개의 막대가 달린 회전축이 회전하면서 원료에 충격을 주어 분쇄하고 일정한 크기의 분쇄물은 다공판을 통하여 분리된다(그림 3-12).

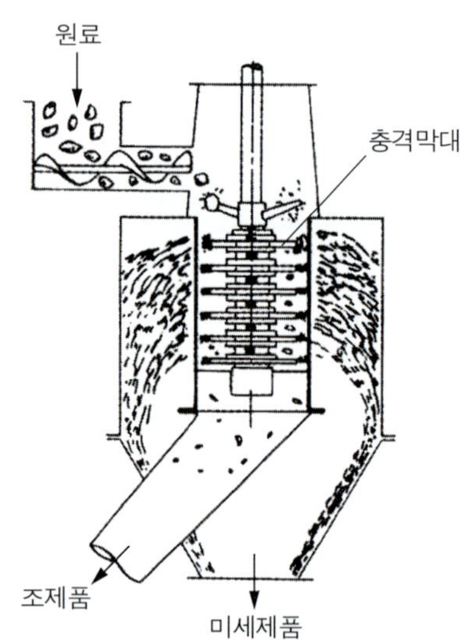

[그림 3-12] 충격식 감자 분쇄기

3. 식품의 혼합 및 유화

대부분의 가공식품은 두 가지 이상의 원료를 써서 제조되며 제품의 질은 이들 원료를 어떻게 잘 섞어 주느냐에 따라 좌우되므로 거의 모든 식품가공에서는 혼합조작을 필요로 한다. 혼합조작은 단순한 물질의 혼합을 목적으로 하는 경우와 식품제조공정의 한 보조수단으로서 이용되는 경우가 있다.

혼합조작은 서로 혼합하고자 하는 물질에 따라 고체-고체 혼합, 고체-액체 혼합, 액체-액체 혼합 그리고 기체-액체 혼합으로 나눌 수 있는데 이는 다음과 같이 구별된다.

① 주로 곡물과 같은 입자나 분말형태의 고체-고체 혼합으로서 모든 형태의 혼합(mixing)을 통칭하기도 한다.

② 소량의 고형물을 액체에 균일하게 부유 또는 용해시키거나 저점도의 액체들을 서로 혼합하는 교반(agitation)조작이 있다.

③ 다량의 고체분말과 소량의 액체를 섞는 일종의 고체-액체 혼합인 반죽(kneading)조작이 있다.

④ 교반과 같이 액체-액체 혼합이지만 서로 녹지 않는 액체들을 분산시켜 혼합하는 유화(emulsification)조작이 있다.

버터의 제조에서 이용하는 특수한 혼합방식으로는 교동(churning)을 들 수 있는데 이것은 액체-액체 혼합과 기체-액체 혼합작용을 병용한 것이다. 이와 같이 혼합의 형태와 방법에는 여러 가지 있지만, 어떤 경우에나 원료내의 각 성분이 같은 비율로 균일하게 분포되어야 하며 동력을 적게 쓰면서 짧은 시간 내에 혼합제품을 얻을 수 있어야 한다. 또, 혼합조작은 단순히 섞는 작업 이외에도 혼합 중에 물리적 성질 및 화학적 변화를 일으켜 반응속도를 촉진시키고 독특한 물성을 얻을 수 있게 한다.

1) 혼합기

혼합조작은 단순히 섞거나 버무리거나 저어 주는 기계적인 것이지만 양이 많을 때에는 골고루 혼합한다는 것이 그리 쉬운 일이 아니다. 따라서 이와 같은 조작을 각종 식품에 따라 어떻게 그리고 어떤 장치를 이용하여 단시간 내에 완료할 수 있는가 하는 것이 매우 중요하다.

고체-고체의 혼합에는 비교적 간단한 장치를 사용하는데 크게 나누어 다음과 같은 두가지 방법을 이용한다. 그중 하나는 용기 속에 원료를 넣고 용기를 회전(rotation)시키거나 뒤집기(tumbling)를 반복하는 것이며, 또 다른 하나는 용기를 고정시켜 놓고 스크루 또는 리본과 같은 혼합장치를 사용하여 혼합하는 것이다.

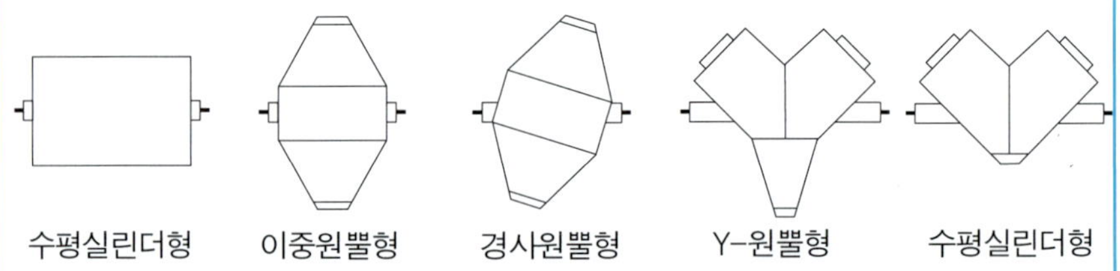

[그림 3-13] 여러 가지 텀블러혼합기의 모양

스크루혼합기(screw mixer)는 스크루의 회전에 따라 고체입자를 아래위로 그리고 앞뒤로 섞어 주는 작용을 혼합 목적에 이용한 것이다. 이 혼합기는 스크루와 식품 사이의 마찰력이 커서 혼합 도중에 식품이 부서지기 쉬운 단점이 있으므로 혼합할 때 부서져도 무관한 식품 원료에만 적용할 수 있으나 혼합하면서 수송을 겸할 수 있는 장점이 있다.

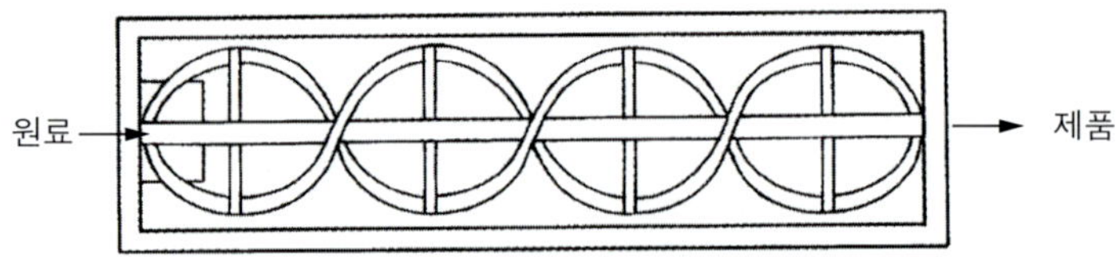

[그림 3-14] 리본형 혼합기

고체-액체의 혼합은 고체 및 액체의 양에 따라 그리고 혼합물의 성질과 혼합제품의 특징에 따라 혼합원리가 달라진다. 예를 들면, 밀가루가 담긴 그릇에 물방울을 떨어뜨리면 밀가루는 물을 흡수하면서 덩어리를 만드는 응집현상을 일으켜 이미 가루가 아닌 상태로 변화된다.

마른 콩에 약간의 물을 혼합하는 것도 고체-액체 혼합이지만 콩을 불린다고 말할 뿐 혼합이라고는 하지 않는다. 그 이유는 콩에다 소량의 물을 붓고 잘 섞어 주는 것은 그리 힘들지 않을 뿐만 아니라 고체-고체를 혼합 할 때와 같은 V자형 혼합기로도 충분히 목적을 달성할 수 있기 때문이다.

소금 및 설탕과 같은 용해성 고체를 물과 같은 많은 양의 용매에 녹이는 경우에는 액체-액체 혼합에서와 같은 교반원리가 적용된다. 고체의 양이 증가하면 점성이 크게 증가하고 유동성이 떨어지게 되므로 혼합조작 시에는 식품의 유동성을 이용할 수 없고, 순전히 기계적인 교반 날개만으로 혼합하게 된다. 이때 교반 날개는 혼합물의 구석구석을 고루 섞어 주어야 하는 데, 이와 같은 조작을 반죽(kneading)이라고 한다.

제빵·제과용 반죽의 경우에는 다량의 밀가루에 소량의 물을 붓고 혼합하는 것으로서 균일한 혼합에만 목적이 있는 것이 아니라 빵이나 과자로 제조했을 때 우수한 물성을 가진 제품을 얻을 수 있는 반죽상태를 만드는데 목적이 있다. 따라서 고체-액체의 혼합에서는 혼합제품의 목적에 맞는 혼합장치를 특별히 제작·사용하고 있으며 그 종류도 다양하다.

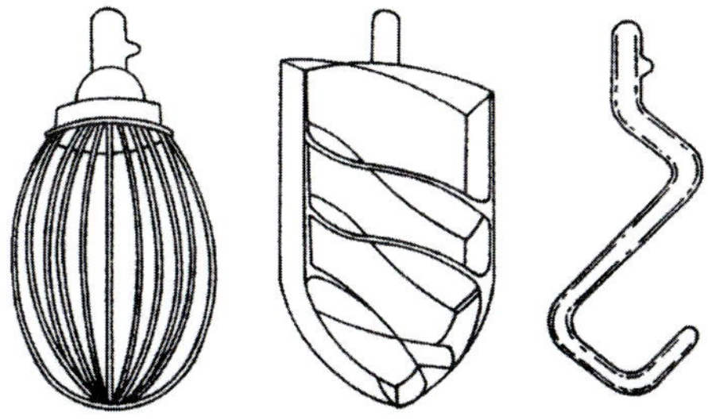

[그림 3-15] 팬혼합기에 사용되는 여러 가지의 교반날개

2) 유화의 원리

유화(emulsification)조작은 물과 기름처럼 서로 잘 섞이지 않는 액체를 물리적 또는 화학적 방법을 이용하여 균일하게 분산시키는 조작으로 이렇게 만들어진 액을 유화액(emulsion)이라고 한다. 이때 미세한 입자로 분산되는 작은 방울을 분산질이라하고, 이것을 수용하고 있는 액체를 분산매라고 한다.

유화액을 오랜 시간 동안 방치해 두면 분산질 입자가 서로 엉겨 붙거나,

떠오르거나, 가라앉을 수 있는데 이와 같은 유화액은 안정한 것이 아니다. 따라서 유화액의 안정성은 계면장력과 분산질 방울의 크기, 분산매의 점성, 두 상 이상의 밀도 차에 따라 달라질 수 있다.

식품가공에서는 우유가 유화액의 대표적인 예라고 할 수 있는데 우유를 처리할 때에는 우유 속의 지방구를 잘게 부수는 균질화작업을 통하여 안전성을 증진시키기도 한다.

유화액은 두 가지 유형으로 분류할 수 있는데 기름(oil)이 작은 방울로 분쇄되어 다량의 물속에 분산될 때 이를 O/W(oil-in-water emulsion) 유화액이라 하고 물이 작은 방울로 분쇄되어 다량의 기름 속에 분산되어 있는 것을 W/O(water-in-oil-emulsion) 유화액이라고 한다. O/W 유화액을 희석시키거나 염료로 착색시키고자 할 때에는 물로 희석하든지 수용성 색소를 사용해야 하고 기름에 물로 분산된 W/O 유화액은 그와 반대이다. W/O 유화액의 예로는 버터를 들 수 있다.

우유의 예에서 볼 수 있는 바와 같이 유화액 속에 분산된 작은 입자들은 오래 방치해 두면 다시 응집하여 분산되기 이전의 상태로 되돌아가려는 성질이 있으므로 유화액의 상태를 그대로 유지하는 것은 어렵다. 그러나 작은 방울 표면에 어떤 막을 씌우면 자기들끼리 부딪쳐도 다시 합쳐지지 않게 할 수 있는데, 이와 같은 물질은 물과도 친화성을 가져야 하고 기름과도 친화성을 가지는 것 이여야 한다.

비누는 바로 이와 같은 성질을 가지므로 때(기름)를 물속에 녹여 낼 수 있는 것이다. 그러나 비누는 우리가 먹을 수 없으므로 식품에는 사용할 수 없다. 달걀을 깨뜨려 손을 닦으면 비누와 같은 역할을 하는데 이는 달걀속에 들어 있는 성분인 레시틴이 유화를 촉진시킨다는 것을 의미한다.

이와 같이 제3의 물질을 첨가하여 분산질의 재결합을 방지하는 물질을 유화제라고 한다. 식품가공에서 주로 사용되는 유화제는 독성이 없는 안전한 것 이여야 하는데 이에는 단백질, 레시틴과 같은 인지질, 스테롤 등의 천연 유화제와 그 밖의 합성유화제가 있다.

유화제를 사용하여 유화시키는 방법을 보면 다음과 같다. 유화제를 첨가하고 나서 일정 시간 동안 격렬하게 교반시키면 이때 생기는 전단력이 분산될 입자들을 작은 방울로 쪼개고 그 방울의 표면에 유화제에 의한 막이 형성됨으로써 안정한 유화액이 만들어진다.

(1) 유화기

① 교반형 유화기

교반형 유화기는 교반기와 비슷한 구조를 가지고 있으나, 교반부분을 균질화에 적합하도록 설계한 것이다. 즉, 액체에 강한 전단력을 작용시켜 액체를 작은 방울로 분쇄할 수 있게 하기 위하여 고속 회전터빈을 사용하도록 되어 있다.

교반형 유화기와 터빈부분의 구조는 그림 3-16에 나타낸 바와 같으며 그림 A의 회전자부분에서 액체가 미립으로 분쇄되고, 이 부분을 확대한 단면도는 B와 같다. 이때 액은 고정자와 회전자 사이에서 전단력·충격력 등을 받아 분쇄되어 유화되는 것이다.

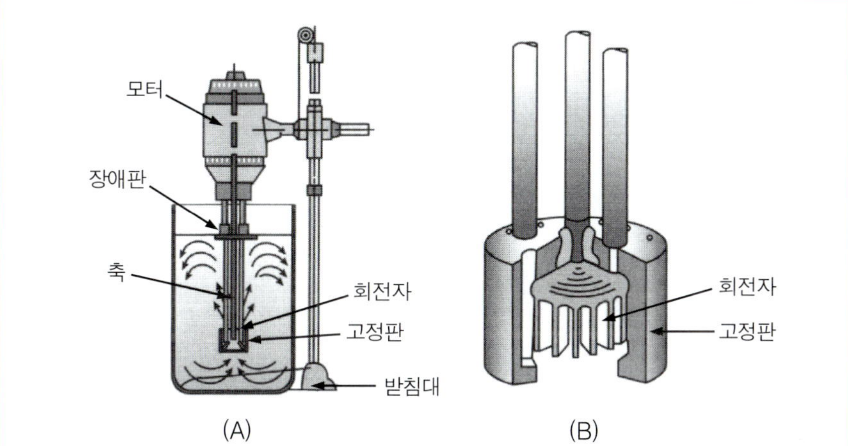

[그림 3-16] 교반형 유화기(A)와 터빈부분(B)의 구조

② 가압형 유화기

고압 균질기(pressure homogenizer)는 액체가 좁은 간격이나 구멍을 높은 압력으로 통과할 때의 분쇄효과를 이용한 것이다. 이것은 균질용 밸브와 고압펌프로 구성되어 있는데 예비혼합한 액을 고압펌프를 이용해 높은 압력으로 밸브에 공급하면 액은 밸브와 밸브시트 사이의 좁은 간격을 빠른 속도로 통과하게 된다. 이때 분산질인 액체방울은 강한 전단작용을 받아 분쇄되는 동시에 출구에서 브레이커 링(breaker ring)에 직각으로 충돌하며 이 충

격에 의해 분산질 입자는 더 분쇄된다. 또한, 압력이 고압에서 저압으로 갑자기 낮아지므로 팽창되어 더욱 미세한 입자가 된다.

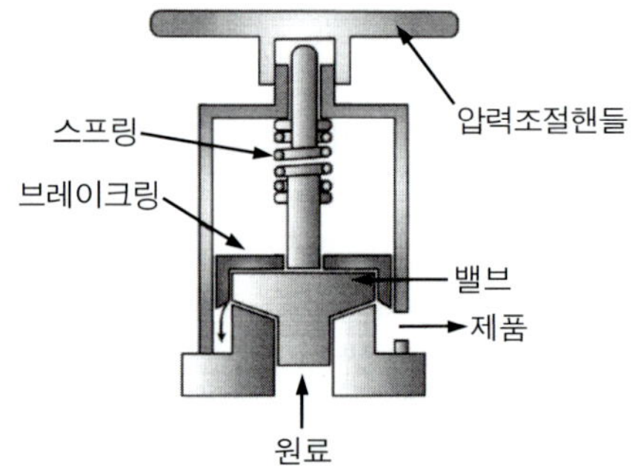

[그림 3-17] 고압 균질기

4. 식품의 여과 및 막분리

1) 여과의 원리

식품 중에는 식용유, 주류, 식초, 과즙, 당시럽 등과 같이 맑고 투명한 액체상태의 것이 많다. 이들 식품은 원래 투명한 것이 아니라 대부분 혼탁한 고체-액체 혼합물을 면포와 같은 것으로 걸러서 고형물을 분리·청징하여 만든 제품들이다.

이와 같이 면포와 같은 다공성 여과제(filter media)를 사용하여 고체-액체 혼합물을 물리적으로 분리하는 조작을 여과(filtration)라고 한다. 여과하고자 하는 고체-액체 혼합물을 여료 또는 현탁액(slurry)이라 하고 여과제를 통과하여 얻어지는 액을 여액(filtrate)이라고 한다. 여과제를 통과하지 못하는 고형물은 여과제 위에 쌓이게 되는데, 이를 여과박(filter cake)이라고 한다.

대부분의 여과조작은 청징한 액체를 얻기 위하여 이용되지만 때로는 전분유로부터 녹말을 회수할 때와 같이 고형물을 얻는데 사용되기도 한다.

2) 여과속도

여과조작을 실제로 하기 위해서는 조작조건에 따라 여과속도 즉 단위 시간 및 단위 면적당 분리할 수 있는 현탁액의 양을 알아야 하며 이 속도로부터 여과장치의 크기를 결정해야 한다.

일반적인 여과조작에서 액체는 여과 매체를 통과하고 고체는 이 위에 쌓이게 된다. 여과의 초기에 여과제에 처음 접하는 고체입자가 여과제의 조그만 구멍을 메워 여액의 흐름에 큰 저항이 생기게 된다. 이때 여과 매체에 의하여 형성된 저항을 여과제의 저항이라고 한다.

여과가 진행됨에 따라 여과제의 표면에 고체층이 형성되고 그 두께가 점차 증가한다. 이와 같은 고체층에 의한 저항을 여과박의 저항이라고 한다. 여과박의 저항은 여과 초기에는 0이고 여과시간이 경과함에 따라 점차 증가한다.

여과제는 여과장치의 기본이 되는 것으로서 고체를 걸러 낼 수 있는 구조로 되어 있는데 이때 사용되는 여과제로는 체나 면직과 같은 직조형(그림 3-18), 철판에 구멍을 뚫어 놓은 다공판형, 솜·펄프와 같은 섬유조직을 가진 펄프형 등이 있다. 그 밖에도 모래, 자갈, 규조토, 숯 등도 사용되고 있다.

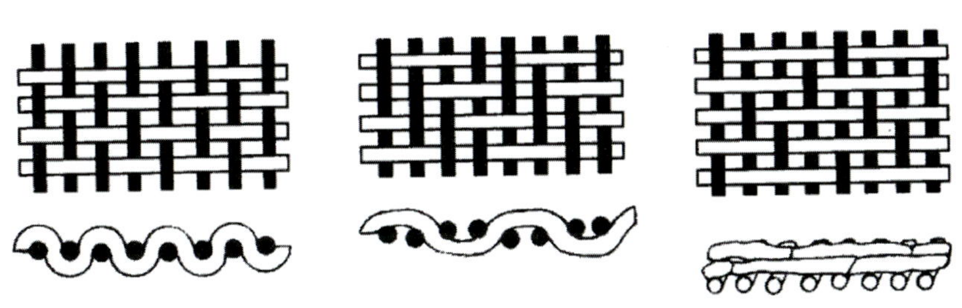

[그림 3-18] 직조형 여과망의 모양

그러나 여과가 진행되는 동안 생성된 고형물(여과박)이 여과제의 공극을 막아 버려 여과속도를 늦추거나 여과작업을 계속할 수 없게 된다. 가압여과를 하면 이와 같은 현상이 더욱 심하기 때문에 여과제의 구멍이 막히지 않도록 보호해 줄 필요가 있다.

그 방법으로 규조토, 실리카겔, 펄프 등의 비압축성 성질을 가진 거친 입자를 사용하여 여과제 위에 별도의 층을 형성시켜 놓는다. 이때 사용되는 재료를 여과조제(filter aid)라 하고 이것들에 의하여 형성된 층을 프리코트(precoat)라고 한다.

3) 여과기

여과기(여과장치)는 기본적으로 여과제를 기계적으로 받쳐 주는 지지력, 여과제가 원활하게 통과하도록 하는 흐름, 여과 중에 생겨나는 여과박을 제거하기 위한 장치 등으로 되어 있다. 경우에 따라서 여과박에 묻어 있는 여액의 잔사를 제거하기 위하여 세척을 해야 한다. 이외에도 여과제의 상부에 가압시설을 하거나 하부에 감압장치를 하여 여액의 흐름속도를 증가시키기도 한다.

(1) 고체-액체 여과

① 중력여과기

여과를 일으키는 구동력으로 고체-액체 혼합물의 중력 자체만을 이용하는 것이 가장 간단한 장치(그림 3-19)이지만 이는 여과박의 투과성이 극히 높지 않으면 효율이 떨어지기 쉽다.

식품가공에서는 공업용수의 정수시설에 주로 이용되고 있다. 이 장치는 큰 탱크 밑바닥에 다공판을 깔고 그 위에 자갈층과 모래층을 만들어 놓아 탱크 윗부분에서 물을 공급하면서 여과할 수 있도록 되어 있다.

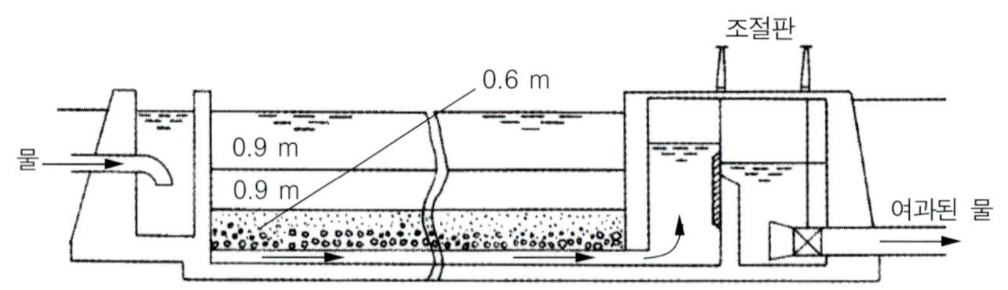

[그림 3-19] 모래와 자갈층을 이용한 중력여과기

② 가압여과기

가압여과기(pressure filter)는 식품가공에서 가장 널리 이용되는 방식으로

서 압력을 가해 주기 때문에 여과속도를 빠르게 할 수 있으며 그 대표적인 것으로 필터프레스(filter press, 그림 3-20)가 있다. 그 구조를 보면 사각형 모양의 여과틀 양면에 여과포를 씌우고 여기에 여과판과 세척판을 교대로 배열하여 조립한 것이다.

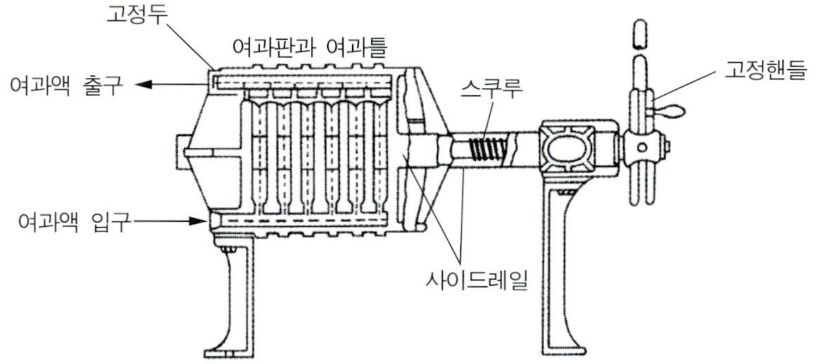

[그림 3-20] 필터프레스

여과판과 여과틀의 조립체는 나사나 수압 또는 압축공기에 의하여 단단히 죄어져 액체가 새지 않게 장치되어 있다. 여과포는 개스킷(gasket)으로서도 작용하여 여과판과 여과틀 사이에 액이 새어 나오는 것을 방지한다. 여과판과 여과틀의 구석에는 구멍이 나 있는데(그림 3-21) 기계가 죄어져 닫히게 되면 구멍이 서로 맞게 연결되어 액이 이곳을 통하여 흐르게 된다.

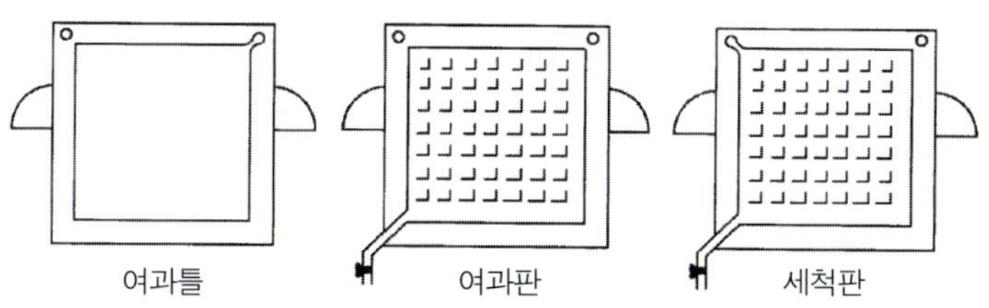

[그림 3-21] 필터프레스의 주요 부분

원료액은 구멍을 통하여 들어가고 여과박은 여과통의 중앙 빈 곳에 쌓이게 된다. 여과포를 통과한 여액은 여과판 위의 홈을 지나 아래 배출구멍을 통하여 빠져 나간다.

여과는 여과틀 안의 공간에 여과박이 채워질 때까지 계속되며 이와 같은 상태에 도달하면 여액의 배출속도가 현저하게 감소한다. 여과가 끝난 후 원료액 대신 세척액을 흘려보내어 여과박을 세척하는데 이때 세척판을 사용하면 효과적인 세척을 할 수 있다. 여과하는 동안 이 세척판은 여과판으로 이용되지만, 세척하는 동안에는 세척판의 배출구가 닫히고 따로 마련된 통로를 통하여 세척액이 주입된다.

③ 원심여과기

원심여과기(centrifugal filter)는 망상으로 된 금속제 바구니모양의 원심분리통이 수직 회전축의 끝에 고정되어 있고, 여과제가 원심분리통의 기벽 내부에 둘러져 있다.

낮은 속도로 회전하고 있는 원심분리통에 원료액(여료)을 주입한 후 회전속도를 높이면 원심력의 차이에 따라 여과박이 기벽에 쌓이게 되고 이 여과박을 통하면서 여액이 분리된다. 여과가 끝나면 세척액이 여과박 표면에 살포되고, 이때 여과박이 고속으로 회전함에 따라 탈수·건조된다.

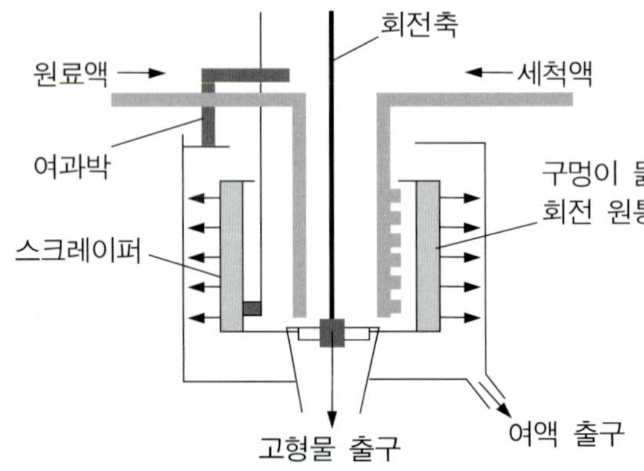

[그림 3-22] 원심여과기의 구조

4) 막분리

용액상태의 식품을 구성하는 각 성분은 반투막을 이용하여 분자 수준에서 농도가 서로 다른 용액으로 분리할 수 있다. 물은 반투막을 사이에 두고 묽은 용액으로부터 진한 용액으로 막을 통과하여 흐르게 되는데 이때 생기는 압력을 삼투압(osmotic pressure)이라고 한다. 이 삼투압보다 더 높은 압력을 진한 용액 쪽에 가하면 막을 통한 흐름이 멈출 뿐만 아니라 더 나아가서는 진한 용액 쪽에서 용매분자가 막을 통하여 묽은 용액 쪽으로 이동하게 되어 진한 용액의 농도가 더 높아지게 될 수 있다.

이와 같은 공정을 역삼투(reverse osmosis)라고 하는데 물 분자와 같이 가장 작은 분자를 제외한 모든 분자들은 이와 같이 막을 이용하여 분리할 수 있다. 따라서 삼투압보다 더 높은 압력에 견딜 수 있고 치밀한 구조를 가진 여러 가지 막들이 막분리 공정에 사용된다.

물뿐만 아니라 더 큰 용질분자도 가하는 압력을 조정하여 선택적으로 통과시킬 수 있는 덜 치밀한 막도 개발되어 있는데 이 막은 용매와 저분자량의 물질은 쉽게 통과시키지만 단백질과 같은 고분자량의 큰 입자는 통과시키지 못하므로 앞에서 설명한 여과와 비슷하다. 이와 같은 공정을 한외여과(ultra-filtration) 또는 초여과라고 한다.

역삼투는 단순당류나 염류와 같이 분자량이 작아 용질과 용매의 분자량은 비슷하지만 높은 삼투압을 나타내는 용액들을 농축할 때 해당되며 식품가공에서는 과일주스를 만들 때 역삼투방식을 이용하여 물을 제거함으로써 가열하지 않고도 농축된 주스를 얻게 된다.

한외여과는 용질과 용매의 분자량이 100배 정도 차이가 있는 우유 및 혈액단백질과 같이 고분자로 구성된 용액을 농축시키는 데에 주로 이용된다.

5. 식품의 추출, 압착 및 흡착

1) 추출

추출하고자 하는 성분(용질)이 2개의 상(액체와 액체 또는 액체와 고체)사이에 존재하게 되면 이 두 상으로 용해되는데, 그 결과 더 많이 용해될 수 있는 상 쪽으로 이동이 많이 되고 나머지 상에는 소량으로 존재하게 된다.

이와 같이 용해도 차이를 이용하여 원하는 물질을 농축 또는 분리하는 조작을 추출(extraction) 이라고 한다. 추출 후 용질이 풍부하게 존재하는 용액 중의 용매를 증발시키면 순수한 용질을 얻을 수 있다. 식품공업에서는 이러한 원리를 이용하여 필요한 성분을 제조한다.

추출속도는 용질이 한 상에서 다른 상으로 이동되는 속도를 말한다. 따라서 추출속도는 여러 가지 요인에 따라 달라진다. 즉, 입자의 크기, 용매의 종류, 온도, 액의 교반 정도, 농도 등에 따라 크게 달라질 수 있다. 즉, 추출속도는 농도의 차가 클수록 추출온도가 높을수록 표면적이 넓을수록 증가한다.

2) 추출기

추출기(extractor)는 용매와 원료를 섞는 혼합기와 혼합 후 용액과 잔류물 분리기로 구성되어 있다. 고체-액체 추출기는 잔류물층과 용액층이 쉽게 분리되므로 따로 구별하지 않고 하나의 장치로 되어 있다. 추출장치로는 회분식 추출기와 연속식 추출기가 사용되고 있다. 용매는 하부에서 펌프에 의해 공급되어 탑의 꼭대기에 있는 배출구로 유출된 유지와 함께 배출된다.

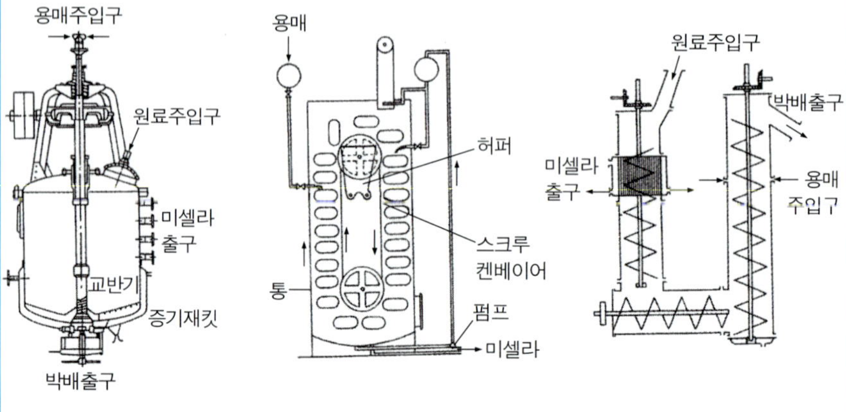

(a) 회분식 추출기 (b) 볼만 추출기 (c) 힐데브란트 추출기

[그림 3-23] 추출기의 종류

추출이 식품공업에 응용되는 예를 들어보기로 한다. 사탕무나 사탕수수로부터 설탕의 추출과 콩·견과 및 종실에서 유지를 회수하기 위하여 용매 추출법으로 식용유를 추출한다거나 인스턴트커피나 차의 제조 과정에서 추출은 매우 중요한 단계이다.

3) 압착기

압착(expression)은 고체에 압축력을 작용시켜 고체로부터 액체성분을 짜내는 조작으로 옛날부터 식품공업에서 착유, 치즈제조, 과일주스의 착즙 등에 널리 이용되어 왔다.

압착방법은 유압에 의한 압착, 롤러에 의한 압착, 그리고 스크루에 의한 압착으로 크게 나눌 수 있다. 유압식압착기 및 스크루식 압착기는 착유 및 과일주스의 가공에 널리 사용되고 롤러압착기는 사탕수수에서 원당액을 추출하는데 사용된다. 일반적으로 유압식 압착기는 회분식(batch type)이고 롤러와 스크루식 압착기는 연속식이다.

압착기는 압축력을 얻는 기계적인 장치와 유용한 액체성분을 잔류 고체 성분과 분리할 수 있는 여과장치로 구성되어 있다. 압착효율은 고체의 항복응력(변형에 대한 저항), 형성된 고형물의 공극율(void fraction), 압착액의 점도, 사용한 압축력에 의하여 영향을 받는다.

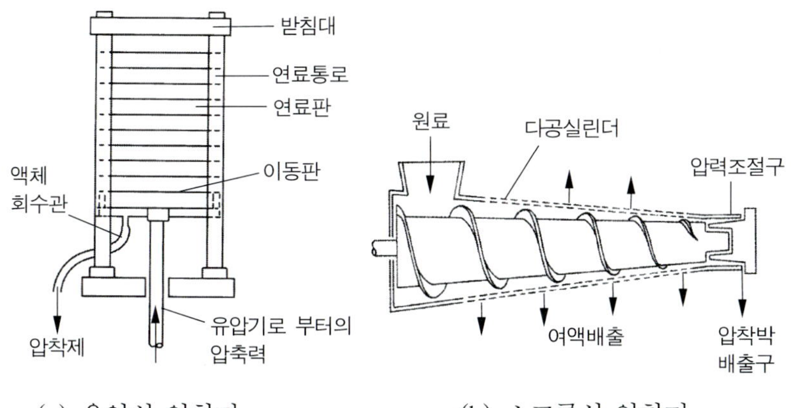

(a) 유압식 압착기 (b) 스크루식 압착기

[그림 3-24] 압착기의 종류

4) 흡착

흡착은 기체나 액체를 고체에 접촉시키면 고체에 결합하는 성질을 이용하여 분리하는 조작이다. 흡착제는 활성탄(active carbon), 산성백토(acid white clay), 실리카젤, 골탄(bone black), 이온교환수지(ion exchange resin) 등을 사용한다.

활성탄은 다공질로, 내부 표면적이 커서 유지나 물, 수용액의 탈색과 정제에 널리 이용되고 있다. 간장에 숯을 띄우는 것은 불순물의 흡착에 목적이 있다. 산성백토는 염화알루미늄이 주성분으로, 유지의 탈색과 탈취에 이용되고, 실리카겔은 그물눈 구조를 가져서 공기 중의 수분 제거나 제습제로 이용된다. 골탄은 인산칼슘이 주성분으로, 수용액의 탈색에 이용된다.

이온교환수지 중 음이온을 흡착하는 것을 음이온교환수지, 양이온을 흡착하는 것을 양이온교환수지라 하며 물과 용질의 정제에 이용한다.

5) 초임계유체 추출

용기용매 대신 초임계가스를 용제로 사용하는 방법으로 초임계유체는 물질의 기체상과 액체상이 공존 할 수 있는 한계의 온도와 압력을 넘어선 상태에서 존재하므로 이를 이용하여 임계점 부근의 특유한 성질을 물질 추출과 분리에 적용하는 것이다.

초임계유체 및 임계점 부근의 유체는 액체에 가깝지만 기체의 성질이 남아있기 때문에 침투율과 추출효율이 높고 임계점 이상으로 온도와 압력을 올리면 액체의 밀도가 매우 높아져서 용해도가 증가하게 된다.

초임계유체 추출은 종래의 유기용매 추출과 다른 여러 가지 특징이 있기 때문에 식품, 의약품, 향료 등의 공업에 있어서 천연물 중의 특정 목적 성분의 추출 분리나 정제를 위해 많이 검토되고 있다. 그러나 300 kgf/cm^2 이상의 고압을 사용하기 때문에 장치의 규모나 구조에 제약이 있고 연속조작 등 장치의 개발이 요망되고 있다.

카페인이 없는 인스턴트커피의 제조, EPA의 추출, 향신료 향미성분의 추출, 호프 유효성분의 추출, 동식물의 색소 추출 등 고부가가치 물질을 대상으로 하는 분야에서 실용화 단계에 들어가고 있다.

6. 식품의 농축

가당연유, 당시럽, 농축과즙, 설탕, 식염, 각종 인스턴트차와 스프(soup)들은 농축조작만으로 만들어진 제품이거나 제조과정에서 농축조작을 거쳐서 생산된 식품들이다.

농축(concentration 또는 evaporation)이란 용액으로부터 용매를 제거하여 용액의 농도를 높여주는 조작이다. 용매는 일반적으로 물 또는 유기용매이며 식품공업에서는 주로 물인 경우가 많다. 이 농축조작은 식품가공과정에서 식품 중에 유효물질의 농도가 낮을 때 농도를 높이는 수단으로 사용되고 있다.

농축방법은 용매를 제거하는 방식에 따라 증발농축(evaporation) 및 냉동농축(freeze concentration)으로 나눌 수 있는데 전자는 가열하여 물(용매)을 증발 제거하는 방법이며 후자는 용액을 냉동시켜 물을 얼음으로 석출 제거하여 용액의 농도를 높이는 방법이다. 그러나 식품공업에서 가장 보편적으로 사용되고 있는 것은 증발농축방법이다.

증발농축은 수분을 제거하는 점에서 건조(drying)와 같으나 최종산물이 고형이 아니고 액상 또는 시럽(syrup)상인 점에서 구별된다. 또한 증발농축은 용매를 증기화(vaporization)시키고 이를 용액으로부터 분리 제거한다는 점에서 증류(distillation)와 흡사하나, 증류는 증기성분을 제품으로 얻는데 반하여 농축은 증기성분을 제거한 다음에 관내에 남은 잔류물을 제품으로 얻는다는 점에서 그 차이점이 있다. 물론 바닷물로부터 담수를 만들 때도 증발농축방법을 사용하나 이때는 증기를 제품으로 얻게 되는데 이는 어디까지나 예외적인 경우라고 할 수 있다.

일반적으로 농축된 식품은 상품적 가치가 높을 뿐 아니라 원액에 비하여 부피가 훨씬 작아지기 때문에 저장과 수송에 편리한 이점이 있다. 또한 농축제품은 수분함량이 낮으며 수분활성도(water activity)도 낮으므로 미생물이 쉽게 번식할 수 없는 조건을 갖추고 있어서 장기간 저장할 수 있는 이점을 지니고 있다.

1) 증발농축장치

액체를 가열 농축할 수 있는 장치를 증발농축관 또는 증발관이라고 부른다. 증발관에는 여러 가지 형태가 있으나 일반적으로 가열부, 기-액분리부, 응축부로 구성되어 있으며 이밖에도 여러 가지 부대시설이 첨가된 것들이 있는데 식품공업에서 흔히 사용되는 것들을 보면 다음과 같다.

(1) 솥형 농축기

솥 또는 팬(pan)모양으로 된 가장 간단한 농축기이며 화염으로 직접 가열하는 직화식과 스팀자켓식이 있다.

이 농축장치는 구조가 아주 간단하며 가격도 저렴하기 때문에 비교적 소량의 식품을 농축하는데 적합하다. 그러나 액의 증발속도가 낮아 농축시간이 오래 걸리게 되고 농축이 완료될 때까지 식품이 오랜 시간 솥 안에 머물러 있게 되므로 열변성을 피할 수 없다는 단점이 있다. 솥형 농축기의 대부분은 개방형이지만 어떤 것은 뚜껑이 부착되어 있는 밀폐형으로 된 것도 있다. 밀폐형 중에는 관 내의 압력을 낮추어 주거나 교반기를 설치하여 농축시간을 단축할 수 있도록 제작된 것도 있다.

이 농축기는 소량의 토마토즙, 스프(soup) 및 잼(jam)을 제조하는데 널리 쓰이고 있다.

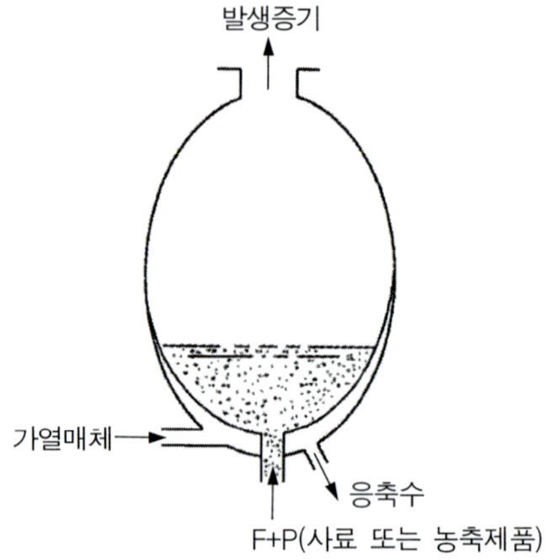

[그림 3-25] 솥형 증발농축기

(2) 단관형 농축관

농축장치의 가장 대표적인 형으로 농축관이라고 하면 일반적으로 단관형 농축관(short tube evaporator)을 뜻하는 경우가 많다. 이 농축관을 일명 칼란드리아(calandria)증발관이라고도 부르는데 그 구조를 보면 그림 3-26과 같이 가열부(calandria)는 짧은 관(단관, short tube)으로 되어 있는 것이 특징이며 관의 배열이 수직인 것과 수평으로 된 것이 있다. 이 증발관은 압력을 조절할 수 있도록 밀폐식으로 되어있고 원료액의 입구, 가열부, 발생증기 배출구, 장애판(baffle) 및 농축제품 배출구 등으로 구성되어 있다.

원액은 원료액 입구를 통하여 증발관 내에 들어가 가열되면 대류작용에 의하여 가열부 주위로 순환한다. 액이 끓기 시작하면 증기가 발생하며 증기는 곧 증기배출구로 배출되며 증기배출구는 감압상태로 유지되기 때문에 증기는 쉽게 관을 떠난다.

가열매체로는 수증기가 사용되는데 액이 증발되는 동안 스팀은 계속 소요되며 이때 생기는 응축수는 응축수 출구를 통하여 배출된다. 이 증발관은 식품공업에 제당, 당시럽제조 등에 널리 이용되고 있다.

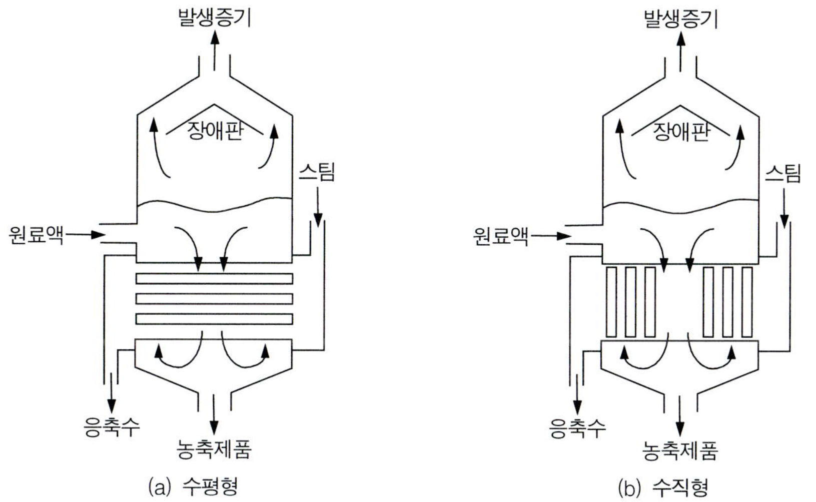

[그림 3-26] 단관형 증발농축장치

2) 냉동농축

냉동농축은 용액을 냉동할 때 일어나는 얼음의 석출현상을 이용한 것이다. 용액이 동결에 의해서 얼음이 형성되면 비동결액의 용질농도는 높아지기 때문에 얼음을 체 또는 원심분리기를 이용하여 제거하면 농축효과를 얻을 수 있다. 냉동농축에 사용되는 원심분리장치와 농축공정을 보면 그림 3-27과 같이 동결기(scraper cooler)에서 얼음결정을 형성시켜 탱크에서 교반혼합액을 만든 후 원심분리기에서 얼음을 분리, 제거하여 농축액을 얻는다. 남은 용액은 냉각기를 통과하면서 다시 동결되어 더욱 농축될 수 있다.

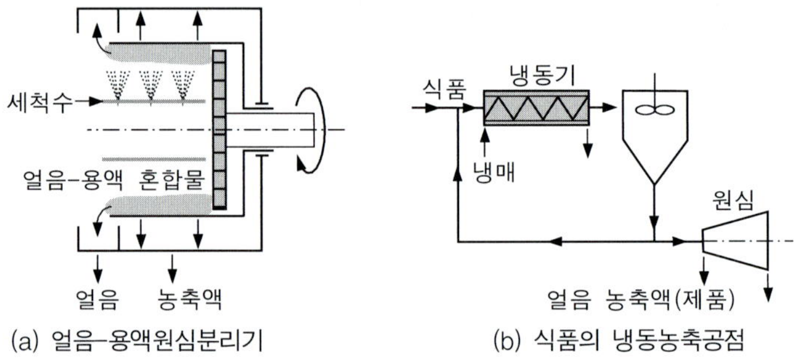

[그림 3-27] 냉동 농축장치

7. 식품의 증류

혼합물 중에서 어떤 유효성분을 분리해내는 분리조작은 식품공업에서 그 응용범위가 넓다. 예를 들면, 침강, 여과, 원심분리와 같은 기계적인 분리조작을 들 수 있고 추출과 증류를 꼽을 수 있다. 여기서 다루고자 하는 증류는 앞장에서 이미 다룬 바 있는 추출과 흡사한 점이 많다. 추출은 고체와 액체 또는 서로 잘 녹지 않는 액체와 액체간의 물질분리 조작인 것이며 증류는 액체와 기체 사이에서 물질의 분리를 꾀하는 것인데 모두 2개의 상 사이의 물질의 이동을 취급한다는 점에서 공통점을 갖고 있다.

따라서 증류와 추출은 이론과 조작상에서 대단히 흡사한 점이 많다. 비점이 서로 다른 두 가지 이상의 물질을 포함한 용액을 가열하면 비점이 낮은 성분은 쉽게 증발하여 액상에서 증기로 이동된다. 이때 증기를 응축하여 액화시키면 이 액체는 원래의 용액보다 훨씬 높은 농도의 저비점 성분을 포함한다. 따라서 혼합액을 비등시켜 발생하는 증기를 응축함으로써 저비점 성분을 고비점 성분들로부터 분리할 수 있다. 이와 같은 예는 주정 발효액을 가열하여 발생하는 증기를 응축해서 위스키(고농도 에탄올액)를 제조하는데 이용된다. 증류조작은 주정공업, 유지공업, 향료공업 등에서 유효성분의 분리, 정제 등에 광범위하게 이용되고 있다. 증류는 혼합액의 분리방법과 분리

정도에 따라 여러 가지 종류로 구분되는데 단증류, 분류, 공제증류, 수증기증류 등이 있다.

단증류(simple distillation)는 혼합용액을 끓일 때 발생하는 증기를 전부 응축하여 이를 제품으로 하는 증류법으로 위스키의 제조 등에 사용되고 있는 증류법이다.

분류(fractional distillation)는 정류(rectification)라고도 하는데 혼합액을 구성하는 여러 가지 성분의 비점의 차이에 따라 분별증류하여 각각의 성분을 분리하는 증류법을 말한다. 일반적으로 증류라 하면 이 분류를 의미하는 경우가 많다.

공제증류(azeotropic distillation)는 공비혼합물을 분리하는 특수한 증류법이다. A, B 두 가지 혼합물은 그 성분이 어떤 조성비에 이르면 두 성분의 끓는점이 같아지게 되는 소위 공비현상을 일으키게 된다. 그러나 이때 제 3의 물질 C를 첨가하면 A, B 두 성분 사이에 끓는점의 차이가 생기게 되어 분리할 수 있다. 이와 같은 공비현상은 주정의 증류에서도 일어나게 되는데 에탄올수용액의 에탄올이 95.57%일 때 에탄올과 물이 모두 78.15℃에서 같이 끓게 된다. 그러나 제 3의 물질로 benzol을 첨가하면 끓는점의 차이가 생겨 100% 에탄올까지 순수하게 분리할 수 있다.

수증기증류(steam distillation)는 고급지방산과 같이 증기압이 낮은 즉 끓는점이 높은 물질을 비휘발성 물질로부터 분리하는데 사용하는 증류법이다. 수증기를 원료액에 취입하여 가열하면 수증기와 분리하고자 하는 성분의 혼합기체가 발생하게 되는데 이 혼합증기를 응축하면 응축액은 목적성분과 물의 두 가지 층으로 분리되므로 목적성분을 분리할 수 있다. 이 수증기증류법은 주로 식품의 향기성분 등을 분리하는데 사용된다.

한편 증류는 혼합용액을 구성하는 성분의 수에 따라서 구분되는데, 2가지 성분으로 된 혼합액의 증류를 2성분계 증류 그리고 여러 가지 성분으로 된 경우를 다성분계 증류하고 한다. 여기서는 가장 간단한 2성분계의 증류에 관하여 다루어 보고자 한다.

1) 증류이론

증류는 혼합액을 가열함으로써 액상(liquid phase) 속에 있는 저비점성분을 증기화시켜 액체속에 있는 물질을 기체 속으로 이동시키고 이것을 응축시켜 저비점 성분을 얻는 조작이다. 이는 곧 상의 변화를 일으키며 동시에 물질을 이동시키는 물질이동조작(mass transfer operation)인 것이다. 따라서 증류현상을 이해하는 데는 상의 법칙(phase rule), Raoult 및 Henry의 법칙들과 같은 물리화학적 지식이 도움이 되며 특히 저비점성분의 액-기상에서의 평형관계를 나타내는 평형곡선(equilibrium curve)의 개념을 익혀둘 필요가 있다.

2) 증류장치

증류장치는 증류탑, 증류관, 응축기로 구성되어 있으며 이 밖에도 원액, 환류액 등의 수송에 필요한 펌프와 파이프 배관으로 이루어져 있고 각 부위의 온도, 압력, 유량 등을 측정, 기록, 조절할 수 있는 계기 등이 설치되어 있다. 증류장치는 원료 및 제품의 성질에 따라 증류탑의 구조 및 높이가 달라지기 때문에 그 종류도 다양하다. 여기서는 식품공업분야에서 가장 많이 사용되고 있는 주정공업의 주정분리용 증류장치를 기준으로 설명하기로 한다.

3) 증류탑

증류탑은 여러 개의 증류단을 조립하여 만든 탑인데 그 높이는 수 m에서 수십 m에 이르는 것이 있다. 어떠한 증류탑이든 간에 기본이 되는 것은 증류단이며 증류단은 기-액평형이 신속히 이루어질 수 있도록 증기와 액이 잘 접촉할 수 있는 구조로 되어 있다. 그 일례로 포종형(bubble cap) 증류단은 그림 3-28(a)과 같으며 증기와 액의 접촉이 그림 3-28(b)과 같이 잘 이루어진다.

증류단의 높이는 끓을 때 생기는 액상이 바로 위의 증류단으로 증기와 함께 옮겨가는 비말동반 현상을 피할 수 있을 만큼 충분히 높아야 하며 수증기의 유입속도도 적절히 조절하여야 한다. 실제의 증류탑에서는 이론적인 평형단에서 처럼 기-액평형이 완전하지 못하기 때문에 저비점 성분의 분리효율 즉 단효율(plate efficiency)이 떨어진다.

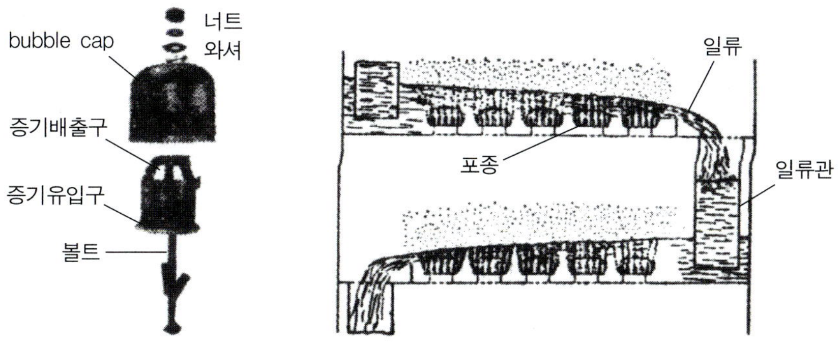

(a) 포종의 모양　　(b) 여러 개의 포종을 갖춘 증류단에서의 기-액접촉상태

[그림 3-28] 증류탑의 구조

8. 식품의 성형

성형(moulding)의 목적은 가공원료의 모양을 바꾸어 식품의 외관을 보다 좋게 하고, 식품이 가지고 있는 고유한 특성을 나타내도록 하는데 있다. 따라서 식품의 성형은 소비자의 기호와 관심을 자극하여 가공식품의 상품적 가치를 높이는 데 중요한 역할을 한다.

성형은 식품의 종류와 성질에 따라 차이가 나며 그 종류도 대단히 많다. 따라서 여기서는 대표적인 식품의 성형방법에 대해서만 설명하고, 식품가공에 이용되는 예를 들어 보기로 한다.

1) 주조성형

주조성형 방법은 일정한 모양을 가진 틀에 식품 원료를 담고, 이것을 냉각 또는 가열에 의하여 굳혀서 제품을 만드는 것으로서 빙과류, 빵류, 과자류 등의 제조에 이용되고 있다.

2) 압연성형

압연성형(compression moulding)은 흔히 국수, 껌 등의 제품에서 볼 수 있는데 먼저 분체상태의 식품을 반죽하고 이것을 2개의 회전롤(roll) 사이로 통과시키면서 얇게 늘리어 면대를 만든 다음 이를 세절하거나 압연 또는 압절하는 방법으로 성형시키는 것이다. 일반적인 국수 면대기가 대표적인 압연 성형기이며 이외에도 비스킷 등의 제조에 이용된다.

3) 압출성형

압출성형(extrusion)은 반죽, 반고체 및 액체식품을 노즐(nozzle) 또는 다이스(dice)와 같은 조그마한 구멍을 통해서 압력으로 밀어내어 일정한 모양을 가지게 하는 성형법이다.

압출성형은 압출성형기(extruder)로 하며 한 장치만으로 혼합, 조분쇄, 가열, 열교환, 성형, 팽화 등을 할 수 있다.

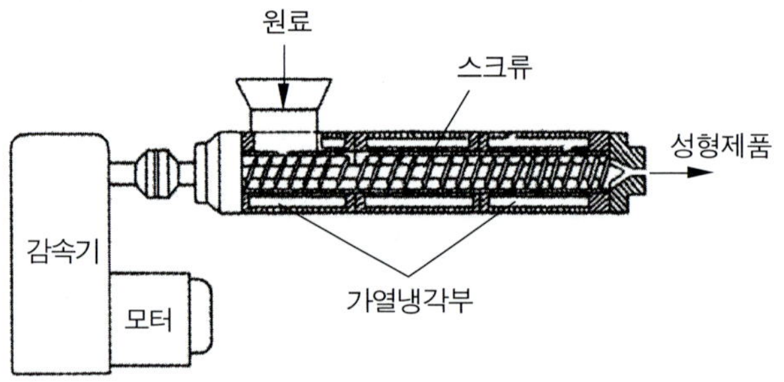

[그림 3-29] 압출성형기(extruder)

압출성형은 발열방식과 비발열방식이 있다. 비발열방식은 원료의 조직 및 물성이 변형되지 않고 성형을 주목적으로 한다. 발열방식은 전단과 마찰로 내부 온도와 압력이 높아져서 원료의 물성을 변형시키고 여러 가지 변화를 일으킨다.

압출성형기는 원료공급장치, 스크류 및 구동장치, 배럴, 압출구, 절단장치 등으로 구성되어 있다. 장치는 원료가 고속 스크류에 의하여 혼합·전단·가열 작용을 받아 고압, 고온으로 순간적으로 점탄성 물질로 외부로 압출된다. 이 과정에서 혼합, 가열, 팽화, 성형이 이루어진다.

압출성형은 전분질 식품의 가공, 호화전분의 제조, 효소의 불활성화, 두류의 저장성향상, 향미 개선 및 소화율을 증대시키고 전분질 곡류를 혼합 가공하여 고단백질 스낵식품, 팽화 간편 식품, 스낵 식품을 제조할 수 있으며 콩

단백질로 쇠고기와 같은 인조단백질을 제조할 수 있다.

4) 과립성형

커피 분말은 입자가 너무 작으면 물속으로 가라앉지 않고 표면에 떠 있기만 해서 잘 녹지 않는다. 인스턴트주스나 분유에서도 이와 같은 현상이 문제된다.

이와 같은 문제를 해결하기 위하여 입자가 작은 분말을 응집시켜 응괴상태로 바꾸어 주면 물에 녹일 때 뜨지 않고 가라앉아 녹기가 쉬우므로 상품가치를 높일 수 있다. 빵 이스트, 각종 인스턴트차류(茶類)의 제품 중에서는 이와 같이 응괴입자로 성형시키는 경우가 있지만, 때로는 좁쌀알과 같은 크기의 형태로 만들 경우도 있다

응괴성형 방법은 그림 3-30에 나타낸 바와 같은데 그림에서 (a)는 떠있는 건조 분체 중에 작은 물방울을 분사시켜 분체를 물방울에 응집하게 하여 보다 더 큰 응괴입자로 성형시키는 과정을 나타낸 것으로서 이를 응괴성형이라고 한다. 그림 3-30의 (b)는 젖은 상태의 분체식품이 구멍이 있는 회전드럼 속에서 회전틀에 의하여 압출되어 펠릿(pellet)으로 만들어지는 과정을 나타낸 것으로서 이를 과립성형이라고 한다.

그림 3-30의 (c)는 초콜릿볼이나 당의정 약과 같이 표면에 당액을 분사하여 건조시키는 작업을 나타낸 것으로서 이때에는 회전솥을 사용한다. 이러한 작업을 반복함으로써 차츰 모양이 커지게 되는데 이를 피복성형이라고 한다.

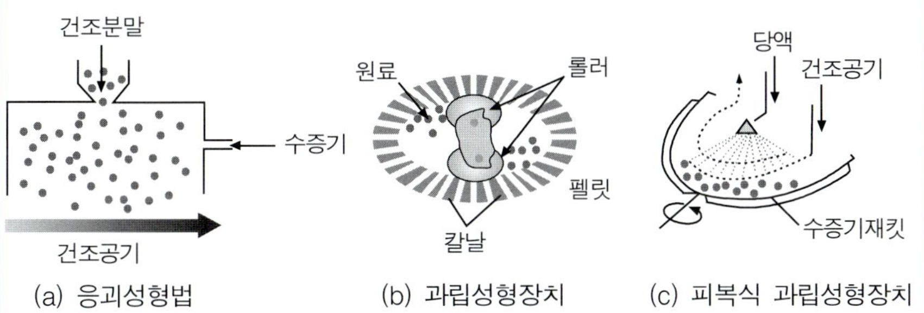

[그림 3-30] 과립성형기

제4장

식품의 저장원리

식품을 저장하려면 미생물, 해충류 등 생물의 생육으로부터의 변질, 효소, 산소, 저분자물질(갈변)의 반응 등 화학적 변질 그리고 온도, 광선, 수분의 변동 등의 물리작용에 의한 변질이 식품 변패의 원인으로 밝혀짐으로서 각종 식품의 성질에 따라 저장법을 선택할 필요가 있다.

1. 식품의 건조

식품건조(food drying 또는 dehydration)는 단순히 수분을 말려버리는 수분제거 조작에 불과하지만 이것으로 인하여 얻는 이득은 너무도 크다. 우선 무게와 부피가 줄어 다루기가 편할 뿐 아니라 수송과 유통에 도움을 준다. 또한 식품의 수분 함량을 낮추어 줌으로써 미생물의 번식을 억제하여 식품의 장기저장을 가능케 하며 건조과정에서 독특한 색, 맛, 향미가 형성되는 경우가 많아 상품적 가치를 높여준다.

그러나 식품은 잘 마르지 않는 특징을 갖고 있기 때문에 열에너지를 많이 소요할 뿐 아니라 많은 시간이 소요된다. 따라서 열효율을 높이고 짧은 시간내에 효과적으로 수분을 제거하는 방법과 원리를 습득하는 것이 중요하다. 여기에는 열의 전달과 물질(수분)이동의 원리가 적용되어 열원의 공급매체와 수분의 운반매체로 작용하는 건조공기의 성질이 중요한 위치를 점하고 있다.

노천건조(태양건조)와 같이 특별한 시설이 요구되지 않는 경우도 있지만 열풍건조, 분무건조, 드럼건조, 복사건조, 감압건조, 냉동건조, 초단파건조 등은 독특한 건조 장치를 사용하여야 하므로 그 구조와 기능을 이해하여야 한다. 건조방법과 건조기의 종류는 대단히 많기 때문에 여기서는 식품공업에서 주로 사용되는 것만을 골라서 다루어 보기로 하겠다.

1) 식품건조의 원리

건조조작에 의해 식품 중에 수분을 제거하는 기구(mechanism)를 보면 다음(그림 4-1)과 같다.

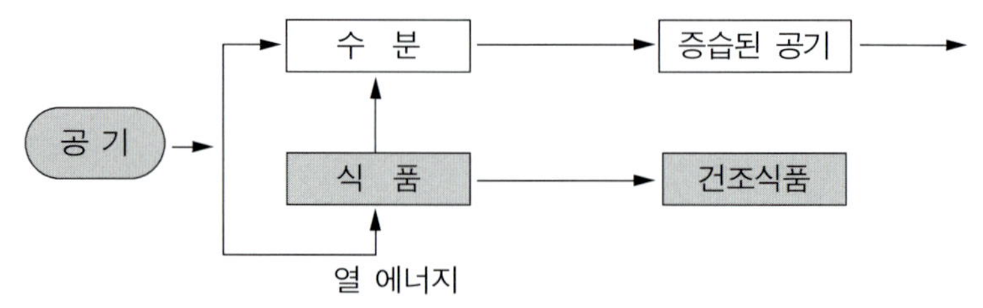

[그림 4-1] 식품의 건조기구

즉, 식품 속에 있는 수분을 증발시키기 위해서는 여기에 필요한 증발잠열(latent heat of vaporization)을 외부로부터 공급해 주어야 하기 때문에 우선 식품을 가열할 필요가 있다. 식품을 가열하는 방법은 미리 가열된 공기를 식품에 접촉하게 함으로써 열이 식품 속으로 전달되도록 한다.

한편, 수분은 식품의 표면에서 공기 속으로 이동되며 표면에 있던 수분이 모두 증발되고 나면 식품 속에 있는 수분은 표면으로 이동된다. 이때 수분의 이동은 확산(diffusion)방식을 따르는 경우와 식품조직 내의 미세한 모세관(capillary)이동에 의존하게 된다.

이와 같이 식품의 건조는 열과 물질이 동시에 이동되는 현상이기 때문에 열전달과 물질이동의 원리들이 함께 적용된다. 따라서 건조속도(수분의 증발속도)는 열과 물질의 이동속도에 크게 의존하게 되므로 건조구동력(drying driving force)은 식품과 공기 사이의 온도차와 수분 농도차(수증기 분압차)에 대체로 비례한다.

식품이 수분을 잃게 되면 무게가 계속 감소하게 되는데 수분함량의 변화를 나타낸 곡선을 건조곡선(drying curve)이라고 한다.

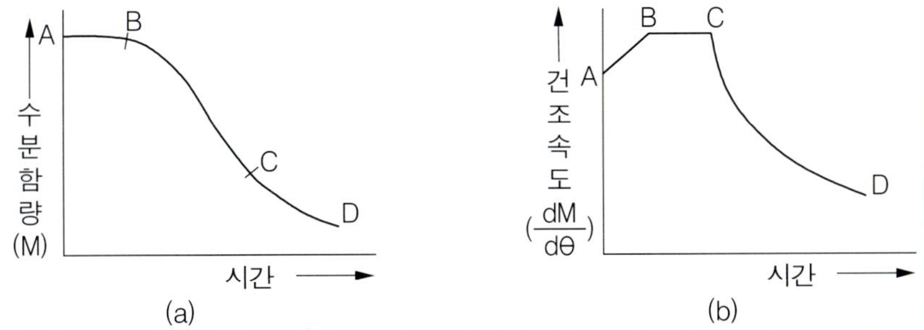

[그림 4-2] 식품의 건조곡선

건조곡선은 그림 4-2(a)와 같이 수분함량과 건조시간으로 나타내는 경우와 (b)와 같이 건조속도(수분함량의 변화율)와 건조시간과의 관계로 표시되기도 한다. 식품건조조작에서는 전 건조기간을 편의상 몇 개의 구간으로 구분하는데 그림에서 A-B 기간을 조절기간(settling down stage)이라고 하며, B-C를 항률건조기간(constant rate drying period), C 점은 임계수분함량(critical moisture content), C-D를 감률건조기간(falling rate drying period) 이라고 한다. 조절기간은 식품이 가온되는 단계이며 항률건조기간은 식품표면에 있는 수분이 증발되는 단계이다. 그리고 감률건조기간은 표면 수분이 전부 제거되고 식품 내부에 있는 수분이 표면으로 이동되면서 건조되는 기간이다.

식품의 건조는 일반적으로 항률건조기간이 짧거나 없는 경우가 많으며 감률건조기간에서 대부분 건조되는 것이 특징이다. 감률건조기간에서도 건조속도가 일정하게 감소되지 않으며 이를 세분하여 제1감률건조기 및 제2감률건조기로 나누기도 한다.

2) 열풍건조기

열풍건조기는 식품을 열풍에 접촉시켜 건조하는 것으로 kiln 건조기, cabinet 건조기, tunnel 건조기, 기송식(pneumatic) 건조기 등이 있다.

(1) Kiln 및 cabinet 건조기

Kiln 건조기나 cabinet 건조기는 그림 4-3(94쪽 참조)과 같이 그 구조가 간단하며 쉽게 제작 할 수 있는 장점을 갖고 있으며 소량의 식품(수~수백

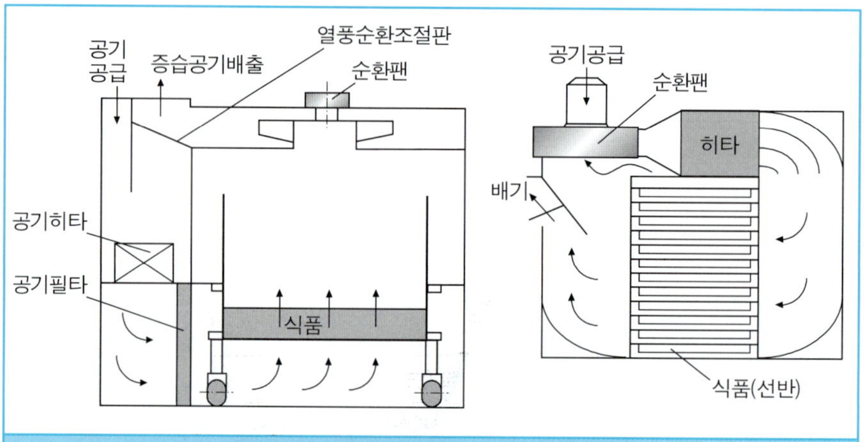

[그림 4-3] Kiln 및 cabinet 건조기

kg)을 건조하는데 적합하다.

그러나 이들 건조기는 열풍의 자연순환 상태에서 건조하면 아래와 위쪽의 온도차가 크기 때문에 식품을 수시로 저어주어야 하는 번거로움이 따르게 된다. 따라서 공기 순환팬을 설치하여 사용한다. 벼, 콩과 같은 곡물을 건조하는 데는 그림 4-4와 같은 건조기들이 사용된다.

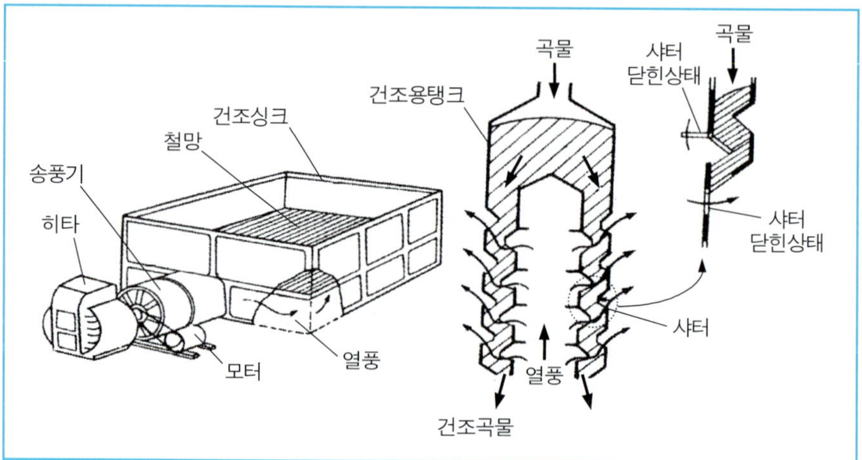

[그림 4-4] 곡물건조기

(2) 터널 건조기

터널 건조기는 그림 4-5(a)와 같은 구조를 갖고 있으며 다량의 식품을 건조하는데 적합하고 연속적으로 건조작업을 수행할 수 있다. 터널건조기에는

열풍이 흐르는 방향과 식품이 이동되는 방향에 따라서 병류식(cocurrent type)과 향류식(counter current type)으로 분류된다. 전자는 열풍과 시료가 같은 방향으로 이동되는 것으로 건조 초기에 건조속도가 크다. 후자는 그 흐름의 방향이 서로 반대인 것으로 초기건조속도는 낮으나 건조효율이 높은 장점이 있다. 터널 건조기의 규모는 가로, 세로가 2 m, 길이가 5~20 m 정도인데 식품은 여러 개의 선반을 갖고 있는 선반차(truck)에 실려 터널의 한쪽 끝(wet end)으로 들어가서 다른 끝(dry end)으로 나오게 된다.

터널 건조기와 유사한 것으로 컨베어건조기(conveyor dryer)가 있는데 이는 건조시료의 이동방법을 컨베어 벨트로 한 것이다[그림 4-5(b)].

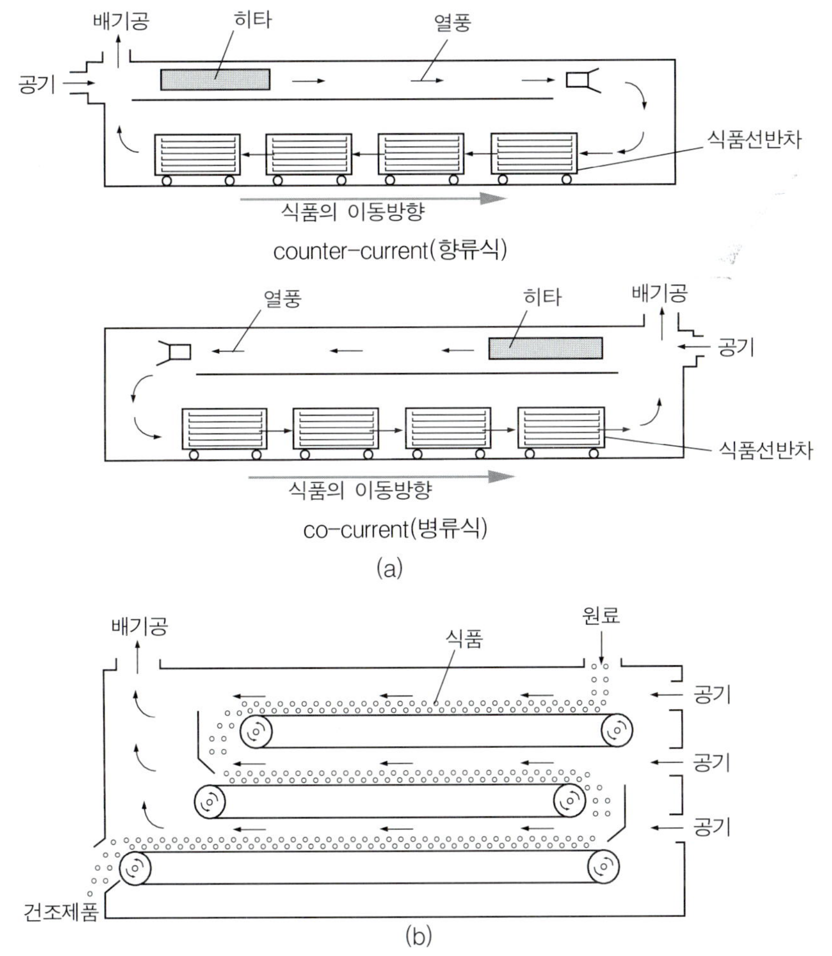

[그림 4-5] 터널건조기와 컨베어식 건조기

(3) 부상식(유동층식, fluidized bed) 건조기

이 건조기는 식품이 담긴 탱크(건조실)의 아래쪽에서 가압된 열풍을 불어넣어 열풍 속에 식품이 약간 뜨게 함으로써 시료와 열풍과의 접촉을 좋게 만든 건조기이다. 따라서 식품의 건조속도를 높이고 균일한 건조제품을 얻을 수 있으며 그 구조는 그림 4-6과 같다. 그러나 강한 열풍을 식품에 통과시키는 관계로 미세입자의 배출손실이 발생하게 되는데 이것은 cyclone을 설치하면 회수할 수 있다. 이 건조방법은 곡물과 같은 시료를 건조하는데 적합하며 회분식 및 연속식 조작이 가능하다.

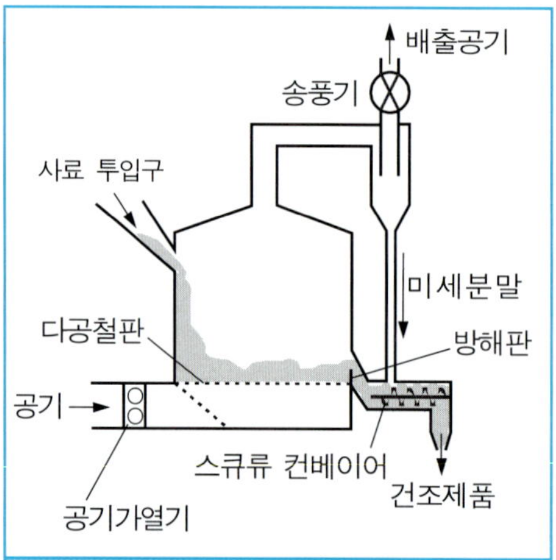

[그림 4-6] 부상식 건조기

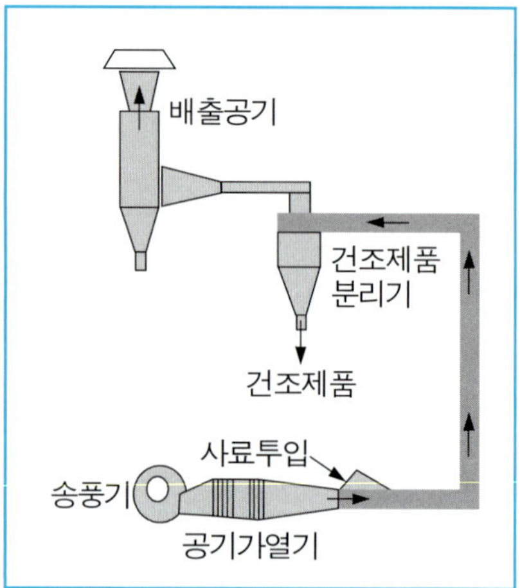

[그림 4-7] 기송식 건조기

(4) 기송식(pneumatic) 건조기

그림 4-7과 같이 높은 속도의 열풍 속에 시료를 투입하여 시료를 열풍기류와 함께 이동시키면서 건조하는 방식이다.

부상식과 같이 건조 속도가 빠르고 고른 건조제품을 얻을 수 있으며 건조와 동시에 제품을 수송할 수 있는 이점을 갖고 있다.

(5) 분무건조

분무건조(spray drying)를 이용하는 식품에는 분유, 아이스크림 믹서, 버터, 치즈, 유아식품, 커피, 차, 계란분말, 주스분말, 단백질 분만, 육엑기스 분말 등이 있는데 주요 이점은 열에 아주 예민한 물질들을 건조할 수 있고 속이 빈 구형입자들을 생산할 수 있다는데 있다. 또 용액, 슬러리(slurry) 또는 엷은 반죽으로부터 한 단계 공정만으로 건조제품을 만들 수 있는 우수한 건조방법이다.

분무건조는 슬러리나 액체재료를 미세한 액체입자(10~200 μm)로 건조실 내(180℃ 부근)에 분무하여 미세 액체입자와 열풍을 접촉시켜 짧은 시간 내(1~10초) 건조하는 방법이다. 이 때 수분은 액체입자로부터 빨리 기화되어 건조고체의 입자로 남으며 이들은 기체흐름을 통해 분리된다. 액체입자는 항률건조조건에서 대부분 건조되는데 이 입자는 부피에 비하여 표면적이 매우 크고 열풍과 잘 접촉하므로 증발속도가 빠르다. 특히 입자의 온도는 증발잠열 때문에 열풍의 습구온도 이상 올라가지 않으므로 제품의 열변화도 적게 일어난다. 실제 분무건조실 내부온도는 180℃ 부근이지만 액체입자의 표면온도는 55℃ 정도밖에 되지 않는다.

분무건조장치는 공기가열부, 원액분무장치, 제품회수장치로 구성되어 있는데 분무장치와 건조장치가 가장 중요한 부분이다(그림 4-8).

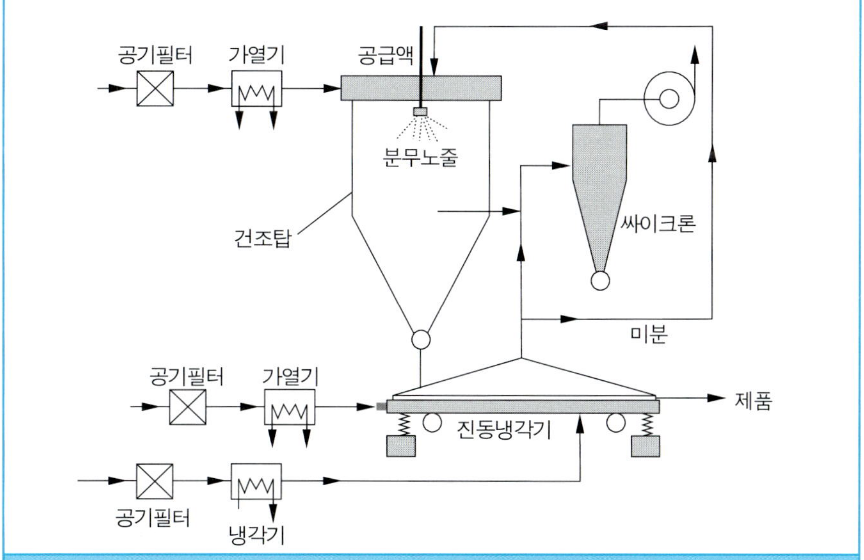

[그림 4-8] 분무건조기

분무장치는 분무노즐(nozzle)을 통해 액체재료를 원하는 크기의 액체입자로 미립화하여 건조실 꼭대기에 있는 노즐로부터 분무하여 고온 기체흐름 속으로 분산시키는 장치이다. 건조장치는 분무된 미립자와 열풍을 접촉시켜 수분을 제거하는 장치로 건조분말이 건조실 벽면에 부착하지 않고 모두 회수장치로 들어간다. 분무된 액체미립자의 온도는 열풍온도보다 낮으며 열풍으로부터 대류, 전도에 의해 열을 받는다. 미립자 내의 수분은 열을 받고 표면의 공기 경계막을 통과한 후 열풍과 접촉하게 된다.

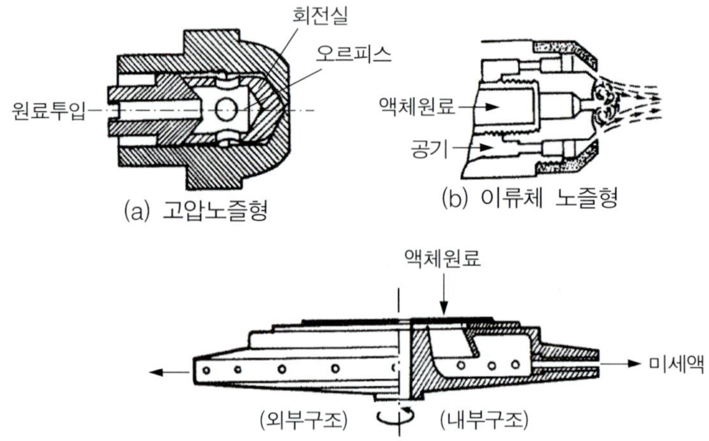

[그림 4-9] 여러 가지 atomizer의 구조

건조가 진행되면 미립자 표면의 수분농도가 감소하여 수분이동저항이 커지므로 수증기 분압이 저하하고 따라서 수분증발속도(건조속도)가 낮아진다. 용액을 분무건조하는 경우 액체입자 표면으로부터의 증발은 입자내부가 포화상태에 이르기 전에 표면에 용질을 침적하게 만든다. 용질이 입자 속으로 확산하는 속도는 내부에서 표면으로 물이 이동하는 것 보다 느려서 전체 용질함량은 표면에 누적된다. 분무건조의 경우에는 분무된 액체입자가 건조 중 팽창, 파열 등 복잡한 변화를 일으키므로 향기성분의 잔유율은 감소한다. 따라서 향기성분의 손실을 최대한 방지하기 위해서는 건조속도를 빨리하고 습도를 낮게 하여야 한다.

(6) 동결건조기

동결건조의 기본 이론은 승화현상이다. 승화현상이란 고체상태의 얼음이 기체상태의 증기로 변하는 것으로 우선 3중점(triple point)의 의미를 이해할 필요가 있다. 즉 융해곡선 상에서는 얼음과 물이 공존하고 증기압곡선 상의 점에서는 물과 수증기가 공존하므로 두 곡선이 만나는 교점 즉, 물의 3중점에 해당하는 상태에서는 물의 고체, 액체, 기체의 3상태가 모두 공존하는 셈이 된다(그림 4-10).

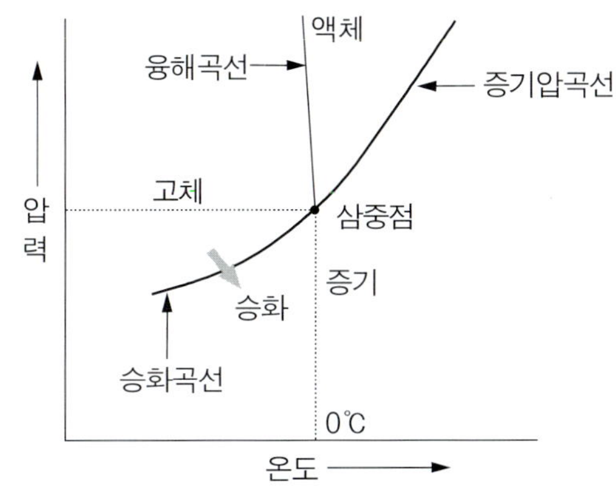

[그림 4-10] 물의 상태도와 승화

중요한 것은 3중점 이하의 압력에서는 어떠한 물질도 액체상태로 존재할 수 없다는 것이다. 또 고체와 기체상태를 서로 구분하는 곡선 즉 승화곡선은 고체에서 기체로, 기체에서 고체로 직접 승화하는데 필요한 조건을 나타내고 있다. 승화현상이 일어나는 것은 동결식품 주위의 수증기 분압이 식품내부의 얼음이 포화증기압보다 낮을 때 증기압차가 생기므로 얼음이 승화한다. 그러므로 승화에 필요한 증기압차를 형성하기 위하여 건조실 내부압력을 진공상태로 해 주어야 한다. 동결건조 하려면 첫째, 동결에 의하여 식품 중의 수분이 얼게 하여야 하며 둘째, 얼음 승화에 의해서 원료로부터 수분을 제거하고 셋째, 원료 중의 잔존 수분제거를 위해 진공 하에서 원료의 온도를 높여야 한다.

동결건조 속도를 지배하는 인자로는 동결식품 표면으로부터 승화하는 증기의 이동속도와 동결식품 표면으로 가해지는 열의 이동속도가 있다. 승화한 증기의 이동속도는 증기압차 즉 얼음의 포화 수증기압과 건조층 표면에서의 수증기 분압과의 차에 비례하므로 가능한 한 얼음의 온도가 높아야 한다. 그러나 승화에 필요한 열을 공급해 주지 않으면 승화잠열로 인하여 얼음온도가 낮아져 건조속도는 감소한다.

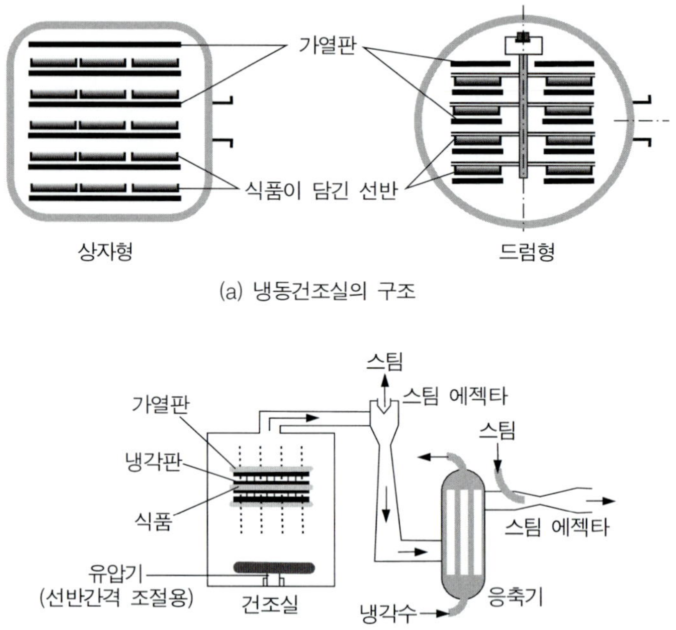

[그림 4-11] 동결건조장치

동결건조에 소요되는 시간은 식품의 두께, 건조층의 표면온도, 건조층의 열전도도에 따라 달라진다. 열 이동이 한 방향일 때 보다 다양한 방향에서 이동될 때 전체 건조시간은 크게 단축된다. 동결층 중에 건조층이 부분적으로 존재할 경우에는 건조층의 열전도도가 동결층에 비하여 극히 낮기 때문에 전열저항은 건조속도에 현저한 영향을 미치게 된다. 동결진공건조기의 구조는 4개 부분, 즉 동결장치(-10~-30℃), 가열부분, 진공감압장치(130 Pa 정도임), 응축기 그 외기타 건조실을 갖추고 있다.

따라서 동결건조장치는 식품을 동결상태로 유지할 수 있는 냉동시설, 건조실 내를 감압으로 유지할 수 있는 감압시설, 승화열을 공급할 수 있는 가열장치로 구성되어 있으며 여기에 증발되는 다량의 수분을 응축(condensation) 제거할 수 있는 응축기(condenser)가 부가되어 있다.

그러므로 동결건조는 건조비용이 많이 들어 고가의 식품에 한하여 사용되는 것이 보통이다. 그러나 동결건조식품은 식품의 조직파괴가 덜 일어나고 복원성이 뛰어나며 향기성분이 잘 유지되기 때문에 그 실용화 범위가 차츰 증가되고 있다.

(7) 원적외선건조, 고주파건조, 초음파건조

전자파인 원적외선(far infrared ray, 50 μm~1 mm)의 복사에너지를 이용하여 건조하는데 원적외선을 식품에 조사하면 식품의 온도가 올라가 수분이 제거된다. 고주파건조법(high friquency drying)은 유전가열(dielectric heat)을 이용하는데 열전도가 나쁜 식품의 건조에 이용한다. 이 방법은 식품을 빨리, 균일하게 가열하여 수분제거를 쉽게 할 수 있다. 초음파는 식품을 가열하지 않고 건조시키므로 열변성이 잘 일어나는 식품의 건조에 이용된다. 초음파를 식품에 조사하면 식품표면과 내부의 증기압차가 생겨 표면의 수분은 증발하게 된다. 사용 주파수는 보통 6~10 kHz이며 송풍장치를 병용하면 효율이 커진다.

(8) 포말건조, 드럼건조, 팽화건조

액상식품을 건조하는데 사용되는 포말식 건조기(foam mat dryer)는 그림 4-12와 같이 체망(screen) 벨트 위에 약 5 mm정도의 거품을 만들 수 있도록 벨트 밑으로부터 가열공기를 불어넣어 건조시키는 방식으로 열에 약한 죽 상태의 식품을 건조하는데 적합하다.

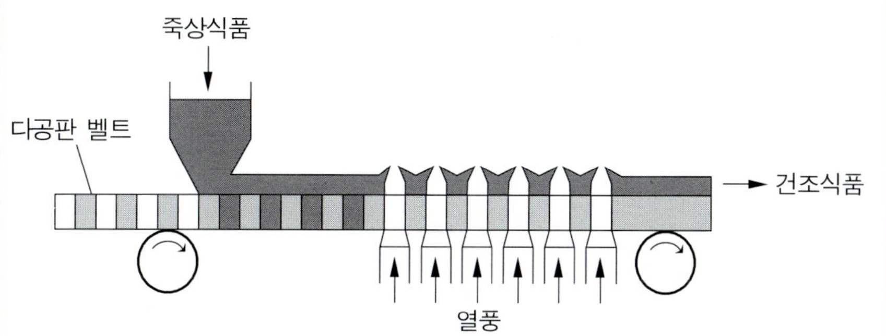

[그림 4-12] 포말식 건조기

드럼건조(drum drying)는 진공, 가열, 회전드럼의 표면에 액상의 식품을 엷게 코팅하여 건조시키는 방법(그림 4-13)으로 α-전분, 인스턴트 스프, 분말유아식품 등 제조에 이용한다.

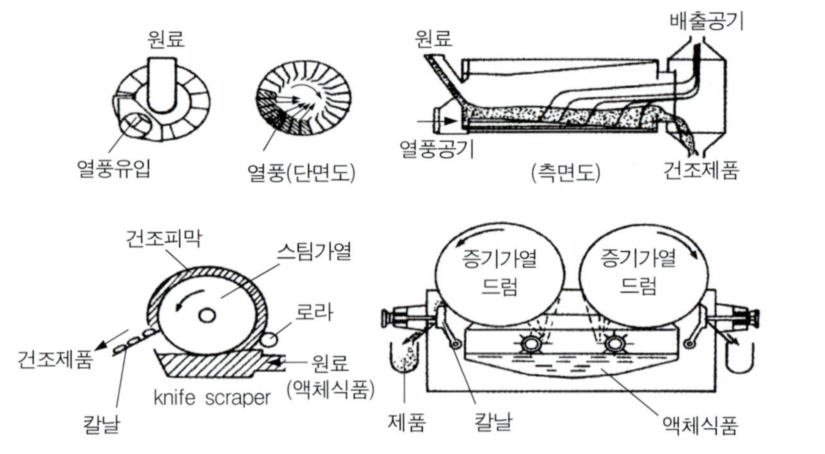

[그림 4-13] 드럼식 건조기

팽화건조(puffing drying)는 수분함량이 15~40% 정도인 식품을 고압, 가열한 후 갑자기 상압, 상온으로 노출시키면 순간적인 수분의 증발, 확산으로 식품 조직은 팽창하여 다공성을 가지게 된다. 이 방법은 재래 옥수수, 쌀, 콩 등의 팽화에 이용한 것으로 수분함량이 많거나 조직이 연한 것은 적용할 수 없다. 제품은 흡습성이 강하므로 저장에 유의하여야 한다.

3) 건조식품의 저장

건조식품은 습도가 높은 상태에서 흡습하며, 수축하면 서로 부착한다. 미생물과 효소의 작용으로 색, 맛, 향기, 외관에 변화가 생기고 동결 건조식품은 복원성도 변한다. 당, 산, 아미노산, 염류의 함량이 높으면 흡습성도 높다. 건조식품을 보존하는 데는 습기와 산소를 차단하는 재료로 포장한다. 흡습제, 탈산소제와 함께 밀봉 포장을 하거나 질소가스를 채운다.

흡습을 방지하기 위해서는 진공포장하고, 염화칼슘, 5-산화인, 실리카겔 등의 건조제를 동봉한다. 지방질 함유식품의 산패를 방지하기 위해서는 공기를 질소로 치환하거나 탈산소제를 동봉한다. 또는 훈증처리하는 경우도 있다. 훈증제로는 황, 메틸브로마이드, 에틸렌 디클로리드, 사염화탄소 등이 있으나 유독하므로 주의해야 한다.

2. 냉장 및 냉동

1) 저온저장의 원리와 종류

저온저장은 식품의 유통이나 저장을 목적으로 식품을 저온에 보관하여 품질의 열화를 방지하는 것으로, 식품의 저장 온도 대에 따라 냉장법, 동결저장법으로 나눌 수 있다. 냉장방법은 식품이 얼지 않는 범위 즉 빙결점 이상(-2~-0.5℃)에서 10℃ 이내의 온도범위에서 저장하는 방법이고 이 중에도 특히 -2~2℃에서 저장하는 방법을 빙온저장이라 한다. 동결저장은 빙결점 이하로 처리하며 보통 -18℃ 이하에서 저장하는 방법이다.

일반적으로 냉동저장(동결저장)은 장기간 동안 식품의 품질을 유지하고자 할 때 냉각저장(냉장)은 단기간일 때 이용한다. 그러나 식품 중에서는 냉각저장 상태에서도 오래 저장이 가능한 것도 있으며 동결저장이 적합하지 않은 경우도 있다.

저온저장은 식품을 저온에 보관하여 식품의 열화를 방지함으로써 다음과 같은 효과를 얻을 수 있다.

첫째, 미생물의 생육을 억제할 수 있다. 대부분의 세균은 10℃ 이하에서 번식하기 어렵고 특히 -10℃ 이하에서는 저온세균과 호냉세균도 번식하지 않으므로 미생물에 의한 식품의 부패와 변질을 방지할 수 있다.

둘째, 저온에서는 효소활성이 낮아져 수확 후 호흡, 증산, 발근 및 발아 등의 대사 작용을 억제할 수 있다.

셋째, 갈변반응, 지방산화, 영양가 손실 등 반응속도가 저하되기 때문에 식품의 품질 저하를 막을 수 있다.

그러나 저온저장법은 미생물의 번식이나 식품의 화학반응속도는 낮추지만 살균효과는 없으므로 가열이나 통조림법 같은 가공이나 저장의 효과는 없다.

(1) 냉동 사이클

저온상태를 만드는 방법은 융해잠열의 이용과 증발잠열을 이용하는 2가지 방법이 있다.

첫째, 융해잠열을 이용하는 방법은 얼음이 1kg 녹을 때 주위에서 79.68 kcal의 열을 빼앗는 원리를 이용하는 것이다.

둘째, 증발잠열을 이용하는 방법은 액체 암모니아는 1기압, -33℃에서 기화하여 kg당 326kcal의 열을 흡수하는데 이와 같이 주위에서 열을 흡수하여 온도를 낮추는데 이용하는 것이다.

저온설비의 원리는 액체의 물질이 증발해서 기체로 변할 때 주위의 기화잠열을 흡수하여 주위의 온도를 내리게 되는 것이다. 이때 사용되는 물질을 냉매라 한다.

냉매로는 암모니아와 프레온, 염화메틸(CH_3Cl), 탄산가스 등이 주로 사용된다. 냉매의 특징은 첫째, 쉽게 액화할 수 있어야 하며 둘째, 독성이 적고 기포성이나 연소성이 없어야 하고 셋째, 금속에 대해 부식성이 없어야 한다. 냉매의 성질은 표 4-1과 같다.

표 4-1 냉매의 성질

구 분		ammonia	freon-12	freon-22
	화학식	NH_3	CCl_2F_2	$CHClF_2$
	비 점(℃)	-33.3	-29.8	-40.8
	응고점(℃)	-77.7	-158	-160
	임계온도(℃)	133	112	96
표준 조건	증발잠열(kg/cm^2)	2.41	1.862	3.03
	응축압력(kg/cm^2)	11.895	7.581	12.26
	냉동효과(kcal/kg)	269	29.52	40.15
	성능계수	4.8	4.7	4.7
	비체적(m^3/kg)	0.5087	0.0195	0.788
	비열비(C_P/C_V)	1.31	1.137	1.184

냉매는 냉동장치 내에서 냉매 압축 → 액화 → 기화 → 압축의 순서로 순환하며 이러한 냉동 사이클에서 액체가 기체로 기화할 때 액화하기 쉬운 가스를 냉매로 사용해서 압축하여 액화하고 팽창 밸브를 통해서 기화한다. 이를 냉동 사이클이라 하며 일정량의 냉매를 순환시켜 계속적으로 저온을 유지시키게 된다. 급격히 압력을 내리게 되면 냉매는 기화잠열을 흡수하므로 저온이 얻어진다.

(2) 냉동기와 냉각기구

압축식 냉동 사이클의 원리는 그림 4-14와 같다.

냉동기의 구조는 압축기(compressor), 응축기(condenser), 증발기(evaporator), 팽창밸브(expansion valve) 등으로 구성되어 있으며, 냉매가 순환되는 냉동 사이클로 이루어져 있다.

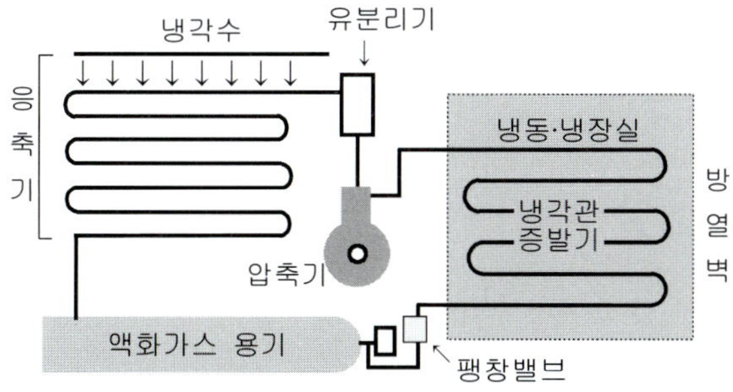

[그림 4-14] 압축식 냉동기의 냉동 사이클

(3) 냉동능력

냉동기의 능력은 냉동기가 1시간 동안에 제거할 수 있는 열량(kcal/hr)으로 나타내며 3,320 kcal/hr의 냉동능력을 1냉동톤(refrigeration ton, RT)이라 한다. 이것은 0℃ 얼음 1톤이 24시간 동안에 녹아서 0℃ 물로 될 때에 흡수하는 열량과 같다.

2) 냉장

(1) 미생물과 온도

일반적으로 화학반응은 액체인 경우 온도계수(Q 10)가 2~3배 증가하여 반응속도도 증가하게 된다.

식품 변질의 주요 원인이 되는 미생물의 활동에는 생육 최고・최저와 최적 온도가 있는데 최저온도 이하가 되면 미생물은 생물적인 활동을 하지 않고 정지한 상태가 된다.

미생물은 생육적온에 따라 고온세균(최저온도 : 30~40℃, 최적 : 55~65℃), 중온세균(최저온도 : 5~10℃, 최적 : 30~40℃), 저온세균(최저온도 : 0~5℃, 최적 : 12~18℃)으로 나눌 수 있다. 저온저장 때에 문제가 되는 것은 저온세균이며, 그 밖에 병원균을 포함한 대부분의 일반 세균은 중온 세균이다.

어패류의 부패와 가장 관계가 깊은 *Pseudomonas, Achromobacter, Flavobacterium*속 등의 수중세균은 저온에 대한 저항력을 가지고 있으므로 저온균이라고 한다. 0℃ 이하에서 자랄 수 있는 저온균이라고 해서 0℃ 이하에서도 왕성하게 생육할 수 있다는 뜻은 아니며 저온으로 내려감에 따라 번식력은 차츰 저하한다.

(2) 식품의 냉장

냉장은 식품을 0~10℃로 저장해서 미생물의 생육을 억제하고 저장기간을 연장시키기 위한 것인데 이 정도의 저온으로는 미생물의 생육이 가능하므로 장기간 저장하기는 곤란하다. 식품의 어는점보다 낮은 온도로 식품을 저장하면 식품 중의 물이 얼 때 세포 조직을 파괴하여 변질되는 일도 있다. 열대나 아열대산 작물인 고구마, 바나나 등은 10℃ 이상의 온도로 저장을 한다. 왜냐하면 저온에서는 생리 장해를 일으켜 오히려 품질이 저하되기 때문이다.

냉장 저장기간을 최대로 유지하기 위해서는 온도와 상대습도를 조절해야 한다(표 4-2 참조). 보통 냉해에 관계없는 과채류는 동결점보다 약간 높은 0℃ 부근에서 90%의 상대습도를 유지하며 냉해에 약한 과채류는 10℃의 85~90% 상대습도에서 냉장한다. 또한 저온 창고를 공동으로 이용하는 경우 냄새가 나는 식품은 버터같이 냄새를 흡수하는 제품과 같은 저장고에 두면 안 된다.

저온이 유지되면 미생물뿐만 아니라 산소 및 효소의 작용 등에 의한 변색 등의 화학반응이 억제된다. 그러나 오랜 기간 동안 냉장 저장할 경우 많은 미생물이 생육할 수도 있고 자기소화에 의해 기간이 경과되면 변패될 수도 있다. 특히 어패류, 육류와 같이 단백질이 풍부한 식품은 변질되기 쉽다. 그러므로 냉장법에 의한 저장은 과일과 채소류의 저장에 많이 이용되고 있으며 육류 및 어패류의 경우는 단기간 저장할 때만 유효하다.

표 4-2 과일 및 채소의 적정 저장조건

식 품	온도(℃)	상대습도(%)	저장기간(일)
복숭아	-0.5~0	90	14~13
살 구	0.5~0	90	7~14
바나나	11~15.5	85~95	7~10
토마토	4~10	85~90	4~7
딸 기	-0.5~0	90~95	5~7
오 이	10~15	90~95	10~14
브로콜리, 시금치	0	95	10~14
당 근	0	98~100	28~42

(3) 냉장저장방법

① 빙장법

빙장법은 얼음의 융해잠열을 이용하는 방법으로 식품을 쇄빙에 넣거나 얼음물에 담가 낮은 온도를 유지시켜 저장하는 방법이다. 주로 어류의 단기저장이나 수송에 많이 이용되는 방법이다. 또한 유사한 방법으로 어선에서 해수를 냉동기로 냉각한 다음 생선을 투입하여 수송하는 냉각해수법도 있다. 이러한 방법은 어패류를 신속히 냉각시킬 수 있는 점은 편리하나 오래 저장할 경우 어패류가 수분을 흡수하여 품질이 저하되기 때문에 단기저장이나 수송에 적합한 방법이다.

장점으로는 저온유지를 위해 특별한 기계나 기구가 필요치 않고 아주 간편하다는 점이다. 또한 냉각이 빠르고 식품이 얼음에 덮여 있어서 식품표면의 건조를 막을 수 있다. 반면, 단점으로는 자기소화나 세균의 작용을 완전히 저지시킬 수 없으므로 단기보존에만 쓸 수 있다. 또한 얼음을 사용하므로 부피나 무게가 늘어나며 얼음이 무거워 식품이 손상될 수도 있다.

얼음의 사용량은 어종, 크기, 저장기간에 따라 다르다. 얼음에 CTC(chlorotetracycline) 같은 항생제를 5 ppm 정도 넣어 사용하기도 한다. 소금 등의 염을 얼린 얼음을 염수빙이라고 하는데 0℃ 이하의 저온이 필요할 때 사용하기도 한다.

얼음 대신 액화탄산가스를 동결 고화시킨 드라이아이스를 넣어 저장하기도 한다. 이것의 장점은 -80℃ 가까운 저온을 얻을 수 있다는 점과 녹으면 액체가 되지 않고 바로 기화한다는 점이다. 또한 기화한 CO_2 가스가 세균 억제효과를 가지므로 식품의 보존성이 좋아진다.

② 냉장고 사용

가정에서 가장 흔하게 사용하는 식품저장고인 냉장고나 대형 냉장창고를 사용하여 식품을 보관한다.

표 4-3 냉장고에 넣지 않는 것이 좋은 식품의 종류

식 품	보관 방법
양파, 당근, 연근	- 통풍이 잘되고 서늘한 곳에 보관하는 것이 좋다. - 양파는 자루에 넣어 매달아 놓는 것이 좋다.
감자, 고구마	- 냉장고에 보관하면 전분이 변해서 맛이 떨어진다. - 차고 어두운 곳에 보관하는 것이 좋다.
바나나	- 온도가 낮으면 바나나의 껍질이 검게 변한다.
마 늘	- 많은 양을 한꺼번에 다져서 얇게 편 후 냉동실에서 얼려 각설탕 모양의 크기로 잘라 위생봉투에 넣어 냉동 보관하면 좋다.
식 빵	- 냉장실에 보관하면 굳어지므로 랩으로 싸서 냉동실에 보관하는 것이 좋다.

③ 빙온저장법

빙온저장은 반동결 저장이라고도 하는데 육류와 어패류의 저장에 이용되는 방법이다. 과채류보다 좀 더 낮은 온도에서 저장해야 하므로 수분이 어는 온도에 가깝게 저장하는 방법이다. 이 저장은 동결된 식품의 해동 시 나타나는 질의 저하도 없으며 동결이 아니므로 전기료도 절감할 수 있다.

(4) 예냉과 품온완화

식품을 생산 직후 또는 수송 및 냉장 전에 가급적 빨리, 단시간에 일정한 온도까지 냉각할 필요가 있는데 이것을 예냉이라 하며 예냉실에서 품온을 냉장온도에 가까운 온도까지 낮추게 된다. 예냉은 생선식품의 상품가치와 수명을 연장시키는 데 있어 중요하며 냉장고에 부분적으로 식품을 입고시킬 때 냉장되고 있던 식품에 대한 온도변화 충격을 줄일 수 있을 뿐 아니라 설비적으로나 경제적으로도 유리하다.

예냉방법으로는 냉풍냉각과 진공냉각이 있다. 냉풍냉각은 냉기를 불어넣어 냉각하는 것이고 진공(감압)냉각은 청과물을 밀폐가 가능한 방에 넣고 진공펌프로 실내의 공기를 감압하여 청과물의 수분이 증발할 때 열을 빼앗기는 기화(증발)잠열을 이용하는 것으로 표면적이 큰 엽채류는 이 방법이 적당하다. 청과물의 종류, 수량, 포장의 유무 등에 따라 어떤 방법을 이용하는가를 선택하여야 한다.

이와 반대로 냉장한 식품을 갑자기 온도가 높은 공기 중으로 꺼내면 식품의 표면에 물방울이 생기는 데 이를 방지하기 위하여 미리 외부 온도와 가까운 온도까지 서서히 온도를 올리는 것을 품온완화라 한다.

냉장한 과실, 식육, 건조제품 등의 표면에 물방울이 생기면 그 후에는 품질의 변화가 빨라지게 된다. 특히 과실인 경우 응축수가 기공을 막게 되어 호흡작용을 방해하고 식육과 건조제품에서는 가습상태가 되어 곰팡이 등의 번식이 쉬워진다. 특히 봄과 여름에는 외부 온도가 높아 이 현상이 심하므로 반드시 품온완화실에서 서서히 온도를 상승시켜야 한다.

(5) 냉장 저장 중의 품질 변화

① 생물학적 변화

열대·아열대 채소와 과일은 냉장 저장 시에 대사에 장해를 일으키는데 이것을 저온장해라고 한다. 예를 들어 바나나는 동결점이 -1℃이지만 12~13℃ 이하에서는 과피가 흑갈색으로 변한다. 또 토마토의 연부현상이나 레몬 과육의 갈변을 피하기 위해서는 10℃ 이상에서 저장하여야만 한다.

저온장해는 미토콘드리아 막의 투과성을 저하시키고 TCA 회로의 일부 효소의 활성을 저하시켜 대사 중간물이 축적되는 이상대사 현상을 가져오기 때문에 과피의 변색, 육질의 고무화, 반점 생성을 야기시킨다.

또한, 과채류의 경우 냉장 중에도 성숙작용이 계속되므로 성분의 변화와 함께 식품의 신선도가 떨어진다. 육류는 자가소화 작용이 저온에서 아주 완만하게 진행되면서 품질이 떨어진다.

그리고 냉장 중에도 미생물의 번식을 완전히 저지시킬 수 없으므로 장기간의 냉장은 안전하지 않다. 또한 효소의 활성도 같은 온도라도 동결된 조직에서보다 과냉된 부분에서 촉진되므로 식품의 빙점에서 심한 품질의 손실이 있게 된다.

② 물리적 변화

냉장 중에도 식품의 수분은 증발하여 중량감소, 위축, 연화, 변색을 일으키며 조리·가공된 전분의 호화상태는 방치하면 노화되는데 냉장온도는 전분의 노화를 촉진한다.

③ 화학적 변화

냉장 중에도 색과 향미의 변화가 일어나는데 식물성 색소의 대부분은 저온에서도 안정성이 없어 변화한다. 엽록소는 페오피틴으로 카로티노이드와 안토시아닌은 산화되어 퇴색한다. 동물성 색소인 미오글로빈도 산화되어 갈변한다.

3) 동결저장

(1) 냉동의 원리

암모니아, 프레온 등의 고압 액체를 팽창시키면 기체로 되면서 많은 증발잠열을 요구하게 되는데 이를 이용한 것이 오늘날의 냉동기이다.

냉동기를 이용하여 식품을 저온으로 유지, 저장하는 것은 냉장 쇼 케이스, 상업용 대형냉장고와 가정용 냉장고, 어선 냉장고 그리고 냉동화차, 냉동트럭, 냉동 컨테이너 등이다.

냉동은 식품에 함유된 수분을 동결시켜 보통 -18℃ 이하의 온도에서 저장하는 방법이며 식품을 급속으로 냉동시키는 것이 바람직하다. 미생물의 성장과 증식을 억제시키고 식품의 효소촉매 반응을 저하시키며 화학적 변화를 억제함으로써 식품의 장기 저장과 가공을 할 수 있다. 급속냉동은 얼음을 미세하게 결정화시키기 때문에 식품조직의 파괴와 단백질의 변성이 적어 식품을 원래의 상태로 유지할 수 있다.

① 용액의 동결

식품이 동결할 때는 먼저 수분의 동결이 일어난다. 용액의 동결은 용질이 녹아 있기 때문에 0℃ 보다 낮은 온도에서 얼기 시작한다. 라울의 법칙을 따라 용질에 의한 빙점의 강하가 일어난다. 완전한 동결이란 식품의 자유수가 전부 어는 경우인데 이때의 온도를 공정점(공융점, eutectic)이라 하며, 최대 빙결정 생성대가 -5℃ 까지기 때문에 실제 공정점까지 내려가지 않아도 -5℃ 이하가 되면 동결된 상태로 보인다.

② 식품의 빙결점과 공정점

식품중의 수분은 당, 유기산, 무기염류 등이 녹아 있는 수용액으로 되어 있는 자유수와 단백질 등과 같은 고분자 물질과 결합하여 교질입자를 형성하고 있는 결합수로 존재한다. 식품이 얼기 시작하는 온도를 빙결점이라 하며 식품 중 용액부분의 용질농도가 높을수록 빙결점은 낮아진다. 일반적인 식품의 빙결점은 -1~-2℃ 부근이지만 치즈, 빵 등과 같이 상당히 낮은 것도 있다. 식품이 냉각되어 빙결점에 도달하면 얼음결정이 생기는데 이때 얼지 않고 있는 부분의 수용액은 농도가 높아지게 되며 그 결과 빙결점은 더 내려가게 된다. 즉, 빙결점에 도달하여도 빙결하지 않는 현상이 보이는데 이것을 과냉각이라 한다. 그 후 식품의 온도가 다시 내려가게 되면 얼음의 결정이 많아지고 나머지 수용액의 농도는 더 진해지게 된다. 일반적으로 식품의 공정점은 -50~-60℃이므로 이 온도 이하로 온도를 낮추어야 한다. 가용성 성분들이 만드는 공융혼합물이 다르기 때문에 최후의 수분이 빙결하는 온도는 극히 낮고 확실히 알기가 힘들다. 참고로 난백의 공정점은 -55℃이며 육류의 공정점은 -50~-60℃이다.

③ 냉동곡선

식품을 동결시킬 때 시간의 경과에 따라 식품내부의 온도 변화를 그린 것이며 냉동곡선 또는 동결곡선이라 한다(그림 4-15 참조). 식품을 동결시키면 수분의 일부가 동결하여 빙결점이 생성되는데 대부분 -1~-5℃에서 동결이 시작되며 이 때 시간이 경과하여도 식품의 온도는 거의 내려가지 않고 평탄하다. 이 시기는 많은 응고잠열을 외부에 방출하는 기간이다. 식품의 빙결점에서 -5℃ 사이에 가장 많은 얼음의 결정이 생성되는데 이 온도 구간을 최대 빙결정 생성대라 한다. 육류의 경우 최대 빙결정 생성대 -2~-5℃에서 85%의 수분이 얼게 된다.

식품의 최대 빙결정 생성대를 통과하는 사이에 만들어진 얼음결정의 크기, 모양, 수, 분포상태 등은 이 생성대를 통과하는데 소요된 시간에 따라 큰 차이가 있다. 즉, 이 범위를 통과하는 시간이 빠르면 식품 중의 세포와 세포간극에는 미세한 얼음결정이 다수 생성되지만 통과시간이 느리면 큰 얼음결정이 소수 생성되어 이것에 의해서 조직이 손상된다. 대체로 이 온도대를 30분 이내로 통과하는 것을 급속동결이라 하며 30분 이상 소요되면 완만동결이라 한다.

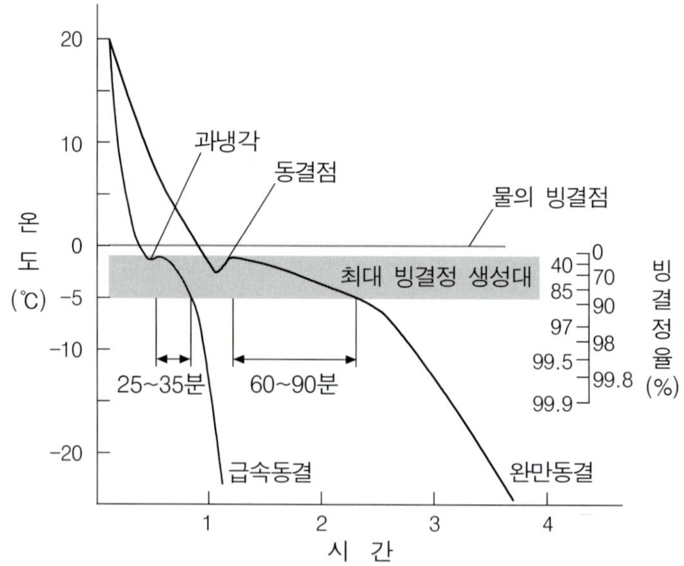

[그림 4-15] 식품의 냉동곡선

일반적으로 최대 빙결정 생성대를 통과하는 시간이 25~35분 이내면 급속동결이라 하며 작고 수많은 얼음 입자가 세포의 내부와 외부에 균일하게 형성되고 조직 내의 수분이동을 극소화할 수 있다. 그러나 일반적인 냉동장치를 이용하면 25~35분간에 -5℃로 되는 것은 어려운 일이다. 급속동결은 얼음결정이 70 ㎛ 이하로서 얼음결정이 미세하여 조직의 파괴와 단백질 변성이 적어 원상유지가 가능하다. 또한 작은 얼음결정이 세포의 내부와 외부에 고르게 생성된다.

④ 식품의 동결을 위한 전처리

과일과 채소는 데쳐서 효소를 불활성시킨 뒤 갈변반응을 막기 위해 아황산가스, 구연산이나 사과산 또는 설탕용액으로 처리한다. 어류는 육질변화와 자기소화에 의한 변패를 막기위해 0℃ 정도에 보관한다. 닭은 다듬기를 끝낸 후 10℃ 이하에서 냉각시킨다. 닭의 숙성은 0℃ 보다 약간 높은 데에서 2~6시간 두면 유연성이 증가한다. 쇠고기는 도살 직후 1~2℃에서 20시간 보관한 뒤 동결시킨다. 육류는 동결하기 전에 숙성시키면 육질이 좋아져 유연성과 보수성이 증가한다.

(2) 동결속도와 식품의 품질

동결식품의 품질을 좌우하는 조건으로는 식품을 구성하고 있는 세포가 얼 때 생기는 얼음입자에 달려 있다. 식품의 조직 내 얼음입자의 위치는 동결속도, 동결온도, 세포의 성질 등에 의하여 결정된다. 완만동결하면 세포 밖에 큰 얼음결정이 생성되면서 동결식품의 품질은 크게 손상된다. 수분이 빙결하면 체적의 약 9% 정도 팽창하고, 이 팽압에 의해서 세포나 조직이 기계적으로 손상 파괴된다.

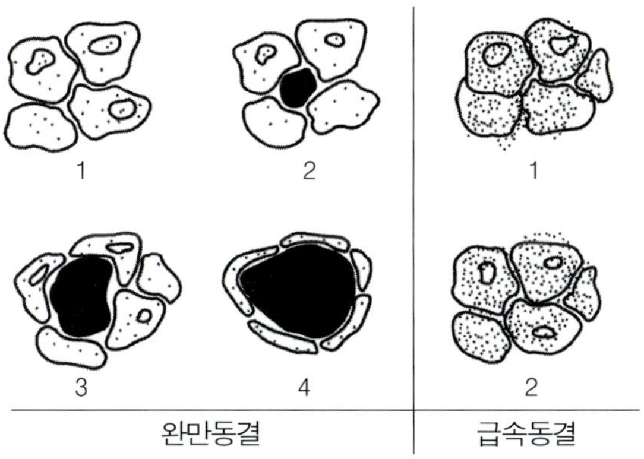

[그림 4-16] 완만동결과 급속동결의 차이

세포 밖에서 큰 얼음결정이 생성되는 경우는 원래 신선도가 떨어진 식품을 동결 시켰을 경우, 동결을 서서히 시켰을 경우, 냉동하는 온도가 높았을 때이다. 세포간극에 고여 있던 액이 먼저 얼어 부피가 늘고 늘어난 부피만큼 주변의 세포를 눌러 세포 내부의 액이 밖으로 밀려나와 함께 얼게 되므로 얼음의 결정은 점점 커지게 된다.

얼음결정은 동결저장 중에도 차차 커져서 식품조직에 큰 손상을 주게 된다. 얼음결정이 커지는 것은 동결저장 중 온도가 올라가거나 내려가는 변동이 있게 되면, 얼음결정 주위에 물과 수증기가 함께 얼기 때문이다. 이러한 세포 외 얼음 결정의 성장으로 세포벽은 손상되고 세포는 압축, 탈수되며 나아가 단백질의 변성을 초래하게 된다.

(3) 냉동방법

식품을 냉동할 때에는 먼저 동결속도, 최종품온, 동결방법 등을 선택하여야 한다. 일반적으로 어패류 등을 냉동할 경우 실용적인 조건으로는 급속동결하는 것이 바람직하고 최종 동결품온은 -18℃ 이하(적어도 -15℃ 이하)로 유지하여야 한다. 냉동방법으로는 공기냉동법, 침지식 냉동법, 액체질소 냉동법, 접촉식 냉동법 등이 있다.

① 공기동결법

공기동결법에는 정치식 공기동결법과 송풍식 동결법이 있다. 정치식 공기동결법은 -20~-30℃로 냉각, 단열된 동결실 내부에 냉각관을 선반식으로 만들어 식품을 선반 위에 올려놓고 동결시키는 비교적 간단한 방법이다. 이 방법은 자연순환식(대류식)이므로 완만냉동에 해당하며, 냉각관과 접촉하는 부분은 잘 냉동되지만 접촉하지 않는 부분은 동결이 느리고 동결 중 건조가 심한 것이 단점이다. 송풍식 동결법으로서 식품을 냉동실 내부 캐비닛이나 선반 또는 동결용 수레에 쌓아둔 다음 -20~-40℃로 냉각된 공기를 송풍하여 동결이 끝나면 출고시키는 방식과 동결실을 터널형으로 만들어 컨베이어 위에 포장된 식품을 얹어 놓고 터널의 한쪽 끝에서 반대쪽 끝으로 이동시켜 단시간 내에 동결하는 방식이 있다. 송풍동결법은 일종의 급속 동결법이므로 비교적 좋은 제품을 얻을 수 있다. 급속동결 방법 중 다소 완만하게 동결이 진행되는 방법이며 포장이 잘 되어 있지 않으면 탈수 현상이 심하게 일어날 수 있다는 단점이 있으나 여러 종류의 제품을 냉동할 수 있고 한꺼번에 많은 식품을 처리할 수 있어 동결원가가 싼 것이 장점이다.

② 침지식동결법

침지식동결법은 -16~-95℃로 냉각된 부동액 또는 염수에 포장된 식품을 침지시켜 급속 동결시키는 방법이다. 액체가 공기보다 열전도율이 커서 동결 속도가 빠르다. 그러나 염수로 인해 동결식품이 오염될 수 있는 단점이 있으므로 내수, 방습성인 포장재료를 이용하여 포장해야 한다. 저온에서 잘 얼지 않는 염수 즉 염화나트륨, 염화칼슘 등의 용액이 많이 사용되고 있으나 propylene glycol, ethylene glycol의 50% 수용액도 사용된다. 급속동결이 필요한 닭고기를 플라스틱 필름으로 밀착 포장한 후 이 방법을 쓰기도 하며, 원양어선에서 이 방법을 설치하여 많이 이용하고 있다.

③ 심온동결법

심온동결법은 포장 또는 비포장 식품을 액체 질소나 고체 이산화탄소 등의 냉매를 직접 분무하거나 침지시켜 순간적으로 동결시키는 방법이다. 액체질소가 기화하면서 식품의 열을 빼앗아 빠른 속도로 동결시키므로 액화가스 동결법이라고도 한다. 이 방법은 외형이 좋은 상태로 유지되고, 동결 중에 산소를 제거할 수 있으며, 빨리 동결되므로 관능적, 영양적 손실을 최소로 할 수 있다. 또한 시설이 간단하고 연속작업이 가능하며 탈수로 인한 중량 손실을 1% 이하로 할 수 있는 등의 장점을 가지고 있다.

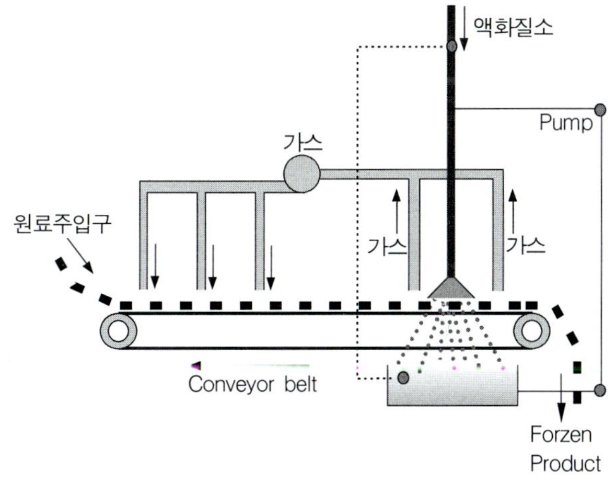

[그림 4-17] 액체 질소를 이용한 냉동장치

액체 질소는 -196℃라는 낮은 온도에서 기화하므로 액체질소를 식품에 직접살포하면 일반적인 급속동결법에 비해 약 10배 높은 동결속도를 얻을 수 있다. 그러나 재사용이 안 되며 액체질소의 값이 비싸 비용이 많이 드는 결점이 있다.

종래에는 냉동판 위에서 덩어리로만 냉동이 가능하던 새우, 양송이, 절단 어육 등을 하나씩 분리하고 냉매를 분무하여 냉동시킴으로써 개별 급속 냉동식품 제조에 이용하고 있다.

④ 접촉동결법(contact plate freezing, 금속판 접촉 냉동법)

접촉동결은 금속판을 -25~-40℃로 냉각시켜 놓고 여기에 식품을 끼워 넣어 급속동결시키는 방법이다. 소형이나 각형은 금속판과의 접촉면적이 크기 때문에 동결속도가 빠르다. 금속판은 열전도도가 높고 식품이 금속판에 충분히 접촉되어 있기 때문에 동결에 걸리는 시간이 짧으므로 세포가 파괴되는 일이 적다. 균일하게 포장된 가공제품을 비교적 급속으로 냉동하는 데 알맞으며, 아이스크림이나 수산물의 동결에 이용한다. 그러나 모양이 불균일한 식품이나 동결용기에 담기 어려운 식품의 냉동은 어렵다.

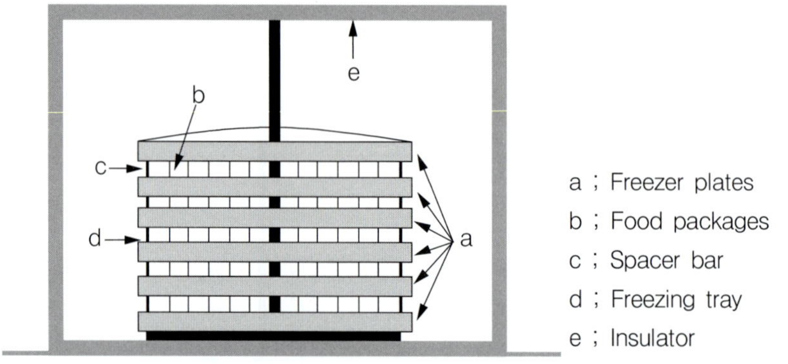

[그림 4-18] 접촉식 냉동기

⑤ 유동층동결법(fluidized-bed freezing)

유동층동결법은 연속적으로 원료를 벨트위에 올려놓고 냉동장치를 통과하는 동안 동결되도록 하는 방법으로 열전달 속도를 높이고 제품의 탈수를 적게 하는 이점이 있다.

⑥ 프리즈플로(Freeze-Flo) 저장법

프리즈플로 저방법은 미국의 리치사가 개발한 중간수분식품과 냉동식품을 조합한 것으로 냉장이나 가열을 하지 않아도 미생물적으로 안정하며 '동결되지 않은 동결식품'으로 불린다. 이것은 딱딱하지 않고 보존성이 좋으므로 첨가물이나 보존료를 필요로 하지 않는 자연식품에 응용한다. 이 식품의 특징은 냉동고에서 꺼내 쉽게 먹을 수 있고, 재해동과 재냉동이 가능하며, 자유수가 결합수와 같이 작용하므로 미생물에 대해 안전하고 건조에 의한 노화도 없다. 냉동식품보다 높은 온도에서 저장하므로 에너지가 적게 든다.

(4) 동결식품의 저장 중 변화

식품의 냉동공정은 냉동, 냉동저장 및 해동으로 나눈다. 일반적으로 동결식품의 품질은 급속 심온 동결식품이 좋지만 식품의 종류, 전처리 등에 따라 차이가 있다. 냉동식품의 저장온도는 저장온도가 낮을수록 품질수명이 연장된다. 리파아제, 아스콜빈산 산화효소 등의 효소의 경우 -20℃에서도 작용을 하므로 장기간 저장할 경우 -20℃ 이하에서 냉동 저장하는 것이 안전하다고 할 수 있다.

냉동식품의 저장 중 온도의 변화는 품질을 변화시키는 또 다른 요인이다. 저장 온도에 의한 품질변화는 누적되므로 낮은 온도에서 저장하다가 단기간이라도 높은 온도에 노출되면 그만큼 품질저하가 가속된다.

식품의 방습 기밀포장이 된 경우는 관계없지만 저장기간이 길 경우 냉동저장 중 습도가 식품의 건조와 관계가 있다. 각종 동결식품의 표준이 되는 냉동온도와 습도, 빙결점, 저장기간은 표 4-4(118쪽 참조)와 같다.

동결식품을 저장하기 위해 가능한 한 낮은 온도를 유지해야 하지만 전기료도 고려해야 하므로 일반적으로 -18~-20℃가 바람직하다고 본다. -18℃는 미생물의 성장을 저지하고 자기소화나 기타 변패를 막을 수 있는 온도라고 생각되지만 물리적 변화가 따를 수 있다. 특히 저장실의 온도변화가 있을 때 빙결정의 재결정화가 일어나며, 얼음이 승화되면 다공성의 조직이 형성되고 색소의 변색과 지방산화 등의 냉동화상이 나타날 수 있다. 품질변화의 예는 다음과 같다.

표 4-4 동결식품의 냉장온도와 습도 및 기간

식 품	빙결점(℃)	저장온도(℃)	습도(%)	저장기간
소고기	-1.7	-18~-23	90~95	9~12개월
돼지고기	-1.7	-18~-23	90~95	4~6개월
어 육	-1.0	-18~-23	90~95	8~10개월
계 란	-0.5	-18~-23	-	1년 이상
버 터	-2.2	-18~-29	80~85	1년
치 즈	-8.3	-	-	-
아이스크림	-	-26	-	몇 개월
과 일	-2.0	-18~-23	-	6~12개월
채 소	-1.1	-18~-23	-	6~12개월
딸 기	-	-18~-23	-	1년
빵	-6	-20	-	-

① 조직손상

식품을 동결시키면 물이 빙결함으로써 부피가 늘어난 얼음에 의해 식품의 조직이 파괴된다. 그러나 급속히 얼리면 얼음결정이 크지 않아 조직의 변화를 줄일 수 있다.

얼음결정이 세포 밖에서 커지면서 세포 내 수분이 빠져나가 식물세포에서는 원형질분리가 동물세포에서는 변형, 수축이 일어나 세포는 변질된다. 또 동결된 식품의 표면이 공기와 접하고 있으며 얼음이 승화하고 내부도 다공질의 건조층이 생기는데 이런 현상을 냉동화상(freezer burn)이라 하며 이로 인해 식품의 향미, 색깔, 조직, 영양가가 변화된다.

② 유화상태의 파괴

냉동은 수중유적형, 유중수적형 유화액을 불안정하게 한다. 또한 냉동은 탄수화물과 물, 단백질과 물의 결합에 작용하여 비가역적으로 변성시킨다.

③ 단백질의 변성

빙결점 이상의 저온에서 단백질은 가역적으로 변성되는데 이것은 단백질의 소수결합이 저온에서 불안정하기 때문인 것으로 생각된다. 또한 동결로 효소활성, 용해성, 점도, 겔형성능, 기포성의 변화가 일어난다. 이것은 빙결정의 생성으로 결합수의 이탈, 용액 중에 농축된 무기염류에 의한 염석으로 단백질이 변성됨으로써 pH 완충능의 감소, 단백질의 상호접근에 의한 분자 간

결합의 형성 등에 의한 것으로 볼 수 있다.

④ 지질과 비타민의 변화

유지함량이 큰 냉동식품은 유지의 산화에 의한 변패가 일어난다. 냉동어류의 지방은 냉동육류의 지방보다 더 빨리 산화되는 경향이 있다. 냉동상태에서도 Vitamin C의 손실은 계속된다.

(5) 냉동식품의 품질유지

동결상태로 유통되는 식품의 품질은 원료의 상태, 동결 전후의 처리 및 포장, 생산에서부터 소비하는 시점까지의 냉장, 수송, 판매하는 동안의 품온과 저장기간 등의 조건에 따라 결정된다. 선도가 좋은 원료를 사용하고, 동결 전후의 처리와 포장을 정상적으로 행한 것은 생산 직후의 고품질이 그대로 유지된다. 냉동식품의 최종품질은 생산에서 소비에 이르는 전 과정에서 저장온도와 경과시간에 지배된다. 즉, 어느 시점에 있어 냉동식품이 상품가치를 갖게 하기 위해서는 허용되는 경과시간과 그동안의 온도에 의존하게 된다. 이 관계를 수학적으로 산출한 것이 TTT(time temperature tolerance) 즉 시간, 온도, 허용한도이다.

식품의 TTT 관계를 직선으로 나타낸 것을 품질유지 특성곡선이라 하며, 그림 4-19와 같다. 예를 들면 닭고기는 -20℃에 저장하면 약 1,000일간 저장이 가능하나 -5℃로 하면 약 200일 밖에 저장이 되지 않는다. 어떤 냉동식품의 초기 품질량을 1.0으로 하고 상품가치가 없어졌을 때 0이 된다고 생각하면 품질이 1.0만큼 감소되는데 소요되는 일수를 품질보존기간으로 볼 수 있다. 따라서 1일당 품질 저하량은 초기의 품질량 1.0을 품질보존기간(일수)로 나눈 값이 된다. 쇠고기의 경우 1일당 품질 저하량이 -20℃일 때는 1.0/600=0.0017이 되고, -10 ℃일 때는 1.0/90=0.0111이 되며 이 값이 클수록 품질의 변화가 큰 것이다. 냉동식품이 생산에서 해동될 때까지의 유통의 각 단계에서 1일당 품질저하량에 저장 일수를 곱하여 나온 품질변화량의 총계를 구하여 그 합계량이 1.0 이상이면 품질이 저하되었다고 보며, 1.0 이하이면 품질이 우수하다고 보는 것이다.

냉동식품을 생산 직후부터 품질이 저하되지 않고 소비자에게 이르게 하기 위해서는 생산에서 소비에 이르는 전 과정을 통해 낮은 온도를 유지하는 것이 매우 중요하다.

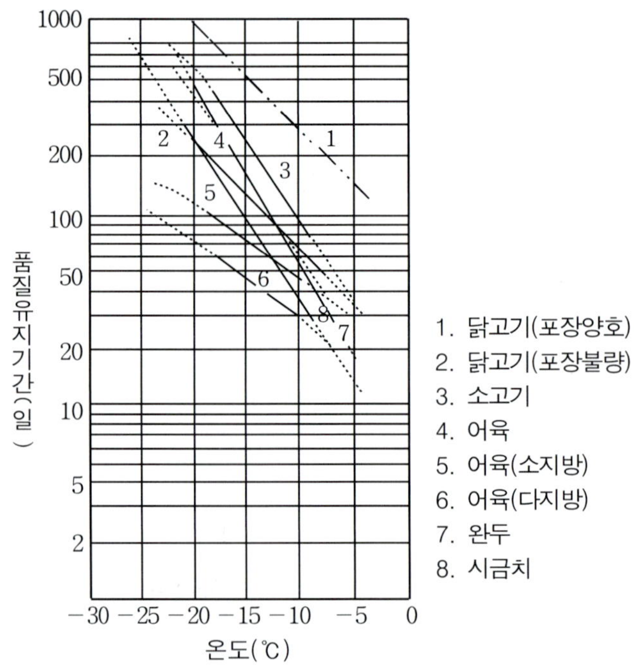

[그림 4-19] 품질 유지 특성곡선

저온·냉동식품이 생산에서부터 소비에 이르는 전 유통과정에서 저온으로 연속적인 유지·관리가 필요한데 이와 같이 연속적으로 저온을 유지하는 체제를 저온유통체계(cold chain system)라 한다.

농산물 또는 식품의 저온저장 및 저온유통체계의 보급이 증대됨에 따라 저온수송의 중요성이 더욱 증대되고 있다.

보냉차는 적재함을 단열재로 방열하여 외부로부터 열의 침투를 감소시켜 냉각된 식품의 수송 시 온도상승을 지연시키며 주로 단거리 수송에 이용되고 있다. 축산물, 수산물, 유가공품 등의 수송에 이용되나 청과물의 수송에는 별로 이용되지 않는다.

드라이아이스를 이용할 경우 냉각력이 크고 시설비가 싸기 때문에 중·단거리 수송에 많이 이용되고 있다. 보냉차 적재함의 앞쪽에 작은 팬이 부착된 드라이아이스를 넣은 냉각기를 설치하고 뒷쪽에 온도 감지장치를 달아 온도를 일정한 범위로 조절할 수 있다. 드라이아이스는 ① 냉각력이 크고 ② 중량이 가볍고 ③ 승화 후 잔류물이 없고 ④ 사용이 간편하고 ⑤ 발생된 CO_2는 산화방지와 미생물의 생육 억제에 효과적이다.

(6) 냉동식품의 품질변화 방지법

냉동식품의 품질수명은 냉동되기 전의 제품품질에 의해 영향을 받는다. 즉, 좋은 원료로 잘 가공된 고품질의 제품은 품질수명이 더 길다.

포장방법도 제품의 품질수명을 결정하는 중요한 요인이다. 기체의 투과성이 없고 방수성이 우수한 포장재를 사용하는 것이 좋고 조리된 식품은 산화에 의하여 품질이 손상되는 경우가 많으므로 이를 방지할 수 있는 진공포장이나 질소가스 충진포장 등의 방법을 사용하면 도움이 된다. 따라서 급속냉동이 이루어질 수 있도록 적당한 크기로 포장하고 적합한 냉동방법의 선정이 중요하다.

특히 동결 어육이나 육류에서 많이 볼 수 있는 냉동화상을 방지하는 방법으로는 BHA, BHT, sodium L-ascorbate 등의 산화방지제를 사용하거나 밀착포장 또는 빙의가 있다.

(7) 냉동식품의 해동

해동은 동결의 역현상이며 동결로 제거되었던 같은 양의 열을 흡수하면 식품 중의 빙결정이 녹아서 품온이 본래의 상태로 되돌아가는 것을 말한다.

그러나 같은 온도변화 범위에 있어서는 동결에 소요되는 시간보다 해동에 소요되는 시간이 더 길다. 그 이유는 해동 시에 생성된 물은 열전도도가 낮은 반면 동결 시에 생성된 얼음층은 열전달을 가속화시키기 때문이다.

① 해동원리

냉동식품을 녹일 때는 필요에 따라 부분적 해동과 완전해동을 택한다. 얼었던 식품을 해동시키면 수분이 유출되는데 그 정도는 동결 시 얼음결정의 상태나 저온보존 상태에 따라 다르다. 해동 중에는 효소촉매반응이 진행되거나 손상된 조직이 미생물의 공격을 받아 변패되거나 산화적 변패와 액즙의 유출로 인한 영양소의 손실이 따른다.

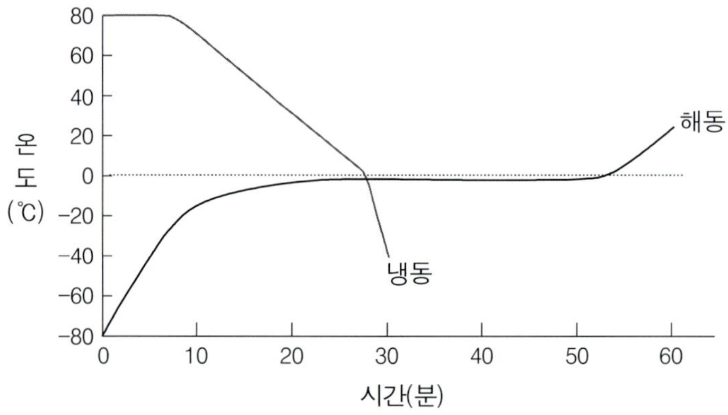

[그림 4-20] 냉동과 해동곡선의 비교

② 해동방법

해동방법의 공통된 원칙은 텍스처의 변화를 적게 하고 드립을 최소화하며 선도저하를 방지하는 것이다. 또한 내외 온도 차이에 의한 식품의 품질변화를 적게 하고 해동 중 세균의 번식을 막고 단백질이 변성되지 않도록 하는 것이다.

해동방법은 송풍해동, 접촉식 해동, 고주파 해동, 수중해동 등이 있으며 대표적인 해동방법은 다음과 같다.

A. 송풍해동법

송풍해동은 20℃의 공기를 송풍하여 해동하거나 감압 하에 20℃ 온수를 1 ft/min의 속도로 흐르게 하여 해동하는 것으로 간편하고 경제적이며 드립량이 적은 편이다. 반면, 실온에서 해동시킬 경우 해동시간이 길기 때문에 식품 내외의 온도차가 커서 변색, 표면건조, 미생물의 번식이 일어날 수 있다는 단점이 있다. 포장된 냉동식품을 냉장고(3~5℃)에 넣어두면 서서히 해동된다.

B. 접촉식 해동

접촉식 해동법 또는 접촉식 판상해동법은 접촉식 판상냉동의 원리와 비슷한데 25℃ 정도의 금속판 사이로 동결식품을 넣어 해동하는 방법으로 판에 냉매 대신 가열된 물이나 기름을 순환시켜 열교환을 빨리 이루어지도록 해서 해동하는 방법이다. 이 장치를 사용하려면 포장이 균일해야 한다.

C. 전기해동법

전기해동법 중 고주파 해동법은 가열과 해동이 가능하도록 제조된 전자오븐을 이용한다. 이는 고주파(915~2,450 MHz)와 초단파를 이용한 방법으로서 내부 가열로 안쪽부터 해동이 진행되므로 급속해동이 가능하며 냉동식품의 해동에 널리 사용되고 있다.

D. 수중해동법

10~15℃의 흐르는 물에 담가 해동하는 것으로 물의 접촉으로 열의 이동속도가 커지므로 공기해동법보다 해동시간이 단축된다. 상온의 물이나 소금물은 해동속도가 빠르다. 그러나 포장하지 않은 동결식품의 경우는 육질성분의 용출이 문제가 될 수 있다.

E. 기타

뜨거운 공기를 순환시키거나 증기가 나오는 판위에서 해동하는 방법도 있는데 비교적 단시간에 해동이 가능하고 대량처리에 편리한 장점이 있다.

해동방법은 냉동식품의 종류, 형태, 크기, 포장 유무, 해동 후의 이용 목적, 경제성, 상품가치 등을 고려하여 알맞은 방법을 선택하여야 한다.

냉동과실을 실온에서 서서히 해동하면, 향미, 색깔, 텍스처의 손상이 일어난다. 가공원료용 포도나 딸기 등의 냉동과일은 해동하면 좋지 않으므로 냉동상태에서 바로 주스 등을 제조한다.

시금치, 송이버섯 등의 냉동채소는 데치기가 되어 있으므로 그대로 열탕에 넣어서 녹인다. 냉동된 조리채소제품은 주로 boil-in-bag용 파우치나 주머니에 포장되어 있다. 이런 제품은 이용 시 끓는 물에 포장된 채로 담가 해동과 가열처리를 동시에 실시한다.

빵 제품을 해동하려면 품온을 급속히 21℃로 올려 노화가 급속히 진행되는 -4~15.5℃의 온도범위에 머무는 시간을 최소화해야 한다. 이를 위하여 더운 공기가 급속히 순환되는 선반에서 빵을 해동하는 것이 좋다. 스테이크, 지짐류 등은 기름에 지지거나 하여 가열과 동시에 해동시킨다.

③ 드립(drip)

동결식품을 해동하면 내부의 빙결정이 녹아 물이 되어 액즙이 외부로 유출되는데 이러한 현상을 드립이라고 한다. 드립의 발생률은 동결에 의한 식품 내부에서 일어나는 물리 화학적인 변화가 클수록 많아지므로 동결식품의 품질의 척도가 된다. 드립의 원인은 동결로 인한 식품조직의 물리적인 손상으로 일어나는 조직 구조적인 변화와 단백질의 동결변성으로 일어나는 교질구조의 변화 때문에 보수력이 감소하여 일어나는 것이다. 드립이 발생하면 액즙 속에 들어있는 단백질, 엑스성분, 염류, 비타민류 등의 영양성분과 풍미가 감소되어 식품의 가치가 떨어지므로 드립은 가능한 적은 것이 좋다.

드립의 발생량은 원료의 종류와 형태, 동결시의 선도, 원료의 전처리, 동결속도, 냉동기간과 냉동저장시의 온도관리, 해동방법 등에 따라 영향을 받지만 원료가 신선하고 동결속도가 빠르며 동결냉장 온도의 상하 변동이 적은 것은 발생량이 적다.

3. 염장, 당장, 산장, 훈연 및 훈증, 식품첨가물의 저장식품

1) 염장법(소금절임법, Salting)

(1) 염장법의 의의와 방부원리

소금은 모든 식품에 첨가하여 기본 맛을 내는 물질로서 식품저장에서는 다량 첨가하여, 보존성을 높이는 것으로 우리나라에서는 전통적으로 장류 계통, 수산식품 계통 등에 주로 널리 이용되어 왔다.

소금절임법의 방부원리는 삼투압작용(osmosis)에 의해 이루어진다. 소금의 삼투작용이란 식품 내외의 삼투압차에 의하여 침투와 확산의 두 작용에 의해여 식품 내에 존재하는 수분과 소금(NaCl)이온 용액이 바뀌어 소금은 식품 내에 스며들어 흡수되고 수분은 탈수되어 식품의 수분활성(Aw)이 낮아지며 또 한편으로는 부착되어 있는 미생물 자체도 소금에 의한 높은 삼투압으로 세포는 원형질 분리(plamolysis)를 일으켜 미생물 증식이 억제되거나, 사멸을 가져오는 현상을 말한다. 또한 소금에 대한 미생물의 저항력은 식품의

표 4-5 균류의 식염에 대한 저장력

균 명		식염농도(%)
병원균	*Bacillus tuberculosis*	2.0
질소 고정균	*Azotobacter chroococcum*	3.0
부패균	*Streptococcus pyogenes*	5.0
	Proteus vulgaris(식중독균)	9.0
	Bacillus coli communis	9.0
	Bacillus subtilis	9.0
	Bacillus mesentericus vulgatus	9.5
	Bacillus pycoyaneus	10.0
	Bacillus cereus(식중독균)	10.0
	Bacillus mesentericus propioni	10.0
	Bacillus megatheroides	10.0
	Bacillus panis	10.0
	Streptococcus pyogenes	12.0
	Bacillus mesentericus fuscus	12.0~15.0
	Micrococcus botulinum	25.0
식중독균	*Clostridium botulinum*	6.0
	Salmonella enteritidis	7.0
전염병균	*Vibrio cholerae*	8.0
	Bacillus anthracis	8.8
	Bacillus paratyphus B	9.5
낙산균	*Granulobacter saccharobutylicum*	10.0
간장세균	*Bacillus soja gasformans*	15.0
유산균	*Bacterium lactis acidi*	15.0~20.0
황세균	*Thiobacillus denitrificans*	30.0
효모	*Mycotorula japonica*	11.0
된장효모	*Zygopichia miso*	15.0
효모	*Saccharomyces major* sp.	15.0
간장효모	*Zygosaccharomyces major*	20.0
효모	*Torula* sp.	25.0
곰팡이	*Penicillium*	20~30

종류, 균의 종류, 내성이나 포자의 유무 등과 식염의 농도 등에 따라 저장효과는 다르다.

식품의 종류는 고형식품이나 액상식품이나 지방, 단백질 등 성분함량의 대소 여부, 대형식품이냐 소형식품이냐 등에 따라 삼투속도, 삼투량 등이 다르다. 소형식품은 액상식품 보다, 지방이 많은 식품은 적은 식품보다, 대형식품은 소형식품보다 삼투속도가 느리다는 것을 알 수 있다.

균 중에서 세균은 상온에서 대략 소금농도가 2%에서부터 억제되기 시작하여 10% 정도 되면 상당히 억제되는 반면 효모는 보통 15% 이상에서 활성이 억제되며 곰팡이는 대부분 20% 이상에서 억제되는 것을 볼 수 있다.

(2) 염장방법

① 염수법(물간법, 염지법, brine salting pickle curing)

식품을 소금물에 담그는 방법을 염수법이라고 한다. 수분이 빠져 나오므로 농도를 일정하게 하기 위하여 소금을 수시로 첨가하여 유지하여야 한다. 또 장시간 방치 시는 염수 층이 생기므로 교반을 수시로 실시해야 한다. 김치절임, 젓갈 등의 수산식품, 간장, 된장 등에 이용되어 왔다.

② 건염법(마른간법, drying salting)

식품에 식염을 직접 뿌려 염장하는 방법을 건염법이라 한다. 식품표면의 수분이나 또는 내부에서 침출한 수분에 식염이 녹아 포화식염수 상태를 만들어 덮여 있는 상태가 된다. 그러므로 소금의 삼투는 건염법이 식품 내외의 삼투압차가 크므로 염수법보다 빠르다. 그러나 식염이 균일하게 침투되기 어려워 품질이 고르지 못하고 식품표면에 공기의 접촉으로 산화되어 산패나 유지변색(rusting)을 일으키는 결점이 있다. 햄 등의 축산식품, 굴비와 같은 수산식품, 김치절임, 된장 등에 이용되고 있다.

③ 개량염수법(개량물간법)

처음에는 염장용기에 식품을 한 층씩 건염법으로 쌓아 놓고 내림 뚜껑을 하여 가압하면 식품으로부터 침출된 수분에 의해 포화식염수가 형성되어 뒤에는 염수법으로 한 것 같은 염장법을 개량염수법이라고 한다.

④ 개량건염법(개량마른간법)

처음에는 염수법으로 염지하여 세균 및 식품표면의 점질물, 염용액 등을 제거한 후 건염법으로 본 염지를 하여 염장효과를 높이는 방법이다.

⑤ 염수주사법(brine injector method)

형태가 큰 대형 축육이나 어육의 염지에 통상 사용하는 방법으로 염지기간을 1/3 이내로 단축시키고 균일하게 염지가 되도록 염장하는 방법으로 근육주사법(stitch pumping method)과 맥관주사법(Morgan법, vascular pumping method)이 있다. 근육주사법은 염지액 주사기에 염지용액을 넣고 근육 중심부에 주사하여 염지하는 방법이고 맥관주사법은 도살 즉시 흉부를 절개하여 좌심실로부터 대동맥속에 염지용액을 넣은 주사침을 장치하고 우심실은 구멍을 뚫어 혈압과 같은 압력으로 혈관 내에 주입하여 염지하는 방법을 말한다.

⑥ 변압염장법(감압염장법)

밀폐된 용기에 식품을 넣고 용기 내를 감압(진공상태)하여 식품조직 내의 기체를 배제한 다음 염수를 주입하여 염지하고 용기 내를 가압하여 식염의 삼투를 신속히 하는 급속염장법의 하나이다. 햄 등의 제조에 주로 이용되고 있다.

⑦ 압착염장법

처음에 건염법으로 하고 다음에 염수법으로 염지하여 식염의 삼투를 한 후 염수에서 건져내어 적당히 가압하여 과잉의 염분과 수분을 압출시키는 방법으로 소금기를 적게 하고 풍미를 목적으로 할 때 이용되고 있다.

2) 당장법(당절임법, Sugaring)

(1) 당장법의 의의와 방부원리

당장법도 염장법과 같이 삼투압작용의 방부원리로써 식품에 당을 가하면 삼투압차에 의해 당이 침투되고 수분이 빠져나와 식품중의 수분은 적어지고 또한 부착한 미생물의 성장을 억제시키는 방법을 당장법이라고 한다.

그러나 당은 식염에 비해 삼투압이 낮아 식품내부로의 삼투가 느리게 진행된다. 더욱이 당의 종류에 따라 그 삼투속도가 다른데 당의 분자량이 적은 것일수록 침투 속도는 빠르게 된다. 그러므로 단당류인 포도당(분자량 180),

과당 등은 소당류인 설탕(분자량 342)보다 빠르다. 또한 미생물에 대한 각종 당의 저장력 순서는 Erickson 등에 의하면 과당 > 포도당 > 설탕 > 젖당 순이었으나 Fabian 등은 flat sour 고온균에 대한 저장효과는 포도당 > 과당 > 설탕의 순서로 나타났다. 표 4-6에서 보는 바와 같이 과당, 포도당, 젖당, mannitol은 20~30%에서도 억제되는 것을 볼 수 있다.

표 4-6 각종 미생물에 대한 당류의 발육저지 농도

균 주 명	최소발육저지농도(%, W/W)							
	설탕	맥아당	젖당	포도당	과당	sorbitol	mannitol	xylitol
Staphylococcus FDA 209p	60	40~60	>30	30	20	40~50	>30	40
Escherichia coli O-157	40	40	>30	30	20	40	30	30
Pseudomonas aeruginosa-II-D-p2	40	40	30	20	20	30~40	30	20~30
Aspergillus oryzae 557	70	70	>30	60	60	60	>30	60
Aspergillus IAM 2020	70	70	>30	60	60	60	>30	60
Penicillium citrinum QM-1226	70	70	>30	60	50	60	>30	60
Penicillium notatum IAM 7168	60~70	>70	>30	60	40~50	50~60	>30	60~70
Pencillium SP.	60	70	>30	50~60	40~50	50~60	>30	60
Rhizopus nigricans NHL 1003	60	70	>30	60	50	60	>30	50~60
Cladosporium SP.	60~70	60~70	>30	60	30	50	>30	50~60
Candida japonica IAM 1225	60~70	70(±)	>30	50	50	50	>30	50~60
Pichia farinosa NI 7380	70	70	>30	50~60	50	60	>30	60

따라서 전체적으로 안전성을 고려하면 일반적으로 미생물은 당농도가 50% 이상일 때 미생물의 성장이 억제되어 저장성을 가지며 당 농도가 50% 이하가 되면 오히려 영양물질로서 작용하여 미생물이 더 잘 번식하여 식품을 썩게 만들게 된다. 그러므로 세균을 억제하기 위해서는 대략 당농도가 50% 이상이어야 하고, 효모나 곰팡이는 대략 70% 이상일 때 저장성을 갖게 된다.

농축당조림인 잼, 젤리, 마말레이드(marmalade), 당침인삼, 인삼과자류, 과일버터(fruits butter), 가당연유(sweetened condensed milk) 등은 대표적인 당장법의 이용이다. 아울러 잼, 젤리에서 산도 1.2% 시에는 당농도 45%에서 효모와 세균의 발육을 억제할 수 있으나 산도가 0.8%에서는 억제할 수 없어 산이나 염분의 첨가는 보존효과를 더 높일 수 있다고 한다.

3) 산장법(산절임법, 초지법, Pickling)

산장법(산절임법)은 염장법, 당장법과는 달리 수소이온(pH) 농도가 낮은 초산, 젖산, 구연산 등을 이용하여 미생물들이 잘 살 수 없는 중산성 내지 강산성 영역으로 해주어 식품을 저장하는 방법이다. 이 방법을 이용하는 식품은 오이피클, 마늘피클, 단무지, 김치, 죽순, 양배추 등 채소류와 토마토 등의 과일류, 칼피스, 탄산음료, 어육의 초지식품 및 육류 등이 있다.

산절임법은 주로 산의 살균작용에 의한 원리로 보고 있으나 그 이외에도 해리되지 않는 분자나 산화합물의 음이온이 관계하는 것으로 생각된다. pH가 낮은 강산성 쪽으로 갈수록 저장성의 효과는 큰데 산류의 살균작용은 수소이온에 의한 세포단백질의 응고의 결과로 생기는 현상이라고 한다. 각 식품의 pH 값에 가열에 따른 *Clostridium* 포자의 파괴에 필요한 시간을 보면 표 4-7(130쪽 참조)과 같다. 여기서 pH값이 강산 쪽으로 갈수록 또 가열온도가 높을수록 짧은 시간에 포자가 파괴되는 것을 볼 수 있다. 식품 중 채소류, 과일류는 대략 pH 5~3 범위에 있지만 곡류, 육류, 수산물 식품은 약산성 영역인 pH 7~5 영역에 많이 분포되어 존재하고 있으며 미생물 중 대부분의 세균은 중성인 pH 7 내외 영역에서 잘 성장한다. 그러므로 세균은 점차 pH 7 → pH 6 → pH 5 이하의 낮은 숫자의 강산성 영역 쪽으로 하면 생육이 억제되어 보존성을 높이게 된다.

효모는 일반적으로 약산성인 pH 5 전후에서 잘 생육하고 그 이하에서부터 점차 억제 되지만 어떤 효모는 pH 2.5까지 생육을 한다.

곰팡이는 효모보다 pH에 더 강해 pH 4 전후 영역에서 잘 생육하나 그 이하에서 점차 억제되며 pH 1.5 정도까지도 생육하는 것이 있다.

식품저장에서 가장 많이 사용되는 산으로는 식초라고 하는 초산(acetic acid), 김치 등의 젖산(lactic acid) 및 구연산 등이 이용되고 있다. 균의 종류에 따라 차이가 있지만 Erickson 등은 pH값에 근거를 두었을 때 우리가 흔히 사용되는 산 중 저장력과 세균에 대한 살균력은 초산>구연산>젖산의 순이었으며 산의 양을 근거로 할 때는 젖산>초산>구연산의 순이었다고 한다.

표 4-7 식품의 pH값에 따른 *Cl. botulinum* 포자파괴에 필요한 시간(분)

식품의 종류	식품의 pH	온도(℃)				
		90	95	100	105	110
hominy	6.95	600	495	345	34	10
옥수수	6.45	555	465	255	30	15
시금치	5.10	510	345	225	20	10
깍지강낭콩	5.10	510	345	225	20	10
호박	4.21	195	120	45	15	10
배	3.75	135	75	30	10	5
말린 자두	3.60	60	20	–	–	–

4) 훈연 및 훈증법

(1) 훈연의 의의와 방부원리

축육이나 어패류 등의 식품에 목재 등을 불완전 연소시켜 생긴 연기 즉 연기속의 방부성 성분, 산화방지성 성분 등을 침착시키거나 살균력을 가진 연기성분의 물질을 흡착시키는 동안 건조를 수반하면서 상승효과를 얻어 저장성을 갖는 방법을 훈연법이라고 한다. 훈연 시 사용되는 목재는 첫째로 수지(resin)가 있어서는 안 되며 잘 건조된 단단한 나무가 좋고 나무의 종류에 따라 향기성분 등에 차이가 있으므로 그 선택도 중요하다. 특히 수지가 많은 소나무, 전나무, 뽕나무, 감나무, 삼나무 등을 사용하면 제품이 좋지 않다.

훈연성분은 연기 속에 약 200여 종 이상의 화학성분이 존재한다고 하며 그 중 방부작용(살균작용)을 갖는 성분으로는 알데히드류, 알코올, 초산이나 개미산, 지방산 등이 관여하는 것으로 생각되며, 알데히드류는 미량으로 제품에 대한 유독성은 없다고 하고 산류는 훈연육을 더욱 산성으로 하여 보존성을 갖게 한다.

두번째로 항산화작용으로서 훈연성분 중에는 cresote, guaiacol과 같은

polyphenol류가 지방을 함유한 축·어유 식품의 산화를 방지하는 효과를 볼 수 있다. 그 이외 염지성분과 냄새와 훈연성분이 합쳐서 훈연취가 부여되므로 풍미 증진 및 착색이 일어나 기호성이 증가된다.

(2) 훈연방법

① 냉훈법(cold smoking, slow smoking)

20~30℃의 온도에서 3~4주일간 훈연하여 제품의 수분을 20~45%까지 감소시켜서 장기간의 저장을 목적으로 훈연시키는 방법을 냉훈법이라 한다. 건조 소시지 제조에 많이 이용되나 레귤러 햄, 베이컨 등의 제조에도 이용된다.

② 온훈법과 열훈법(hot smoking)

30~50℃에서 1~3일 훈연하는 것을 온훈법이라 하고, 50~80℃에서 5~12시간 훈연하는 것을 열훈법이라 한다. 또 학자에 따라 50℃ 내외에서 훈연처리하는 것을 중온법(warm smoking), 70℃ 내외에서 훈연 처리하는 것을 고온법(rapid smoking)이라고 하고 시간은 2~12시간 정도 훈연한다. 온훈법의 주목적은 독특한 풍미를 주기 위한 것으로 장기 저장은 곤란하다.

③ 배훈법(roast smoking)

95~120℃에서 2~4시간 정도 훈연하는 것을 배훈법 또는 소훈법이라 하고 저장보다는 바로 식용할 수 있는 훈연법이다.

④ 액훈법(liguid smoking method)

훈연재료를 사용하는 대신 목초액(wood vinegar), 크레졸, 알코올, 붕산, 명반, 두송유, 초석, 색소 등을 배합하고 필요시 조미료, 향신료도 배합하며 염지와 동시에 고기를 담그어 연기 성분을 침투시키는 방법을 액훈법이라 한다. 식품의 성분에 따라 침지시간 등을 고려해야 한다.

⑤ 훈연액법(smoke solution method)

목초액, 크레졸, 두송유 등의 배합으로 액훈법과 같이 만든 훈연액을 증발되기 쉬운 용기에 넣고, 다시 탈지면을 띄워 훈연액을 가열하여 증발시켜 식품을 훈연하는 방법을 훈연액법이라 한다.

⑥ 전훈법(electronic smoking)

원료 식품을 5 cm간격으로 교차시켜 +, - 전극으로 하여 훈연하면서 10~30 kV의 전압을 걸어 코로나(corona) 방전을 시키면 연기 중의 하전된 유효성분이 반대극의 원료에 흡착시키는 방법을 전훈법이라고 한다. 이것도 수분증발이 적어 저장성이 낮다.

(3) 훈증법(fumigation)

훈증법은 주로 곡물저장에 또는 일부 과일류 등을 저장할 때 해충(pest)이나 미생물로부터 보호하기 위하여 일정한 용기 내에 또는 포장된 포대 등에 휘발성 살충제나 살균제 즉 훈증제를 기화가스로 하여 해충과 충란 또는 미생물을 사멸시키는 방법을 말한다.

훈증할 때에는 곡물 중에 가스가 잘 침투되도록 하여야 할 것이며 살균제는 그 종류나 사용량에 따라 사람과 가축에게도 유해하므로 적절한 훈증이 요망된다. 살포 시 방독면 등을 사용하여 위생적인 피해가 없도록 해야 한다. 또 저장창고는 잘 밀폐되지 않으면 가스가 새어나가므로 완전 밀폐하여 훈증하도록 해야 한다. 그러나 종자용 곡물은 잘못하면 발아가 상실되므로 적절한 사용이 필요하다.

방충제는 곤충류나 진드기류의 해충방제의 목적에서 같거나 비슷하나 방충제의 종류나 방제방법의 차이로 농약의 분제나 유제로 식품에 낮은 농도로 혼합하든가 아니면 식품표면에 분무 살포하여 해충을 방제시키는 것을 말한다. 특히 주의 할 것은 바로 섭취할 식품에는 방제해서는 안 된다. 훈증제로는 에틸렌 옥사이드(ethylene oxide), 클로로피크린(chloropicrine), 브롬화메틸(methyl bromide) 등이 사용되어 왔다.

5) 식품첨가물(food additives) 이용

화학물질인 천연식품 첨가물로는 설탕 등 당류, 소금, 식초 등 산류, 훈연성분 등도 사실 천연 식품첨가물의 하나로서 식품의 보관 및 저장에 이용되어 왔지만 여기서는 합성첨가물에 대하여 이야기하고자 한다.

(1) 보존료(preservatives)

식품의 변질 및 부패에 이르게 되는 데는 미생물의 요인이 가장 크다고 언급한 바 있다. 미생물의 억제 작용을 주목적으로 하는 것을 정균작용(bacteriostatic action)이라고 하고 이러한 작용을 하는 화학물질이 보존료이다. 미생물 등의 사멸을 주목적으로 하는 것은 살균작용(germicidal action)이라고 하는데 이러한 물질을 살균료라고 한다. 상기 두 물질을 널리 일컬어 방부제라고 한다.

식품의 pH는 보존료의 작용에 영향을 미치며 산형보존료는 산성영역에서 그 보존효과를 발휘하는데 산성영역에서 pH가 낮을수록 효과가 크다. 보존료의 종류, 사용식품 및 첨가량의 기준과 규정은 표 4-8에서 보는 바와 같다.

표 4-8 허용 보존료와 그 사용기준

보존료명	사용기준	
	사용식품	첨가량
데히드로초산 (DHA ; dehydroacetic acid) 데히드로초산 나트륨(DHA-S ; sodium dehydroacetate)	치즈, 버터, 마가린	데히드로초산으로서 0.5 g/kg 이하
소르빈산(sorbic acid) 소르빈산 칼륨 (potassium sorbate)	치즈 식육가공품, 경육제품, 어육가공품, 성게젓, 피넛버터, 저지방마가린 가공품, 모조 치즈 된장, 고추장, 춘장, 혼합장, 어패건제품, 팥 등 앙금류, 단무지, 알로에 겔, 염분 8% 이하인 젓갈류, 절임류(당절임, 식초절임은 제외), 알로에 겔 가공식품, 알로에 겔 농축액, 플라워페이스트 잼, 마요네즈, 파인애플농축취급(과실·채소 가공품류) 건조과실류, 토마토케찹, 식초절임 과실주 젖산균음료(살균한 것은 제외)	소르빈산으로서 3 g/kg 이하(프로피온산 나트륨 및 프로피온산 칼슘을 병용할 때에는 프로피온산 및 소르빈산의 사용량 합계가 2 g/kg 이하) 1 g/kg 이하 0.5 g/kg 이하 0.2 g/kg 이하 0.05 g/kg 이하

표 4-8 표 계속

보존료명	사용기준	
	사용식품	첨가량
안식향산(benzoic acid) 안식향산 나트륨 (sodium benzoate)	과실·채소류 음료(비가열 제외), 혼합음료, 인삼음료, 홍삼음료, 탄산음료(탄산수 제외) 간장 알로에 겔(농축액, 가공식품 포함) 마가린류, 오이초절임, 마요네즈 잼류 유산균음료 과실·채소가공품류(망고에 한함)	안식향산으로서 0.6 g/kg 이하 0.6 g/L 이하 0.5 g/kg 이하 0.5 g/kg 이하 1 g/kg 이하(타보존료 병행시 1 g/kg 이하) 0.05 g/kg 이하 0.25 g/kg 이하
파라옥시 안식향산 부틸 (butyl p-hydroxybenzoate) 파라옥시 안식향산 에틸 (ethyl p-hydroxybenzoate) 파라옥시 안식향산 프로필 (propyl p-hydroxybenzoate) 파라옥시 안식향산 이소부틸 (iosbuty p-hydroxybenzoate) 파라옥시 안식향산 이소프로필 (isopropyl p-hydroxybenzoate)	캡슐류 간장 식초 과실·채소류음료(비가열 제외), 혼합음료, 인삼음료, 홍삼음료 소스류 과일 및 야채의 표피 잼류 유산균음료 과실·채소가공품(망고에 한함)	파라옥시안식향산으로서 1.0 g/kg 이하 0.25 g/L 이하 0.1 g/L 이하 0.1 g/kg 이하 0.2 g/kg 이하 0.012 g/kg 이하 1 g/kg 이하 0.05 g/kg 이하 0.25 g/kg 이하
파라옥시 안식향산 부틸 (butyl p-hydroxybenzoate)	과실주, 약주, 탁주	파라옥시 안식향산 부틸로서 0.25 g/L 이하
프로피온산(propionic acid) 프로피온산 나트륨 (sodium propionate) 프로피온산 칼슘 (calcium propionate)	빵 및 생과자 치즈 잼류	프로피온산으로서 2.5 g/kg 이하 3.0 g/kg 이하 1 g/kg 이하
이초산 나트륨 (sodium diacetate)	빵류 식용유지, 식육가공품, 캔디류, 알가공품 소스류 건과류, 스프류	0.4% 이하 0.1% 이하 0.25% 이하 0.05% 이하

한편 보존료의 첨가량에서 DHA와 DHA-S의 경우 사용기준에는 DHA로서 0.5 g/kg 이하로 되어 있으며 DHA 1 g은 DHA-S로 환산하면 1.237 g에 해당된다. 이에 대한 계산은 다음과 같고 이는 분자량이 서로 다르기 때문이다.

$$\text{DHA-S상당량} = 1\ g \times \text{DHA-S분자량}/\text{DHA분자}$$
$$= 1\ g \times 208.15/168.15 = 1.237\ g$$

(2) 살균료(bacteriocides)

살균료는 물에 녹으며 수용액에 유리염소를 발생하여 산화, 표백, 살균작용을 나타낸다. 또 살균료는 조해성이 있고 열이나 광선 등의 빛에 의해서 분해되어 살균력의 주체인 유효염소가 감소하므로 차단된 밀폐용기나 냉암소에 보관하여야 한다. 그리고 살균력은 유효염소와 pH에 의해 크게 영향을 받는데 pH가 낮을수록 효과가 크다. 차아염소산 이온은 산화작용이 강해서 세균생육에 필요한 효소를 파괴시킨다. 살균료의 종류와 사용기준을 보면 표 4-9와 같다.

표 4-9 허용 살균료와 그 사용기준

품 명	사 용 기 준
표백분(bleaching powder)	
고도표백분(calcium hypochlorite)	
차아염소산나트륨(sodium hypochlorite)	참깨에는 사용금지
이염화이소시아뉼산나트륨(sodium dichloro isocyanurate)	참깨에는 사용금지
과산화수소(hydorgen peroxide)	최종제품 완성 전에 분해 제거할 것

(3) 산화방지제(antioxidants)

지방함유 식품이나 색소 등의 식품 중에는 공기 중의 산소에 의해 산화되어 산패(rancidity)가 일어나므로 이를 방지하기 위해서 화학물질인 산화방지제가 사용되는데 이를 항산화제라고도 한다.

산화는 불포화지방산을 함유한 식품에서 잘 일어나고 가열된 유지, 색소식품과 분말건조식품 그리고 공기와 접촉 면적이 큰 분말식품 등에서 잘 일어난다. 아울러 유지는 효소, 수분, 금속염, 열, 광선 등의 존재 하에서 산화는 촉진되기 쉬운데 처음에는 서서히 진행되다가 그 기간이 지나면 급격하게 진행된다. 허가되어 있는 산화방지제의 종류와 사용식품 및 사용량을 보면 표 4-10과 같다.

표 4-10 허용 산화방지제와 그 사용기준

산화방지제	사용기준	
	사용식품	첨가량
디부틸 히드록시 톨루엔 (BHT ; dibutyl hydroxy toluene) 부틸 히드록시 아니솔 (BHA ; butyl hydroxy anisole) 터셔리부틸히드로퀴논 (TBHQ ; tert-butylhydroquinone)	유지, 버터, 어패 건제품, 어패 염장품 어패 냉동품(생식용 냉동선 어패류 및 생식용 굴은 제외), 고래 냉동품(생식용 냉동 어패류 및 생식용 굴은 제외)의 침지액 껌	0.2 g/kg 이하 1 g/kg 이하 0.75 g/kg 이하 병용할 때는 그 합계량이 각각의 사용기준량 이하
몰식자산 프로필(propyl gallate)	유지, 버터	0.1 g/kg 이하
에리소르빈산(erythorbic acid) 에리소르빈산나트륨 (sodium erythorbate)	산화방지 이 외의 목적에 사용 금지	제한 없음
L-아스코르빈산(비타민 C) (L-ascorbic acid) L-아스코르빈산나트륨 (sodium L-ascorbate) 아스코르빌 팔미테이트 (ascorbyl palmitate)	제한 없음	제한 없음
DL-α-토코페롤(비타민 E) (DL--α-tocopherol)	제한 없음	제한 없음
이디티에이 칼슘 2 나트륨(calcium disodium ethylenediamine) 이디티에이 2 나트륨(disodium ethylenediamine tetra-acetate)	마요네즈 사라다 드레싱 마가린	무수 이디티에이 2 나트륨으로서 0.075 g/kg 이하 병용할 때는 그 합계량이 이디티에이 2 나트륨으로서 0.075 g/kg 이하

(4) 피막제(glazing agent, coating agent, glaze)

수확 후 과일이나 채소 및 난류는 호흡이나 증산작용(수분증발 등) 등을 하므로 이 작용을 적절히 억제시켜 오랫동안 신선한 상태로 품질을 유지시키기 위하여 식품원료의 표면에 피막을 만들기 위한 피막제를 사용한다. 우리나라에서 식품첨가물로 허가되어 있는 것은 몰포린 지방산염, 초산비닐수지와 그 외 쉘락이 이용되고 있다.

몰포린 지방산염(morphorine fatty acid salt)은 과일이나 채소에 한천이나 고무류에 물을 가하여 유상으로 한 후 초산 비닐수지를 가해 저어서 분무하거나 침지하여 건조시킨다.

쉘락 왁스(shellac wax)는 왁스계면활성제를 이용하여 도포시킨다. 오렌지, 배, 복숭아 등과 계란의 알 껍질에 도포시켜 이용한다.

4. 전자파 이용법

1) 마이크로파 가열살균법

(1) 마이크로파 가열의 원리

극초단파의 일종인 마이크로파(microwave)를 이용한 가열 조리기구가 전자레인지(microwave oven, radar range)이다. 1955년 미국 Raytheon 사에서 상품화된 전자레인지는 마이크로파 주파수 중 2,450 MHz의 전자파를 이용한 것이다. 전자파의 파장과 이용은 그림 4-21에서 보는 바와 같다.

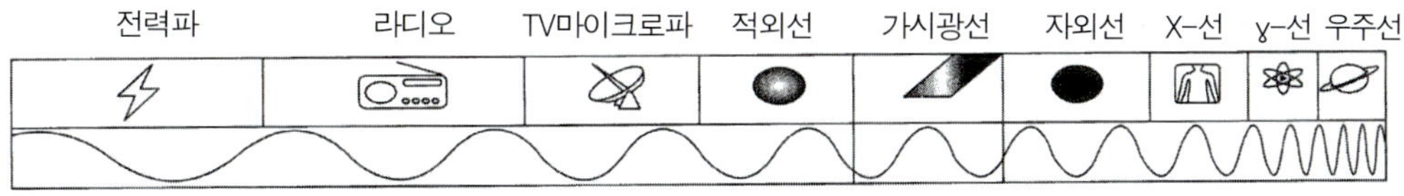

[그림 4-21] 전자파의 스팩트럼과 그 명칭

마이크로파의 범위는 미국 연방규정집에서는 890~6000 MHz의 주파수로 하고 있으나 전파법상의 ISM(Industrial, Scientific and Medical) 주파수 band로서 가열의 목적에는 915±25 MHz 및 2,450±50 MHz가 널리 사용되고 있다.

마이크로파는 물질에 따라 이 전파를 금속 등에 쏘이면 반사하는 것과 공기, 유리, 도자기, 종이제품, 플라스틱류 등에 투과하는 것 그리고 식품, 물 등에 흡수하는 것으로 3가지 물성을 가지고 있다.

그러므로 식품에 대한 마이크로파의 원리는 2,450 MHz의 주파수로 쏘일 때 식품에 흡수되어 식품 내에 존재하는 수분을 비롯한 구성분자는 분극을 일으키고 극성을 갖는 분자(쌍극자 등)끼리 그림(그림 4-22)과 같이 재배치 하려는 과정에서 회전과 진동, 마찰이 일어나 열이 발생하여 온도가 올라가게 된다. 다시 말해 식품이 전파를 흡수하여 식품표면으로부터 약 3.81 cm 가량 뚫고 들어가면서 식품중의 수분, 지방, 당분자들을 활성화하여 전파에너지는 열에너지로 바뀌어 발열하므로 식품 그 자체가 열원상태가 된다.

따라서 마이크파의 특징은 ① 식품자체가 뜨거운 발열상태이므로 열효율이 높고 가열속도가 빠르므로 짧은 시간 내에 가열할 수 있다. ② 가열이 균일하고 식품의 열손상이 매우 적어 영양소의 파괴가 적다.(지정된 시간을 지켜야함) ③ 진공중인 식품이나 진공포장 하에서 가열할 수 있다. ④ 선택적 가열이 가능하므로 비금속의 포장재에 포장된 식품을 가열할 수 있다. ⑤ 조작이 간단하고 적응성이 좋아 공정합리화나 작업환경이 좋다.

이와 같은 특징을 이용하여 가열, 살균, 건조, 해동 등에 이용할 수 있다.

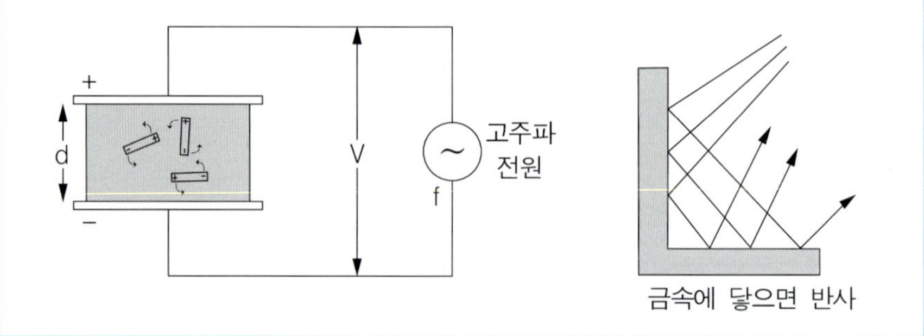

[그림 4-22] 마이크로파의 유전가열

(2) 전자레인지와 이용식품

① 전자레인지의 구조

전자레인지의 구조는 그림 4-23에서 보는 바와 같다. 가열은 전자레인지에 장치된 마그네트론(magnetron, 이극진공관)에서 발생되는 2,450 MHz의 극초단파로 전자레인지 내에 놓아 둔 식품에 직접 조사됨은 물론 가열실 내벽이 스테인레스나 알루미늄 등 금속으로 되어 있기 때문에 전자파가 반사되어 순식간에 식품에 흡수, 침투되어 열원상태가 됨으로서 가열, 살균 등이 이루어진다.

전자레인지의 가열시간의 결정은 가열장치의 종류(소형은 550~600 왓트량), 식품의 종류, 양, 크기 및 형태, 조미료의 유무, 포장재의 종류나 형태, 다른 가열방법이나 다른 공정과의 병용방법 등에 따라 달라진다. 아울러 마이크로파는 인체에도 흡수되므로 전자파에 노출이나 누출이 있는가를 살펴봐야 한다.

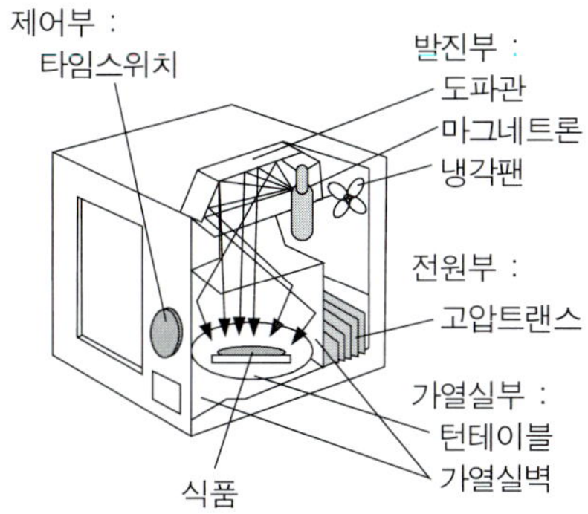

[그림 4-23] 전자레인지의 구조

② 전자레인지용 식품류

오늘날 대부분의 사람들은 시간에 쫓겨 바쁘며 편안한 생활을 추구한다. 그러므로 손쉽게 식사를 준비하고 먹을 수 있도록 하는 조리기구가 바로 가정용 전자레인지이다. 대형의 전자레인지는 산업용으로 크게 발전하고 있다. 식품에 따라 다소 차이는 있지만 전자레인지에 넣어 대략 2~3분이면 대부분의 식품은 가열하여 익혀 먹을 수 있고 조리 살균도 하나의 공정으로 이용된다. 전자레인지의 가열되는 식품은 수분이 많은 액체류, 그 다음 채소류, 과일류가 가장 빠르고 건조식품, 고단백식품, 고체상식품 등은 느린 것을 볼 수 있다.

마이크로파 조사에 의한 건조가 이용되고 있다. 일반 건조에 비해 아주 빠르다. 종류로는 마이크로파 공기건조, 마이크로파 냉동건조, 마이크로파 진공건조, 마이크파와 다른 건조방법을 병용하여 이용되고 있다. 또 마이크로파의 해동에도 널리 이용되고 있다. 그리고 조리식품, 가공식품은 물론 도시락, 병조림식품, 포장식품 등은 저장 목적으로 살균이나 멸균을 하고 있다. 마이크로파에 의한 살균은 온도의 효과 이외에도 비열처리 효과가 있는 것으로 알려져 있다. 100℃의 증류수에서 *B. stearothermophilus*의 포자의 경우 순수한 가열효과의 D값은 171분인 데 비하여 마이크로파에 의하여 가열하는 경우 157분으로 짧아지는 것이 보고된 바 있다. 또한 *B. subtilis*의 경우는 D_{100}이 마이크로파에서 0.65분인 데 비하여 순수한 온도효과는 5.5분으로 조사된 바 있다. 최근 마이크로파의 데치기(blanching)를 일년내내 가동하는 채소류, 과일류 등 일부 식품에 이용하고 있다.

비록 수분간 가열이지만 영양소, 향기, 냄새, 맛 등의 변화를 방지하고 감자 같은 갈변 등을 방지할 목적으로 냉동하거나 통·병조림 등을 하기 전에 마이크로파의 데치기로 효소 등을 불활성화 한다. 그러나 단점은 표면에 갈변을 요구하는 빵, 과자, 닭고기 등에는 색과 기호 등에 적당치 않으나 이를 개선하여 실용화되고 있다. 또 껍질이 있는 열매는 터지므로 벗겨서 가열시켜야 한다.

2) 원적외선 가열살균법

(1) 적외선의 범위와 이론

적외선(Infrared rays)은 가시광선의 적색영역 이외로부터 마이크로파의 사이에 위치하고 파장의 범위는 0.7 ㎛(760 mmHz)~1,000 ㎛(1,000,000 mmHz)로서 전자파의 일종이다. 적외선은 0.76 ㎛~약 3 ㎛ 범위를 근적외선, 약 3 ㎛~1,000 ㎛를 원적외선으로 나누는가 하면 근적외선(0.76 ㎛~1.5 ㎛), 중적외선(1.5~5.6 ㎛), 원적외선(5.6~1,000 ㎛)으로 학자마다 명확하지 않으나 아래 그림과 같이 근적외선과 원적외선으로 나누는 경우가 많다(그림 4-24).

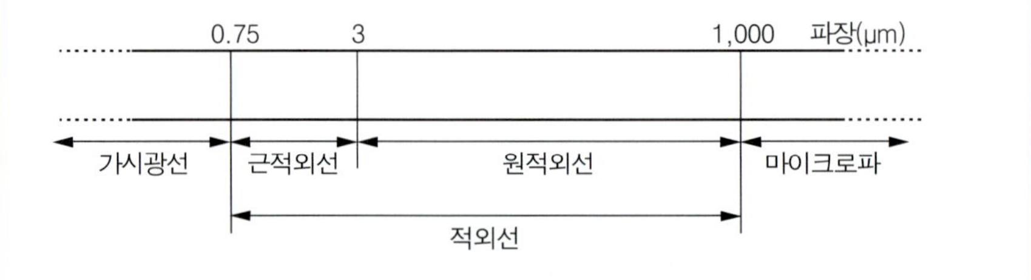

[그림 4-24] 적외선의 분류

원적외선이나 근적외선의 가열은 똑같이 복사가열로서 일반 열풍가열보다 빠르다. 원적외선 가열은 일반 열풍가열보다 20~30% 에너지가 절약된다. 가열효율에서 원적외선은 근적외선보다 월등히 좋다. 적외선은 물체의 표면으로부터 내부에 열이 침투되는데 원적외선이 근적외선 보다 깊이 침투된다. 일반적으로 수 mm로 부터 수십 mm 까지 이른다.

적외선 가열은 원하는 동일주기의 적외선을 조사하면 공명현상에 의하여 적외선 에너지는 분자에 흡수되어 그 원자 또는 원자단은 여기상태로 된다. 이 때 분자의 고유진동에 일치하지 않은 파장의 적외선은 분자 내를 투과 또는 반사한다. 단점이기도 하지만 적외선 흡수는 파장선택성이 있어 이것을 적외선의 선택흡수라고 한다. 일반적으로 공유결합성이 강한 분자의 적외선은 약 2.5~25 ㎛ 범위이고 이온결합이 강한 분자는 약 10~30 ㎛ 범위에서 일어나는 경향이 있다. 그러나 반대로 금속결합성이 강한 분자에는 적외선을 반사하는 경향이 강하다. 일예로 알루미늄박에 포장된 식품이나 식염의 다량 함유 식품 등에는 적외선 가열효과가 거의 없어 적당치 않다.

(2) 원적외선의 특징과 식품에의 이용

적외선의 이용은 적외선 분광분석, 적외선 온도측정, 적외선 사진, 적외선 전구, 적외선 요법 등이 있었지만 식품에의 이용에는 식품의 가열, 건조, 살균, 해동, 저장, 포장재료의 성형, 인쇄 등에 이용되고 있다. 식품에 이용되는 적외선 가열 영역은 대략 2.5 ㎛ 이상의 원적외선 영역에서 주로 발휘한다. 파장이 2.5~20 ㎛의 원적외선은 유기물질의 흡수가 크고 특히 식품 등에 대한 가열효과가 크기 때문에 식품의 가열, 살균, 건조 등에 널리 이용되고 있다. 원적외선의 특징은 ① 원적외선은 공기(N_2, O_2의 이원자분자 등)에는 거의 흡수되지 않기 때문에 직접 식품표면에 도달하여 흡수시켜 가열 효과를 나타낸다. 다만 원적외선은 식품의 내부 깊게 침투하지는 않는다. 두껍고 큰 대형식품의 가열 살균은 어려우나 표면살균은 가능하다. ② 원적외선의 에너지 수준은 낮기 때문에 원적외선을 조사하여도 식품성분의 화학변화는 거의 일어나지 않아 식품의 품질저하는 별로 일어나지 않는다. ③ 가열효과에 미치는 색조나 텍스쳐의 영향이 작고 균일하게 가열된다. ④ 원적외선 복사가열은 적외선의 직진성 때문에 피가열체에 음지부분이 생기므로 식품이 부정형 형태이거나 한 층씩 쌓아둔 적층형태로 조사하는 것은 적합하지 않다. ⑤ 원적외선 가열은 잘 보이지 않으므로 가열상태를 알 수 있는 장치가 요망된다.

식품에의 이용은 비스킷, 센베이 같은 비교적 두껍지 않은 식품의 가열가공, 수산연제품이나 어류 등을 굽거나 생선, 채소, 표고버섯, 해조류 등의 건조에 이용되어 왔다. 또 식품의 해동에도 이용되고 있다.

3) 자외선 살균법

자외선은 가시광선을 사이에 두고 적외선의 반대편 위치에 있다. 즉, 파장의 범위는 파장이 짧은 자색으로부터 X선까지를 말한다. 그러나 200nm 이하의 짧은 파장은 공기에 의하여 흡수되므로 진공자외선이라고도 한다. 자외선은 파장의 길이에 A 320~400 nm, B 290~320 nm 및 C 200~290 nm로 나누기도 한다.

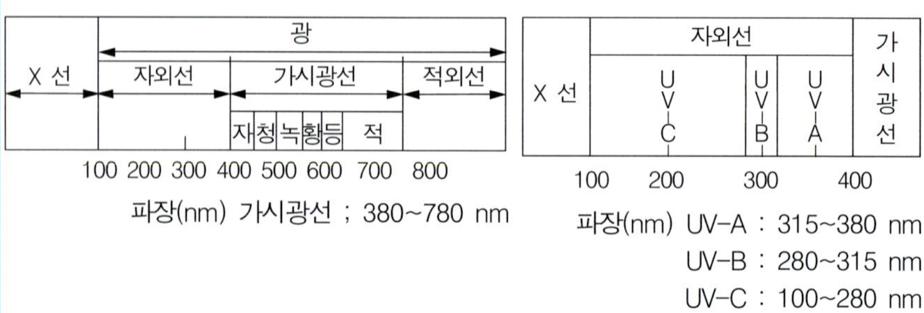

[그림 4-25] 광(光)(자외선, 가시광선, 적외선)의 파장과 자외선 파장의 분류

자외선은 미생물 사멸에 큰 효과가 있다. 그러나 자외선은 낮은 투과율 때문에 공기 또는 얇은 투명액체의 소독에 사용되고 있다. 자외선은 육류나 치즈의 포장 시 사용함으로써 표면의 소독 효과를 얻을 수 있다. 미생물 사멸에 가장 효과적인 파장은 260 nm이다. 저압수은등은 253.7 nm인 파장이 가장 강력하게 방출된다. 노출 시간과 조도는 미생물 사멸에 직접적인 영향을 주며 온도, pH 및 노출되는 미생물 수 등은 간접적인 영향을 준다. 한편 같은 균종이라도 미생물의 균종, 균주 등에 따라 다르다. *B. subtilis*의 포자는 *E. coli* 보다 5~10배의 내성을 갖는 등 포자는 영양세포보다 자외선 내성이

크다. 자외선은 생물체의 DNA에 직접 작용하므로 돌연변이를 유발시킬 수 있다. 또한 자외선은 지방의 광산화를 촉진하여 이취를 발생시킬 수 있으며 향기성분이 변화하기도 한다.

우리 주위에는 식당이나 주방기구의 살균기, 칫솔 소독기 등에 많이 활용되고 있다. 그러나 자외선은 언급된 바와 같이 투과성이 매우 낮기 때문에 표면살균의 목적으로 사용이 가능하며 특히 식당의 컵 살균기의 경우 컵을 겹쳐놓으면 그림자에 드는 컵에 대하여는 살균효과가 없다.

4) 방사선 조사

식품에 대한 바람직한 효과를 위하여 식품을 이온화 에너지장 또는 방사선에 노출시키는 조작을 방사선 조사라고 정의하고 있다.

방사선의 종류로 천연에는 α선(He^{2+}), β선(e^-) 및 γ선(전자파)이 있으며 인공방사선에는 X선(전자파)과 n선(중성자)이 있다. 이중 β선은 투과력이 γ선보다 약하여 식품의 표면 살균에 활용될 수 있으나 우리나라에서는 사용이 허용되어 있지 않다. 또한 외국에서는 X선의 이용도 관심을 갖고 있다. 우리나라에서는 Co^{60}의 선을 사용할 수 있도록 허용하고 있다.

Co^{60}은 1.17 MeV 및 1.33 MeV의 선을 방출하여 Ni^{60}으로 분해되며, 반감기는 5.2년이다. Co^{60}은 물에 불용성으로 환경오염을 최소화할 수 있다. Co^{60}은 반감기가 짧기 때문에 약 1개월에 1%씩 그 조사량이 감소되며 식품조사에서 이를 감안하여 조사하여야 한다. 그 외에도 Cs^{137}이 이용되기도 하며 Cs^{137}은 0.662 MeV의 γ선을 방출하고 Ba^{140}로 분해되며 반감기는 30년이다. 이외에도 선형유도 전자가속기를 이용한 X선 조사도 가능하다.

고에너지의 전자파가 식품에 조사되면 전자파는 식품 분자의 전자를 가격하며 그 결과 식품분자로부터 전자의 에너지 수위가 올라 들뜬 상태가 되거나 전자가 탈락하여 자유전자가 된다. 분자는 이온이 되고 탈락된 전자는 다시 다른 식품 분자를 공격하게 되어 연쇄반응이 일어나며 콤프턴 효과(Compton effect)에 의하여 효과는 확대된다. 발생한 이온과 들뜬 분자는 주위의 분자와 추가적인 반응을 일으키게 되고 그 결과 연쇄반응이 나타난다. 이러한 반응은 식품의 성분뿐만 아니라 식품 중의 물 분자에도 나타나 반응성이 매우 높은 수소와 수산기의 라디칼이 생성되기도 한다. 미생물과 같은 생물체에 방사선이 조사되면 DNA가 직접 방사선에 반응을 하거나 또는 주위의 들뜬 분자로부터 공격을 받아 DNA가 파괴되기도 한다. 식품이 건조한 상태일수록 직접 DNA에 작용하는 효과가 크다. 방사선을 조사하면 식품의 온도상승 없이 살균할 수 있다.

방사선 조사 시 식품이 흡수한 에너지를 Gy(gray, 그레이)라는 단위로 표시하며 1 Gy는 식품 1 kg이 1 J의 에너지를 흡수한 선량으로 정의하고 있다. WHO, FAO 와 IAEA의 합동 연구에서 10 kGy 이하의 조사는 모든 식품에 대하여 안전하다고 보고된 바 있다.

방사선을 이용한 완전살균(radappertization, 고선량 조사)은 일반적으로 포자생성세균 *Cl. botulinum*을 사멸시키기에 충분한 선량을 조사하는 것을 말한다. 살균(radicidation, 중선량 조사)은 무포자 세균(예 *Salmonella* spp.)을 살균하기에 충분한 선량을 조사하는 것을 말한다.

불완전살균(redurisation, 저선량 조사)은 특별한 부패 미생물의 수를 감소시키기 위한 것으로 저장기간을 연장시킬 수 있다.

방사선 조사는 에너지의 크기보다는 흡수되는 에너지의 총량이 중요하며 식품의 온도, pH, 산소 존재여부에 따라 최종제품이 달라질 수 있다. 다당류는 분해가 일어나 식품의 점도가 작아지고 미생물에 대한 저항력이 감소된다. 지방은 산소가 있으면 peroxide가 생성되어 알데히드, 케톤, 산 등이 생성된다. 단백질은 분해되어 펩타이드가 생성되기도 하며 암모니아, 함황화합물, CO_2 등이 생성된다.

방사선 조사의 장점은 강력한 투과력, 포장한 채로 살충, 살균할 수 있어 2차 오염이 방지되며 잔류분이 남지 않는다. 식품의 온도가 상승하지 않으며 다량 연속처리가 가능하다.

국내에서는 Co^{60}의 감마선을 발아억제, 살충, 살균 및 숙도 조절 목적에 한하여 사용할 수 있으며 대상 식품과 조사량이 정해져 있다. 방사선의 효과는 전체 노출된 방사선량에 따르므로 조사한 식품은 다시 조사하여서는 안되며 조사 식품을 원료로 사용하여 제조, 가공한 식품도 다시 조사하면 안된다. 조사식품은 용기에 넣거나 또는 포장한 후 판매하여야 하며 조사 처리된 식품에는 특정 도안을 5 cm 이상으로 표시하여야 한다. 국제적으로도 정부에서 강력히 관리하나 조사 범위를 확대하고 있다. 우리나라에서 허용된 방사선 조사식품은 표 4-11과 같다.

표 4-11 우리나라의 방사선조사 기준

식　　품	조사 기준
감자, 양파, 마늘	0.15 KGy 이하
밤	0.25 KGy 이하
생버섯, 건조버섯	1 KGy 이하
난분, 가공식품 제조 원료용 곡류, 두류 및 그 분말, 조미식품 제조 원료용 전분	5 KGy 이하
가공식품 제조 원료용 건조식육 및 어패류분말, 된장분말, 고추장분말, 간장분말, 가공식품 제조 원료용 건조채소류, 효모·효소식품, 조류식품, 알로에분말, 인삼(홍삼포함)제품류	7 KGy 이하
건조향신료 및 이들 조제품, 복합조미식품, 소스류, 침출차, 분말차, 2차 살균이 필요한 환자식	10 KGy 이하

5) 전기저항 가열

식품은 전기적 저항을 가지고 있기 때문에 전기를 흐르게 하면 옴의 법칙에 따라 열이 발생한다. 이러한 현상을 이용한 가열 방법이 전기저항 가열이라고 한다. 전기저항 가열을 위하여 일반적으로 양극 간의 전압은 5,000 V 정도를 가한다. 전기저항 가열에서 식품은 하나의 전기회로의 저항과 같은 역할을 하게 되며 식품의 온도가 상승함에 따라 식품의 전기저항도 증가하므로 전압을 높이거나 시간을 늘려야 한다.

전기저항 가열의 장점은 대류에 의한 열전달이 아닌 내부 발열이므로 식품의 온도를 고르게 상승시킬 수 있으며 마이크로파에 의한 가열과 같이 크기의 영향이 적다. 또한 전통적인 가열 방법으로는 불가능한 액체온도보다 액체 내에 부유하고 있는 고체 식품 원료의 온도를 더 상승시킬 수 있다. 액체에 고체 식품원료가 혼합되어 있는 경우 이들 둘 간의 전기저항이 비슷하다면 온도 상승도 비슷하게 일어난다. 이러한 성질을 이용하여 입자가 있는 액상식품의 고온순간살균 공정에 적용할 수 있다. 전기저항 가열은 열교환기에 의한 가열방법에 비하여 지름 약 2 cm 크기의 식품 입자의 모양을 거의 원상태로 유지가 가능하며 살균 또는 멸균이 가능하다.

또한 열교환기의 표면에 식품이 눌러 붙는 현상이 없으며 기계적 손상이 적고 영양분의 손실이 적다. 가해지는 전기의 약 90%가 열에너지로 전환되기 때문에 에너지 절약이 가능하다. 입자가 포함된 식품을 가열할 수 있는 기계를 설치할 수 있어 식품의 안전성 확보에 최적이다. 간단한 조작으로 운전을 할 수 있으며 기계적으로 움직이는 부분이 없기 때문에 유지비용이 저렴하다. 살균된 식품을 무균포장과 연계하면 상온유통이 가능하다. 운전할 때 조용하고 친환경적이다.

단점으로는 가열이 식품 입자의 전기적 특성, 모양과 위치 및 온도에 따라 다르게 일어날 수 있다. 따라서 입자 표면과 액상부분 간의 온도에 따른 전기전도도 변화에 대한 완전한 모델이 없기 때문에 온도의 변화 예측이 어려우며 냉점의 위치 등 살균을 평가하는 데 필요한 위치를 알기 어려운 점이 있다. 또한 전기 분해가 일어날 수 있으며 전극이 분해되면서 식품에 오염될 수 있는 단점이 전기저항 가열의 산업화에 어려움이 된다.

6) 고전장 펄스

고전장 펄스 살균은 액체 식품을 펄스 형태로 20~80 kV/cm의 고전압 전기장에 노출시킴으로써 전기장에 의한 세포막 등의 파괴를 유도하여 미생물을 사멸시킨다. 세포가 전기장에 노출되면 세포막 내·외부의 전위차가 유도되고 이에 따라 세포막에서 전하 분리가 일어나며 이 때 반대 전하의 인력에 의하여 세포막이 압축되고 전기장이 충분히 큰 경우 세포막에 틈이 생기고 이러한 현상이 비가역적으로 일어나면 세포는 사멸된다. 일반적으로 임계 전기장의 세기는 15 kV/cm로 알려져 있다. 또한 전기장에 의하여 세포막의 지질과 단백질이 불안정화 되면서 세포막에서의 지방이동이 나타나고, 세포막의 구조적 변화가 일어나 수분이 세포 안으로 들어가 세포가 파괴된다. 포자를 사멸시키기 위해서는 영양세포에 비하여 높은 전기장의 세기를 필요로 한다.

7) 유도가열

유도가열은 교류전류를 가열하고자 하는 도체 부근에 흘리면 변화하는 자속선을 만들어 내고 이 자속선이 도체를 통과함으로써 도체에 기전력을 발생시켜 전류를 유도한다. 전류가 흐를 때 그 안에서 소비되는 전력은 열에너지로 변한다. 이러한 원리를 이용한 순간가열이 필요한 의료장비를 비롯하여 공업 용도로도 사용되고 있으며 일반 가정용으로서는 전자조리기, 유도가열 밥솥, 전기주전자 등에 응용되고 있다. 이러한 장치는 수백 W~1 kW 정도의 전력을 소비한다. 식품 산업에서 밥솥, 전자조리기, 제과제빵기 등에 사용한다.

5. 기체조절에 의한 식품저장

과일이나 채소는 저장 중에도 호흡작용, 생장작용, 추숙작용 등의 생리현상에 의해 체내 성분이 소모되어 품질이 저하되는 생체식품이다. 이러한 작용은 환경 기체의 영향을 많이 받으므로 산소의 함량을 줄이고 탄산가스나 질소가스 등의 화학적 불활성 기체의 함량을 높게 조절하는 '가스저장'에 의해 억제되며, 가스조성의 조절 뿐 아니라 온도, 습도 등도 조절하는 'CA(Controlled Atmosphere)저장'에 의해서도 억제된다.

1) 식품의 생리작용과 CA저장

(1) 호흡작용과 CA저장

채소, 과일, 곡류, 버섯, 조개류, 계란 등의 생체식품은 정도의 차이는 있을지라도 수확 후에도 영양소를 소비하여 산소를 흡수하고 탄산가스와 수분을 배출하는 호흡작용을 한다. 그러므로 이 호흡작용을 억제하여 채소나 과일의 저장기일을 연장하기 위해서는 산소 농도를 낮추는 것이 좋으나, 무산소 상태가 되면 포도당의 알코올발효와 알데히드 생성으로 오히려 품질이 손상되므로 산소의 농도는 약 1~5%가 적당하다.

또한 환경 기체 중 탄산가스가 5% 정도로 되면 채소와 과일의 호흡작용이 적당히 억제되나, 20% 이상의 농도에서는 정상적인 호흡이 어려워 생리적 장해가 발생하므로 탄산가스의 농도는 2~10%가 적당하다.

온도가 10℃ 상승하면 호흡량은 2~3배로 증가하고 변패요인의 작용속도도 2~3배로 증가하므로 수확 후 채소나 과일은 가급적 예냉(precooling)하여 저장하는 것이 바람직하다.

(2) 생장작용과 CA저장

수확 후 원료 상태로 저장될 경우 수확 전의 상태처럼 생장(growth)은 왕성하지 못하나 적절한 온도와 습도가 되면 다소 생장을 계속하는 것이 있다. 고구마, 감자, 무, 양파 등과 같이 발아 또는 발근하는 것이 그 예인데 이와 같은 생장작용은 5℃ 정도의 저온 상태에 두면 거의 정지되며 가스저장을 하면 훨씬 효과적이다.

(3) 추숙작용과 CA저장

채소는 미숙하여 수확하는 것이 대부분이나 과일은 채소에 비해 거의 완숙 상태에서 채취된다. 이때 과일은 특히 수확 시기의 적절한 선정이 필요하며 대부분의 과일은 충분히 숙성한 것을 수확하는 것이 통례이나 서양배, 바나나, 토마토, 사과 등의 과일은 다소 미숙한 것을 수확하여 적당한 방법으로 추숙(after ripening)하는 것이 좋다.

추숙작용이 일어난 과일은 과육이 연해지고 산미가 감소하고 감미가 증가하며 향도 좋아지고 색도 녹색에서 암록색(아보카도), 적색(토마토, 망고), 황색(바나나, 망고) 등으로 변한다. 그러나 이때 온도가 높으면 숙성이 지나쳐 병해는 물론 품질이 저하되므로 이들 과일은 추숙을 전제로 하여 조기 수확한 후 저온처리로 추숙을 지연시킴으로써 저장성을 부여할 수 있다.

또한 과일은 미숙기에서 완숙기에 가까워질 때 혹은 완숙기 때에 호흡량이 한때 증가하여 피크를 나타냈다가 그 후 점차 감소되는 전환기적 상승(climacteric rise)을 갖는 과일과 갖지 않는 과일이 있다.

그림 4-26과 같이 수확 후의 호흡형은 완숙시 호흡량이 점차 감소하는 점감형(밀감류), 호흡량이 일시 상승 후 완숙하는 일시 상승형(바나나, 토마토, 서양배, 사과, 자두, 아보카도, 망고 등), 완숙 시보다 과숙기에 호흡량이 최대로 되는 말기 상승형(복숭아, 딸기, 일본배, 감)으로 나뉜다. 이 중 climacteric rise를 가지는 과일은 일시 상승형에 속하는 것들이며, 이들은 climacteric maximum 또는 그 직후에 과일의 착색이나 연화가 일어나 맛이 좋아지는 추숙작용이 일어나나 일단 추숙작용이 일어나면 저장성은 극단적으로 좋지 못하다. 그러므로 climacteric rise를 가지는 과일이 저장성

을 가지려면 다소 미숙할 때 수확하여 소비하는 시기를 감안해 추숙을 지연시키기 위해 CA저장을 하는 것이 가장 효과적이다.

반면 감귤류는 climacteric rise를 가지지 않으므로 나무에서 완숙된 후에 수확하는 것이 좋으며 climacteric rise를 가지는 과일만큼 CA저장이 크게 효과적이지는 않다.

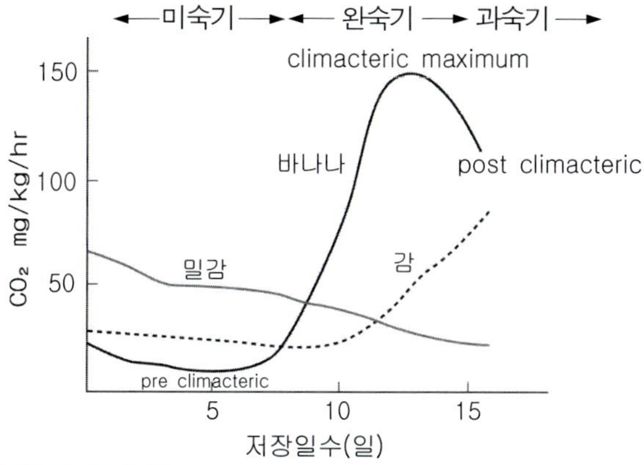

[그림 4-26] 수확 후 과일 호흡형

2) CA저장의 효과 및 방법

일반적으로 1~5％의 산소 농도, 2~10％의 탄산가스 농도, 냉장 온도, 85~95％의 상대습도 하에서 생체식품은 저장성이 증대된다. CA저장은 호흡이 적은 곡류에는 별로 이용되지 않고 과일, 채소(특히 고급채소나 버섯류), 계란 등에 주로 이용되며 특히 계란의 경우는 CA저장 시 난백에서 난각으로의 탄산가스 방출을 방지하고 농후난백의 수양화가 지연된다.

과일과 채소의 각 종류에 따른 바람직한 CA저장의 조건은 표 4-12와 같다.

CA저장 시 가스 농도를 조절하려면 완전히 밀폐된 방이 필요하며 비용이 많이 들어 플라스틱 대(袋)를 이용한 간이 방법이 많이 이용되고 있다. 가스 투과성이 없는 플라스틱 필름을 선택하여 채소나 과일을 넣어 밀봉한 채 두면 호흡작용으로 산소는 감소되고 탄산가스는 증가되어 어느 농도에서 평형을 이룬 상태로 CA저장에 적합한 환경이 되어 신선한 상태로 장기 보존할 수 있다.

표 4-12 과일과 채소의 CA저장 조건(상대습도 : 85~95 %)

품 목	가 스 조 성		온도(℃)	CA저장에 대한 적성
	O_2(%)	CO_2(%)		
사 과	3	2~8	0~3.3	◎
서양배	2~3	0.5~2	-1.1~-0.5	◎
바나나	5~10	5~10	12~14	◎
감	2~3	5~10	0	◎
토마토	3~10	5~10	6.4~9.0	◎
아보카도	10	10	-	○
매 실	2~3	3~5	0	○
딸 기	2~10	10	0	○
양송이	3~5	3~10	1	○
송이버섯	2~5	2~5	5~10	○
당 근	2~5	5~10	0	○
복숭아	2	4~5	0	●
포 도	0.5~1	1~2	-0.5	●
크랜베리	1~10	0~10	0	●
브로컬리	1~10	-	-	●
시금치	10	10	0	●
레 몬	5~10	5~10	12~14	△
오렌지	3~ 5	2~4	0~4	△

◎ 대단히 적합하다. ● 적합한 편이다.

○ 적합하다. △ 적합하지 않다고 할 수는 없다.

6. 고압살균

소비자의 신선하고 안전한 식품에 대한 욕구에 부흥하기 위하여 가열을 최소화하는 기술 중 하나가 고압처리기술이다. 이 기술에 대한 식품의 적용은 19세기 말에 처음 시도되었으나 첫 시판제품은 1990년에 일본에서 처음 발매한 고산성 잼이다. 이어 1991년에 요구르트, 과일젤리 등이 시판되었다. 고압처리기술의 원리는 고압에서 부피와 관계있는 조성과 상의 변화는 부피가 감소하는 방향으로 일어난다는 Le Chatelier의 원리에 기초하나 식품은 매우 복잡하여 고압의 효과 예측이 어렵다. 그러나 많은 연구결과 식품안전과 품질에 직결될 수 있는 미생물 불활성화, 화학 및 효소작용, 폴리머의 구조와 기능 등에 대하여 많은 진전이 있었다.

고압처리기술은 식품의 품질과 직결되는 낮은 온도에서 가공한다는 점에서 열처리와 큰 차이가 있다. 고압처리의 효과는 식품의 크기나 모양에 관계없이 동일하고 즉각적으로 일어난다. 식품은 모든 방향에서 동일한 압력을 받으며 압력이 원상태로 되면 다시 원상태로 복원된다.

가압방식에는 직접가압식과 간접가압식이 있다. 직접가압식은 파스칼의 원리를 이용하여 저압의 펌프로 넓은 면적으로 가압하고 식품이 있는 쪽은 좁게 만들어 압력을 증폭하여 가압한다. 이 방법은 빠르게 가압할 수 있으나 고압의 밀봉의 문제 때문에 산업용 기계는 제작이 어렵다. 간접가압방식은 고압 액체를 이용하여 가압하는 방식으로 가압매체의 온도조절을 할 수 있다.

가압하기 위한 식품은 유연성이 있는 멸균 포장재에 포장한 후 상온에서 4,000~6,000기압으로 10~30분간 가압한다. 식품은 고압에 의하여 미생물의 사멸과 효소의 불활성화가 일어나서 저장기간이 증가하며 단백질과 다당류의 변화가 일어난다. 그러나 가열살균과 달리 영양소의 파괴는 거의 일어나지 않는다. 물을 가압하는 경우 부피의 변화가 거의 없으나 100 MPa당 약 3℃가 상승하며 물분자의 이온이 생성된다. 또한 207.5 MPa에서는 빙점이 -22℃로 내려가나 1,000 MPa에서는 상온에서 얼음이 언다. 이러한 물의 변화 때문에 이온의 분포가 변화하며 단백질의 변성이 유발된다. 대장균의 경우 약 200 MPa 까지는 거의 영향이 없다가 300 Mpa 이상이 되면 급격한 사멸이 시작되며 400 MPa가 되면 10분 만에 초기균수의 10^{-6}으로 감소되다. 그러나 *Bacillus cereus*의 포자는 600 MPa 까지도 거의 사멸되지 않는다. 그람음성인 *Vibrio parahaemolyticus*는 200 MPa에서 20분 만에 초기균수의 10^{-6}으로 감소되나 *E. coli* O157 : H은 700 MPa에서 13분간 가압하여야 초기균수의 10^{-6}으로 감소된다. 일반적으로 그람음성 세균의 세포벽 구조가 복잡하기 때문에 가압에 약하다. 그러나 그람양성인 *Listeria monocytogenes*는 340 MPa에서 그리고 *Staphylococcus aureus*는 400 MPa에서 20분간 가압하여야 초기균수의 10^{-6}으로 감소된다.

또한 초기균수가 적을수록 성장기의 미생물이 압력의 영향을 많이 받으며 같은 균종 간에도 많은 차이가 있는 것으로 밝혀졌다. 또한 상온에서 가압보다 40℃로 온도를 올리거나 0℃ 이하로 낮추어 가압하는 경우 미생물 사멸

효과가 증대된다. 미생물 사멸은 일반세균수 측정법으로 생균수를 계수하므로 가압 후 즉시 계수하는 경우와 재생기간을 둔 계수에는 차이가 있다. 그러나 이러한 재생기간은 가하는 압력에 따라 다르다.

가압에 의한 식품의 화학적 변화는 100~200 MPa에서 단백질의 4차 구조의 변화가 있으며 300 MPa에서는 단백질의 unfolding과 변성이 일어난다. 그 결과 단백질은 응고하며 단백질의 농도와 압력이 충분하다면 단백질 젤이 형성된다. 따라서 가열하지 않은 계란을 가압만으로도 젤로 만들 수도 있다. 다당류, 박테리오파아지 및 인지질에서도 유사한 변화가 일어난다. 유지의 경우는 가압에 의하여 산화가 촉진된다. 또한 Maillard 반응에 의한 갈변은 저해된다.

제 5 장

포장에 의한 식품저장

인류의 조상이 신선한 식품이나 먹다 남은 식품을 저장하는 요령을 알게 되었을 때에 그들이 사용한 용기는 석기, 토기 등이었으며 휴대용 포장재료는 나뭇잎, 죽순 껍질, 동물의 가죽, 조개껍질, 나무의 덩굴로 엮은 바구니 같은 것이였을 것이다. 그와 같은 원시적인 포장재료를 사용하였을 때에도 식품을 노출 상태로 놓아두었을 때보다는 월등히 그 변패를 지연시켰을 것이다. 이런 시대를 식품포장의 구시대라 한다.

그 후에 농경과 어로가 발달하면서 그 산물의 저장, 수송, 판매 등을 하기 위해서 나무통, 대바구니, 포대(包袋), 피대(皮袋) 등이 발달하였고, 19세기 초엽에는 병조림・통조림 기술이 개발됨으로써 식품을 장기적으로 저장 할 수 있게 되었다. 이때를 우리는 식품포장의 제 1 신시대라 한다.

그리고 1955년경부터는 제 2 신시대로서 합성 고분자공업의 발달에 따라서 폴리에틸렌을 위시하여 많은 프라스틱 필름이 개발되었는데 이것은 경량성, 투명성, 성형의 유연성, 열접착성, 인쇄성 등의 특징을 지니고 있으므로 통조림・병조림보다도 더 많이 이용되게 되었다. 저장효과 면에 있어서도 멀지 않아 통조림 용기를 대치할 수 있을 것으로 예상된다.

식품의 포장에 의한 밀봉저장은 현재 실시되고 있는 저장법 중 가장 많이 이용되고 있는 식품저장법이다. 이것에 의하면 대단히 부패변질하기 쉬운 것이라도 저장할 수 있으며 직접 식탁에 공급할 수 있다는 점에서 보더라도 중요한 식품가공법이라고 할 수 있다.

밀봉용기는 깡통과 병이며 이것에 원료를 완전히 충전하여 가열살균을 하고 외부와의 접촉을 완전히 차단하여 저장하는 것인데 충전하는 원료의 pH와 염, 당 등의 농도가 효소작용과 미생물의 번식을 충분히 억제할 수 있을 때에는 고온살균을 하지 않고 비교적 저온에서 처리하여도 장기간 저장할 수도 있다. 이때에 가열하는 것은 살균뿐만 아니라 원료의 자숙(煮熟) 가공과 용기 내의 진공도를 유지하는 효과도 있다.

밀봉저장법은 그 과정에 있어서 가열되기 때문에 원료는 열에 의하여 항상 변화하고 특히 통조림에 있어서 완전히 살균할 때에는 용기 내에서 가열되기 때문에 고온 가압 하에 열처리를 받은 결과 열에 의한 변화는 대단히 크며 원료와 내용물은 영양가, 외관, 풍미 등에 큰 차이가 생긴다. 밀봉저장법은 완전한 저장법이라고는 하지만 저장 중 부패까지는 하지 않으나 내용물에 여러 가지 변화가 생긴다. 이 문제에 대해 각종 통조림에 있어서 많이 연구되어 있다.

1. 식품포장의 원리

1) 식품포장의 목적

식품포장의 목적은 첫째, 식품이나 그 원료가 생산되어서 보관, 가공, 수송, 판매 등의 과정을 거쳐서 소비자의 손에 이르기까지의 사이에 받는 충격, 진동, 압축 등 기계적 외력이나 온도, 습도, 광선, 기체, 먼지 등 외적 환경, 쥐와 기타의 동물, 파리, 바퀴, 바구미 기타의 해충, 또 미생물 등에 의한 생물적 피해나 오염 등 여러 가지 오염, 피해, 손모(損耗), 변질에 관여하는 요인을 배제하는 일이다.

둘째, 식품의 보관, 수송 및 판매 등의 능률을 향상하고 그 경비를 절감하는 일이다.

셋째, 소비자의 사용 시 간편성의 부여와 상품가치의 향상을 도모하는 일이며 이들을 간단하게 요약하면 다음과 같다.

① 물리적 보전 … 기계적 외력, 외적 환경으로부터의 보호

② 품질 보전 … 외적 환경, 생물적 환경으로부터의 보호

③ 식품위생적 보전 … 주로 생물적 환경으로부터의 보호

④ 작업성 향상과 간편성 부여
⑤ 상품성 향상

2) 식품 포장재료의 구비조건

식품의 낱포장재료는 다른 포장재료보다도 가장 기본적 재료 또는 용기이다. 그 기본적 구비조건은 다음과 같다.

① 위생성

식품과 직접 접촉하는 것이므로 식품의 수분, 산, 염류, 유지 등에 의해 부식 또는 용출되어서 그것이 식품위생상의 문제를 일으키는 일이 있어서는 안된다. 예를 들면 식품위생기준 이상의 납, 주석, 비소, 기타의 금속 및 그 염, 페놀, 포르말린, 미반응 모노머(monomer)류, 기타 가소제(可塑劑), 안정제 등의 용출이 있다면 이것은 식품의 포장재료로서 부적당한 것이다.

② 보호성

위생성과 더불어 가장 기본적 성능이며 이미 앞에서도 언급한 바와 같이 품질열화를 방지하는 성능을 가져야 함은 당연하다.

③ 안정성

식품가공이나 그 유통에 있어서는 일정시간 내에 대량의 물량을 제품화 또는 수송하게 된다. 따라서 포장재료(容器)의 규격이 일정하고 또한 작업 중에 그 변화가 적고 강도나 유연도가 적정하며 작업 중에 손상, 파손을 받지 않는 것이어야 한다.

④ 상품성

소비자가 포장식품을 구입함에 있어서 상품으로서의 청결감을 느끼고 내용물을 쉽게 볼 수 있으며 구입욕구를 자극할 수 있도록 그 형상과 표시 등이 디자인되어 있어야 한다.

⑤ 간편성

소비자가 포장식품을 먹을 때 단시간에 가열이나 냉각이 될 수 있고 간단하게 개봉할 수 있어야 한다.

⑥ 경제성

위의 조건을 만족하고 또한 적정한 가격이어야 대량으로 생산하는 곳에 이용할 수 있다.

3) 식품 포장재료의 종류와 성질

식품 포장재료에는 종이, 유리, 금속, 셀로판(cellophanes), 플라스틱(plastics) 등이 사용된다.

(1) 종이

종이는 경제적이고 사용하기 간편하며 용도가 다양해서 가장 널리 사용되고 있는 포장재료이다. 한편 종이는 강도, 내수성, 내유성, 방습성 등이 약해서 수분이 많은 식품이나 지방질 식품의 포장에는 적합하지 못하다.

종이의 결점을 개선하기 위해 파라핀(paraffin)을 침투시키거나 진한 황산으로 처리하기도 하며 왁스(waxes), 플라스틱 수지(plastic resins), 검질(gums), 접착제(adhesiveness) 및 알루미늄박 등을 코팅하거나 접합시켜 가공지(processed paper) 형태로 사용되고 골판지 상자 등이 겉포장에 많이 이용된다. 가공지의 예를 보면 그림 5-1과 같다.

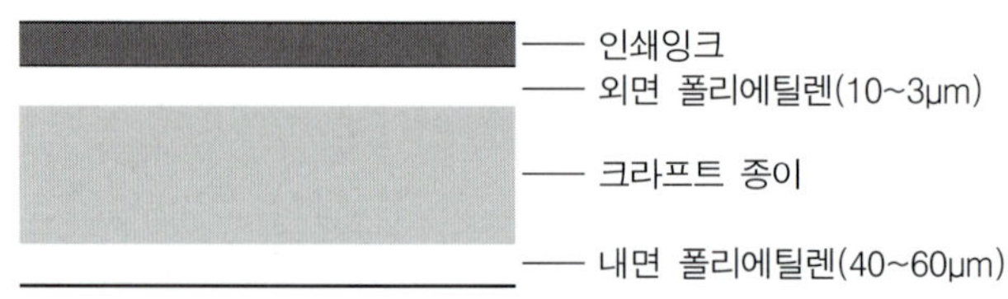

[그림 5-1] 폴리에틸렌가공지 단면도

(2) 유리

유리병은 프랑스의 Nicolas Appert가 1804년에 살균법을 발명한 이래 통조림과 마찬가지로 식품의 장기 저장용 용기로서 사용되어 현재까지 이용되고 있다.

포장재료로서의 유리용기는 위생성, 방습성, 방수성 및 가스차단성이 좋으며 내약품성을 가지고 있어 모든 식품의 포장에 적합하다. 또한 내용물을 볼 수 있고 가열실균이 가능하므로 장기 저장이 가능하다. 그러나 온도의 급변이나 충격에 의해 파손되기 쉽고 무거워서 수송이나 취급이 불편하다.

(3) 금속

금속은 깡통(캔 ; can)의 재료로 쓰이는 경우와 금속박(金屬箔)이 재료로 쓰이는 경우가 있다.

① 금속캔

이탈리아의 Peter Durand가 1810년에 통조림용 깡통을 개발한 이래 약 180년 동안 여러 가지로 개량, 고안되어 현재는 다음과 같은 것들이 일반적으로 사용되고 있다.

얇은 철판에 주석을 도금한 주석관이 보통이나 최근에는 철판에 산화크롬의 피막을 입혀서 주석도금에 대신하는 TFS캔(tin free steel can)이 개발되어 음료 분야에 많이 사용되고 있다.

그러나 위의 재질은 유기산이나 염류에 부식되기 쉬우므로 이러한 재질에 대해서는 그 내면을 락카(lacquer)로 칠한 것(락카캔)이 있으며 일반적으로는 이중으로 칠이 되어 있다. 때에 따라서는 미량의 주석용출을 돕기 위해서 관의 싸이드시임(side seam) 부분의 주석도금 면을 노출시켜 놓은 관이 있으며 이것을 HTF캔(high tin fillet)이라 부르고 있다. 또 어떤 것은 주석을 미량 첨가한 특수 칠을 한 캔도 있다.

② 금속박

식품포장용 금속박으로서는 알루미늄박(Al-foil)이 이용되고 있다. 알루미늄박은 기계적으로 대단히 약하기 때문에 단독으로 사용되는 예는 드물고 대개의 경우는 종이나 플라스틱 필름을 입혀서(laminate해서)사용하게 된다.

알루미늄박의 특징을 보면 가스를 잘 차단하고 내유성, 내열성, 방습성(두께 0.007~0.008 mm의 경우 7 g/m^2/h 이하), 내한성도 좋은 편이다. 그러나 인쇄성, 열접착성, 열성형성, 기계적성, 투명성 등은 좋지 못하여 결점으로 지적되고 있다.

(4) 셀로판

셀로판의 특징은 투명하고 인쇄가 잘 되는 점이다. 옛날부터 식품뿐만 아니라 다른 포장용으로도 많이 사용되어 왔다. 이것은 천연 고분자화합물을 처리하여서 만든 필름의 일종이며 그 성분은 재생섬유소(regenerated cellulose)이다.

셀로판의 성질은 ① 광택이 있으며 ② 인쇄가 잘되고 ③ 건조시의 가스 투과성이 낮고 ④ 대전성(帶電性)이 낮기 때문에 먼지 등이 잘 묻지 않는다는 장점이 있으나 ⑤ 방습성이 좋지 않고 ⑥ 내산성·내알칼리성이 낮고 ⑦ 열접착이 안 되는 등의 결점도 있다.

이와 같은 결점을 제거하기 위해서 플라스틱을 코팅(coating)한 방습 셀로판이 시판되고 있으며 이것은 열접착도 가능하다. 그러나 방습 셀로판이라 할지라도 다소의 습기는 흡수하게 되므로 수분이 많은 식품의 포장에는 적합하지 않으며 비교적 수분이 적은 식품에는 널리 이용된다.

셀로판은 각종 플라스틱 필름과 접합시켜서 그 특성을 한층 살리고 결점을 제거하여 여러 가지 식품 포장에 널리 이용되고 있다.

(5) 플라스틱 제품

현재 식품 포장용으로 이용되는 플라스틱은 약 15종이 있으며 그들의 특성을 결합시킨 가공 필름이 많이 실용화되고 있다.

플라스틱은 주로 필름의 형태로서 식품 포장에 관계하게 되는데 각 종류별 특성을 보면 표 5-1과 같다.

각종 플라스틱 필름과 플라스틱 이외의 셀로판, 알루미늄박을 포함시켜 각 성질별로 분류해 보면 표 5-2와 같다.

표 5-1 플라스틱 필름의 포장성능

플라스틱	각종투과 방지성				내열성	내한성	내유성	접착성
	수증기	산소	질소	향기	(가열살균)	(냉장·냉동)	(식용유침투성)	
고압법 폴리에틸렌	양	약간불량 ~보통	보통	불량	불량~보통	양~우	불량~보통	H.I
중압법 폴리에틸렌	우	보통 ~양	보통~양	불량	양~우	양~우	보통~양	H.I
저압법 폴리에틸렌	우	보통	보통~양	불량	양~우	양~우	보통~양	H.I
염화비닐	약간불량 또는보통	보통	약간 불량 ~양	약간 불량 ~양	양	양~불량	보통~양	I.U
염화비닐리덴	양~우	양~우	양~우	양	우	양~불량	양~우	I.U
폴리아미드	불량	양	양	양	우	양~우	우	I
폴리에스테르	보통	양	양	우	우	양~우	우	I
폴리프로필렌	우	보통	양	양	우	양~우	양~우	H.I
폴리카아 보네이트	약간 불량	보통	보통~양	우	우	양~우	우	I

좋은 순서 : 우, 양, 보통, 약간 불량, 불량. H : 열접착. I : 임펄스(impulse) 접착. U : 고주파 접착

표 5-2 각 성질별 포장재료

요구되는 성질	포장재료									
	AF	VC	PP	PE	PET	방습C	PA	C	PC	종이
습기나 수분의 차단성을 필요로 할 때	○	○	○	○	○	○				
산소나 가스의 차단성을 필요로 할 때	○	○			○	○	○			
내유성을 필요로 할 때	○	○			○		○	○		
향취의 차단성을 필요로 할 때	○	○	○	○		○			○	
빛의 차단성을 필요로 할 때	○									○
열접착성을 좋게 할 때				○						

※ AF : 알루미늄박, VC : 염화비닐리덴(vinylidene chloride),
PP : 폴리프로필렌(polypropylene), PE : 폴리에틸렌(polyethylene),
PET : 폴리에스테르 (polyester), 방습C : 방습 셀로판, PA : 폴리아미드(polyamide),
C : 셀로판, PC : 폴리카보네이트(polycarbonate)

① 폴리에틸렌

이것은 다른 플라스틱이나 셀로판, 종이, 알루미늄박과 접착되기 쉽고 열접착도 잘 되며 독성도 없으므로 많이 이용되고 있다. 폴리에틸렌의 필름에 셀로판, 방습 셀로판, 폴리프로필렌, 폴리에스테르 등의 필름을 2중 또는 3중으로 접합하면 각각의 결점을 보완하는 효과가 있어서 더욱 좋다.

폴리에틸렌 필름을 제조할 때에 여러 가지 물리적 영향을 주면 분자의 구조가 달라져서 같은 원료를 가지고도 각각 다른 성능을 갖는 필름을 얻을 수가 있다.

보통 많이 쓰이는 것은 고압법 폴리에틸렌이며 그 특징은 ① 고무와 비슷한 탄성을 가졌으므로 빳빳하지 않으며, ② 완전한 투명이 아니고 약간 흐린 상태이고, ③ 인쇄 적성은 좋은 편이 못 되며, ④ 방습성이 좋고, ⑤ 화학약품에 불활성이며, ⑥ 내유성은 좋지 않고, ⑦ 가스 투과성은 비교적 크며, ⑧ 열접착이 간단하다.

② 염화비닐리덴

염화비닐리덴과 염화비닐의 공중합체(共重合體)이며 이 두 수지의 배합 비율에 따라서 그 성질도 조금씩 달라진다. 사란(Saran) 등의 상품명으로 시판되고 있다. 이 필름의 특징은 ① 투명하며 방습성, 내수성, 내약품성, 내열성 등의 좋은 성질이 있고 ② 수축성이 크고 ③ 가스의 투과성이 낮기 때문에 향기의 손실을 막을 수 있다.

따라서 산소의 침입으로 변패를 일으키기 쉬운 식품, 예를 들면 육류가공품의 포장 등에 적합하다. 내열성이 크기 때문에 통조림의 깡통 대용으로 고온 살균도 가능하다. 열접착은 잘 되지 않으나 임펄스식 열접착법(thermal impulse heat sealing)에 의해서 밀봉할 수 있다.

③ 폴리에스테르

폴리에스테르는 폴리에틸렌 테레프탈레이트(polyethylene terephthalate, PET)라고도 불리며 에틸렌 글리콜(ethylene glycol)과 테레프탈산(terephthalic acid)의 축합중합물로 되어 있다. 이 필름의 특징은 극히 질기고 광택이 있으며 무색투명한 점이다. 방습성은 저압 폴리에틸렌보다 다소 못하나 향기의 투과방지용으로는 적합하다.

사용온도 범위는 넓고 −60℃에서도 경화(硬化)되지 않고 150℃로 가열해도 연화(軟化)되지 않는다. 따라서 가열식품이나 냉동식품 포장에 적합하고 앞으로 발전이 크게 기대되는 재료이다. 결점은 열접착이 안 되고 임펄스접착만 될 수 있다는 점이다.

④ 폴리프로필렌

외관은 고압 폴리에틸렌과 유사하며 투명도는 저압 폴리에틸렌과 고압 폴리에틸렌의 중간 정도이다. 방습성, 가스투과성이 폴리에틸렌과 유사하다. 내열성, 내유성이 좋으나 열접착성이 폴리에틸렌보다 못하여 염화비닐리덴계의 열접착성수지를 코팅하여 이용하기도 한다.

⑤ 염화비닐

가소제(可塑濟)의 혼합비율에 따라 여러 가지 성질의 것이 만들어질 수 있다. 광택이 있는 투명한 필름이며 내수성, 내열성이 있으나 방습성, 가스차단성은 다소 낮으며, 내유성은 약하다.

⑥ 폴리스티렌

가볍고 투명해서 좋으나 가스 투과성과 습기 투과성의 성질을 가져 청과물과 같은 호흡이 심한 식품의 포장에 적합하다. 발포 폴리스티렌은 열전도도가 낮아 단열재, 즉석 조리식품 용기로 사용한다.

⑦ 폴리카아보네이트

투명성, 내유성, 내열성은 좋으나 가스 차단성, 방습성이 나쁘다. 생수나 식물유의 포장 용기로 사용된다.

⑧ 접합가공품

이상에서 설명한 여러 가지 포장재료는 어느 것이나 그 한가지만으로 사용목적을 만족시킬 수 있는 것은 없다. 예를 들면 진공포장을 할 경우는 가스투과성이 적은 것이어야 하는데 이런 것이 선택되었다고 하더라도 밀봉이 간단하지 못할 수도 있고 인쇄적성이 좋지 못한 경우도 있다.

이런 때는 밀봉이 용이하며 인쇄가 잘 되는 필름을 선택하고 이것과 가스 투과성이 적은 필름을 서로 접합(laminate)해서 사용하면 좋다. 또한 필름을 접합하는 대신에 필요한 플라스틱용액을 코팅하여 사용하기도 한다.

이와 같이 하면 두 재료의 결점을 서로 보완하여 우수한 포장재료가 만들어진다. 예를 들면 알루미늄박에 폴리에틸렌 필름을 접합하면 알루미늄박의 핀홀(pin hole)이 막히고 그 취약성이 보완되며 열접착도 되므로 결과적으로 알루미늄박의 결점을 제거한 우수한 포장재료가 될 수 있는 것이다.

플라스틱제품의 사용량별 순서는 폴리에틸렌(PE), 폴리프로필렌(PP), 폴리염화비닐(PVC), 폴리스티렌, 폴리에스테르(PET), 폴리아미드(nylon), 폴리염화비닐리덴, 폴리비닐알코올(PVA), 폴리카보네이트, 폴리올레핀 순이다.

4) 식품포장의 전처리 조작

통조림 식품처럼 밀봉 후 가열 처리하는 것은 용기 내에 공기가 있으면 지장이 많으므로 미리 공기를 제거한다.

탈기방법으로는 ① 진공상태에서 식품(액상)을 주입하는 방법 ② 식품충전 후 예비밀봉하고 탈기 후에 완전 밀봉하는 방법 ③ 탄산음료의 경우는 충전 후에 테이핑(taping) 또는 초음파로 함유된 CO_2를 유리 시켜 헤드스페이스(head space)을 CO_2로 채운 후 밀봉하는 방법 등이 있다.

포장하기 전에 수행되는 전처리 조작에 따라 다음과 같은 포장방법이 있다.

(1) 열탕주입포장

과즙, 기타 액상식품을 용기의 헤드스페이스에 공기가 없는 상태로 제품화해서 헤드스페이스 산소의 영향을 받지 않도록 하기 위한 방법이며 액체 식품을 85~90℃로 가열하여 용기 가득히 주입한 후 즉시 권체(捲締)나 타전(打栓) 또는 열접착을 해서 밀봉하고 곧 살균과정에 옮기는 방법이다.

(2) 무균충전포장

무균통조림(aseptic canning) 또는 무균포장시스템(aseptic packaging system)이라 불리는 방법이며 포장하는 식품과 포장재료 및 용기를 각각 살균해 놓고 양자를 무균적 환경하에서 충전, 밀봉하는 방법이다. 즉, 가열처리를 최소한으로 함으로써 식품의 품질 열화를 억제하는 방법으로 주로 액상식품에 이용되는 방법이다.

(3) 가스치환포장

① CO_2 치환포장

20~30%의 수분을 함유하고 카스테라처럼 다공질인 식품의 품질수명(shelf life)을 연장시킬 목적으로 용기 내 헤드스페이스의 CO_2 농도를 30~100%로 하는 방법이다. 이렇게 하면 변질의 주원인인 곰팡이의 생육을 저지할 수가 있다.

휴면상태에 있는 종실류(種實類) 등을 이와 같이 포장하면 호흡이 억제되며 곰팡이 등의 생육도 없으므로 저장기간이 연장된다.

② 질소가스 치환포장

동결건조 식품처럼 다공질구조를 가지며 지방이나 지용성 성분을 가지는 건조식품은 용기에 충전한 후 탈기처리하고 질소가스를 주입하여 밀봉한다. 산화방지효과를 더욱 좋게 하려면 잔존산소량을 2% 이내로 줄인다.

(4) 산소흡수제 봉입포장

용기를 밀봉하기 전에 산소흡수제(주로 활성산화철 분말)를 기체투과성이 있는 봉지에 싸서 이것을 식품과 동봉하여 밀봉한다. 약품의 성능에 따라 차이가 있으나 약 24시간 후에 내부의 O_2 농도는 0.1% 이하가 된다.

그림 5-2(164쪽 참조)는 식품 90 g에 디티온산 소오다(sodium dithionate) 탈산소제 3 g을 봉입(封入)했을 때의 즉석면의 과산화물가 생성을 나타낸 것이다.

기타 방법으로는 팔라듐(palladium)을 용기 내의 일부에 봉입(封入)하고 H_2 가스를 동봉(약 5%)하는 화학반응에 의한 방법이 있다. 포장재료에 팔라듐을 분산라미네이트 해서 산소흡수효과를 높이는 방법도 있다.

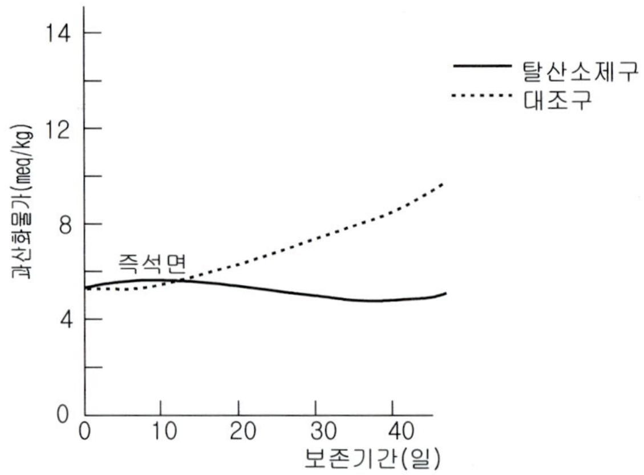

[그림 5-2] 탄산소제첨가에 의한 산화방지효과

(5) 레토르트파우치(retort pouch)

110℃ 이상의 온도에 견디는 각종 프라스틱 필름을 라미네이트한 용기에 식품을 밀봉하고 이것을 가압살균솥(retort)에서 살균한 것이다. 통조림의 경우와 마찬가지 보존원리이다.

살균시간은 통조림에 비해서 1/2~1/3로 충분하므로 소위 쿠킹플레이버(cooking flavour)가 적다. 포장재의 한 예로서는 폴리에스테르와 내열성 특수 폴리올레핀(polyolefin)류를 라미네이트한 재료가 있다.

2. 식품의 통조림, 병조림법

식품을 공관(빈 캔) 및 공병에 담고 탈기 밀봉하여 가열살균 후 급냉 한 것을 각각 통조림 및 병조림이라 한다. 살균이 완벽하고 밀봉이 완전하면 내부의 식품은 장기간 저장된다.

1) 공관 및 공병의 종류와 형태

(1) 공관

철판에 주석을 도금한 주석판(錫板)으로 제조되고 용기와 뚜껑이 각 한 개씩이 한 벌로 되어 있다. 공관은 전문적으로 제조하는 업소에서 공급되고 그 크기와 모양에 따라 각 나라마다 여러 가지 규격이 있다. 우리나라에서는 KSD 9004로 공관의 규격이 정해져 있다(표 5-3).

표 5-3 우리나라 공관규격(KSD, 9004)

형태	명 칭	지 름 (mm)	높 이 (mm)	내용적 (mL)	
원형	202	52.3	56.5	102.8	(일) Mushroom 1호 (중) 소형 1호 (미) 2 Oz Mushroom
	211-1	65.4	39.2	108.9	(일) tuna 3호 (중) 鮪 3호 (미) NO. 1/4 (영) 3Oz
	211-2	65.4	52.7	152.5	(일) 8호 (중) 8호 (미) 4Oz pimento (영) 6 Oz(3/4 equice)
	211-3	65.4	69.2	210.7	(일) Mushroom 1호 (중) 7호 C (미) 4 Oz Mushroom 1호 (중) 7호 C
	211-4	65.4	81.3	249.3	(미) 4 Oz Mushroom (영) S.S.C. 1.3/8
	211-5	65.4	101.1	318.1	(일) 과일 7호 (중) 7호 B (미) 8 Oz tall
	211-6	65.4	122.1	384.3	(일) 7호 (중) 7호 (미) No.1 (picnic) (영) A.1 (10 Oz) (미) 211 cylinder
	301-1	74.1	36.0	125.9	(일) 평3호
	301-2	74.1	39.2	138.6	(일) 제3호
	301-3	74.1	50.5	187.5	(일·중) 휴대관
	301-4	74.1	50.5	223.2	(일·중) 6호
	301-5	74.1	81.3	318.7	(일·중) 5호
	301-6	74.1	95.3	379.3	(일) Mushroom 3호 (미) 8z Mushroom
	301-7	74.1	113.0	454.4	(일·중) 4호 (미) 303
	307-1	83.5	45.5	208.9	(일) tuna 2호 (중) 다랑어 2호
	307-2	83.5	51.1	240.5	(일) 평 2 호 (중) 평 2 호
	307-3	83.5	113.0	572.7	(일) 게 2 호 (미) No.1 Flat
	307-4	83.5	113.0	572.7	(일·중) 3호 (영) No.2 (영) A2
	307-5	83.5	142.0	732.0	(일) Mushroom 4호 (영) Jumbo
	401-1	99.1	59.0	396.6	(일) tung 1호 (중) 다랑어 1호 (미) No.1 1/4
	401-2	99.1	68.6	468.2	(일) 평1호 (중) 평1호
	401-3	99.1	71.7	493.7	(일) 게1호
	401-4	99.1	120.9	872.3	(일·중) 2호 (미) No.2 1/2 (영) A 2 1/2
	603-1	153.5	169.4		(중) 1호
	603-2	153.5	176.8		(일) 특수 1호 (중) 신1호 (일) N0. 10 (영) A.10

표 5-3 표 계속

형태	명 칭	지 름 (mm)	높 이 (mm)	내용적 (mL)	
원형	400	98.6	117.8	818.7	
	404	104.6	97.8	788.5	
타원형	125	125.7×83.0		31.5	225.2 (일 · 중) 타원 3호
	158	158.9×106.7		38.5	448.2 (일 · 중) 타원 1호
각형	97-1	97.6×46.0		20	61.0 (일) 각7호 C
	97-2	97.6×46.0		30	97.7 (일) 각7호 A
	103-1	103.4×59.5		19.0	71.7 (일) 각5호 C
	103-2	103.4×59.5		30.0	135.0 (일) 각5호 A
	106-1	106.2×74.6		18.0	84.0 (일) 각3호 C
	106-2	106.2×74.6		22.0	120.9 (일) 각3호 B (중) 사정식관
	106-3	106.2×74.6		29.0	173.7 (일) 각3호 E 사정식관
	106-4	106.2×74.6		52.0	223.0 (일) 각3호 D
	122	122.2×74.8		32.4	233.2 (일) 각8호
	138-1	138.7×81.5		31.5	282.8 (일) 각9호
	138-2	148.7×100.7		40.3	454.4 (일)

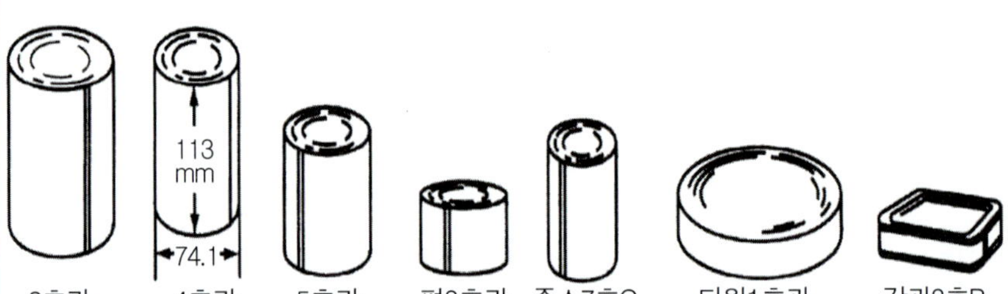

[그림 5-3] 몇 가지 공관의 모양

공관의 내부는 주석 도금이 되어 있으므로 보통 식품은 안전하게 보존이 되지만 부식성이 강한 식품(간장 따위)은 그에 알 맞는 도료를 칠해서 사용하기도 한다. 공관의 조립 순서를 보면 그림 5-4와 같다.

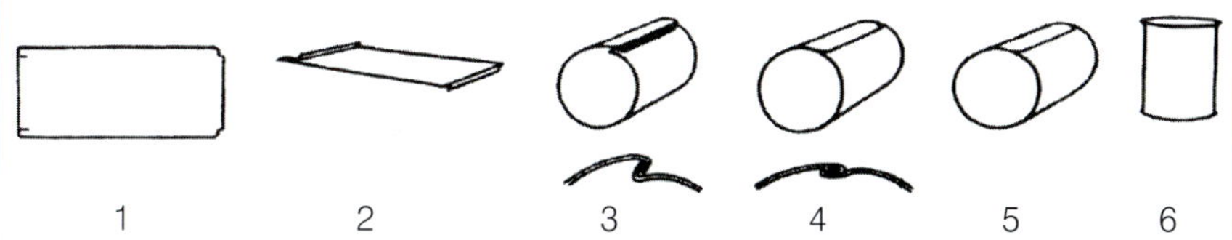

[그림 5-4] 위생관의 조립 순서

(2) 공병

병조림은 입이 넓은 유리병에 식품을 넣고 금속판으로 된 뚜껑으로 밀봉한 다음 통조림에서와 마찬가지로 살균처리 한 것이다.

병조림은 내용물이 보이므로 보기에 아름다운 식품에서는 효과적이나 취급 중 파손되기 쉽고, 가열살균이나 급냉 시에 열충격을 받기 쉽고, 중량이 무거우며, 광선에 의한 식품의 퇴색 등이 일어날 수 있다는 단점이 있다.

따라서 병조림할 수 있는 식품은 당분이나 염분이 많은 것과 pH가 낮은 것 등 비교적 가벼운 열처리로 살균이 가능한 것이 좋다.

병에 뚜껑을 밀봉하는 형식에는 여러 가지가 있으나 대표적인 것을 들면 그림 5-5에서 보는 바와 같은 앵커 병(Anchor cap jar), 피닉스 병(Phoenix cap jar), 케이 시 병(K.C. cap jar) 등이 있다.

① 앤커 병

이 병은 컵 모양을 하고 그림 5-5와 같이 병 둘레에 고무질 패킹에 의해서 밀봉되며 앤커 타전기(打栓機)가 사용된다.

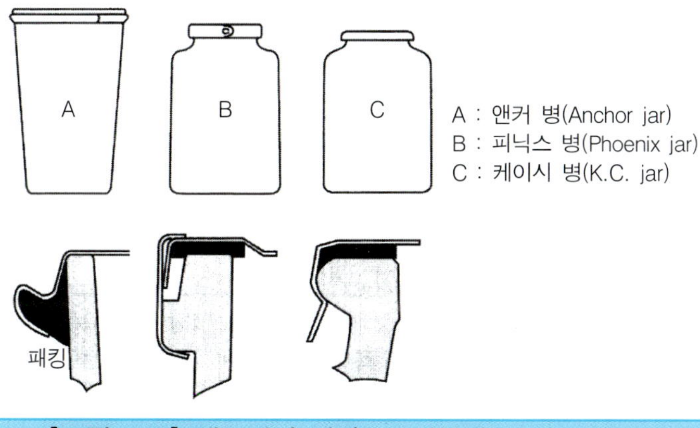

[그림 5-5] 대표적인 병과 그 밀봉법

② 피닉스 병

통조림 뚜껑과 같이 둘레에 패킹이 붙은 뚜껑을 띠 모양으로 된 밴드(band)를 이용해서 피닉스 권체기로 밀봉을 한다.

뚜껑을 열 때는 고리로 된 부분을 벗기면 용이하게 열 수 있다.

③ K.C 병

직경이 큰 왕관(병마개)이 병뚜껑 되어 있는 상태이다. 통조림 뚜껑과 마찬가지 패킹이 있고 왕관 타전기로 찍으면 맥주병 마개와 마찬가지 원리로 밀폐된다. 단 소형 왕관의 내부에는 얇은 코르크나 플라스틱이 있는 것이 K.C. 뚜껑과 다른 점이다.

2) 통조림, 병조림법의 원리

통조림은 캔에 식품을 채워 넣고 가열하여 공기의 일부를 빼낸 후 밀봉하여 가열 살균한 것이다. 즉 밀봉에 의하여 캔 내외의 공기 유통을 막고 캔 외부로부터 캔 내부로 세균이 침입하는 것을 막으며 또한 가열살균에 의하여 통조림 안에 존재하는 세균을 사멸시켜 식품변패의 원인이 되는 캔 내외의 세균작용을 봉쇄한 것이다.

따라서 통조림에 있어서 탈기, 밀봉, 가열살균의 조작은 대단히 중요한 것이며 병조림의 경우도 통 대신 병(bottle)을 쓰는 것이 다를 뿐 기본 조작은 같다.

(1) 탈기

식품을 통에 넣고 밀봉하기 전에 통 안의 공기를 제거하는 작업을 탈기(脫氣, exhausting)라고 한다.

① 탈기의 효과

통조림을 탈기시키면 다음과 같은 효과가 있다.

① 식품의 향미와 비타민이 보존된다.

② 통조림 안의 산소를 제거함으로서 통 내면의 부식이 방지된다.

③ 살균하는 동안 통 안의 압력을 감소시켜 내용물이 팽창하여 통이 터지는 것을 방지한다.
④ 호기성 세균 및 곰팡이의 발육을 억제한다.
⑤ 단백질에서 유래된 가스 성분을 제거하게 된다.
⑥ 내용물의 건전성 여부를 식별할 수 있게 하는 효과가 있다.
⑦ 가열 탈기의 경우는 내용물을 가열하게 되므로 살균시간을 줄일 수 있게 된다.

② 탈기의 방법

탈기방법에는 ① 가열탈기법 ② 기계적탈기법(진공밀봉기에 의하는 방법) ③ 증기분사법 ④ 가스취입법 등이 있다. 보통 ①②의 방법이 많이 사용되고 있으며, ④의 방법은 맥주, 청량음료, 분유, 녹차 등의 통조림에 사용되고 있으며 CO_2 또는 N_2 가스를 취입 밀봉한다.

③ 탈기와 진공도

통조림 내의 진공도는 관내기압과 관외기압의 압력차이로 표시한다. 이를테면 관외 기압이 75 cm(29.5in)Hg이고, 관내 기압이 43.2 cm(17in)Hg이면 관내 진공도는 75.0−43.2=31.8 cmHg 또는 29.5−17.0=12.5 inHg로 표시된다. 이것이 통조림진공계(vacuum can tester)의 눈금자판에 지시되는 수치이다.

가열탈기에 의해 형성되는 통조림의 진공도(眞空度)는 얼마나 많은 양의 공기가 제거되는가에 따라 결정된다.

(2) 밀봉

오늘날 이용되는 공관(空罐)은 전부가 위생관(sanitary can)이며 여기에 원료를 담고 진공권체기(vacuum seamer)를 사용하여 일시에 진공과 권체를 시행한다.

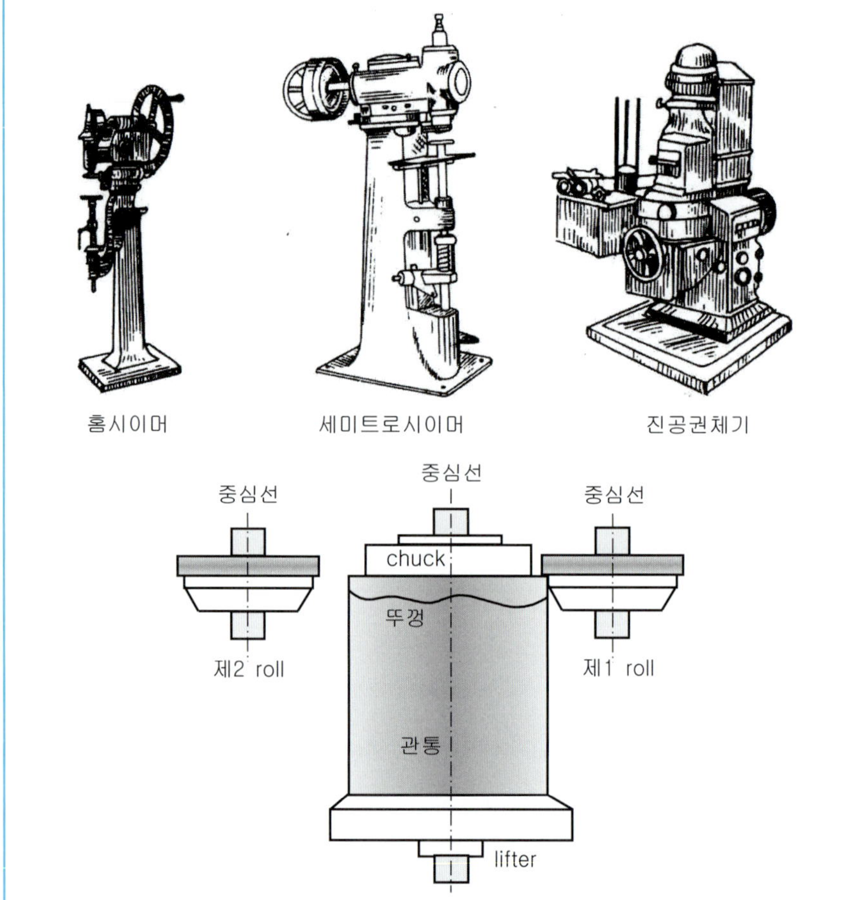

[그림 5-6] 밀봉기 주요부분의 관계도

(3) 살균

① 미생물의 가열살균과 식품 품질의 저하

미생물에 대한 살균 또는 멸균에서의 사멸은 전통적으로 미생물 개체의 사멸이 아니라 집단적 의미로 생존 미생물의 감소를 의미한다. 따라서 한 마리 미생물의 생사를 말하지 않고 집단적으로 고려하여 초기 미생물수와 비교하여 얼마나 사멸하였는가를 논의하게 된다.

가열에 의한 미생물의 내열성은 미생물의 포자가 영양세포보다 크다. 다만 곰팡이와 효모의 포자는 영양세포에 비하여 크나 세균의 포자에 비하면 내열성이 비교적 약하다. 또한 미생물의 농도가 높을수록 내열성은 크다. 환경적 요인으로 식품의 pH가 중성일 때 미생물의 내열성이 크며 산성으로 갈수록 내열성이 작아져서 pH 4.5 이상에서는 121℃로 사멸된다 하더라도 pH가 3.7 이하가 되면 100℃ 이하에서도 멸균이 될 수 있다. 또한 탄수화물, 지방 및 단백질의 함량이 높으면 내열성이 높아지며 염의 경우 4%까지는 내열성이 증가하나 8%를 넘으면 일반적으로 내열성이 감소하게 된다.

미생물의 영양세포를 가열하게 되면 미생물의 사멸속도는 미생물의 농도와 비례하여 영양성분 및 품질요소의 파괴와 유사하게 일차반응을 한다(식 1). 한편 미생물 포자의 경우에는 가열초기 짧은 시간 동안 생존균 수가 증가하는 현상을 보이게 되며, 이러한 현상은 가열에 의하여 포자의 발아가 촉진되기 때문이다.

$$\log_{10}\frac{N}{N_0} = \frac{t}{D} \quad \text{.........(식 1)}$$

N : 일정 온도에서 시간 t 만큼 가열 후 미생물 수

t : 시간(분)

N_0 : 가열 전 미생물 수

D : D값(decimal reduction time)(분)

미생물의 사멸곡선에서 D값은 가열 후 생존한 미생물 수를 가열전 미생물 수의 10%로 감소시키는 데 필요한 시간으로 단위는 시간의 단위인 분(또는 초)이다. 특별한 온도를 지정하지 않은 경우는 121.1℃에서의 D값을 나타낸다. 따라서 특정 온도에서 내열성이 크다는 것은 D값이 크다는 것을 의미하게 된다. D값은 가열온도에 영향을 받아 온도가 올라가면 D값이 짧아진다. 이때 D값이 10배로 증가하는데 필요한 온도 차이를 z값으로 표현하며 D값과 z값의 관계는 (식 2)와 같다.

$$\log_{10}\frac{DT_2}{DT_1} = \frac{t}{z}\,(T_2 - T_1) \quad \text{.........(식 2)}$$

T : 가열온도(℃)

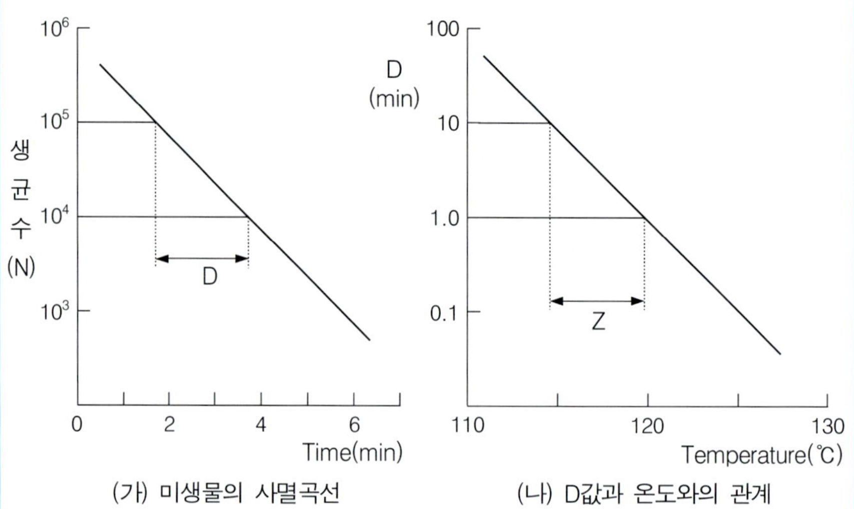

[그림 5-7] 미생물의 사멸과 온도

식품가공에서 미생물 사멸 정도를 표현할 때 D값의 배수(F)로 표현하는 경우가 있다. F값은 미생물을 목표로 하는 수준까지 사멸시키는 데 걸리는 시간으로 (식 3)과 같다. 앞에서 언급한 상업적 멸균이 1조분의 1로 감소시켜야 한다는 설명도 주어진 가공온도에서 *Clostridium botulinum* 포자의 D값의 12배의 시간동안 가열하여야 한다는 의미로 해석될 수 있다.

$$F = n\ D_T = (\log N_0 - \log N) \quad \text{.......... (식 3)}$$

F : 미생물의 사멸 목표에 달성하기 위하여 T로 가열하는 시간

D_T : T에서의 목표 미생물의 D값

T : 가열온도

N_0 : 초기 생존 미생물 수

N : 가열 후 생존 미생물 수

미생물의 사멸 목표로 식품을 가열하는 경우 목표로 하는 사멸 정도를 얻기 위해서는 가열되는 식품의 온도가 매우 중요하다. 예를 들어 포자를 형성하지 않는 미생물 살균을 목적으로 가열하는 경우 표 5-4에서 보는 바와 같이 일반적인 z값은 5℃ 내외로 정해진 온도보다 1℃ 낮은 온도로 가열되는 경우 D값은 58.5%가 길어진다. 따라서 식 (3)에 의하여 같은 정도의 살균에

도달하기 위하여 원래의 시간보다 58.5%의 시간을 더 가열하여야 같은 정도의 살균 목표를 달성할 수 있다.

표 5-4 통조림식품에서의 미생물의 내열성

미 생 물 명	내 열 성	
	D(분)	z(℃)
저산성식품(pH 4.5 초과)		
내열성 미생물 포자	$D_{121℃}$	
Bacillus stearothermophilus	4.0~5.0	7.8~12.2
Clostridium thermosaccharolyticum	3.0~4.0	8.9~12.2
Desulfotomaculum nigrificans	2.0~3.0	8.9~12.2
중온성 미생물 포자		
Clostridium botulinum(types A 및 B)	0.10~0.20	7.8~10.0
Clostridium sporogenes group(P.A. 3679 포함)	0.10~1.5	7.8~10.0
산성식품(pH 4.0~4.5)		
내열성 미생물 포자		
Bacillus coagulans	0.10~0.07	7.8~10.0
중온성 미생물 포자	$D_{100℃}$	
Bacillus polymyxa, *Bacillus macerans*	0.10~0.50	6.7~8.9
Clostridium pasteurianum	0.10~0.50	6.7~8.9
산성식품(pH 4.00 이하)	$D_{65.6℃}$	
Lactobacillus spp., *Leuconostoc* spp., 효모, 곰팡이	0.50~1.00	4.4~5.6

표 5-5 살균식품의 미생물 내열성

미 생 물 명	내 열 성	
	D(분)	z(℃)
병원성 독소생성 미생물	$D_{65.6℃}$	
Mycobacterium tuberculosis	0.20~0.20	4.4~5.6
Brucella spp.	1.10~0.20	4.4~5.6
Coxiella burnetti	0.50~0.60	4.4~5.6
Salmonella spp.(senftenberg 제외)	0.02~0.25	4.4~5.6
Salmonella senftenberg	0.80~1.00	4.4~6.7
Staphylococcus aureus	0.2~2.00	4.4~6.7
Streptococcus pyogenes	0.2~2.00	4.4~6.7
	$D_{82.2℃}$	
Clostridium botulinum Type E(포자)	0.10~3.00	5.0~8.9
부패균	$D_{65.6℃}$	
포자를 생성하지 않는 세균, 효모, 곰팡이	0.50~3.00	4.4~6.7

즉, 식품의 살균을 위하여 36℃에서 30분간 가열이 목표였는데 온도계의 오차로 실제 62℃로 가열된 경우 48분을 가열하여야 목표된 살균치에 도달한다. 즉, 온도는 1℃ 차이이지만 18분을 추가로 가열하여야 한다. 따라서 미생물의 사멸을 목표로 가열하는 경우는 식품의 온도를 정확히 측정하여야 하며 정기적으로 온도계의 보정이 필요하다.

② 정치식(靜置式) 살균

통조림제조 초기에 이용하던 방법이나 현재도 이런 방법을 쓰는 곳이 많다. 고정된 레토르트에 통조림을 넣고 포화증기로 가열하는 방법인데 통조림의 중심부까지 필요한 열이 도달되는 시간이 문제가 된다. 식품을 장시간 가열하거나 너무 고온처리 하면 식품의 품질을 해치게 되므로 통조림살균에 있어 특히 관심을 가져야 할 문제이다.

③ 동요식(動搖式) 살균

통조림내부에 열을 빨리 침투시키기 위해 통을 흔들면서 살균하는 방법인데 동요(agitation)를 하면 식품 내부에 열전달이 빨라서 탄내나 가열취가 감소된다. 우유의 경우 동요에 의해 유단백질의 완전 응고가 방지되고 또 유고형분이 관벽에 붙는 것도 방지된다.

통조림은 살균조작이 끝나면 즉시 냉수로 냉각하는데 레토르트 내에 냉수를 넣는 방법과 냉수에 통조림을 넣는 방법이 있다.

3) 통조림의 표시

통조림의 뚜껑에는 그 내용물을 알아 볼 수 있게 기호로 표시해야 한다. 표시는 3단으로 하고 1단에는 품명, 내용물상태와 크기 등을 표시하고 2단에는 제조업자명을 기호로 3단에는 제조 년, 월, 일을 역시 기호로 표시한다.

그림 5-8은 한 예를 표시한 것인데 수산물원료와 조리방법에 대한 기호는 표 5-6, 5-7과 같다.

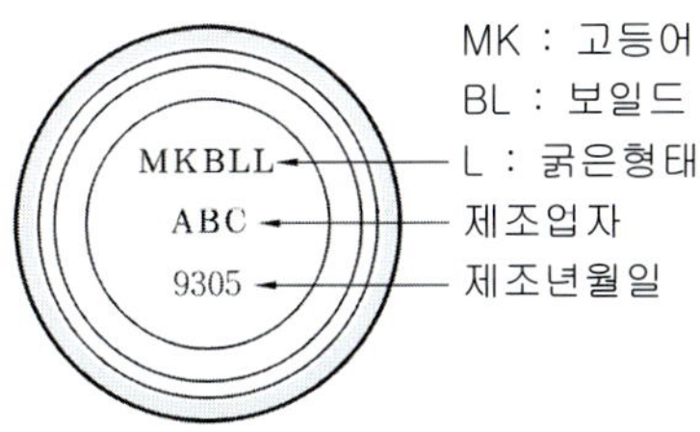

[그림 5-8] 통조림의 표시 예

표 5-6 수산물 원료의 품명기호

품명	기호	품명	기호	품명	기호	품명	기호
고 등 어	MK	도 루 묵	SF	왕 게	R	개 아 지 살	SL
꽁 치	MP	줄 삼 치	BO	대 게	C	홍 합	MS
학 꽁 치	HB	삼 치	CM	새 우	SH	가리 맛조개	SI
전 갱 이	HM	대 구	CD	굴	OY	토 조 개	CC
멸 치	AN	갯 장 어	SE	전 복	AB	피 조 개	AC
정 어 리	SA	붕 장 어	CE	소 라	TB	밤 조 개	SP
참 다랭이	TB	뱀 장 어	EL	골 뱅 이	BT	오 징 어	SQ
날개다랭이	TA	날 치	FL	대 합	SC	갑 오 징 어	SC
황 다랭이	TY	양 미 리	NA	백 합	HC	문 어	OC
가 다랭이	TS	칼 치	HT	소 라 고 동	R	쭈 꾸 미	PO
방 어	YT	어 육	FM	개 량 조 개	RC	꼴 뚜 끼	WA
송 어	TR	어 단	FB	새 조 개	CO	고 래 고 기	WM
까 나 리	SS	꽃 게	T	맛 조 개	RA	꼬 막	BC
청 어	HE	털 게	E	바 지 락	SN	김	LA

표 5-7 조리방법의 기호

조리방법	기호	조리방법	기호	조리방법	기호
보일드 통조림	BL	훈제기름담금 통조림	SO	젤리담금 통조림	JY
가미 통조림	FD	마스터드담금 통조림	MD	채소가미 통조림	VD
기름담금 통조림	OL	조림 통조림	BD	구이 통조림	RD
토마토담금 통조림	TO	스튜우 통조림	ST	소시지 통조림	SG

<살재임의 형태 및 크기의 기호 예>

각육 : P ······ 어육을 평평하게 만들어 살재임한 것.

T ······ 어육을 fillet으로 하여 살재임한 것.

F ······ 어육부스러기를 살재임한 것.

새우 : W ······ wet pack, D ······ dry pack

전복, 소라의 크기 : L ··· 대, M ···중, S ··· 소

4) 통조림의 검사

(1) 타검

타검은 통조림을 규칙적으로 배열해 놓고 윗면 또는 밑면을 타검봉으로 때려 그 때의 소리와 손에 미치는 감촉에 의해서 내용물의 이상 유무를 감정하는 방법이다. 이때에 맑은 소리를 내는 것이 좋고 탁음이 나는 것은 좋지 않다.

탁음이 나는 원인은 ① 탈기 불충분인 경우 ② 권체는 완전하나 세균의 가스발생에 의해서나 화학적으로 가스가 발생되어서 즉 식품의 성분과 첨가된 물질의 반응 또는 깡통의 금속과 반응해서 내부에 가스가 생겼을 때, 또는 ③ 기온 및 기압의 변화가 있을 때 등이다.

기온의 변화로 통 안의 진공도도 달라진다. 대략 10℃의 온도차에 의해서 진공도에는 1인치의 차이가 생긴다. 따라서 겨울과 여름에는 대략 통조림 진공도에 2인치의 차이가 생기므로 타검의 음향이 달라질 수 있다.

[그림 5-9] 타 검 봉

(2) 가온검사

통조림의 살균부족에 의한 사고를 예방하기 위해서 단기간 내에 살균의 결과를 알아 볼 목적으로 가온검사를 한다. 가온검사의 방법은 여러 가지가 있으나 대략 표 5-8과 같이 한다.

(3) 진공도의 측정

통조림의 진공도는 즉석에서 할 수 있는 통조림 품질검사의 한가지 방법이다. 보통 통조림용 진공계로 측정한다. 진공계의 끝은 주사바늘처럼 구멍이 있으며 뾰족하게 되어 있는데 이 부분을 통조림뚜껑의 중앙부에 대고 재빨리 누르면 뚜껑이 뚫려서 통조림의 내부와 진공계가 통하게 되므로 즉시 그 진공도가 눈금으로 나타난다. 이 눈금은 대기압과 통조림 내부압력의 차이로 나타나게 되어 있으므로 대기압의 변화와 통조림 내부 온도의 변화에 따라서 다소 차이가 나타난다.

최근에는 비파괴방법에 의한 진공검사기도 개발되어 있다.

표 5-8 통조림 가온시험 방법

종 류	상 태	가온 온도(℃)	시험 시간(주일)
보 일 드 (boiled)	액즙이 많은 것	36~37	1~2
보 일 드 (boiled)	액즙이 적은 것		2~4
조 미 통 조 림			2~3
점성이 큰 것(예 ; 잼)			2~4
과 일 통 조 림 (기타 산성식품)		25~30	2~3

(4) 관능적 검사

통조림 내용물에 이상이 있을 때는 플랫 사워(flat sour)의 경우를 제외하고는 대략 통조림의 외관이나 타검으로 알 수 있다. 그러나 살균조건이 완전했다 하더라도 원료가 나빴기 때문에 여러 가지 문제가 제기되는 수도 있다. 이와 같은 판정은 보통 관능검사에 의해서 하게 되는데 그 결과는 화학적 검사 및 세균학적 검사와 더불어 통조림 식품의 품질 판정에 있어서 중요한 근거가 된다. 그 방법은 다음과 같다.

① 향취

소량의 내용물을 손바닥에 문질러서 그 냄새를 맡아서 정상제품과 비교한다.

② 색택

수산 통조림의 경우는 적변·흑변·청변 등의 변화가 있으나 무조건 나쁜 것은 아니므로 정상제품과 비교 판정한다.

③ 조직

재료에 따라서 또는 어체인 경우는 그 부위에 따라서 다르고 선도나 제조 방법에 따라서도 차이가 있으므로 빛깔, 향취를 참고로 해서 판단한다.

④ 미각

단순한 맛뿐만 아니라 취각을 겸한 소위 풍미(flavor)를 판단한다. 내용물의 작은 조각을 혀에 올려놓고 맛을 본다. 분명히 썩었다고 보이는 것은 이런 시험을 하지 않는다. 플랫 샤워된 것은 이상한 산미가 느껴지고 물이 나쁜 수산물인 경우는 히스타민(histamine)의 매운맛이 느껴진다.

⑤ 혼탁

변패의 원인이 될 수도 있으나 다른 증거를 참고로 해서 판단한다.

⑥ 껍질 벗겨짐(박피, loose skin)

물이 나쁜 물고기를 원료로 했을 때나 살균조건이 적합하지 못했을 때 발생한다.

5) 저장중의 통조림 및 병조림의 품질변화

(1) 내용물의 변화

① Flat sour의 생성

가스의 발생 없이 산(酸)을 생성하는 것을 말한다. 이것을 일으키는 균으로는 편성 및 통성의 호열성균이 있으며 살균부족, 권체 불량 등으로 일어난다.

호열성 세균으로는 주로 *Bacillus* 속에 의해 일어나며 그 외에 *Lactobacillus* 속 등도 검출되고 있다. 호열성 세균은 50~55℃로 방치된 통조림에 플랫 샤워를 일으킨다.

따라서 일반적으로 통조림의 가온검사는 30~37℃이지만 호열성 세균으로 인한 통조림 저장시험에 이용되는 온도는 30~57℃ 범위에서 액즙은 7~14일, 점조성식품은 7~21일간 가온상태 하에서 세균의 유무를 검사한다.

내용물의 변질이 외관상으로 나타나지 않기 때문에 통의 외관은 보통 정상관과 똑같아 소비자들은 개관 후 산취냄새 등의 이상 유무를 확인하는 것이 좋다. 특히 채소 통조림에 많다.

② H_2S 등의 가스 발생

육류, 어패류 등을 가열할 경우 단백질 중의 시스테인(cysteine), 시스틴(cystine) 등 황(S)을 함유하는 −SH기가 환원되어 H_2S가 발생하는데 이것은 통재료에서 용출한 철, 주석, 구리 등의 금속과 화합하여 황화철, 황화주석 등이 생겨 흑변되는 것이다.

또 바지락 서식처에서 유래하는 호열성의 *Clostridium nigrificans*가 있을 경우 이것은 바지락 혈액 중의 헤모시아닌을 분해하여 H_2S가스를 발생시켜 황화철이나 황화동을 생성하여 세균학적 흑변을 일으킨다. 보통 흑변을 일으킨 통은 정상통과 다를 바 없으나 타검 시 탁음을 일으킨다.

③ 주석의 용출

주석은 타 금속에 비해 독성이 강하지 않으나 다량 섭취되며 피로, 권태, 구토 등이 오므로 위생상 KS규격에는 250 ppm 이하로 규정하고 있다. 오렌지 주스나 토마토 주스 등에 함유되어 있는 질산이온(NO_3^-)에 의하여 주석의 용출이 촉진된다고 한다. 그 과정은 pH와 통내 잔존 산소의 영향으로 미량의 주석이 생성되고 이것이 환원되어 아질산이온이 되며 이것이 주석을 용해하여 NH_3까지 발생된다고 한다. 그래서 물이나 식품원료 중의 질산이온을 제거해야 한다.

(2) 외형의 변화

① Swell

swell(blower, 팽창)은 통조림의 상하 양면이 볼록하게 부풀어 있는 상태를 말하는데 팽창 면에 외부 압력을 주어 외관 상태로 본 soft swell(연팽창)과 hard swell(경팽창)로 나누기도 하고 주로 수소가스 발생으로 인하여 팽창되었다고 해서 hydrogen swell(수소팽창)이라고도 한다.

Soft swell은 양면이 팽창한 상태에서 손가락으로 눌렀을 때 약간은 되돌아가지만 정상의 위치까지는 되돌아가지 않는 유연한 상태를 말하고 hard swell은 손가락으로 눌렀을 때 눌러지지 않을 정도의 경한 상태를 말한다.

팽창원인은 다음과 같이 나눌 수 있다.

ⓐ 가열살균 부족 또는 권체 불량으로 *Clostridium*속 또는 효모에 의한 가스 발생으로 팽창이 되는 경우가 있다.

ⓑ 통재료가 내용물에 의하여 침식되므로 말미암아 수소가스가 발생하는 경우가 있는데 이는 유기산이 많은 과일 통조림에 많다.

ⓒ 식품을 충전할 때 너무 지나치게 담거나 탈기공정의 원인으로 공기가 팽창되는 것도 원인이 되고 있다.

② Flipper

통조림의 뚜껑이나 밑이 거의 평평하거나 한 쪽 면이 약간 두둑한 상태이며 손끝으로 누르면 소리를 내며 원상태로 되돌아가는 정도를 말한다. 그 원인은 탈기부족, 충전과다와 세균학적인 가스의 경시적 발생으로 인한 것이다.

③ Springer

통조림의 뚜껑이나 밑바닥 중 어느 한 쪽 면이 flipper보다 심하게 팽창하여 손끝으로 누르면 팽창하여 있지 않은 반대쪽이 볼록해지고 손을 떼면 다시 튀어나오는 상태를 말한다. 그 원인은 충전과다, 탈기부족 또는 swell이 진행되는 도중일 것이다.

④ Leaker

이것은 내용물 분해에 의한 관의 상처나 못 등에 의하여 외부에 상처가 발생함으로써 내용물이 유출 변질되는 것으로 포장이나 권체상의 관 몸통이 불량하고 통재료의 침식에 의한 핀홀(pin hole)이 생기는 것이 원인이 된다.

⑤ Buckled can과 Panelled can

Buckled can은 통조림 내압이 외압보다 커져서 통이 견딜 수 없는 한계를 넘어 권체부위가 돌출형태로 변형된 관을 말하는데 이의 원인은 통의 내압력(耐壓力)이 약한 경우, 탈기부족현상, 충전과다, 가열살균 후 증기를 급격히 배출하는 경우, 살균 전의 부패나 수소팽창이 원인이 된다.

Panelled can은 buckled can과 반대현상으로 통조림 내압이 외압보다 아주 낮을 때 통조림 몸통의 일부가 안으로 쭈그러져 있는 상태의 통조림을 말한다. 이의 원인은 가압살균을 할 때 수증기를 너무 급격히 불어 넣으면 보통 진공도가 높은 대형통조림은 통 내압에 비하여 레토르트(retort)압력이 급격히 높아지므로 생기는 경우와 살균 후 냉각 시에 통조림 내압보다 공기압이 너무 높으면 생긴다.

그래서 대형통조림(401호 이상)의 냉각 시에는 살균솥 내에서 가열 살균의 압력을 그대로 유지하면서 물을 주입하여 냉각하는 가압냉각(pressure cooling)을 실시해야 좋다.

제6장

곡류, 서류 및 두류가공

곡류(cereals)란 화본과(禾本科)에 속하는 작물로서 쌀, 보리, 밀 등과 같이 그 열매를 식용 또는 사료로 사용하기 위해서 재배되는 식물을 말한다. 우리나라에서는 이들 곡류 중 쌀은 미곡, 보리, 밀, 호밀, 귀리 등은 맥류, 조, 피, 기장, 수수, 옥수수, 메밀 등은 잡곡으로 구분하고 있다. 곡류에서 섭취하는 부분은 주로 배유부분으로 탄수화물이 주성분으로 탄수화물의 주요한 공급원이며 가장 기본적이고 중요한 식재료이다. 곡류는 겨를 제거하는 공정과 가루를 만드는 제분의 1차가공을 거쳐, 이것을 원료로 하여 입식용으로 소비되거나, 빵, 과자류, 주류의 원료가 되기도 하고, 전분이나 유지와 같이 유용한 성분을 분리하기 위한 원료로 사용된다.

- 곡 류
  - 미 곡 – 쌀
  - 맥 류 – 보리, 밀, 호밀, 귀리
  - 잡곡류 – 조, 피, 기장, 수수, 옥수수 등
- 서 류 – 고구마, 감자, 카사바, 참마 등
- 두 류 – 콩, 팥, 강낭콩, 땅콩, 완두 등

[그림 6-1] 곡류, 서류, 두류의 분류

1. 곡류 저장

곡류는 수확할 때에는 많은 수분을 함유하고 있어 저장성이 좋지 않으므로 다음과 같은 방법을 통하여 저장성을 부여하게 된다.

1) 건조

수확된 곡물을 건조시키면 수분함량이 감소하여 저장 중 미생물, 곤충 및 기타요인에 의한 부패 및 변질을 막을 수 있다. 곰팡이 등의 미생물 번식 방지를 위해서는 수분함량이 14.5% 이하로 건조하고 저장소의 상대습도를 70% 이하로 유지하는 것이 바람직하다.

2) 상온저장

대개 자연상태의 온도, 습도로 곡물을 저장하는 것이 경제적이기는 하나, 고온 다습한 곳에서는 품질저하를 막기 위해 환기와 통풍을 잘해서 온도와 습도를 조절해야 한다.

3) 저온저장

저온저장을 위해 창고의 온도를 15℃ 이하로, 상대습도를 70~80%로 하는 조건이 이용되고 있다. 저온저장법은 비용이 비교적 많이 소요되지만 외관이나 식미가 좋고, 해충 피해와 호흡에 의한 품질저하가 적으며 비타민 B의 감소도 크지 않은 장점이 있다.

4) 방충용 훈증제의 이용

곡류저장에 자주 사용되는 것으로는 인화알루미늄(aluminium phosphide), 사염화탄소(carbon tetrachloride), chloropicrin, 염화메틸렌(methylene chloride) 등을 사용한다.

표 6-1 저장 중 곡물의 변질 원인

구분	원인
무기적 요인	물리적 : 온도, 습도
	화학적 : 산화작용, 훈증제의 영향
	생리적 : 호흡작용
유기적 요인	동　물 : 해충류, 서류
	미생물 : 곰팡이류, 세균류

2. 곡류의 가공

1) 쌀의 가공

(1) 쌀의 종류

쌀은 수확시기, 재배지역, 형태, 품종, 아밀로오스 함량, 재배목적, 도정도, 파종방법 등에 따라 다음과 같이 분류할 수 있다.

표 6-2 쌀의 분류

구 분	
수확시기	조생종, 중생종, 중만생종
재배지역	동아시아(자포니카형) 인도, 동남아시아(인디카형) 논벼, 밭벼, 산벼
쌀알의 형태	초장립형, 장립형, 중립형, 단립형
아밀로오스함량	찹쌀, 반잘, 일반 멥쌀, 고아밀로오스쌀
도정정도	현미, 5분도미, 7분도미, 10분도미, 12분도미
재배목적	일반미, 특수미, 가공미
종피의 색	현미, 흑미, 적미, 홍미, 적토미, 녹미
파종방법	육묘, 직파

(2) 쌀의 구조 및 성분

벼의 구조는 크게 왕겨층(부피, husk)과 과피, 종피, 호분층으로 구성된 쌀겨층(미강층, rice bran) 및 배유층과 배아로 구분된다(그림 6-2 참조).

쌀의 성분 중에 전분이 75~80%, 단백질이 6~7% 포함되어 있으며 도정도가 증가하면 당질을 제외한 영양성분의 함량은 감소한다(표 6-3 참조).

(3) 벼 수확 후 처리공정

벼는 수확 후의 적절한 가공처리 공정을 통해서 미질 개선이 가능하기 때문에 처리공정은 미질을 보존하거나 개선하는 차원에서 품종 못지않게 매우 중요한 기술이다.

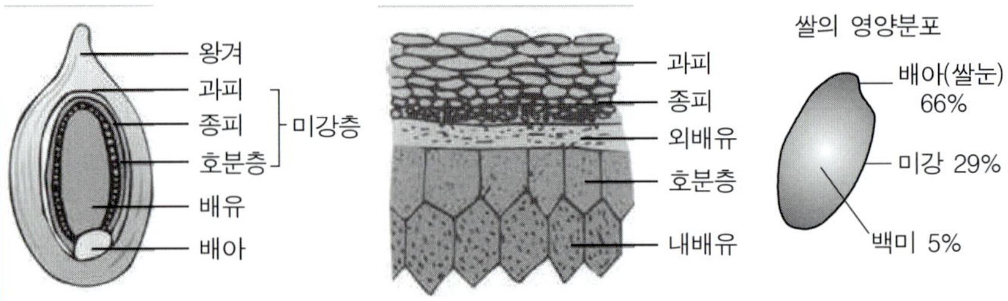

- 좋은 쌀은 외관상으로 윤기가 나고 백색, 반투명이며, 낟알이 약간 작으면서 둥굴고, 싸라기나 금이 간 쌀이 적으면서 쌀알의 중심부나 겉면에 백색부가 없어야 한다.
- 소비자들은 밥을 했을 때 찰기가 있고 윤택이 좋은 쌀을 좋아한다.
- 쌀의 품질은 품종만이 아니라, 수확, 건조, 저장, 도정 등에 의해 좌우된다.

[그림 6-2] 쌀의 구조와 단면도

표 6-3 쌀의 영양성분(100 g 당 함유량)

Rice	Calorie (kcal)	Protein (g)	Lipid (g)	Sugar (g)	Fiber (g)	Ash (g)	Ca (mg)	Fe (mg)	Sodium (mg)	Thiamine (mg)	Riboflavin (mg)
현미	354	7.4	2.7	75.0	2.75	1.3	10	1.1	2	0.34	0.07
7분도미	368	6.9	1.1	78.8	0.9	0.8	7	0.7	2	0.19	0.05
백미	353	6.0	0.7	79.6	0.83	0.5	5	0.5	2	0.12	0.03
배아미	354	7.0	2.0	74.4	1.3	0.7	7	0.5	1	0.30	0.05

① 건조

건조란 곡물의 외부와 내부 품질을 손상시키지 않고 안정저장함수율까지 수분을 제거하는 조작을 말한다. 건조방법에는 천일건조법과 인공건조법이 있는데 인공으로 열풍건조를 할 때 건조속도가 너무 빠르면 발아율이 떨어지고 동할미가 되어 쇄미의 원인이 되므로 건조속도를 적절하게 조절하는 것이 매우 중요하다.

② 쌀의 도정

쌀의 껍질(왕겨)를 제거하여 얻은 부분을 현미(brown rice)라고 하며 현미의 속껍질(과종피)인 겨층(미강층 ; 과피, 종피, 호분층과 배아 일부)을 제거하는 것을 도정(polishing)이라고 한다. 이때 겨층을 제거하는 정도에 따라 5분도미, 7분도미, 9분도미, 10분도미(189쪽 표 6-4 참조)라고 하며 도정한 쌀을 백미(polished rice)라고 한다. 도정의 과정은 다양한 기계를 사용하여 수행하게 되는 데 전반적인 과정은 다음과 같다.

벼 ➔ 정선 ➔ 현미 ➔ 제강 ➔ 연마 ➔ 정미 ➔ 쇄미분리 ➔ 백미

도정과정을 통하여 지방질 65~70%, 단백질 20~25%, 회분 50~60%, 비타민 B군 70~80% 정도의 영양소의 손실이 발생하게 된다.

③ 도정의 원리 및 도정기

도정방법으로 습식과 건식 기계도정을 주로 이용하게 되며 화학도정을 하는 경우도 있다. 최근에는 쌀 생산 지역마다 미곡종합처리장(rice processing complex; RPC)를 통하여 기계도정을 주로 수행하고 있다.

A. 쌀 도정

쌀을 도정하는 시설은 정선기, 현미기, 현미 분리기, 정미기, 쇄미 분리기가 주종을 이루고 있으며 여기에 부대시설로 승강기, 이송기, 저장탱크 등이 설치되어 있다. 그리고 최근에는 양질미의 선호도가 높아져 습식 연미기와 색채선별기가 보급되어 청결미를 생산하고 있다.

이 중 현미기는 벼의 왕겨층을 제거하는 기계로서 고무롤러식이며 정미기는 연삭식과 마찰식이 있는데 일반 공장에서는 마찰식 2~3대로, 정부 도정공장에서는 연삭식 1~3대와 마찰식 2~3대를 연결하여 정미하고 있다. 그리고 도정과정 중 도정도를 정확하게 판단하는 것은 대단히 어려운 일이나 이를 결정하는 방법으로는 숙련된 도정기사가 육안에 의해 결정하는 방법과 New.M.G.법에 의해 실시한다. 일반적으로 도정공장에서는 1차적으로 육안으로 도정도를 판별하고 2차적으로 New.M.G.시약을 사용 정확히 판단하고 있다.

M.G.염색법은 쌀알의 조직이 색소에 의하여 다르게 염색되는 점을 이용하여 도정도를 판단하는 방법으로, 염색 시약은 methylene blue와 eosin의 혼합액이 사용된다.

마찰식과 연삭식 도정기를 이용하는 기계도정의 원리는 마찰(friction), 충격(impact), 찰리(resultant tearing), 절삭(shaving) 등의 복합작용인데 마찰과 충격에 의하여 주로 겨층이 제거되며 찰리와 절삭에 의해서도 제거된다.

이렇게 도정되어 생산되는 쌀의 품질은 여러 가지 요인에 의하여 결정되는데 벼의 현백률과 백미의 완전립률을 감안할 때 원료벼의 수분함량이 가장 중요하며 적정수분함량은 16% 정도이다.

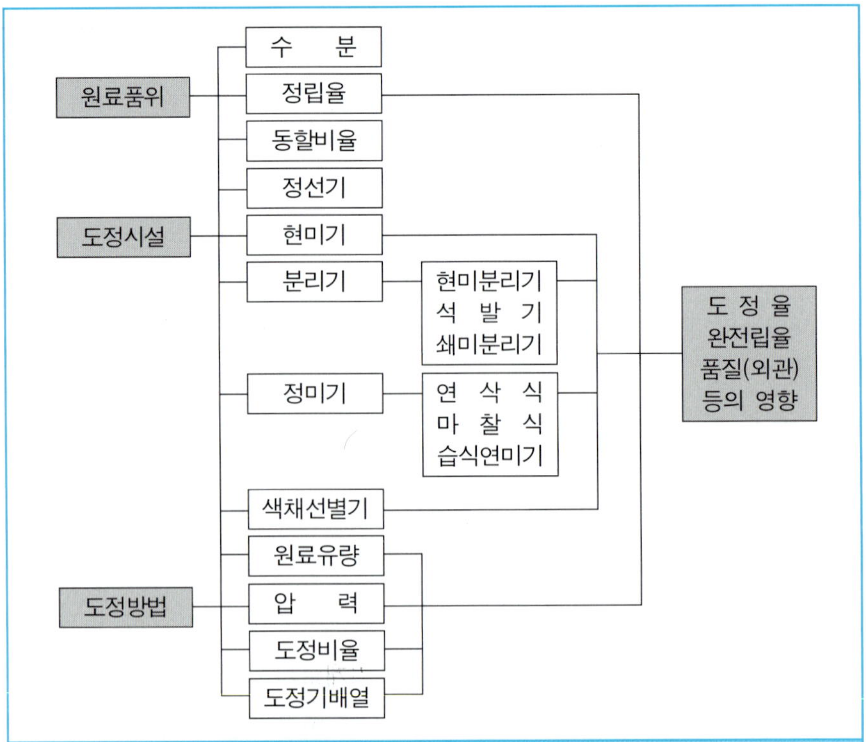

[그림 6-3] 도정 공정별 미질에 미치는 요인(국립식량과학원)

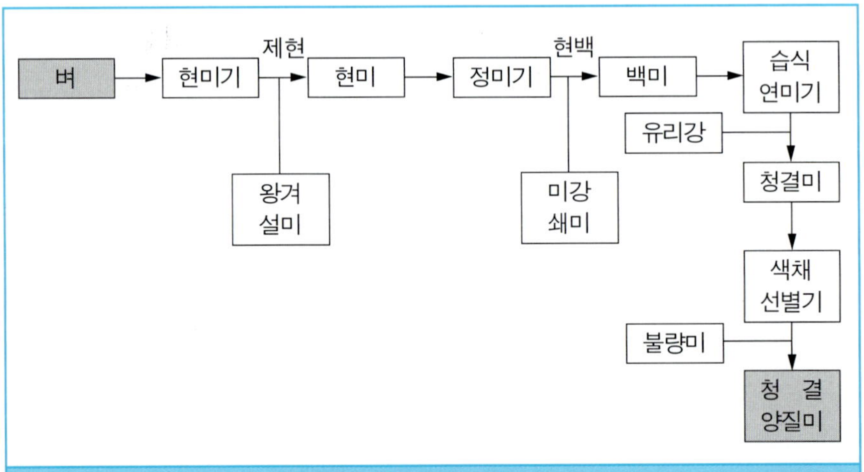

[그림 6-4] 쌀의 도정 공정

B. 도정 정도의 판단

도정의 정도를 판별하기 위해 도정률과 도감률, 도정도가 사용되는데 각각의 정의는 다음과 같다.

$$도정률(\%)= \frac{(현미무게 - (쌀겨무게 + 쇄미무게))}{원료로\ 투입된\ 현미의\ 무게} \times 100$$

$$도감률(\%)= \frac{(쌀겨의\ 무게 + 쇄미의\ 무게)}{원료로\ 투입된\ 현미의\ 무게} \times 100$$

도정도는 쌀겨층 두께의 5/10가 제거된 경우를 5분도미, 쌀겨층 두께의 7/10이 제거된 경우를 7분도미, 쌀겨층 두께의 10/10이 제거된 경우, 즉 쌀겨층이 전부 제거된 경우를 10분 도미라고 하며, 이것이 백미에 해당된다.

표 6-4 쌀의 도정률, 도감률과 소화흡수율 및 성분함량과의 관계

쌀의 종류	도정률 (%)	도감률 (%)	소화흡수율 (%)	탄수화물 (%)	비타민 B_1 (mg%)
현미	100	0	90	75.7	0.45
5분도미	96	4	94	76.6	0.30
배아미	94	6			
7분도미	94	6	95.5		0.25
10분도미(백미)	92	8	98.0	77.1	0.1
주조미	75 이하	25 이상			

④ 선별

도정 후의 최종과정에서 비정상적인 쌀을 선별하기 위해 색채선별기 등이 사용되는 데 이를 통해 녹색을 띤 미숙미 등이 선별된다. 색채선별기는 가격이 높지만 우수한 품질의 쌀을 생산한다는 측면에서 최근에 많이 설치 되어 사용되고 있다.

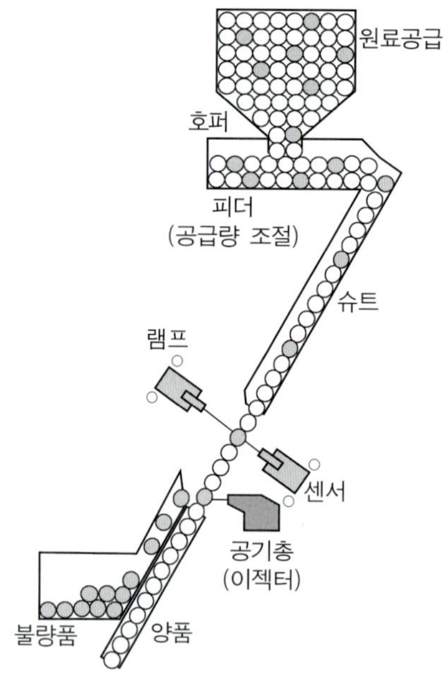

[그림 6-5] 색채선별기의 구조

⑤ 저장

쌀은 함수율이 적을수록 더 오랫동안 저장할 수 있으나 함수율이 너무 낮으면 밥맛이 떨어진다. 저장 중 초기의 온도와 습도는 세균류와 곰팡이류 성장에 커다란 영향을 미치며 습도의 영향이 특히 큰 것으로 알려져 있다. 일반적으로 곰팡이류의 성장을 막기 위해서는 상대습도를 75% 이하로 유지하고 곡물의 수분함량은 15% 이하가 좋다.

(4) 미곡종합처리장(RPC ; Rice Processing Complex)

미곡종합처리장은 농민으로부터 수분함량이 높은 벼를 인수하여 그림 6-6과 같은 공정을 거쳐 최종제품인 쌀을 생산하는 데 각 공정별로 최신설비와 기술이 적용됨으로써 고품질을 쌀을 생산할 수 있도록 도와준다. 최근 미곡종합처리장의 사일로 내에 곡물냉각기로 냉각공기를 순환시키는 새로운 곡물 냉각 저장기술이 시도되고 있다. 이 기술은 온도를 낮춤으로서 곡물자체의 호흡작용이 억제되어 자연 감모율을 최소화 시키고 식미가 우수한 수분 함량에서 1년 이상 장기 저장이 가능하다. 따라서 향후 미곡종합처리장의 저장시설도 상온저장에서 중·저온 저장방법인 새로운 관리체제로 변화할 것으로 예측된다.

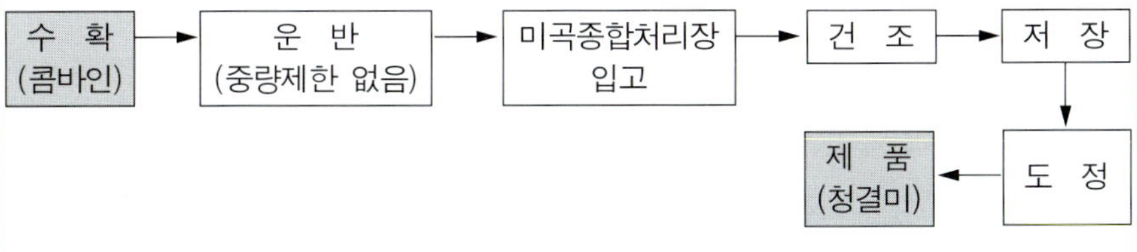

[그림 6-6] 미곡처리공정

[그림 6-7] 미곡종합처리장

(5) 쌀가공 제품

국내에서 개발된 쌀가공품을 분류해보면 표 6-5(192쪽 참조)와 같다. 이들 중 대표적인 가공품에 대하여 알아보면 다음과 같다.

① 무세미(청결미)

일반미는 취반 전에 물로 여러 번 씻는 반면에 무세미는 이 과정이 생략되고 취반 전 물에 몇 분간 담갔다가 바로 밥을 지을 수 있도록 백미 표면의 겨를 완전히 제거한 쌀을 말한다. 무세미는 물을 사용하여 백미 표면의 겨를 제거하는 방법과 물을 사용하지 않고 제거하는 방법이 있다.

무세미는 나음과 같은 장점이 있다.

ⓐ 정미과정시 쌀의 표면에 형성되는 요철부에 잔류하는 쌀겨를 제거함으로써 밥맛을 향상시킬 수 있다.

ⓑ 밥을 짓기 전에 쌀 씻는 과정이 필요없어 물 절약 및 수질 오염을 방지할 수 있다.

ⓒ 쌀과 밥의 색(백도)을 향상시킨다.

ⓓ 쌀의 씻는 과정에서 손실되는 영양성분의 손실을 막아준다.

표 6-5 국내의 쌀가공품 종류

생산품목		분 류 기 준
대분류	소분류	
떡면류	즉석 떡면류	즉석으로 조리가 가능한 떡국떡, 떡볶이떡, 국수, 라면 등의 즉석식품
	떡면류	떡류, 국수, 생면 등
	전통떡류	인절미, 절편 등 전통떡
쌀과자	쌀과자	비스킷, 건빵, 스낵 등의 쌀과자
	한과류	쌀강정, 유과 등의 한과류 제품
	쌀튀밥	쌀을 단순 퍼핑한 상태의 쌀과자
	누룽지	누룽지 및 누룽지 형태의 과자
쌀가루	생미분	쌀을 건식으로 단순 분쇄한 쌀가루 제품
	알파미분	알파미분, 활곡, 익스트루더 미분, 볶은 쌀가루 등의 제품으로 쌀의 성분이 호화된 형태의 쌀가루
	습식미분	침지공정 등의 공정과정을 거쳐 습식으로 분쇄한 제품
주 류	약·탁주	약주와 탁주 제품
	소 주	소주제품
	맥 주	맥주제품
	청 주	청주제품
조미식품	엿 류	엿 및 조청류 제품
	장 류	고추장, 된장, 간장 제품
	식 초	식초제품
기 타	죽 류	죽류 제품
	식 혜	식혜류 제품
	스낵 부원료	스낵류 과자 부원료
	꼬치류	꼬치에 끼운 쌀제품
	선식류	미숫가루 등 선식제품
	쌀음료	쌀음료 제품
	쌀 빵	빵류 제품
	가공쌀밥	무균화 포장쌀밥, 레토르트 포장쌀밥, 냉동쌀밥, 건조쌀밥, 컵라이스
	쌀라면	라면류

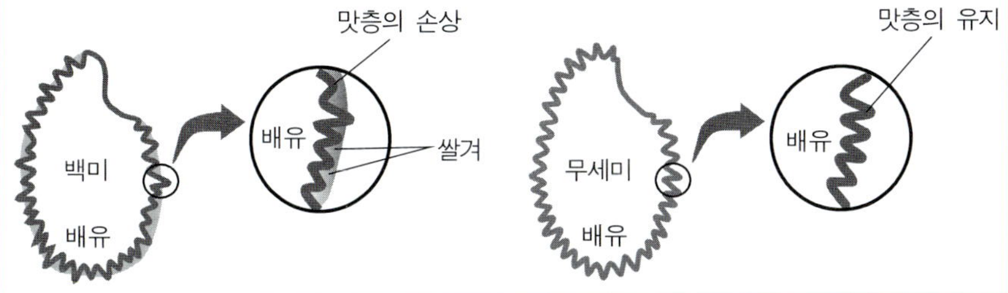

[그림 6-8] 무세미

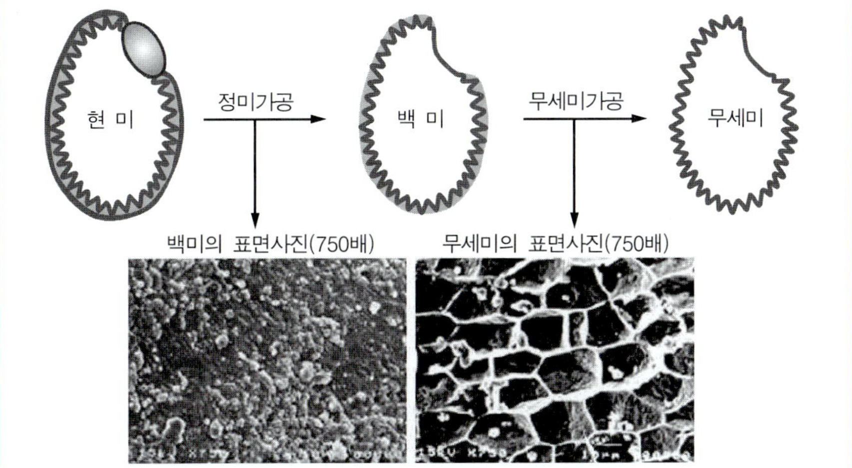

[그림 6-9] 무세미의 표면

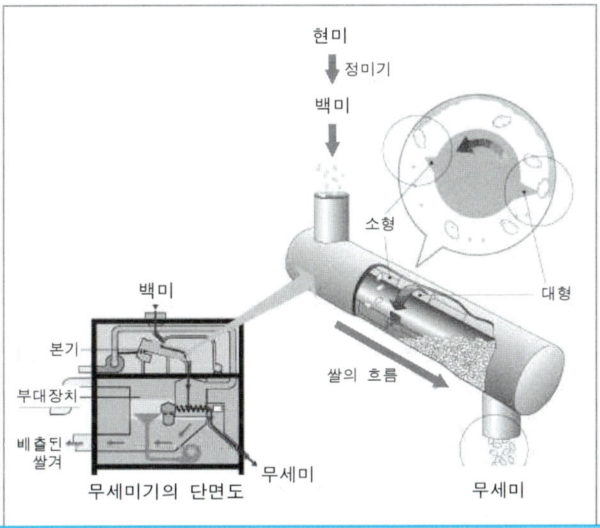

[그림 6-10] 무세미의 제조기

② 기능성 쌀

식문화의 변화로 쌀 소비량이 줄어들고 있는데 반해 기능성 쌀 제품의 판매가 늘고 있다. 현재 시중에 나와 있는 기능성 쌀의 제조방법을 크게 두가지로 씻은 쌀 표면에 기능성분을 코팅처리하는 방법과 쌀에 균사를 배양하는 방식이 있다. '키토산 쌀'은 고압분사방식으로 씻어낸 쌀 표면의 미세한 돌출부분에 키토산을 코팅한 것이고, '인삼쌀'은 인삼의 유용성분을 추출하여 백미에 분무코팅한 후에 건조시킨 것이다. '홍국쌀'은 쌀에 물을 가하여 121℃에서 20분간 멸균한 다음 *Monascus* 종의 균을 접종하여 25~35℃에서 배양한 후 건조, 분쇄, 선별하여 제품화 한 것이다. 발효하는 과정에 붉은 색소와 함께 monacolin K라고 하는 고지혈증 치료 성분이 생산된다.

③ 가공 밥류

현재 가공미로 시판 유통되고 있는 것은 알파미, 동결건조미, 팽화미, 레토르트밥, 무균포장밥, 냉동밥, 통조림밥 등이 있으며 그 품목도 흰밥, 흑미밥, 팥밥, 볶음밥류, 초밥, 주먹밥 등 다양하게 선보이고 있다. 이들 가공밥은 물 또는 열탕을 가해서 조리 복원하는 알파미, 동결건조미, 팽화미, 무수세미 등의 가수조리형과 레토르트밥, 무균포장밥, 냉동밥, 통조림밥 등 물이나 열탕 없이 바로 가열 조리해서 먹는 비가수형이 있다. 또한 알파미, 동결건조미, 팽화미는 수분이 10% 이하로 건조되어 상온에서도 미생물에 의한 변패가 없다.

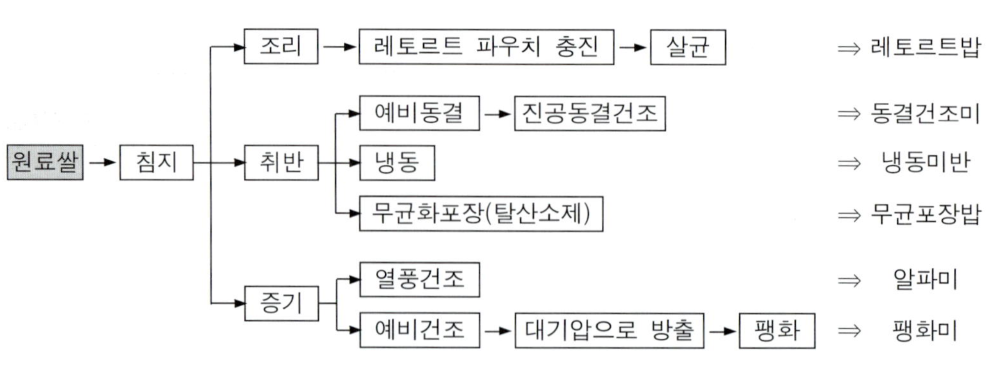

[그림 6-11] 습식형태 가공밥류의 제조방법

그러나 레토르트밥, 무균포장밥, 냉동밥, 통조림밥, 무수세미는 수분이 30% 이상으로 습식형태로 살균, 세정 등에 의해서 미생물에 의한 변패를 억제시킨 것이다.

④ 무균포장밥

무균포장밥은 무균실(clean room)에서 계량충진과 밀봉이 진행되므로 열처리가 별도로 필요하지 않다. 트레이에 충진한 레토르트밥과 모양은 유사하지만 살균공정이 다르다. 본 제조공정이 레토르트밥의 공정과 다른것은 충진, 밀봉 후에 고압가열살균을 하지 않는다는 것이다. 기본적으로 전처리 공정에서 가능한 한 내열성균을 감소시켜 취반공정에서 무균밥을 제조하고 이것을 무균실에서 포장하는 것이다. 한 개씩의 소형솥으로 취반하여 그대로 무균용기에 충진하는 방법과 대형솥으로 밥을 지어 풀어 헤친 다음 무균용기에 충진하는 방법의 두가지가 있다.

[그림 6-12] 무균포장밥의 제조공정

⑤ 인스탄트 죽제품

인스탄트 죽제품은 슈퍼마켓, 편의점, 병원 등에서 많이 판매되는 제품으로 분말제품은 주로 알루미늄계 연포장이나 플라스틱 컵으로 유통되고 있으며, 액상죽제품은 레토르트 살균이 가능한 플라스틱 컵 용기나 레토르트 필름, 캔 등으로 생산되고 있다.

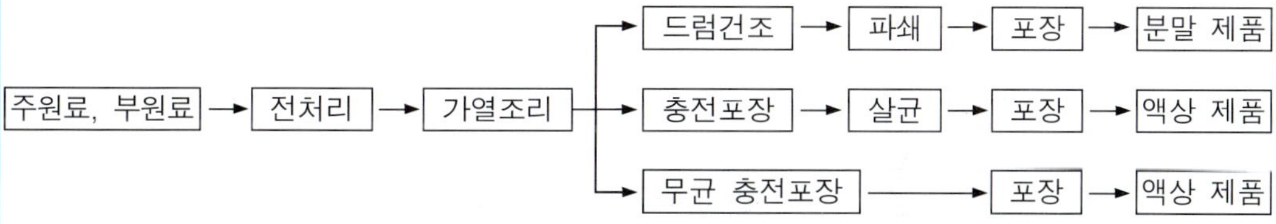

[그림 6-13] 인스탄트 죽제품의 제조공정

2) 보리의 가공

보리(대맥)의 품종에는 껍질과 종실의 분리 여부에 따라 겉보리, 쌀보리로 구분되고, 이삭의 형태에 따라 2조맥, 4조맥, 6조맥으로 구분된다. 보리는 취반, 양조, 맥아제조 등에 사용되나 최근에는 주로 맥아의 제조에 이용되고 있다.

(1) 보리의 도정

보리의 도정을 정맥이라고 한다. 정미와 마찬가지로 정맥도 보리의 과피와 종피를 제거하고 배유만 남기는 것을 말한다.

(2) 할맥

보리는 쌀보다 낟알이 굵어 씹는데 부담스럽고 껄끄러우며, 색깔도 검어 미관상 좋지 않기 때문에 이를 개선하기 위해 할맥도정을 한다. 즉 1차 도정 후 보리고랑을 따라 두 부분으로 절단하여 다시 2차 도정까지 한 것을 말한다. 할맥은 미리 삶거나 불릴 필요가 없어 간편하고 먹기에 껄끄럽지 않고 백도도 좋아진다.

(3) 압맥(납작보리)

압맥은 도정한 보리를 수분과 함께 가열하여 호화한 후 압편화 하여 급냉시키고 건조시킨 것이다.

(4) 맥아(엿기름, malt)의 제조

보리나 밀 등의 곡류를 물에 침지하여 발아시킨 것인데 대개 보리를 많이 이용한다. 건조하지 않은 것을 녹맥아(생맥아)라고 하고, 이를 건조시킨 것을 건조맥아라고 한다. 이렇게 맥아를 만드는 이유는 발아 시 생성되는 여러 가지 효소(전분 분해효소, 단백질 분해효소 등)를 활용하기 위함이다. 맥아는 물엿, 포도당, 식혜, 단술, 맥주, 고추장, 약주 등 여러 가지 식품의 제조에 사용된다.

3) 밀의 가공

밀(wheat, *Triticum aestivum L.*)은 세계에서 가장 생산량이 많은 곡물로 세계인구의 50% 이상이 밀을 주식으로 하고 있다. 밀은 대부분 제분하여 밀가루로 만든 다음에 빵, 면류, 과자 등으로 가공된다.

(1) 밀의 종류와 구조

밀은 파종시기, 경도, 색, 생산지역에 따라 표 6-6과 같이 분류된다.

밀은 구조적으로 다른 곡류와 같이 배아, 배유, 겨층(밀기울)으로 되어 있다. 배아는 밀 종실의 약 2~3%, 배유는 약 83%, 겨층은 약 14%로서 밀가루는 주로 배유부분으로 제조한다.

표 6-6 밀의 종류

파종시기에 따른 분류	겨울밀 : 가을에 파종하여 초여름에 수확
	봄 밀 : 봄에 파종하여 늦여름, 초가을 수확
경도에 따른 분류	경질(초자질)밀 : 낟알의 단면이 투명하고 단단한 초자질 부분이 70~100%인 것으로 강력분 생산의 원료
	연질밀 : 낟알의 단면에 투명한 부분이 적고 전체적으로 흰 것으로 박력분의 생산원료
	중간질밀 : 경질밀과 연질밀의 중간에 해당하는 것으로 중력분의 생산원료
색깔에 따른 분류	백 맥 : 밀 색깔이 흰 것
	적 맥 : 밀 색깔이 짙은 것

표 6-7 밀과 각 조직의 화학적 조성(%)

구 분	구성비율	수분	단백질	지방	탄수화물		회분
					당질	섬유	
전 체	100.0	12.6	11.3	3.8	1.5	2.7	1.6
외 피	13.5	11.6	15.6	3.7	4.6	11.3	5.0
배 아	2.5	7.5	23.5	11.4	14.5	1.4	4.7
배 유	83.0	12.5	10.3	1.3	0.3	0.2	0.4

(2) 밀의 제분

밀과 같이 껍질이 단단하고 분리가 어려운 곡류는 분쇄하여 가루형태의 제품을 얻어야 하는데 이런 공정을 제분이라고 한다.

밀가루의 생산공정은 다음 그림 6-14와 같다.

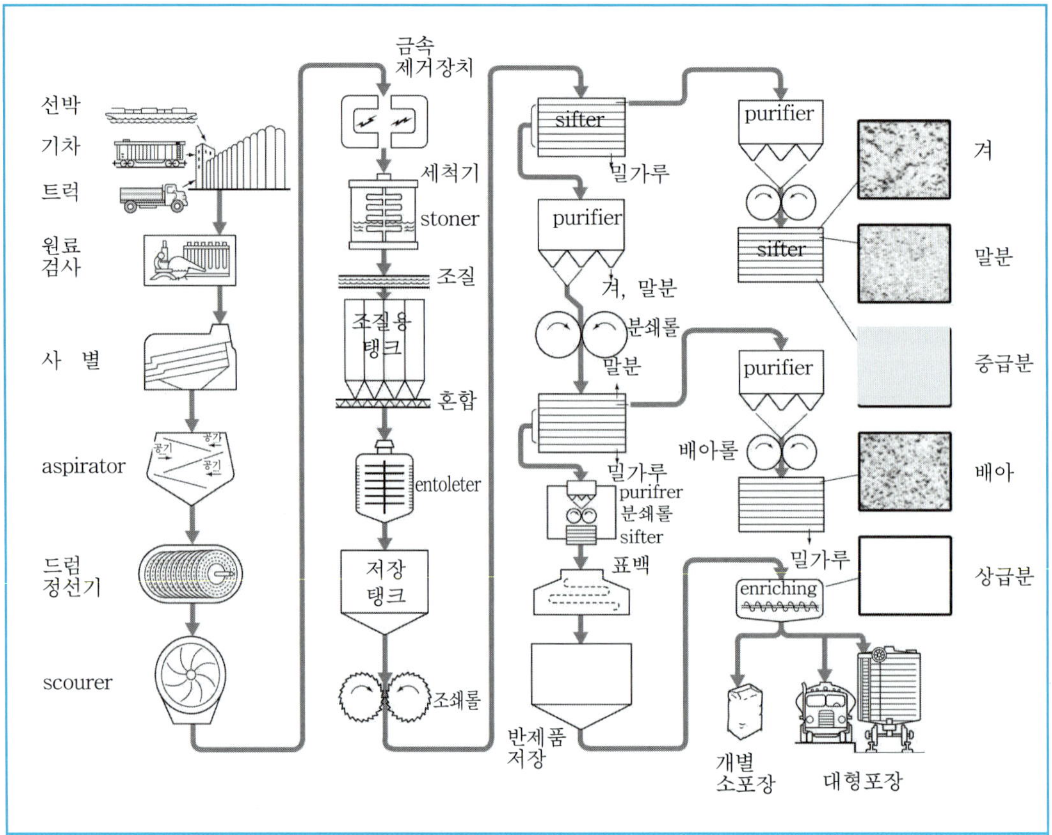

[그림 6-14] 밀가루의 생산 공정도

① 정선(Cleaning)

원료 밀에 있는 여러 종류의 이물질을 분리 제거하는 공정을 정선이라 하며 여기에는 다음과 같은 장치가 이용된다.

Aspirator : 바람을 이용하여 밀보다 작거나 가벼운 물질을 분리하는 장치

Disk Separator : 밀 낟알만이 끼일 수 있는 요철이 달린 디스크가 회전하면서 밀과 크기가 다른 물질을 분리하는 장치

Scourer : 밀 표면에 붙어 있는 미세한 먼지, 정모, 부풀어난 외피를 회전에 의한 마찰력으로 제거하는 장치

Magnetic separator : 자석을 이용하여 금속물질을 분리하는 장치

Entoleter : 고속으로 회전하는 디스크의 회전운동에 의해 밀에 들어있던 해충의 알 및 충실하지 못한 밀을 제거하는 장치

② 조질(Tempering)

밀의 제분에 적합한 수분함량을 얻기 위하여 가수처리하는 공정으로 외피부분의 질긴 성질을 극대화하여 제분공정 중 외피가 부서져 밀가루에 섞이는 것을 극소화하고, 분리하고자 하는 배유부를 유연하게 하여 분리를 쉽게 하고, 밀가루의 최종 수분을 조절하기 위한 공정이다. 조질은 가수량, 온도, 시간에 의해 영향을 받으므로 이 조건을 적절하게 조절하여야 한다.

③ 제분(Milling)

밀의 물리적 특성을 고려하여, 배유부를 분리하고 분쇄(파쇄, 조쇄, 미분쇄)한 후 체분리, 정제하여 가루로 만드는 과정이다. 파쇄(breaking)는 조질 완료된 밀을 roller mill을 이용하여 비틀어 전단력을 이용하여 배유부와 겹질로 분리시키는 공정이며 전체제분 수율에 큰 영향을 미친다. 조쇄(sizing)은 파쇄 후 배유순화기(purifier)를 거쳐 나온 배유립의 크기를 줄이는 공정으로 보통 3단계 과정이 있으며 smooth roll(활면롤)을 사용한다. 미분쇄(middling)는 조쇄된 배유립을 최종 밀가루의 입도에 적합한 가루로 만들기 위한 공정으로 활면롤을 이용한다.

④ 체분리(Sifting)와 배유분리(배유순화, Purification), 재사별

분쇄과정에서 분쇄된 밀가루는 Sifter를 이용하여 크기별로 구분한다. 파쇄, 조쇄 과정에서 Sifter를 거쳐 purifier를 거치면서 체의 작용(입도의 차)과 공기흐름 작용(부유정도의 차)에 의해 배유립을 크기별로 순화시키는 과정이다. 재사별 공정에서는 각 공정별 밀가루들을 균일하게 혼합하고 공정 중에서 혼입될 수 있는 이물질들을 포장하기 전에 최종적으로 제거하는 공정이다.

⑤ 표백(Bleaching)과 숙성(Aging)

제분 직후의 밀가루는 각 세포조직이 호흡활동을 계속하고 있고 각종 효소들의 활성이 강하기 때문에 생리적으로 불안정한 상태이다. 따라서 제분 직후의 밀가루로는 양질의 2차 가공품을 만들 수 없으므로 염소나 산화제를 이용하여 표백을 시킨 후에 일정기간(2주~1개월) 대기 중에 방치하여 밀가루 성질을 안정화시키는 숙성과정을 거친다. 숙성은 일종의 산화현상이며 숙성 밀가루는 미숙성 밀가루에 비해 빵의 부피 및 품질이 좋아지며 밀가루 자체의 품질변화도 적다. 표백과 숙성을 위해 과산화벤조일 등이 사용된다.

⑥ 혼합(Flour blending)

소비자의 요구 또는 2차 가공 적성에 바람직한 품질을 얻기 위하여, 2가지 이상의 성질이 다른 밀가루를 혼합하는 것을 말한다.

(3) 밀가루의 종류와 품질

밀가루의 종류와 단백질 함량, 용도 등은 표 6-7과 같다.

표 6-7 밀가루의 종류와 단백질 함량 및 용도

종류	단백질 함량(%)	생산가능 제품	밀의 종류	산 지
강력분	12.5~13.5	식빵, 바게트, 피자, 과자빵	경질밀	미국산 DNS 캐나다산 CWRS 호주산 PH
준강력분	10.5~12.5	중화면, 빵	중간질밀	미국산 HRW 호주산 AH
중력분	7.5~10.5	소면, 우동 등 제면용, 과자	중간질밀 연질밀	미국산 HRW, WW, SRW 호주산 AH, AS, ASW
박력분	6.5~ 8.0	비스킷, 쿠키, 케이크, 크레커 등	연질밀	미국산 WW, SRW 호주산 AS, ASW

DNS ; Dark Nothern Spring
HRW ; Hard Red Winter
HRS ; Hard Red Spring
AS ; Australian Soft
AH ; Australian Hard
CWRS ; Canadian Western Red Spring
WW ; White Wheat
SRW ; Soft Red Winter
ASW ; Australian Standard White

① 수분

일반적으로 수분함량은 14% 전후이나 제분 조건, 보관상태, 상대습도, 온도에 따라 다소 변화가 있다.

② 회분

밀의 회분함량은 밀가루 등급구분의 중요한 기준이 된다. 회분함량은 밀의 내부에서 외부로 갈수록 증가하고, 특히 외피부분에 많이 포함되어 있으므로 종합적인 품질지표 및 제분능력의 척도로 이용된다.

③ 단백질

밀가루의 품질을 좌우하는 가장 중요한 인자로서 단백질의 함량과 질에 따라 종류와 용도가 결정된다. 밀가루 단백질의 특징 중 하나는 밀가루를 물과 혼합하면 gliadin(신장성 부여)과 glutenin(탄력성 부여)이 결합하여 gluten이 되어 밀가루 특유의 특성(탄성, 신장성)을 나타내게 된다.

④ 탄수화물

밀가루 중 가장 많이 함유된 성분으로 주로 전분이며 아밀로오스(25%)와 아밀로펙틴(75%)으로 구성되어 있다. Gluten과 결합하여 가공품의 조직형성에 중요한 역할을 한다.

⑤ 입도

입도가 작을수록 수화속도가 빠르고 색깔이 밝으며, 비중이 높다. 입도의 측정은 표준체를 이용한다.

⑥ 색상

밀가루의 색상은 사용 원맥의 종류, 색소 및 겨층의 혼입도(밀가루의 등급) 및 입자크기(입자가 작을수록 밝고 희다)에 따라 차이가 있다. 품종별 백도가 가장 높은 것은 박력분이고 다음이 중력분, 강력분의 순서이다.

(4) 밀가루의 2차 물성평가

① Farinograph

밀가루를 물과 함께 반죽할 때 생기는 반죽의 저항을 측정하는 기기로 Gluten 단백질의 성질 및 흡수율을 알 수 있다.

② Extensograph

반죽을 늘이면서 끊어질 때까지의 반죽의 단단함과 강력성, 신장성 등의 물성을 측정하는 기기이다.

③ Viscograph

밀가루를 물과 함께 교반하면서 일정한 온도로 가열하면 전분의 호화가 진행된다. 이 과정 중에 점도의 변화를 측정하여 밀전분의 질을 평가할 수 있다.

(5) 밀가루를 이용한 가공품

① 제빵

제빵의 원료는 밀가루, 물, 효모, 설탕, 소금, 쇼트닝 등이다.

빵효모(*Saccharomyces cerevisiae*)는 포도당을 발효시켜 이산화탄소를 발생시키고 반죽을 부풀게 하여 빵을 다공질로 만들며, 발효 시에 알코올, 알데히드, 케톤 및 유기산 등을 생성하여 빵에 독특한 향미를 부여한다.

설탕은 발효의 원료로 작용하기도 하며 또 단맛과 색상 및 점탄성을 부여하는 역할을 하고, 소금은 반죽의 점탄성을 높여주고 protease 작용을 억제하여 반죽을 개량한다.

쇼트닝은 밀가루의 입자 사이에서 윤활작용을 하여 반죽이 잘 늘어나게 하고, 반죽을 하였을 때 글루텐 막이 얇아져서 이산화탄소에 의한 팽창이 쉽게 되는 역할을 한다. 또한 부피증가, 조직감향상, 빵의 색깔, 맛, 향기의 향상, 저장성과 영양가 향상 등을 위하여 여러 가지 부원료가 사용된다. 따라서 제빵 원료는 빵의 종류나 제빵 방법에 따라 달라진다.

표 6-8 빵의 일반적인 분류

분 류	종 류	비 고
식빵류	옥수수식빵, 건포도식빵, 호밀빵, 풀만형식빵, 산형식빵, 우유식빵	가장 일반적인 빵으로 영국풍으로 구분됨. Pan을 이용한 제품
하스 브레드	바게트, 하드롤, 비엔나 브레드 등	Pan이 없이 굽는 불란서풍 저배합율(계란, 유지, 설탕 등)
조리빵류	샌드위치, 햄버거, 피자 등 Soft Roll	빵 속에 야채, 햄 등 조미된 재료를 넣어 만든 제품
과자빵류	단팥빵, 크림빵, 스위트롤, 데니쉬 페이스트리, 크로와상 등	고배합율로 만든 빵으로 속에 충전물을 넣거나, 모양으로 구분됨.
특수빵	도넛(튀김류), 진빵(찜) 브라운 & 서브롤(두번 구움)	Baking 방법이 다르거나, 제조공정이 약간 특이한 것.

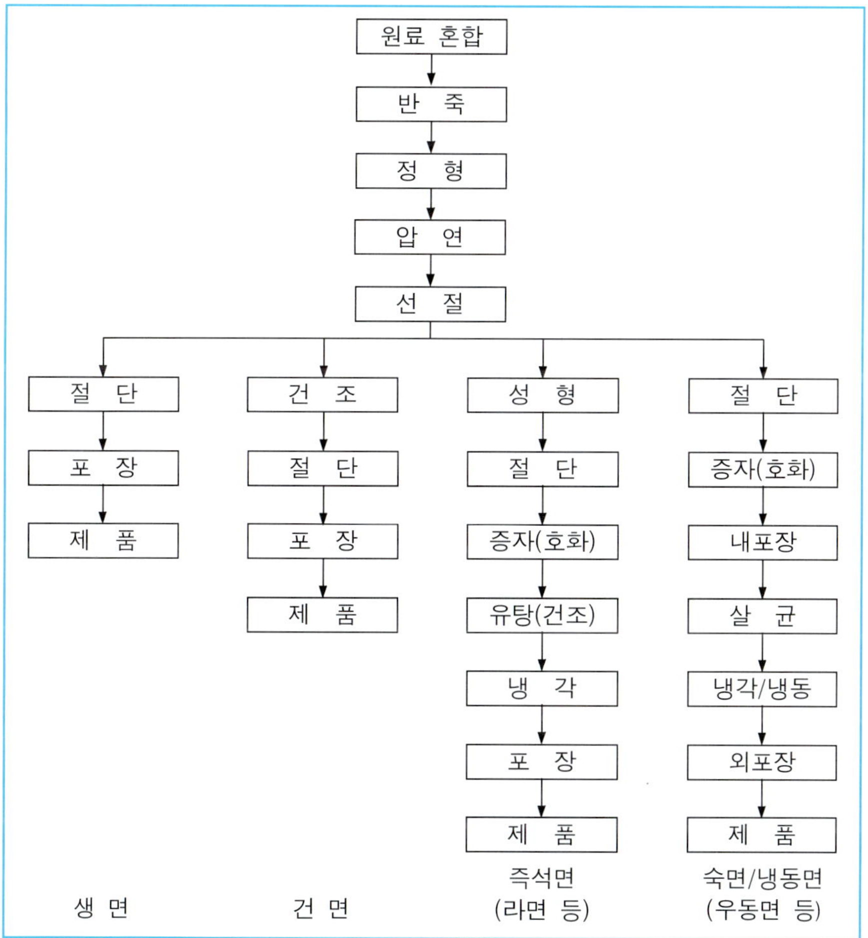

[그림 6-15] 면의 종류에 따른 제조공정

② 제면

국수류는 원료에 물과 기타 원료를 넣고 반죽하여 면대를 형성한 다음에 잘라서 만들거나(선절면), 압출기로 압출하여 만들거나(압출면), 길게 잡아당겨서 뽑아내거나(신연면), 면을 만들고 기름에 튀긴 것(즉석면)들이 있다(그림 6-15 참고).

4) 전분의 제조 및 가공

(1) 전분(starch, 녹말)의 제조와 가공

전분은 대표적인 식물의 저장성 다당류이며 전분이라는 말은 침전하는 가루라는 의미이다. 전분은 식품산업뿐만 아니라 다른 산업(접착제, 의약품, 제지 등)에서도 사용되는 소재이다. 우리나라에서는 주로 옥수수, 고구마, 감자로부터 전분을 분리하여 사용하고 있다. 전분은 아밀로오스와 아밀로펙틴으로 구성되어 있는데, 아밀로오스는 포도당이 α-1,4 글루코시드 결합으로 연결된 다당류이고, 아밀로펙틴은 포도당이 α-1,4 글루코시드 결합으로 구성된 사슬형태의 분자에 α-1,6 글루코시드 결합으로 가지를 친 다당류이다.

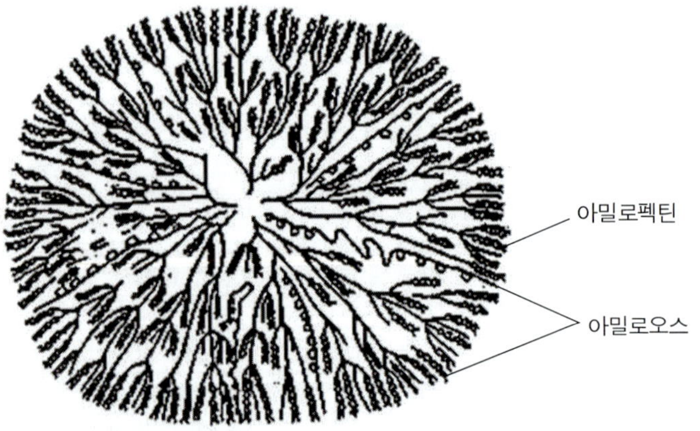

[그림 6-16] 전분의 구조

① 전분의 분리

고구마는 과피가 딱딱한 옥수수에 비하여 전분의 분리가 쉽다.

원료 고구마를 선별, 세척한 후에 마쇄하고 체로 여과하여 전분유를 얻는다. 전분유의 초기 pH는 5~6 정도이다가 전분유에 들어 있는 당분이 발효되어 유기산이 생성되면서 pH가 4 수준으로 저하되는데 여기에 석회수나 가성소다 등을 첨가함으로써 pH를 7.5~8.0 수준으로 조절하면 전분의 회수가 용이해진다. pH가 4로 낮아지면 전분유에 있던 polyphenol 성분이 polyphenol oxidase에 의해 산화되어 멜라닌 물질이 생성되므로 pH를 조절함으로써 전분에 착색되는 것을 방지하여 백도를 향상시킨다. 또, pH 조절은 점도를 저하시켜 전분 분리가 촉진되므로 전분 회수율을 향상시킨다. 이후의 전분을 분리하는 과정은 옥수수전분의 분리과정과 같이 침전이나 원심분리를 거쳐 전분을 분리해내고 이것을 정제하여 탈수, 건조시키면 전분을 얻을 수 있다. 고구마전분은 주로 당면의 원료로 사용된다.

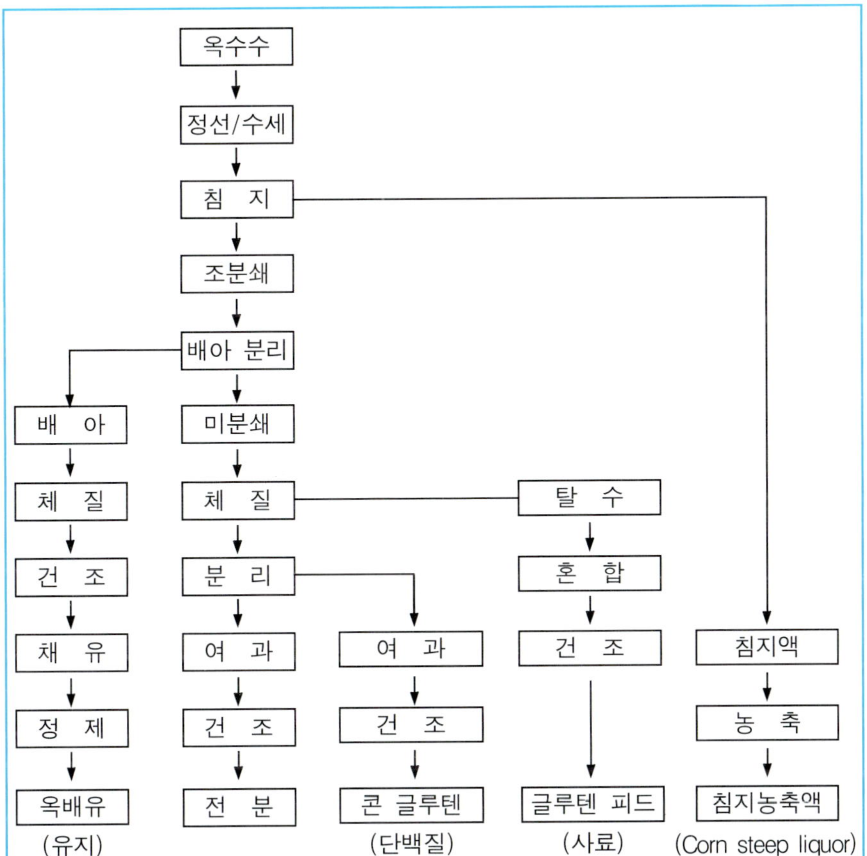

[그림 6-17] 옥수수를 원료로 한 식품소재의 분류

우리나라 전분 원료의 대부분은 차지하는 것은 옥수수 전분이다. 전분의 생산에 이용되는 옥수수는 주로 마치종으로 전분함량이 70%에 달한다. 옥수수는 전분 뿐 아니라 다양한 식품소재의 원료가 되기도 한다(그림 6-17).

감자나 고구마로부터 전분을 생산할 때와 달리 옥수수에서 전분의 분리하는 과정에서는 옥수수를 50℃의 0.2~0.5%의 아황산용액에 40~50시간 동안 침지하는 과정이 필요하다(아황산 침지). 이 과정에서 옥수수는 연화되어 마쇄가 쉬워지고 단백질 중의 disulfide 결합(-S-S-)을 환원하여 전분분리를 쉽게 해준다. 그 밖에도 잡균의 오염을 방지하는 효과도 있다.

침지 후에 조분쇄하면 배유나 전분은 가라앉지만 배아부분은 비중이 작아 물에 뜨므로 분리된다. 배아를 분리하고 남은 부분을 마쇄한 것을 조전분유라고 한다. 이 안에는 전분이외에 단백질도 있는데 전분의 비중보다 단백질의 비중이 작은 것을 이용하여 전분을 침전시키거나 원심분리 등으로 분리한다.

(2) 전분의 가공

① 호화전분(α-starch)

천연상태의 생전분을 물과 함께 가열하면 전분입자가 팽윤되는 물리적인 변화가 일어나는데 이를 호화(gelatinization) 혹은 α-화라고 하며 이렇게 변화된 전분을 호화전분 혹은 α-화전분이라고 한다. 호화전분은 생전분에 비해 소화효소의 작용을 받기 쉽기 때문에 소화가 잘된다.

호화된 전분을 방치하면 점차 gel화 되면서 침전되고 결정화가 일어나 생전분과 유사한 구조로 되돌아가게 되는 데, 이런 현상을 노화(retrogradation) 혹은 β-화라고 한다. 노화된 β-전분의 구조는 생전분과 유사하여 소화효소가 작용하기가 쉽지 않기 때문에 소화율이 떨어진다. 노화현상을 억제하려면 호화전분으로부터 수분함량을 10~15% 정도로 빨리 낮추어야 하므로 급속건조를 시키거나 기름에 튀김으로써 수분을 신속하게 제거해야 한다. 또는 설탕이나 monoglyceride, diglyceride 등을 첨가하면 노화를 억제할 수 있다.

생전분 —물, 가열 [호화]→ 호화전분(α-화 전분) <소화율 좋음> —수분, 0~4℃, gel화 [노화]→ β-전분(생전분과 비슷한 구조) <소화율 나쁨>

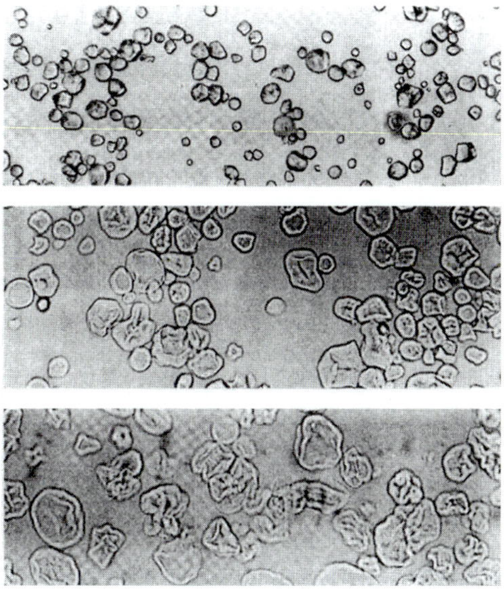

조리되지 않은 옥수수 전분

조리하여 72℃에 도달한 옥수수 전분 (전분입자가 부풀었으나 터지지는 않았다.)

90℃에 도달한 옥수수 전분 (몇 개의 전분입자는 파열되었다).

[그림 6-18] 옥수수 전분의 호화과정

② 덱스트린(dextrin)

호화와는 달리 생전분을 물의 첨가없이 160℃ 이상의 고온에서 가열하면 전분이 분해되어 분자량이 작은 크기의 덱스트린이 만들어 지는데 이런 과정을 호정화(dextrinization)라고 한다. 이때 만들어진 덱스트린은 호화전분에 비하여 물에 쉽게 녹고, 점도가 낮으며 노화도 잘 일어나지 않는 특징이 있다.

③ 변성전분

변성전분은 천연전분이 가지고 있는 결점을 보완하고, 다른 특성을 부여하기 위해 화학적인 처리과정을 거쳐 만들어진 전분을 말한다. 즉, 천연전분은 물과 함께 가열하여 호화되면 점도가 크게 상승하였다가 온도가 저하되면 겔화되거나, 혹은 다시 노화되기 쉬운데 이러한 현상을 억제하기 위해 분자구조를 변형시킨 것으로 산을 처리하여 만든 산처리전분과 산화제를 처리한 산화전분, 효소를 이용하여 만든 덱스트린, 말토덱스트린, 가용성 전분 등이 있다.

표 6-9 다양한 전분의 기능과 해당되는 변성전분

전분의 새로운 기능	해당되는 가공전분
냉수용해	알파전분
저점도	산화(가용성)전분
노화 억제	에스테르화 전분, 에테르화 전분
유지 흡착	다공성 전분
유화능	친유성 전분
유지대체	유지대체 덱스트린
냉수가용, 저감미	전분 분해물
내전단력성, 내열성, 내산성	가교전분
생리작용, 정장작용, 혈당조절, 콜레스테롤저하, 칼로리 저하	난소화성 덱스트린

④ 전분당의 제조공정

전분을 산이나 효소로 가수분해하면 전분의 아밀로오스와 아밀로펙틴이 분해되어 단맛을 가지는 물엿, 포도당 등의 저분자 물질로 변화되는 데 이러

$$\text{D.E.} = \frac{\text{가수분해하여 생성된 환원당}}{\text{총고형분}} \times 100$$

표 6-10 전분당의 종류 및 특성

종류	수분(%)	D.E.	감미도	점도	흡습성	용액의 동결점	삼투압	당의 결정성	발효성	평균 분자량
결정포도당	8~10	99~100	높다	낮다	적다	낮다	높다	크다	크다	적다
정제포도당	10 이하	97~98	↑	↑	↑	↑	↑	↑	↑	↑
분말포도당	8~10	92~96								
고형포도당	10~13	80~85								
액상포도당	24~40	55~80								
물 엿	14~18	35~50	↓	↓	↓	↓	↓	↓	↓	↓
분말물엿	5 이하	25~40	낮다	높다	크다	높다	낮다	적다	적다	크다

한 물질을 전분당이라고 한다. 전분당은 분해정도에 따라 덱스트린, 물엿, 맥아당, 포도당 등으로 구분하며 이 분해물을 다시 가공하여 이성화당, 올리고당 등을 생산한다. 전분당은 가수분해 정도에 따라 감미도, 용해도, 점도, 결정성, 흡습성 등이 달라지는데 이를 당화율로 나타내고 덱스트로스 당량(D.E. ; dextrose equivalent)로 표시한다.

효소를 이용한 전분당의 제조공정은 그림 6-19와 같다.

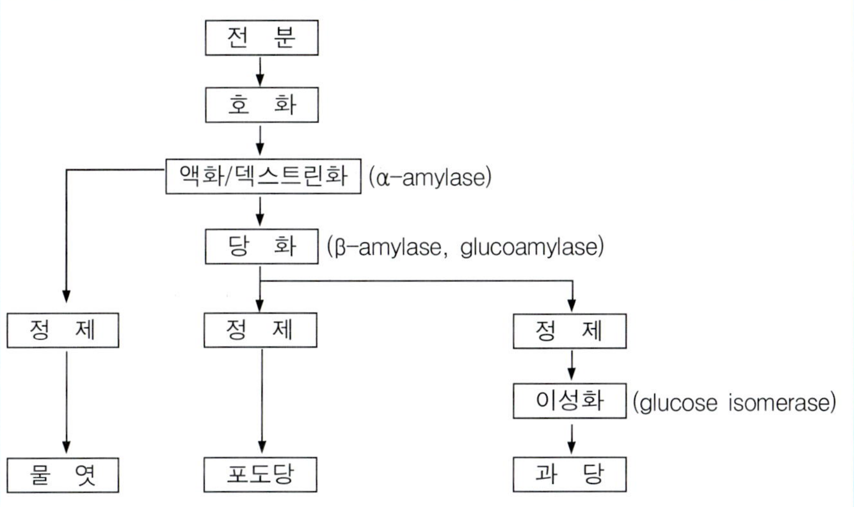

[그림 6-19] 전분당의 제조 공정

⑤ 산가수분해 물엿

전분을 산으로 가수분해하여 물엿을 제조하는 경우를 말한다. 전분을 뜨거운 물에 녹이고 여기에 염산 0.2~0.8%, 황산 0.4~0.5%, 수산 0.3~0.6%를 첨가하고 2.5기압에서 20~30분간 가열한 후 80℃로 냉각하여 당화액을 제조한다. 당화액은 수산화나트륨이나 탄산칼륨 등으로 중화하여 여과하고 농축한다. 농축액을 활성탄이나 이온교환수지를 통과시켜 탈색하고 농축하여 산가수분해 물엿을 제조한다.

⑥ 효소당화 물엿

효소를 이용하여 전분을 가수분해시켜 얻는 물엿을 말한다. 사용되는 효소는 α-, β-amylase 등이다. 효소당화의 특징은 산을 이용한 가수분해와 달리 전분유의 농도가 높아도 가능하며, 생성된 전분당의 순도가 높고 수율이 높으며, 최종 제품에 쓴맛이 없고 부산물이 없어 당화액 전체를 제품화 할 수 있다는 장점이 있다.

⑦ 맥아 물엿

맥아물엿의 제조는 호화된 전분을 미생물성 α-amylase로 액화시킨 후에 맥아로 당화하여 제조하는 것을 말한다.

⑧ 산가수분해 포도당

산가수분해 포도당은 전분을 더운 물에 녹인 후 묽은 산(0.015~0.2N)을 첨가하고 2.5기압에서 20~30분간 가열한 후 가수분해하여 얻은 포도당을 말한다. 사용되는 산은 주로 염산, 수산(옥살산), 황산 등이다. 비교적 간단한 방법이나, 포도당 이외에 다른 부산물이 많이 생성되는 것이 단점이므로 최근에는 효소를 이용하는 방법이 주로 이용되고 있다.

⑨ 효소당화 포도당

효소당화 공정은 크게 액화 공정과 당화공정으로 나눌 수 있는데 액화공정에는 *Bacillus subtilis, Bacillus mesentericus, Bacillus licheniformis* 등이 생산하는 내열성 α-amylase를 이용하여 35~40%의 호화된 전분유를 D.E. 10~15가 되도록 가수분해 한다.

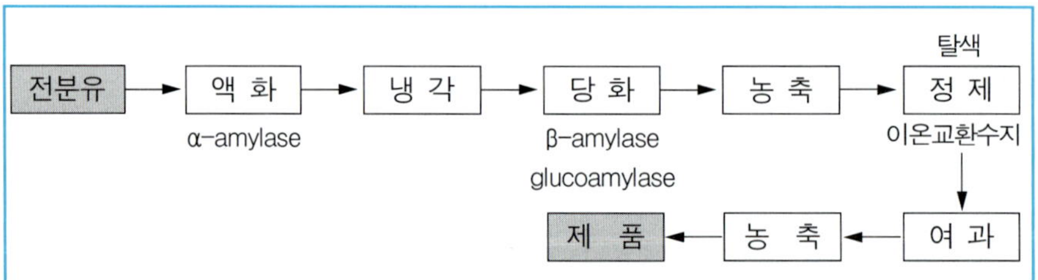

[그림 6-20] 효소당화 포도당의 생산공정

이 분해물을 28~30% 정도로 희석하여 β-amylase나 *Rhizopus delemar, Aspergillus niger* 등이 생산하는 glucoamylase를 첨가하여 D.E. 95~96까지 분해하여 당화공정을 수행한다. 당화를 끝낸 후 당액의 수분함량은 50~60% 정도가 되는 데 이를 원심분리 또는 여과하여 분해되지 않은 물질이나 불순물 등을 제거하고 활성탄으로 탈색한 후 양이온 교환수지를 통과시켜 pH를 낮추며 음이온 교환수지로 탈염처리하여 정제된 포도당을 얻어 가공처리 하게 된다.

표 6-11 산당화법과 효소 당화법의 비교

구 분	전 분	전분농도	분해한도	당화시간	당화설비	상 태	정 제	중 화
산당화	완전정제	25 %	90 %	60분	내산/내압	쓴맛, 착색	활성탄/이온 교환수지	필요
효소당화	정제 불필요	50 %	97 %	48시간	상온/상압	–	–	불필요

⑩ 기능성 전분당

최근에는 비만방지, 충치예방, 장내유산균 증식 및 물성개량 등의 기능성을 가지는 당이 개발되어 이용되고 있다. 여기에는 이성화당, 과당, 올리고당, 시클로덱스트린 등이 있다.

이성화당이나 과당은 전분을 당화한 후 이성화효소(glucose isomerase)를 이용하여 제조하며 올리고당에는 말토올리고당, 이소말토올리고당, 프럭토올리고당, 갈락토올리고당 등이 있으며 이들은 장내 유익균인 비피더스균의 증식인자로 장건강을 증진시키는 효과가 있는 것으로 알려지고 있다.

3. 주류(술)

1) 주류의 정의

주세법상의 '주류'라 함은 일반적으로 주정과 알코올분 1도 이상의 음료를 말한다. 여기서 주정(酒精)은 물로 희석하여 음료로 할 수 있는 알코올분(에틸알코올)을 지칭하며, 불순물이 포함되어 있어서 직접 음료로 할 수는 없으나 정제하면 음료로 할 수 있는 조주정을 포함한다. 주정은 전분이나 당분이 함유된 곡류나 과일을 발효한 후 알코올 농도 85도 이상으로 증류한 것을 말한다.

2) 주류의 분류

주류의 주성분인 알코올은 화학적 합성법과 미생물을 이용한 알코올 발효법에 의하여 생산되는 데 우리나라에서는 주류에 사용되는 주정은 모두 발효법에 의하여 생산된 것만을 허용하고 있다. 알코올 발효는 원료의 당분이 효모(yeast)의 발효(fermentation)에 의하여 에탄올과 이산화탄소로 전환되는 과정은 다음과 같다.

$$\underset{\text{전분}}{(C_6H_{10}O_5)n} + \underset{\text{물}}{n(H_2O)} \xrightarrow[\text{당화 효소}]{\text{당화}} \underset{\text{당분}}{n(C_6H_{12}O_6)}$$

$$\xrightarrow[\text{(효모)}]{\text{발효}} \underset{\text{주정(알코올)}}{2n(C_2H_5OH)} + \underset{\text{탄산가스}}{2n(CO_2)\uparrow} + \text{ATP(에너지)}$$

위에서 보는 바와 같이 당분을 주성분으로 하는 과일의 경우는 발효과정만을 거치면 에탄올이 만들어지지만 전분을 주성분으로 하는 곡류의 경우는 우선 전분을 당분으로 전환하는 당화과정 후에 발효를 하여야 한다. 이러한 제조방식에 의해 주류를 구분하면 다음과 같다.

- 발효주(양조주) : 원료를 발효하여 그대로 혹은 당화하고 발효하여 제조
  - 단발효주 : 당분 → 발효 → 알코올(포도주, 사과주, 일반과실주)
  - 복발효주 : 전분 → 당화 → 발효 → 알코올
    - 단행복발효주 : 당화 후에 발효(맥주)
    - 병행복발효주 : 당화와 발효가 동시에 진행 (탁주, 약주, 청주)
- 증류주 : 발효주를 증류하여 제조
  - 단행발효주 원료 : 브랜디, 럼, Arrack
  - 단행복발효주 원료 : 위스키, 보드카, 진
  - 병행복발효주 원료 : 소주, 고량주, Awamori
- 혼성주 : 발효주나 주정에 다양한 첨가물을 가하여 제조
  - liquor, 감미포도주, 기타 합성주

(1) 발효주

발효주는 원료가 당분을 함유라 경우 그대로 발효하거나 전분질 원료의 경우 가수분해를 통하여 당화한 후 발효하여 제조하고 대개는 여과하여 섭취한다. 일반적으로 알코올 함량이 낮으며 원료에 따라 과일주와 곡물주로 나눈다. 발효주의 제조에는 당화효소 및 알코올 발효에 필요한 미생물과 효모가 반드시 필요하다.

(2) 증류주

증류주는 발효주를 증류하여 제조하기 때문에 알코올 함량이 높으며 나무통에 저장하여 숙성시키거나 향료식물 등으로 향을 첨가하기도 한다. 소주, 위스키, 브랜디, 보드카, 진, 럼 등이 여기에 속한다. 소주의 경우는 원래는 곡주를 증류하여 제조하는 증류식소주를 가리키나 현재에는 주정을 희석하여 제조하는 희석식 소주가 대부분이다. 브랜디의 경우는 과일주를 증류하여 제조하게 되며 고량주는 수수나 옥수수 등을 원료로 발효한 것을 증류하여 제조한다.

(3) 혼성주

혼성주는 발효주나 증류주에 식물의 꽃, 잎, 뿌리, 과일 등을 담그어 식물의 향기, 맛, 색깔을 침출시키고 다시 당류나 색소를 가하여 제조한 술이다. 우리나라 주세법에서 혼성주는 '전분이 함유된 물료(物料) 또는 당분이 함유된 물료를 주원료로 하여 발효시켜 증류한 주류에 인삼이나 과실을 담가서 우려내거나 그 발효, 증류, 제성 과정에 과실의 추출물을 첨가한 것' 이라고 정의되어 있다.

3) 주류의 제조

(1) 탁주와 약주

주세법 상의 약주, 탁주, 청주의 정의를 보면 약주, 탁주, 청주의 차이는 크지 않다. 탁주는 "곡류 기타 전분이 함유된 물료(物料) 또는 전분당과 국 및 물을 원료로 하여 발효시킨 주요(酒醪, 술덧)를 여과하지 않고 혼탁하게 제성한 것 또는 그 발효 제성과정에 대통령령이 정하는 물료를 첨가한 것" 으로 되어 있다. 약주는 곡류(또는 곡류외의 전분이 포함되어 있는 물료)와 국 및 물을 원료로 하여 발효시킨 술덧을 여과하여 제성한 것으로 발효·제성과정에 대통령령이 정하는 물료를 첨가한 것으로 되어 있다.

술의 제조에 사용되는 용어를 살펴보면 주모(酒母)는 효모를 배양하여 증식한 것으로 당분이 함유된 원료를 알코올 발효시킬 수 있는 물료를 말한다. 국(麴)은 전분물질 또는 전분물질과 기타의 물료를 혼합한 것에 곰팡이류를 번식시킨 것이나 효소로서 전분물질을 당화시킬 수 있는 것이다. 종국(種麴)은 누룩을 제조할 때에 종균으로 사용되는 배양된 곰팡이류를 말한다. 누룩은 밀 또는 보리를 분쇄하여 증자하지 않고 적당량의 물로서 반죽하여 덩어리로 성형한 후 적당한 온도에서 보관하여 배양한 것으로 그 과정에서 주변 환경의 미생물이 자연스럽게 부착번식하여 주류제조에 필요한 효소류가 생성된 것이며, 입국(粒麴)은 전분질 원료(쌀, 옥수수, 밀가루)를 증자한 후 곰팡이류를 번식시킨 것으로 전분질을 당화시킬 수 있는 발효제이다. 누룩에서 분리되는 대표적인 미생물로는 *Aspergillus oryzae, Mucor, Rhizopus, Absidia, Saccharomyces* 등으로 대개 다양한 가수분해 효소를 생산하는 특징이 있다.

① 탁주와 약주의 제조공정

탁주와 약주의 제조공정은 그림 6-21과 같다.

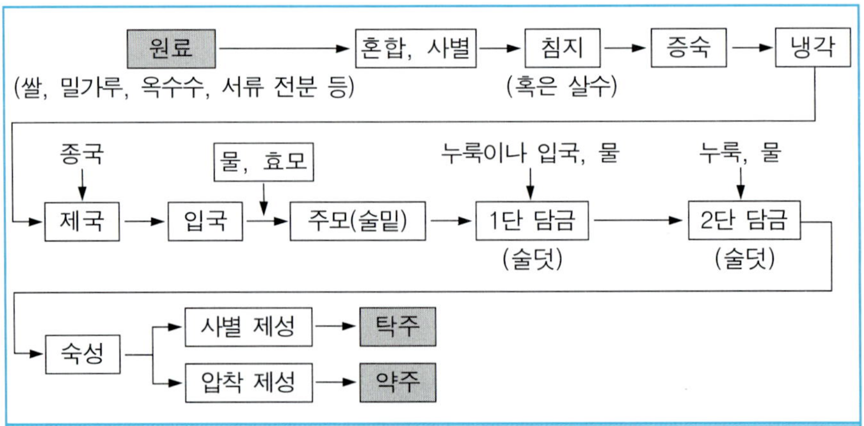

[그림 6-21] 탁주와 약주의 제조공정

탁주와 약주의 제조에는 전분질 원료(주로 쌀), 종국, 효모, 누룩 그리고 양조용수가 필요하다. 원료 쌀은 세척한 후 물에 침지하였다가 증자하여 고두밥을 만들고 냉각한다. 제국에 사용되는 밀가루는 중력분 1급품이 적당한데 원료량에 대해 약 25~30%의 물을 살수, 혼합하여 과립형으로 반죽한 후에 증자하고 사별하고 여기에 종국을 접종하여 제국한다. 주로 사용되는 종국은 백국균(白麴菌)으로 *Aspergillus kawachii* 인데, 전분 당화능 뿐 아니라 산 생성능이 우수하여 술덧에서 잡균이 오염되는 것을 막아준다. 이렇게 만들어진 입국에 물과 효모를 가하여 혼합하여 주모(술밑)를 만들게 되는데 여기에서 증식한 효모는 술덧의 발효에 이용된다. 여기에 물과 누룩 혹은 입국을 넣어 잘 혼합한 후 27~28℃에서 1일 2~3회 저어주며 1~2일간 1단 담금을 하여 술덧을 만든다. 1단 담금 후에 다시 물과 당화효소제(누룩, 조효소제, 정제효소제), 덧밥을 넣고 교반 혼합하여 2단 담금을 실시한다. 이때 온도는 25~26℃에서 진행하게 되며 이 과정에서 전분의 당화와 알코올 발효가 본격적으로 일어난다. 발효가 진행되면 품온이 상승하게 되는데 30℃가 넘지 않도록 주의하여야 한다. 일반적으로 2단 담금 후 2~3일이 지나면 알코올 농도가 11~12%에 도달하는데 이것을 사별제성하면 탁주가 되고 약 5일이 지나 알코올 농도가 15~17%가 되었을 때 압착제성하면 약주가 된다.

(2) 청주

청주는 쌀, 누룩, 물을 원료로 하여 발효하여 걸러낸 맑은 술로 제조방법은 약주와 거의 유사하며 알코올 함량은 14% 이상으로 규정되어 있다. 청주 제조에 사용되는 쌀은 일반 취반용 쌀보다 도정을 많이 하여 되도록이면 배유만을 사용한다. 배유 외층의 단백질 및 지질은 발효과정에서 청주의 품질을 저하시키기 때문이다. 원료용 쌀을 침지, 증자한 후에 주로 *Aspergillus oryzae*를 이용하여 제국한다. 여기에 누룩과 물을 가하여 1단, 2단 담금을 실시한다. 일반적으로 14~16℃에서 16~25일간 발효 숙성한 후 압착과정을 통하여 여과하고 규조토나 활성탄을 이용하여 다시 여과하여 미세한 입자까지 제거한 다음에 약 30일간 정치 보관한다. 이것을 50~65℃로 저온살균하여 미생물 및 효소를 제거하고 출하할 때에는 적당량의 물을 가하여 알코올 함량을 규정에 맞게 조절한다.

(3) 맥주

맥주는 전분질 원료를 맥아(malt)를 이용하여 당화하여 맥아즙을 만들고 여기에 호프(hop)를 첨가하여 효모를 이용하여 알코올 발효하여 제조하는데 알코올 함량은 높지 않으나 쌉쌀한 맛과 탄산가스, 거품이 특징인 술이다.

영국의 ale 맥주는 상면효모에 의하여 25~27℃로 발효된 상면발효 맥주(top-fermented beer)이며 독일의 larger 맥주는 10~15℃의 저온으로 하면효모에 의하여 발효되는 하면발효 맥주(bottom fermented beer)로서 수개월간 저온에서 저장되면서 맥주의 물리적 안정성이 부여되며 풍미와 품질이 우수한 맥주이다. 상면발효 효모로는 *Saccharomyces cerevisiae*가 대표적이고 하면발효 효모로는 *Saccharomyces carlsbergensis*가 있다. 유럽의 전통맥주는 맥아, 물, 호프 및 효모만을 이용하여 제조하는 것을 법으로 정하고 있으나 대부분의 나라에서는 맥주의 품질향상과 원료 및 제조공정의 비용절감을 위하여 맥아 외에 각종 전분질 원료를 사용하고 있다. 맥주의 종류는 알코올 농도, 색깔, 향미와 조직의 정도에 따라 세분된다(표 6-12).

표 6-12 맥주의 분류

발효법에 의한 분류	색에 의한 분류	산지에 의한 분류	특징
하면발효 맥주	옅은색 맥주	필스너 맥주(체코) 도르트문트 맥주(독일) 독일(옅은) 맥주 아메리칸 맥주	알코올 도수가 5℃에서 10℃ 내외이고 발효온도가 낮아 부드러운 맛과 향기가 있다.
	중간색 맥주	빈 맥주(오스트리아)	
	짙은색 맥주	뮌헨 맥주(독일)	
상면발효 맥주	옅은색 맥주 짙은색 맥주	펠웰(영국) 스타우트(영국) 포터(영국) 런빅크(벨기에)	맥아농도가 비교적 높고 발효온도도 10℃에서 25℃ 정도 높으므로 색이 짙고 알코올 도수도 높다.

표 6-13 제조법에 따른 맥주 종류

구 분	종 류
발효법	상면발효 맥주, 하면발효 맥주
양조법	드라이, 디허스크, 아이스
살균 여부	생맥주, 보통맥주
알코올 함량	무알코올성 맥아음료, 비알코올성 맥아음료, 라이트 맥주(저알코올 맥주, 저탄수화물 맥주)

① 맥주의 제조 공정

맥주의 제조공정은 다음 그림 6-22와 같다.

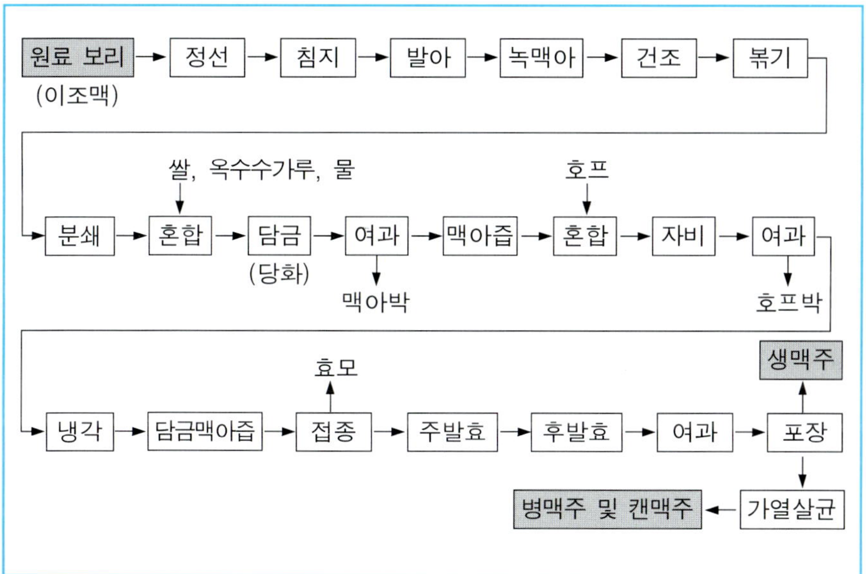

[그림 6-22] 맥주의 제조공정

맥주제조의 주요 공정은 맥아의 제조, 맥아즙의 제조, 발효 및 숙성, 여과 및 포장으로 나뉘는데 각 공정을 살펴보면 다음과 같다.

• 맥아제조

맥아의 제조에는 대맥(보리)이 이용되며 우선 정선(精選)과정을 거쳐 이물질을 제거하고 2~3일간 물에 담가 발아에 필요한 수분을 흡수시킨다. 침지(浸漬)가 끝난 맥아를 적당한 습기와 온도 및 공기를 공급하면 발아가 되는

데 맥주용 맥아는 맥립 길이의 3분의 2 정도의 길이로 발아한 단맥아를 사용한다. 맥아제조의 목적은 발아과정에서 생성되는 α-amylase, β-amylase, proteinase, cellulase 등 다양한 가수분해 효소 중 특히 α-amylase, β-amylase를 이후의 당화과정에 이용하기 위함이다. 이렇게 만들어진 맥아는 건조하고 볶은 후에 분쇄하여 사용한다.

• 맥아즙 제조

분쇄된 맥아에 추가로 다른 전분질 원료와 물을 혼합하여 약 65℃에서 2~4시간 유지시키면 단백질과 전분이 각각 가수분해되어 각종 아미노산과 maltose, dextrin 등이 생성된다. 이것을 여과하여 맥아박을 제거한 후 호프(hop)를 넣고 2시간 정도 끓이면 호프의 쓴맛과 향기가 추출된다. 이것을 다시 여과하면 맥아즙이 된다.

• 발효 및 숙성

맥주의 발효는 주발효와 후발효로 나뉜다. 주발효는 전발효라고도 하고 후발효는 저장이라고도 한다. 전발효 공정에서는 맥아즙에 효모를 넣고 8℃ 정도에서 8~10시간 발효시킨다. 후발효 공정에서는 전발효를 마친 약맥주(若麥酒, new beer)의 잔존 추출물의 재발효, 탄산가스 포화, 맛의 숙성을 위하여 약 0℃에서 1~3개월간 저온으로 발효시킨다.

• 여과 및 포장

맥주가 충분히 숙성되면 탄산가스가 도망가지 않도록 냉소에서 여과하여 여과탱크에 일시 저장해 놓고 병입한다. 여과방법은 대개 압착 여과기를 사용하고 효모를 제거한 후 스파크라 필터를 사용, 완전 여과시킨다. 여과 후 후발효 탱크에 남은 효모는 이를 회수하여 물로 씻어 정제하여 약용효모로 사용한다. 여과된 맥주는 통에 넣어 생맥주로 출고하거나 병입한다. 여과한 맥주를 살균하기 전에는 이를 생맥주라고 부르는데 생맥주에는 완전히 여과되지 않은 효모가 잔존하는 경우도 있으며 각종 효소가 약간 함유되어 있어 분해작용이 계속되므로 장기저장이 곤란하다.

(4) 포도주(wine)

포도주(葡萄酒) 또는 와인(영어 : wine) 혹은 뱅(불어 : vin)은 포도를 으깨서 나온 즙을 발효시킨 술을 말한다. 제조 방법상 양조주 중 과실주에 해당한다. 포도주는 색깔, 식사 시의 용도, 맛, 알코올 함량, 거품유무 등에 따라 다양하게 분류되며 제조에 사용되는 포도의 품종에 따라 그 종류는 무궁무진하다.

[그림 6-23] 와인의 분류

적포도주의 제조에 사용되는 대표적인 포도품종으로는 카베르네 소비뇽(Cabernet Sauvignon), 메를로(Merlot), 까베르네 프랑(Cabernet Franc), 쁘띠 베르도(Petit Verdot), 피노 느와(Pinot Noir) 등이 있으며 백포도주용 포도 품종으로는 샤르도네(Chardonnay), 소비뇽 블랑(Sauvignon Blanc), 세미용(Semillon), 슈냉 블랑(Chenin Blanc) 등이 있다.

포도에는 포도당이 풍부하여 효모에 의한 알코올 발효에 적당하다. 적포도주는 붉은색이 중요하므로 과즙과 껍질, 씨를 함께 오랫동안 발효하여 알코올과 함께 씨와 껍질에 있는 탄닌성분까지 함께 추출되어 떫은 맛이 난다. 백포도주는 포도를 파쇄한 후 바로 압착하여 얻은 과즙을 발효하므로 맛이 상큼하고 깨끗하다. 포도주의 제조공정은 6-24와 같다.

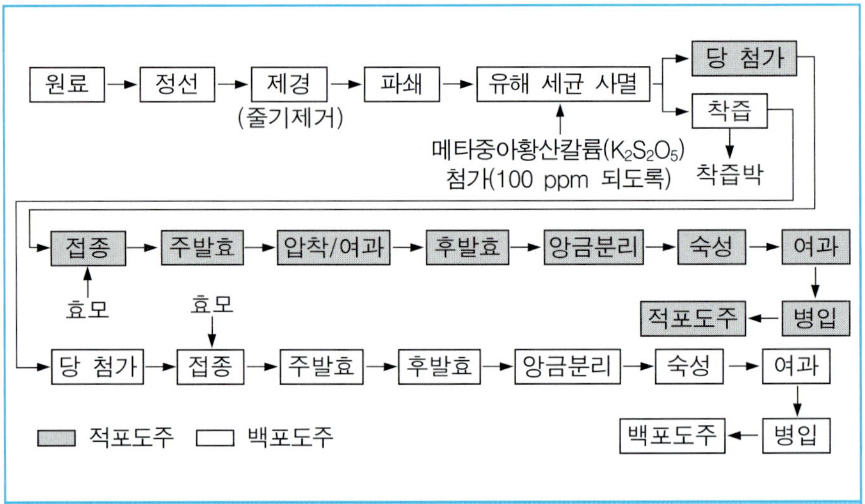

[그림 6-24] 포도주의 제조공정

포도주 제조의 주요공정 내용을 살펴보면 다음과 같다.

- 살균(SO_2 첨가)

정선, 제경, 파쇄를 거친 후 약 100 ppm이 되도록 SO_2를 첨가하여 유해 세균을 사멸시키고 포도주의 산화를 방지한다. 주로 메타중아황산칼륨($K_2S_2O_5$)을 사용한다.

- 당첨가

과즙에 포도당이나 설탕을 첨가하여 전체 당 농도를 22~24%가 되도록 조정한다.

- 접종

술밑(주모)용 포도과즙에 포도주용 효모인 *Saccharomyces ellipsoideus* 를 접종하여 1~2일간 증식시켜 술밑이 만들어지면 이것을 주발효를 위한 과즙에 접종한다. 발효용 효모는 SO_2에 대한 내성이 강하면서 발효력이 우수하고 높은 당 농도 및 알코올에 대한 내성이 있는 것이 좋다.

- 주발효

발효온도는 20~25℃가 적당한데, 대개 7~10일 정도 소요되고 이 과정에서 대부분의 당은 알코올로 전환되며 약 1~2%의 당이 남는다.

• 후발효

발효성 당이 0.2% 이하가 될 때까지 밀폐된 용기에서 발효시킨다. 후발효 과정에서는 유산균에 의한 malo-lactic fermentation에 의하여 신맛이 강한 malic acid(사과산)이 lactic acid(젖산)으로 전환되어 신맛이 줄어들고 와인 맛이 부드럽게 된다.

• 앙금분리

후발효 동안 효모, 주석, 주석산칼슘, 탄닌, 단백질, 펙틴 등이 침전하므로 이것을 분리, 제거한다.

• 숙성

나무통에 포도주를 가득채워 10~15℃의 저온에서 1~3년간 숙성시킨다.

• 병입

숙성 후에는 여과하여 병입하고 코르크 마개를 한다. 저장 중에는 눕혀 보관하는 데 공기유통과 아황산의 손실을 방지하기 위함이다.

(5) 소주

소주는 곡류를 누룩으로 발효하여 얻은 양조주를 재래식 증류장치인 소주고리를 이용해 증류하여 얻은 술을 말한다. 그러나 현재 국내에서 대량으로 판매되는 소주는 모두 주정을 희석하고 다양한 첨가물을 넣어 제조한 희석식 소주이다. 주정의 원료는 쌀, 보리, 타피오카 등이고 이것을 발효하면 알코올 함량이 7~10% 정도가 되는데, 이것을 다시 다단식 증류과정을 거치면 알코올 함량이 95% 이상이 되는 주정을 얻을 수 있다.

(6) 위스키(whisky)

위스키는 '발아된 곡류와 물을 원료로 하여 발효시킨 술덧을 증류하여 나무통에 넣어 저장한 것'으로 정의된다. 위스키는 세계 여러 나라에서 생산되고 있으며 원료, 제조방법, 산지에 따라 각각 다른 특징을 가지고 있다. 위스키는 산지에 따라서 스카치 위스키, 아이리시 위스키, 아메리칸 위스키, 캐나디안 위스키로 분류하며 이를 세계 4대 위스키라고 한다.

또한 원료에 따라서는 발아시킨 대맥아만으로 제조한 몰트 위스키(malt whisky)와 발아시키지 않은 대맥, 호맥, 소맥, 옥수수 등에 맥아를 첨가하여 당화시켜 만든 그레인 위스키(grain whisky), 그리고 이 두 가지를 적절하게 혼합하여 제조한 혼합 위스키(blended whisky)가 있다.

표 6-14 위스키의 분류

분 류	종 류	
산 지	스카치 위스키 (Scotch Whisk)	맥아 위스키(malt whisky)
		곡류 위스키(grain whisky)
		브렌디드 스카치 위스키(blended Scotch whisky)
	아이리시 위스(Irish whisky)	
	아메리칸 위스키 (American whisky)	스트레이트 위스키(straight whisky)
		블렌디드 위스키
		스피리츠 위스키(spirits whisky)
	케나디안 위스키(Canadian whisky)	
원 료	맥아 위스키(malt whisky)	
	곡류 위스키(grain whisky)	
	브렌디드 위스키(blended whisky)	
증류방식	연속식증류 위스키	
	단식증류 위스키(pot still whisky)	
숙성기간	슈퍼 프리미엄급 위스키 : 17년 이상 숙성	
	프리미엄급 위스키 : 12년 이상 숙성	
	스탠더드급 위스키 : 4~7년 숙성	

(7) 브랜디(Brandy)

브랜디는 '과실 또는 과실과 물을 원료로 발효시킨 술덧을 증류한 것 또는 과실주(과실주박을 포함한다)를 증류한 것을 나무통에 넣어 저장한 것'으로 정의된다. 브랜디는 과실을 원료로 하여 발효, 증류한 술이므로 그 원료 과실명을 따서 포도 브랜디(grape brandy), 사과 브랜디(apple brandy), 버찌 브랜디(cherry brandy, Kirschwasser), 자두 브랜디(plum brandy)로 나누어지며 보통 브랜디하면 포도 브랜디를 뜻한다.

포도 브랜디는 유럽 각지에서 생산된다. 프랑스에서는 코냑(Cognac)과 함께 아르마냑(Armanac)도 생산되고 있다. 또한 노르망디 지방에서는 사과주의 증류주인 칼바도스(Calvados)가 제조되며, 스위스, 독일에서는 버찌의 증류주인 키르쉬바서(Kirschwasser, 프랑스는 kirsch) 등이 생산되고 있다.

4. 두류의 가공

두류에는 대두, 팥, 완두, 녹두, 땅콩 등이 포함된다. 두류는 양질의 단백질과 지질이 풍부하기 때문에 '밭에서 나는 고기'라고 불릴 정도로 우리나라에서는 중요한 단백질 공급원으로 이용되어 왔다. 두류에는 이 외에도 비타민 B_1과 비타민 E도 많이 들어 있으며 기능성물질인 레시틴, 이소플라본 등도 함유되어 있다. 특히 곡류를 주식으로 하는 식생활에서 부족하기 쉬운 필수아미노산인 리신(lysine)등을 보충하는 역할을 하기도 한다. 두류는 조직이 단단하고 소화율이 낮기 때문에 대부분 가공을 하게 되는 데 대표적인 가공식품은 두부, 두유, 콩나물, 된장, 간장, 땅콩버터 등이 있다. 볶은 콩의 소화율은 50~70%인데 반해 두부는 95%, 간장은 98%, 된장은 85%이다.

1) 콩의 영양성분

콩은 일반적으로 20~45%의 단백질, 18~22%의 지질, 22~29의 탄수화물 그리고 4~5%의 무기질을 함유하고 있다. 콩 단백질은 약 90% 이상이 수용성 단백질인 글리시닌(glycinin)이며 지질은 중성지방으로 리놀레산 52~57%, 올레산 32~36%, 팔미트산 등의 포화지방산이 7~14% 함유되어 있으며 인지질인 레시틴도 1~3% 함유하고 있다. 탄수화물은 주로 셀룰로오스, 펙틴, 펜토산, 갈락탄 등의 다당류이며 비소화성 올리고당인 라피노오스, 스타키오스 등은 우리 몸에 유익한 비피더스균의 증식을 도와 줄 수 있는데 과량 섭취하게 되면 대장내에서 다른 혐기성미생물에 의해 분해되어 가스를 발생하기도 한다. 대두에 함유되어 있는 이소플라본(isoflavone)은 여성호르몬인 에스트로겐과 유사한 작용을 하는 것으로 알려지고 있으며 트립신 단백질 분해효소의 작용을 억제하는 트립신 저해제가 영양 저해물질로 작용할 수 있으며 리폭시게나제(lipoxygenase)의 작용에 의하여 콩의 독특한 비린내를 발생시킨다.

2) 두류 가공식품

두류가공 식품은 두부, 두유, 콩나물, 콩기름, 콩단백 등의 비발효식품과 간장, 된장, 청국장, 고추장 등의 발효식품으로 분류할 수 있을 것이다.

표 6-15 비발효식품과 발효식품의 분류

<table>
<tr><td rowspan="8">콩</td><td rowspan="6">비발효식품</td><td>단백질이 응고된 것(두부, 두부가공품, 아지랑이)</td></tr>
<tr><td>단백질이 분리된 것(농축단백질, 분리 단백질)</td></tr>
<tr><td>분말로 된 것(콩가루)</td></tr>
<tr><td>액체상의 것(두유)</td></tr>
<tr><td>기름을 분리한 것(대두유, 탈지대두)</td></tr>
<tr><td>그 밖의 것(콩나물, 숙주나물, 엿기름 따위, 콩자반)</td></tr>
<tr><td rowspan="2">발효식품</td><td>주로 곰팡이에 의한 것(된장, 간장, 콩을 삶아 밀가루를 묻혀서 발효시킨 부식품)</td></tr>
<tr><td>주로 세균에 의한 것(실로 묶어 숙성시킨 콩 발효식품)</td></tr>
</table>

(1) 두부

두부는 '대두를 원료로 하여 얻은 대두액에 응고제를 가하여 응고시킨 것을 말한다.'라고 규정되어 있다. 두부는 콩을 물에 충분히 침지하여 물과 함께 마쇄하여 끓인 다음에 여과 또는 압착하여 얻은 두유에 칼슘, 마그네슘, 알루미늄 등의 염화물 또는 황산염을 첨가하여 그 중의 단백질 성분을 응고, 침전시킨 후 탈수 성형한 것이다.

① 제조원리

대두에서 추출한 두유액에는 대두단백질인 글리시닌이 존재하게 되는데 이 단백질은 음전하를 띄게 되고 여기에 양전하를 가지는 응고제를 첨가하여 중화시키면 교질상태로 현탁되어 있던 단백질이 침전되게 된다. 이같이 침전, 응고된 겔 상태를 두부라고 한다(그림 6-25 참조). 일반 두부의 경우 원료의 중량에 대한 제품 중량의 비율 즉, 수율은 300% 내외이다.

② 두부의 종류

두부는 고형물 함량과 첨가물, 별도의 추가공정에 따라 여러 가지 종류가 있다. 대표적인 두부제품의 종류는 표 6-16과 같다.

표 6-16 두부의 종류 및 특징

분류	종 류	특 징
두부류	일반두부	대두 고형분이 6~8 %인 두유를 응고시켜 수분이 85 % 내외인 것
	연두부	대두 고형분이 11 % 내외인 두유를 가열냉각 후 가열 응고시킨 것
	순두부	대두 고형분이 7 % 내외인 두유를 가열냉각 후 가열 응고시킨 것
	경두부	일반 두부를 압착시에 수분이 78 % 이하로 압착한 것
	압착연두부	연두부 조직과 같이 한 압착 두부
가공두부류	유 부	3~5 %의 두유를 단시간 가열하여 응고시킨 후 2단계에 걸쳐 튀긴 것
	생 양	두부의 표피만 튀긴 것(유탕처리)
	군두부	가스 등을 이용하여 두부의 표피를 구운 것
	냉동건조두부	두부를 급속 동결하여 건조시킨 것
	계란연두부	계란을 생란으로 10 % 이상 첨가하여 응고시킨 것
	분말두부	두유를 분무건조 후 응고제를 첨가한 것으로 물을 붓고 가열시 두부가 되는 것
	두부국수	두유에 겔화 물질을 첨가하여 가열시 응고시킨 것
	강화두부	비타민, 미네럴 등을 두유에 첨가한 것
	어육두부	어육(수리미)의 열응고성을 이용하여 두부와 혼합 응고시킨 것
	발효두부	두유를 발효시켜 응고함으로써 얻은 것
	우유두부	우유를 산처리 혹은 응고제로 응고시켜 압착한 것
	혼합두부	두유에 야채·해조류 등을 넣어 가열·응고시킨 것
	분리대두단백두부	분리대두 단백을 이용하여 단백질 함량을 조정한 것
	조미두부	두부를 조미하여 인스턴트화한 것

③ 두부의 제조방법

두부류의 제조 방법에 있어서는 기본 공정은 같으나 응고제의 첨가순서, 두유의 농도 및 온도에 따라 제품의 종류도 달라진다. 압착, 성형된 일반 두부나 유부의 생지제조는 끓임솥에서 나온 뜨거운 두유에 응고제를 가하여 응고시킨 것이고, 포장순두부나 연두부의 경우는 끓여 낸 두유를 냉각기를 통하여 15℃ 이하로 급속냉각시킨 후, 냉각된 두유에 응고제를 분산 용해시켜 일정 용기에 주입포장하고 열탕에서 응고시킨 제품이다(그림 6-25).

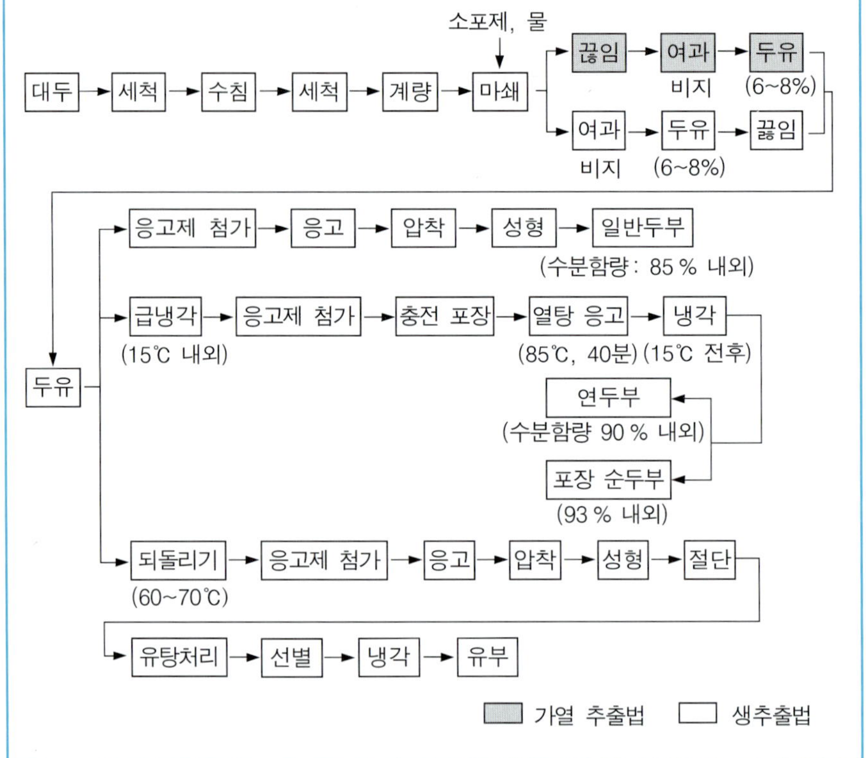

[그림 6-25] 두부류의 제조공정

④ 두부류 제조를 위한 첨가물

A. 응고제

두부제조에서 콩 다음으로 중요한 원료는 응고제이다. 응고제는 화학물질로서 식품첨가물 급인 황산칼슘, 염화칼슘, 염화마그네슘, 글루코노델타락톤(GDL : glucono-δ-lactone) 등 4종류만이 사용할 수 있는 첨가물로 허용되어 있다.

전통적으로는 천일염에서 흘러나오는 간수를 응고제로 사용하여왔으나 이 물질의 혼입 등 위생상의 문제로 거의 사용하지 않고 있다. 응고제의 사용량은 원료 콩 중량에 대해 2~3% 중량으로 사용하며 황산칼슘은 가격도 싸고 제품의 수율도 좋아 가장 많이 이용되고 있다. 글루코노델타락톤은 유기물질 응고제로 냉각시킨 두유에 GDL을 용해시킨 후 열을 가하면 글루콘산(gluconic acid)으로 바뀌면서 단백질과 응고되는 원리를 이용하는 것으로 포장연두부 및 포장순두부용을 사용되고 있다.

표 6-17 응고제의 종류 및 특징

응고제의 종류	응고제 첨가 시 두유온도	용해도	장 점	단 점
황산칼슘 ($CaSO_4 \cdot 2H_2O$)	80~85℃	난 용	-두부 색택 좋고 조직이 연하다. -수율이 좋다.	-물에 잘 녹지 않아 사용하기 불편하다. -맛이 덜하다.
염화칼슘 ($CaCl_2 \cdot 2H_2O$)	75~80℃	수용성	-응고 시간이 빠르고 압착 시 물이 잘 빠진다.	-두부가 거칠다. -수율이 낮다.
염화마그네슘 ($MgCl_2 \cdot 6H_2O$) ·	75~80℃	수용성	-응고 시간이 빠르고 압착 시 물이 잘 빠진다. -맛이 좋다.	-두부가 거칠다. -수율이 낮다.
글루코노델타락톤 ($C_6H_{10}O_6$)	85~90℃	수용성	-사용이 쉽고 응고력이 우수하다. -수율이 좋다.	-약간 신맛이 있다.

B. **소포제**

콩즙이나 두유를 끓일 때에는 대두의 사포닌 물질 등에 기인하여 많은 거품이 발생된다. 이 거품을 제거하기 위하여 소포제를 사용하게 되는 데 규소수지, 글리세린 지방산 에스테르, 대두 인지질 등이 이용되고 있다.

(2) 두유(Soy milk)

두유는 콩을 갈아 콩단백질 등을 추출하고 비지를 제거한 후에 적당한 첨가물을 더하고 살균한 제품을 말한다. 우유 알레르기가 있거나 유당불내증이 있는 성인에게는 대체 음료로 이용될 수 있다. 제조공정은 그림 6-26과 같다.

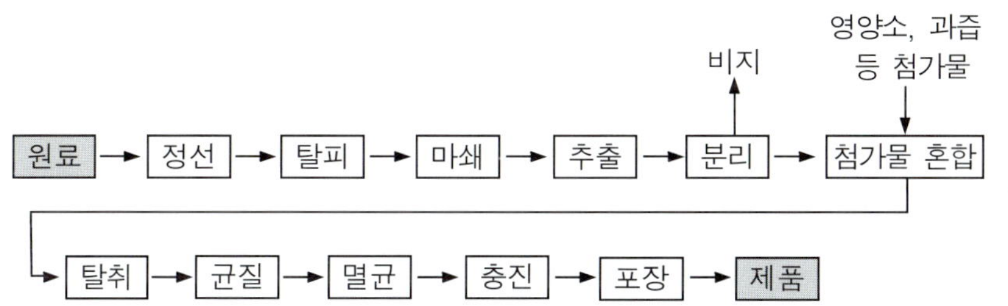

[그림 6-26] 두유 제조공정

정선된 대두는 껍질을 벗기는데 껍질을 벗기는 이유는 농약 성분 제거 및 외관상의 색상을 좋게 하고 두유 특유의 비린내와 쓴맛을 제거하여 맛과 소화 흡수율을 증진시키기 위해서이다. 탈피된 대두를 마쇄한 후에 식물성 단백질 및 기타 영양분을 추출하고 두유액과 비지를 분리한다. 소비자의 기호와 영양을 위해 영양소를 비롯한 첨가물을 첨가하고 교반기로 혼합한다. 진공을 이용하여 제조공정 중 발생된 이취를 제거하고 균질시킨다. 균질은 두유의 부드러운 맛을 강화시키고, 소화 흡수율을 증진시켜주는 효과가 있다. 고온 순간 멸균기로 미생물을 완전 멸균하고 적당한 용기(병, 테트라팩, 파우치 등)에 포장한다.

(3) 콩기름(soybean oil)

콩에는 20% 정도의 지질이 함유되어 있으며, 여기에는 올레인산, 리놀레산, 리놀렌산 같은 불포화지방산이 많이 함유되어 있다. 콩기름은 식용유로 사용되기도 하고, 마가린 등의 경화유 제조에 이용되기도 한다. 콩을 정선, 건조하여 탈피한 후, 50~60℃에서 가열하여 압편 로울러로 눌러서 납작하게 플레이크를 만든다. 이 박편을 유기용매인 헥산(hexane)으로 추출하여 기름을 얻고 용매와 기름의 끓는점의 차이를 이용하여 분별증류하여 회수한다. 이것을 탈검, 탈산, 탈색, 탈취 공정을 통하여 정제하여 최종 콩기름을 얻게 된다.

(4) 기타 식품소재

두부나 두유, 콩기름 이 외에도 다양한 대두로부터 얻을 수 있는 소재는 매우 다양하다. 대두로부터 얻을 수 있는 여러 가지 식품소재를 간단한 공정과 함께 그림 6-27에 나타내었다.

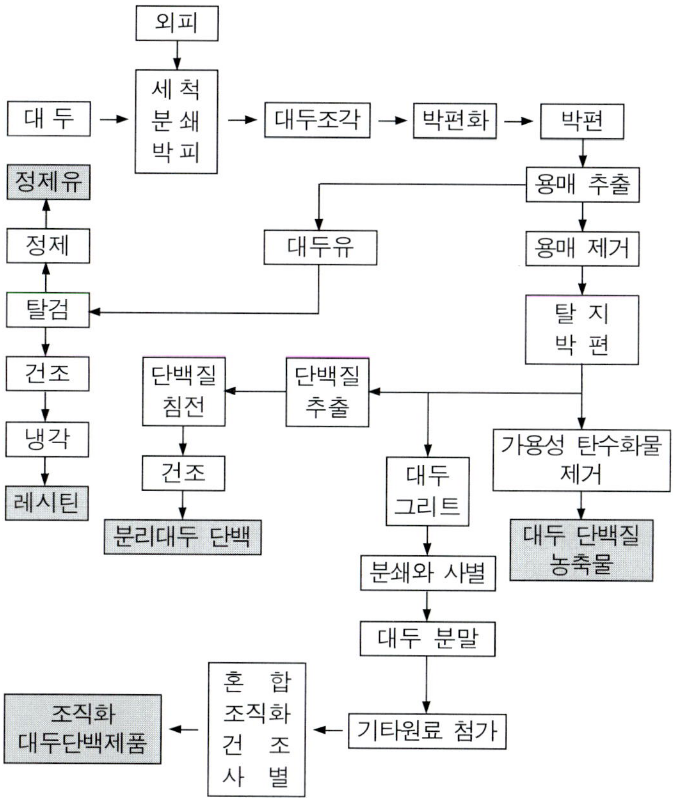

[그림 6-27] 대두로부터 얻을 수 있는 식품소재 및 제조 공정

5. 대두발효식품

1) 장류

장류는 우리의 식생활에 꼭 필요한 전통 조미식품으로, 콩을 주원료로하여 만드는 된장, 간장, 청국장, 고추장 등을 말한다. 장류의 제조방법에는 콩을 원료로 메주를 만들고 이것으로 된장과 간장을 만드는 재래식과 호화시킨 전분질 원료에 황국균을 증식시켜 만든 국(코지, Koji)으로 장류를 제조하는 개량식이 있다. 국(koji)란 누룩이나 메주와 같이 곡류나 콩에 국균(*Aspergillus* 속)을 번식시켜 균이 분비하는 효소(amylase나 protease)를 이용할 목적으로 만든 중간 가공원료를 말한다. 이 효소들에 의해 전분이나 단백질이 당이

나 아미노산으로 분해되어 구수한 맛과 단맛을 내게 되고 후숙과정에서 방향성분 등이 생성되어 맛의 조화가 이루어지게 된다. 종국은 순수배양한 국균을 곡류에 증식시켜 포자를 많이 만들게 한 것을 말하는 데 다음과 같은 종류가 있다.

종 국
- 황국 : 청주, 된장, 간장, 감주 제조용(*Aspergillus oryzae*, *Asp. sojae*)
- 흑국 : 소주, 구연산 제조용(*Asp. niger*, *Asp. awamori*)
- 백국 : 약주, 탁주 제조용(*Asp. kawachii*)

(1) 된장

① 전통식 된장

전통식 메주를 만들어 이를 이용하여 간장을 만들고, 이 때 남은 메주를 건져내어 마쇄하여 얻은 것을 된장이라 한다. 간장과 된장에 쓸 메주는 보통 10~12월에 콩을 삶아서 만들어 띄우며 이듬해 입춘 전에 장을 담근다. 염도를 잘 맞춘 소금물에 깨끗이 손질한 메주를 넣어 장을 담근 후 40일 정도 매일 아침 뚜껑을 열어 볕을 쬔다. 40일 정도 지나면 여과하여 간장을 만들고 이때 건져 낸 메주는 소금을 넣고 버무려서 항아리에 눌러 담는다. 이것이 된장이다.

간장은 달여서 농도를 높인다. 전통적인 장 담그기는 간장과 된장을 한꺼번에 얻지만, 그렇게 하면 맛있는 성분이 간장으로 대부분 빠져나가 된장 맛이 좋지 않으므로 요즈음은 간장과 된장을 따로 나누어 담는 경우가 많다. 또 장의 발효를 촉진시키고 단맛을 더 내기 위해 메주를 만들 때 밀이나 멥쌀, 보리 등을 섞어서 만들기도 한다.

② 개량식 된장

소맥분 등의 탄수화물 원료를 수분이 34~35%가 되게 증자하고 종국(*Aspergillus oryzae*)을 접종하여 균의 최적온도인 33~36℃에서 3일간 제국하고 여기에 침지, 증자한 대두와 밀, 쌀 등을 혼합하여 숙성시켜 만든 된장을 말한다.

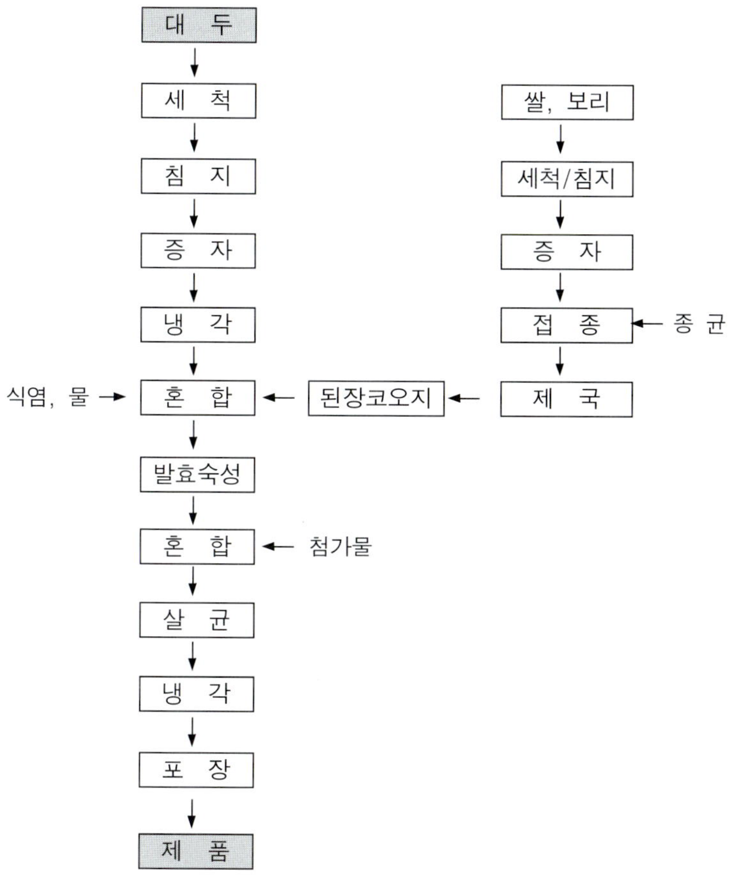

[그림 6-28] 개량식 된장 제조공정

③ 절충식 된장

전통식 된장은 가정에서 소규모로 생산되며 된장의 품질을 좌우하는 메주 제법의 표준화가 이루어지지 못하고 있다. 기업에서 대량으로 생산하는 한식 된장 또는 공장된장은 대두와 소맥분을 혼합한 원료를 사용해서 제조한다.

미생물도 일본된장에서 쓰이는 *Aspergillus oryzae*와 재래 된장의 주요 발효 미생물인 *Bacillus subtilis*를 사용하여 효율적으로 된장을 제조한다.

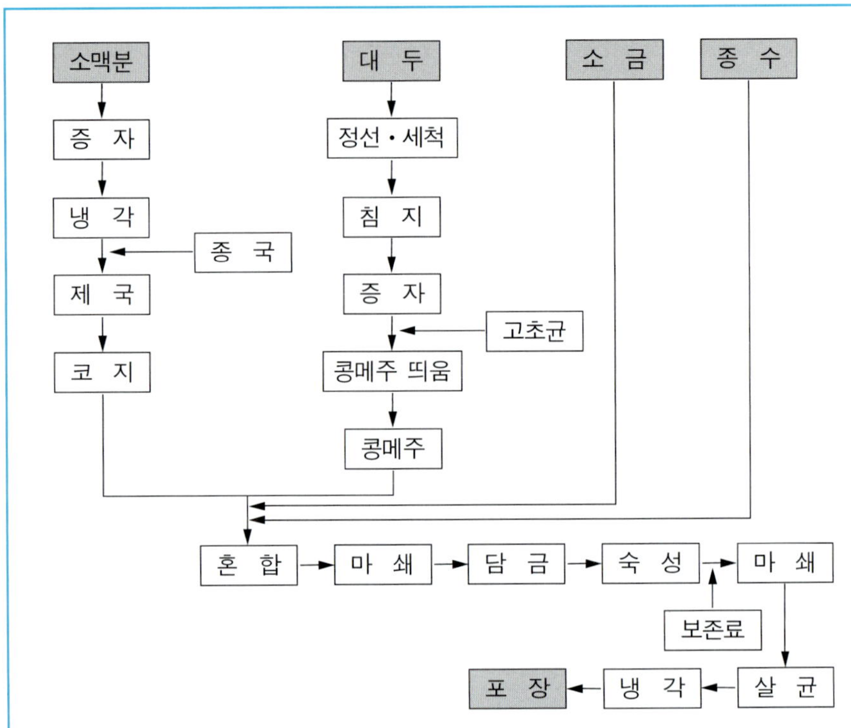

[그림 6-29] 절충식 된장의 제조공정

(2) 간장

간장의 종류는 다음과 같다.

- 간 장
  - 양조간장(미생물을 이용하여 발효)
    - 재래식 간장
    - 개량식 간장(양조간장, 일본식 간장)
  - 화학간장(산가수분해) : 산분해 간장(아미노산 간장)
  - 혼합간장 : 양조간장과 화학간장을 혼합

① 전통식 간장

전통식 간장을 만들기 위해서는 우선 메주를 제조해야 하는 데 콩을 삶아서 식기 전에 으깨어 구형 또는 직육면체의 덩어리를 만들고 2~3일간 건조하여 균열이 생기면 짚을 이용하여 27~28℃에 2주간 방치하면 미생물이 번식하여 내면에는 주로 *Bacillus subtilis, Bacillus pumilus* 등의 세균이 증식하고, 표면에는 *Aspergillus* 속, *Mucor* 속의 곰팡이가 자라며 단백분해효소와 전분분해효소 등 다양한 효소를 분비하여 발효를 일으키게 된다.

완성된 메주는 불순물을 제거하고 숯, 대추, 고추 등과 함께 식염수가 든 항아리에 넣어 햇볕이 잘 드는 곳에서 발효시킨다. 숙성기간은 40~50일이며 숙성이 끝나면 즙액을 분리해 장달이기를 하여 간장을 만든다. 장달이기는 살균, 청징, 농축의 효과를 얻을 수 있다. 그러나 재래식 메주는 종균을 사용하지 않고 자연에서 유래하는 미생물이 자라게 되므로 지역이나 시기 등에 따라 균종이 균일하지 않고 잡균의 오염 가능성도 있으며 숙성기간이 길다는 단점이 있다.

② 개량식 간장

A. 양조간장

탈지대두와 볶아서 분쇄한 소맥을 동량으로 혼합하고 종국(*Asp. oryzae*)을 접종하여 제국실에서 적절한 온도로 유지하면서 국균이 잘 생육할 수 있도록 온도와 습도를 조절한 후 원료를 염수와 혼합하여 탱크에 삽입하고 품온을 유지시키면서 6개월간 발효 숙성시켜 압착기로 압착하여 박과 액으로 분리하여 얻은 간장을 생간장이라 하고 이 생간장에 당류 등 식품첨가물을 첨가한 후 살균하여 여과한 제품을 양조간장이라 한다.

B. 산분해간장(아미노산 간장)

탈지대두나 소맥전분의 부산물인 gluten에 일정량의 염산을 가하여 가열하여 가수분해하여 아미노산을 생성시키고 중화제인 탄산소다(Na_2CO_3)로 pH 4.8~5.2로 중화시킨 후 여과하여 박과 액으로 분리한 것을 산분해 간장이라고 하는 데 이것만으로는 제품화할 수 없고 여기에 양조간장과 혼합하거나 첨가물을 가하여 색과 맛을 조절하여 제품화 한다. 산분해 간장은 양조간장에 비하여 제조기간이 짧고 시설과 자본이 적게 소요되는 장점이 있으나 제조과정에서 DCP, MCPD 등의 유해물질이 생성되는 문제점을 가지고 있다.

C. 효소분해간장

탈지대두, 소맥을 전처리하고 제국하여 간장덧을 만든 후 이를 2~3일간 -5~5℃에서 침적시킨 것과 별도 제국하여 간장덧을 만든 것에 효소제를 첨가한 것과 혼합하여 35~40℃에서 2~3일간 효소 소화시키고 침적하여 숙성시켜 얻은 간장이다.

D. **혼합간장**

양조간장, 산분해간장, 효소분해간장 등을 적당한 비율로 혼합하여 숙성시켜 맛을 안정화한 다음 여과시켜 살균하여 만든 간장으로 각각의 장단점을 상호 보완한 제품이다.

(3) 고추장

고추장은 녹말이 가수분해되어 생성된 단맛, 메주콩의 단백질 가수분해물인 아미노산의 구수한 맛, 고춧가루의 캡사이신(capsaicine)의 매운 맛, 소금의 짠맛이 조화를 이룬 것으로, 두류 또는 곡류 등을 제국한 후 여기에 덧밥, 고춧가루, 식염 등을 혼합하여 발효 또는 당화하여 숙성시킨 것이다.

(4) 청국장

청국장은 우리나라 장류의 한가지로 지방에 따라 담뿍장이라 부르기도 한다. 일본에서는 낫또(natto)라 부른다. 전통식과 개량식이 있는데, 전통식은 물이 침지하여 불린 콩을 증자하여 식혀 대나무 소쿠리에 담고 볏짚에 붙어 있는 고초균을 이용하여 제조한 청국장에 소금과 양념을 약 5% 가하여 숙성시켜 완성한다. 개량식으로 제조할 때는 볏짚을 사용하지 않고 순수배양한 *Bacillus subtilis* 균을 접종하여 발효실에서 발효시키는 데 약 18시간 후에는 콩단백질의 55% 정도가 수용성 화합물로 변화되어 독특한 향취의 청국장이 만들어 진다.

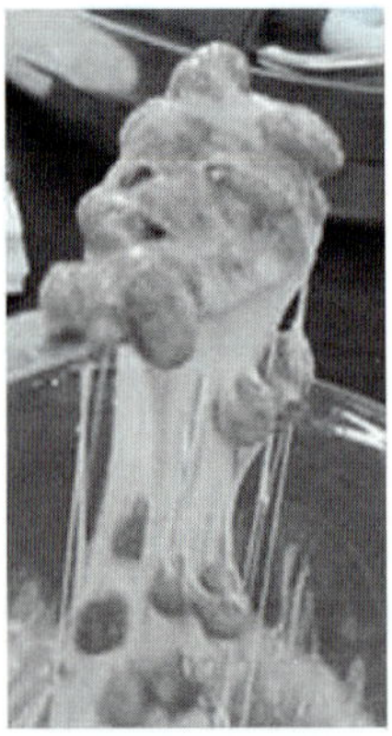

[그림 6-30] 청국장

청국장(일본의 낫토)은 비타민 B_2, E, K_2 그리고 불포화지방산(리놀산, 리로렌산) 및 항균제인 바시트라신을 함유하고 있는데, 비타민 K_2는 칼슘과 단백질의 결합을 용이하게 하여 골다공증의 예방효과가 있다. 또한 불포화지방산과 비타민 E는 콜레스테롤 저하작용이 있어 동맥경화나 심장병, 고혈압에 효과가 있다. 그리고 단백질 분해효소, 당질 분해효소, 지방 분해효소 등의 소화 효소와 혈전 용해작용을 하는 나토키나제를 함유하고 있는데, 특히 나토키나제는 소화 분해가 되지 않고 체내에 흡수되어 혈전증의 예방에 효과가 있다고 알려져 있다. 이외 변비예방, 인터페론 유발작용 등이 있어 현재 건강식품 중의 하나로 보급되고 있다.

제 7 장

과일 및 채소가공

과채류는 다른 식품과는 달리 무기질과 비타민 및 수분을 다량으로 함유하고 있고 맛과 향기 및 색소 성분도 다량 들어 있어 식욕을 촉진하는 기호식품으로서의 의미가 크다. 하지만 과일과 채소는 생산시기가 제한되어 있어 이들의 특성을 잘 보존할 수 있는 저장 및 가공법을 추구해야 할 것이다.

1. 과일의 특성과 분류

과일의 일반적인 특성은 아래와 같다.

① 일반적으로 수분함량이 많아 저장성이 낮고 고형분과 에너지원인 지방과 단백질 함량이 낮아 열량원으로서의 의미는 적다.

② 당류인 포도당, 과당, 설탕 등이 들어 있어 단맛을 부여하고, 유기산인 주석산 구연산, 사과산 등이 비교적 많이 함유되어, 조화를 이룬 신선하고 상쾌한 풍미를 지니게 한다.

③ 향기 성분인 에스테르류(에틸, 아밀, 부틸 에스테르)가 비교적 다량으로 들어 있어서 향기가 좋다.

④ 과일이 익어 가면서 다양한 색소(안토시아닌(Anthocyanin)계 색소, 카로티노이드(Carotenoid)계 색소, 플라보노이드(Flavonoid)계 색소가 생겨 아름다운 색을 띠고 식욕을 자극한다.
⑤ 비타민과 무기질을 다량 함유하고 있어 영양학적 의미가 크다.
⑥ 채소와는 달리 일부 과일에는 펙틴질이 들어 있어 잼, 젤리 가공에 이용된다.

과일은 과육이 발달된 형태에 따라 다음과 같이 분류하고 있다.
① 인과류(pomaceous fruits) : 꽃받침이 발달하여 과육부분이 된 것으로 중심부분에 과심과 씨방이 있고 과일의 꼭지와 배꼽이 반대편에 있는 것이 특징이다. 대표적인 인과일류로는 사과, 배, 모과 등이 있다.
② 준인과류(subpomaceous fruits) : 꽃받침 보다는 씨방이 발달하여 과육부분이 된 것이다. 대표적인 준인과일류로는 감, 귤 등이 있다.
③ 핵과류(ston fruits) : 씨방이 발달하여 과일을 맺는 것으로 중심부분에 견고한 핵이 있고 그 안에 종자가 들어 있다. 대표적인 핵과류로는 복숭아, 살구, 앵두, 매실, 자두 등이 있다.
④ 장과류(berry fruits) : 자방이 송이를 이루며 중과피와 내과피로 구성되었고, 육질이 부드러우며 액즙이 많은 것이 특징이다. 대표적인 장과류로는 딸기, 포도, 무화과, 바나나 등이 있다.
⑤ 견과류(nuts) : 외과피가 무척 견고하고 종실을 이용한다. 대표적인 견과류로는 밤, 잣, 땅콩, 호두, 은행, 코코넛 등이 있다.

2. 채소의 특성과 분류

채소류의 일반적인 특성은 아래와 같다.
① 수분(70~90%)이 많이 들어 있고 열량소인 탄수화물(2.0~9.0%), 지방(0.1~0.5%), 단백질(1.0~2.5%)은 소량 들어 있다.
② 과일에 비해 당류, 유기산류, 향기 성분이 적게 들어 있다.
③ 무기질(K, Ca)과 비타민은 많이 들어 있어 알칼리 식품의 공급원으로, 비타민 C와 비타민 A의 공급원으로 중요하다.

④ 채소는 다양한 향기 성분을 지니고 있어서 향신료로 사용되기도 한다.

채소는 이용부분에 따라 엽・경채류, 근채류, 과채류, 화채류 및 인채류로 나눈다.

① 경・엽채류(stalk & leaf vegetable) : 지상부의 줄기와 잎을 이용한다. 배추, 상추, 시금치, 양배추, 쑥갓, 갓, 머위, 순채, 파슬리 등이 이에 속한다.

② 근채류(root vegetable) : 뿌리를 이용한다. 무, 순무, 당근, 우엉, 감자, 고구마, 토란, 마늘, 생강 등이 이에 속한다.

③ 과채류(fruit vegetable) : 열매를 이용하는 채소로 가지, 호박, 고추, 토마토, 오이, 딸 기, 참외, 수박 등이 이에 속한다.

④ 화채류(flower vegetable) : 꽃을 이용한 채소로 브로콜리, 컬리플라우어 등이 이에 속한다.

⑤ 인채류(bulb vegetable) : 지하의 인경부분을 이용하는 채소로 양파, 파, 염교 등이 이에 속한다.

3. 과채류의 가공

과채류의 가공 저장에는 저온저장, 주스, 건과채류, 발효가공품, 통조림 등이 있다.

1) 저온저장

과채류를 장기간 저장하다 보면 계속 품질이 떨어진다. 이때 온도와 습도가 크게 영향을 미친다. 표 7-1에서 보는 바와 같이 저장온도가 10~30℃일 때 온도상승에 따라 호흡량이 증가하고 저장기간이 단축된다. 저장기간을 최대로 연장하고 영양가치의 손실을 방지하기 위해서는 과채류의 종류에 따라 냉장온도를 조절할 필요가 있다. 또한 냉장할 때 최적 습도보다 높으면 미생물의 발육과 생리적 현상이 빨라질 수 있고, 낮으면 증산이 빨리 일어나 중량감소하고 시든다.

표 7-1 과채류의 저장온도에 따른 발열량(Kcal/ton/1day)

과채류	저 장 온 도		
	0℃	4.5℃	15.5℃
완 두	2300	3700	11000
딸 기	700~1050	1400~1800	1200~1800
콩	650~830	1200~1700	6000~7600
옥수수	1800	2600	11600
버 섯	1700	6100	16000
사 과	185~280	300~500	1200~1800
오 이	470	700	2900
배	180~240	-	2400~3700
감 자	120~240	300~490	610~980
당 근	590	960	2250
오렌지	190~250	390	1400
토마토	160	300	1700
배 추	330	470	1130
복숭아	240~380	400~560	2000~2600
바나나	-	-	2100

(1) 냉각저장

수확한 과채류는 가능한 한 빨리 품온을 떨어트려야 한다. 대체적으로 생산지에서 하룻밤을 방치시키면 효과가 있다. 이렇게 처리된 과채류를 0℃ 내외로 냉각저장한다(103쪽 참조). 일부 과채류는 비교적 높은 온도에서 저장해야 하는데, 열대 또는 아열대 지방에서 생산한 과채류와 봄과 여름철에 걸쳐서 숙성하는 과채류는 냉해를 받을 수 있기 때문이다(표 7-2).

표 7-2 주요 과채류의 저장온도, 상대습도, 저장수명 및 평균빙점

과채류명	저장온도(℃)	상대습도(%)	저장기간	평균빙점(℃)
아스라거스	0	90~95	3~4주	-1.2
완두콩	23.4	85~90	8~10주	-1.2
수 박	2.2~4.4	80~85	1~2주	-1.8
머스크메론	4.4~10	80~85	10~14일	-1.5
올리브	7.2~10	85~90	4~6주	1.9
양 파	0	70~75	6~8월	1.9

표 7-2 표 계속

과채류명	저장온도(℃)	상대습도(%)	저장기간	평균빙점(℃)
시금치	0	90~95	10~14일	-0.9
호 박	4.4~10	85~95	2~3주	-
고구마	12~17	80~85	4~6월	-1.9
토마토	4.4~9.9	85~90	7~10일	-0.9
브로콜리	0	90~95	7~10일	-1.5
양배추	0	90~95	3~4월	-0.4
당 근	0	90~95	10~14일	-1.3
셀러리	-0.6~0	90~95	2~4월	-1.3
옥수수(green)	-0.6~0	90~95	4~8일	-1.7
오 이	7.1~9.9	90~95	10~14일	-0.8
가 지	7.7~9.9	90~95	10일	-0.8
마 늘	0	70~75	6~8월	-3.6
부 추	0	85~90	1~3월	-1.5
양상추	0	90~95	2~3월	-0.4
양송이	0	85~90	5일	-1.0

※ 미국 농림성 핸드북 자료임.

(2) CA저장

CA저장(147쪽 참조)은 저장고의 공기의 조성을 질소 95% 내외, 산소 2~3%, 탄산가스 1~2%의 조성으로 호흡과 같은 생리 작용을 억제하고 저장온도를 냉장온도까지 조절함으로써 미생물의 발육이나 효소작용을 억제하여 저장기간을 대폭적으로 연장시키는 방법이다.

2) 과채류의 건조

저장성이 낮은 과채류에 건조를 통해 보존성을 부여하고 특유한 풍미와 원료와는 색다른 식품을 만들게 된다.

(1) 건조 과채류의 제조

① 전처리

A. 품종의 선택

건조 과채류는 외관과 텍스처로 품질이 정해지기 때문에 건조특성에 알맞은 품종을 선택하는 것이 아주 중요하다. 예를 들면 슈가푸룬(sugar prune)은 크기가 크고 숙도가 양호하지만 껍질이 연해서 알칼리 필링(알칼리 박피)시 잘 갈라지는 단점이 있다. 일정량의 과채류를 건조하면 통조림보다 무게가 5~20% 정도에 지나지 않아 포장과 운반비용이 절감된다.

B. 선별과 세척

운반된 과채류를 부패, 변색, 상처 등의 결함이 있는 원료를 분리하고 등급에 알맞게 선별한다. 그 뒤에 깨끗한 물로 여러 차례 세척하여 토사, 먼지, 협잡물 등을 닦아낸다. 조직이 연약한 원료는 상처가 나지 않도록 주의해야 한다.

C. 제핵과 박피

사과, 복숭아와 같은 과일은 핵을 제거하고 껍질은 벗긴다. 껍질을 벗기는 일반적인 박피법으로 증기(열탕) 박피법이나 기계적 박피법, 약품 박피법 등이 이용되고 있다. 증기 박피법은 육질이 부드럽고 껍질이 약한 백도와 같은 과일에 이용되는데 100℃ 내외의 증기함에 3~4분간 원료를 넣어 두었다가 곧바로 찬물에 담가 껍질을 벗긴다. 알칼리 박피법은 껍질이 단단한 과채류를 3%의 수산화나트륨 희석액에 약 1분간 담갔다가 꺼낸 뒤에 찬물로 여러 차례 헹구는 방법이다. 과채류의 특성에 맞게 박피법을 선택해서 껍질을 벗긴다.

D. 다듬기와 절단

상처난 부분이나 껍질이 있는 부분을 없애고 빠르게 건조될 수 있도록 얇게 썰거나 6면체로 절단한다.

E. 효소의 불활성화

과채류에는 산화효소가 많이 들어 있어서 그대로 건조하면 갈변의 원인이 되는 경우가 많다. 효소를 불활성화시키고 변질과 해충을 예방하기 위해 유황훈증이나 끓는 물로 데치기를 해야 한다. 유황훈증을 할 때에는 원료 100 kg에 300~400g의 유황을 태워 약 1시간가량 처리한다. 양파, 시금치, 근대, 순무 등은 아황산처리하면 건조 중에 변색을 방지할 수 있으므로 훨씬 높은 온도에서도 건조가 가능하다. 또 다른 방법으로 끓는 물속에 3~5분정도 데치기를 하면 효소가 파괴되어 가공 또는 저장 중에 변화를 막을 수 있다.

② 건조

과채류 건조에는 일반적으로 자연건조나 열풍건조법을 이용하고 있으며, 인스턴트 스프와 같은 제품을 만들 때에는 진공동결 건조법이 이용되기도 한다.

자연 건조법은 제일 오래된 방법으로 포도, 복숭아, 살구, 자두, 무화과 등의 과일건조에 이용되고 있으며 우리나라에서도 곶감이나, 대추, 각종 나물류 등이 이 방법으로 생산되고 있다.

(2) 감 제조

① 우린감 제조

감(*Diospyros kaki* L.)의 떫은맛을 제거하는 것을 탈삽(감 우리기)이라고 하고 이렇게 떫은맛이 제거된 감을 우림감이라고 한다. 감이 떫은 것은 수용성 탄닌을 함유하고 있기 때문인데, 떫은맛을 제거하려면 감에 포함된 수용성 탄닌을 에탄올이나 아세트알데히드와의 중합에 의해 불용성 탄닌으로 전환시켜야 한다. 이를 위해서는 산소의 농도를 낮추고 탄산가스의 농도를 높혀 감의 세포가 유기호흡을 하는 상황을 무기호흡으로 전환시켜서 알코올이나 아세트알데히드를 생성시키는 조건이 필요하다. 혹은 외부에서 별도로 알코올을 추가하는 방법이 있다.

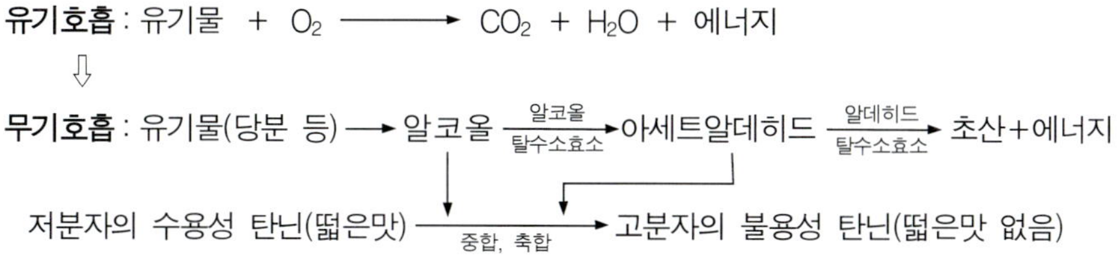

위의 원리를 이용한 인공탈삽법에는 다음과 같은 방법이 있다.

A. 온탕 탈삽법

비닐주머니에 넣은 감을 더운 물이 들어 있는 독 속에 15~24시간 정도 담가두는 방법으로 독이 보온이 유지되도록 한다. 탈삽 후 저장성이 저하되므로 가정에서 소량을 탈삽할 때 이용한다.

B. 알코올 탈삽법

대량 탈삽에 많이 이용하는 방법으로 적숙기에 수확한 떫은감을 0.1 mm 두께의 폴리에틸렌 주머니에 넣은 후 대패밥을 깔고 과일 꼭지가 위로 향하게 하여 1단을 쌓고 에틸알코올 또는 소주를 뿌린 후 다시 대패밥을 깔고 2단을 쌓아 1단과 동일한 방법으로 상자를 채운 다음 비닐로 밀봉하여 공기가 들어가지 않도록 하고 20℃로 온도를 유지시키면 4~5일만에 탈삽된다. 소주 또는 에틸알코올(30~40%)은 13 kg 상자당 150~170 mL가 소요된다.

C. 이산화탄소 탈삽법

0.1 mm 두께의 폴리에틸렌 주머니에 감 15 kg을 넣은 후 드라이아이스 300~350 g을 나무상자에 넣고 밀봉하면 저장이나 수송도중 드라이아이스가 이산화탄소로 되면서 탈삽된다.

② 곶감

곶감은 우리나라의 건조 과일 중 대표적인 것이다. 곶감의 원료로는 껍질이 얇고 육질이 치밀하여 건조 뒤에 당분이 많고 수분이 적은 떫은감으로서 긴 타원형이고, 끝이 뾰족하며, 씨가 적은 180~220 g 정도의 것이 알맞다. 제조공정은 그림 7-1과 같다.

선별된 원료 감을 칼이나 감박피기로 껍질을 얇게 깎는다. 이때 쇠칼을 쓰면 감의 탄닌과 반응하여 빛깔이 변하므로 스테인레스칼을 써야 한다. 껍질 벗긴 감을 감꽂이에 꽂아 새끼줄에 끼운다. 말리기 전에 황 훈증을 하면 제품의 색깔이 좋아지고 건조기간이 단축될 뿐 아니라 저장성이 좋아진다. 황 훈증의 방법은 밀폐할 수 있는 방 또는 상자에 감을 넣고 훈증실 1 m^3당 1~1.2 g의 황을 태우고, 훈증실을 밀폐하여 30~40분 지난 후 훈증실을 열어 감을 꺼낸다. 감꽂이를 매단 줄을 통풍이 잘되고 햇볕이 잘 드는 곳에 널어서 말린다. 말리기 시작한지 2주일쯤 지나 겉껍질이 약간 굳고 황갈색이 되어 주름이 생기면 날씨가 좋은 날을 골라 손으로 과육을 문질러서 연하게 하는데, 이 손질을 4~5일 사이를 두고 2~3회 되풀이하며 차차 세게 한다. 그리하여, 손끝으로 눌렀다가 놓으면 곧 원래 모양으로 돌아올 정도가 되면 말리는 것을 끝마친다. 곶감은 전면에 흰 가루가 나고 육질이 선명하며, 비교적 단단한 것으로서 단맛이 많은 것이 좋다.

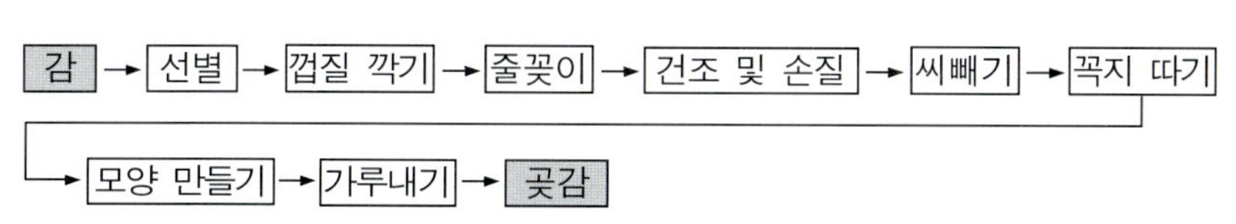

[그림 7-1] 곶감의 제조공정

3) 과채류 음료

과즙은 과채류를 주원료로 하여 착즙 가공한 것으로 직접 음용하거나 희석하여 음용하는 시럽과 농축액을 의미한다. 과채류 음료는 과육이 향기와 맛, 영양성분이 대부분 즙액에 추출되기 때문에 생과일에 근접한 풍미와 영양 가치를 지닌다.

원료과즙의 농도에 따라 천연과즙음료는 과즙 95% 이상, 과즙음료는 50~95%, 희석과즙음료는 10~50% 미만으로 규정하고 있다. 또한 농축 정도에 따라 천연과일주스, 농축과일주스, 분말과일주스, 과일음료 등으로 나누고 혼탁정도에 따라 투명주스, 혼탁주스 기타 과일 퓨레, 넥타, 과육음료 등으로 나눈다.

(1) 과일주스의 일반 제조법

① 원료

주스의 원료로 일반적인 조건은 껍질이 얇고 과즙액이 많으며 제 성분 농도가 높고 색, 향기, 풍미가 좋아야 한다. 과채류 주스의 경우는 신선도가 제일 중요하기 때문에 수확 즉시 가공하는 것이 좋다.

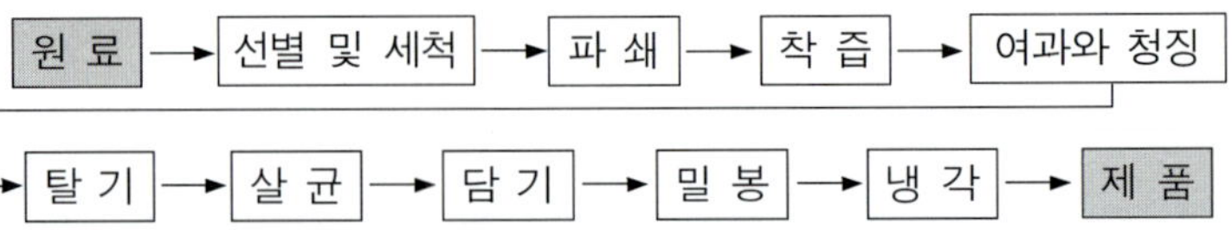

[그림 7-2] 과일 주스의 일반제조공정

② 선별 및 세척

수확하거나 운반 중에 필연적으로 협잡물이 오염되기 때문에 물을 사용해서 이를 세척해 내야 한다. 주로 사용하는 세척기는 회전식 세척기와 분무세척기를 사용해서 세척한 뒤에 부패한 과일과 손상된 과일, 미숙과 등을 선별해낸다.

③ 파쇄와 착즙

보통 과일은 파쇄기로 파쇄하는데, 원료의 종류에 따라 적절한 파쇄기를 사용한다. 금속재는 스테인레스로 제작한 것이 좋다. 파쇄 후 원료에 따라 다양하게 착즙한다. 사과, 토마토, 포도, 배 등은 바로 착즙하지만 딸기나 포도는 예열시켜 점도를 낮춘 다음 착즙하면 과즙이 많아지고 색소도 많이 용출된다.

④ 여과와 청징

토마토와 같은 불투명한 과즙은 과즙에 단백질, 펙틴질, 미세한 과육 등이 콜로이드 상태로 분산되어 있기 때문에 70~80℃로 가열하여 단백질을 응고시킨 뒤에 여과한다. 사과나 포도는 색소와 관계없으므로 청징을 생략하고 바로 착즙하기도 한다. 그러나 대부분의 과즙은 펙틴 이 외의 점질물이 들어 있어 청징 효과가 떨어진다. 청징 시에는 난백, 카제인, 젤라틴, 탄닌, 규조토, 펙틴 분해 효소 등을 사용한다. 청징 후에 여과할 때에는 보통 압착여과법을 사용한다.

⑤ 탈기

여과한 과즙에 들어있는 공기는 과일 주스에 다음과 같은 악영향을 미친다.

- 호기성세균의 발육을 촉진한다.
- 향미성분의 산화로 불쾌취와 맛이 생긴다.
- 과즙을 갈변시킨다.
- 펄프와 같은 부유물을 과즙의 표면에 떠 있게 하여 외관이 나빠진다.
- 충전 시 거품이 생겨 넘치는 경우가 있다.

탈기는 방법으로는 박막식과 분무식이 있다.

⑥ 살균

과일 주스의 오염된 미생물을 살균하여 저장성을 높이고 품질을 향상시키기 위해 주로 가열 살균법이 사용된다. 과일 주스의 가열 살균법에는 70~75℃에서 15~20분간 처리하는 저온살균법과 90~98℃에서 10~60초간 살균하는 순간살균법이 있다. 저온살균법은 효과가 좋지만 향미와 색깔이 변해 품질이 떨어지는 단점이 있다. 반면에 순간살균법은 향미와 비타민의 손실이 적기 때문에 최근에는 이 방법이 많이 이용되고 있다.

⑦ 담기, 밀봉 및 냉각

살균한 과일 주스를 바로 살균한 용기에 담아 밀봉, 냉각하여 제품으로 만든다. 이 때 세균의 오염을 막기 위해 무균적 연속식 방법으로 처리한다.

[오렌지주스]

과일 주스 중 오렌지 주스 생산량이 60~70% 정도를 차지하며 그 외에 포도, 사과, 토마토, 당근 등의 주스가 생산된다.

① **원료** : 오렌지 주스 생산에 이용되는 오렌지는 감미오렌지(sweet orange)에 속하는 품종이 대부분이다.

② **선별과 세척** : 주스생산에 부적절한 과일, 부패과일 등을 분류하고 고속으로 회전하는 브러시 세척으로 충분히 세척한다. 세척이 끝난 원료를 크기나 중량별로 선별하여 착즙기로 보낸다.

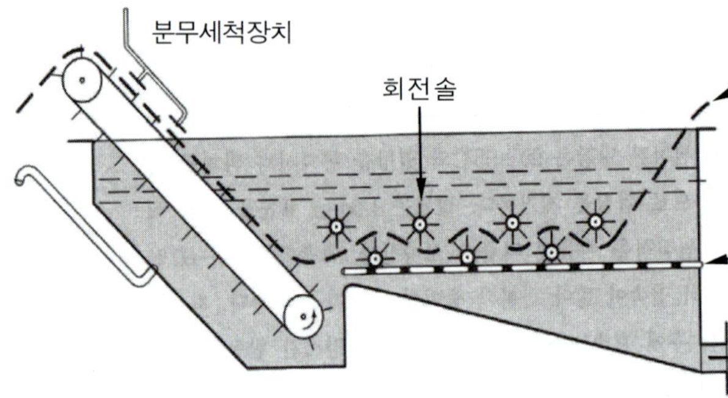

[그림 7-3] 브러시세척기(brush washer)

③ **착즙** : 박피하거나 가로로 절단하여 착즙기로 착즙한다. 원료에 가해지는 압력이 커지면서 과즙이 착즙기의 과즙 분류관으로 흘러나와 과즙용기에 모아지게 된다. 과즙은 메시스크린피니셔(mesh screen finisher)라는 여과정제기를 통과하면서 거친 과육이 제거된다. 이를 원심분리하여 과피유를 제거하면 고르고 미세한 입자의 과즙이 만들어진다.

④ **혼합과 가당** : 처리된 과즙을 제조사의 규격으로 조정하기 위해 당도, 산도, 기타 특성을 점검하고 혼합, 가당 등의 처리를 한다.

⑤ **탈기와 살균** : 여러 단계의 공정을 거친 과즙에는 상당량의 산소가 섞이게 된다. 이 산소로 인해 제품의 향미변화와 비타민 C의 산화가 일어나므로 반드시 탈기를 시켜야 한다. 탈기는 90℃ 이상의 끓는 물에서 약 10분 내외로 처리하면 된다. 탈기가 끝나면 과즙에 향미의 안정성이 증가하고 비타민의 파괴를 억제할 뿐 아니라 거품을 제거하여 품질의 균일성을 좋게 하고 열효율을 높이는 효과가 있게 된다.

살균은 산도가 높아질수록 조건이 완화되는데 보통의 경우 약 90℃에서 30초 내외로 실시한다.

⑥ **담기, 밀봉과 냉각** : 순간 살균한 뜨거운 과즙을 용기에 담고 밀봉한 다음 약 40℃로 신속하게 냉각시킨다.

(2) 토마토 가공

토마토(*Lycopersicum esculentum*)는 조생, 중생, 만생, 생식용과 가공용으로 구분할 수 있다. 생식용 토마토는 기본적으로 핑크색상을 띄고 있으며, 밭에서 푸른색상의 토마토를 수확하여 유통과정에서 착색시킨다. 가공용 토마토는 적색으로 완숙된 상태에서 수확하기 때문에 재배기간이 생식용 토마토보다 길고 껍질이 단단하다.

토마토에는 수분이 92.0%, 단백질 2.0%, 탄수화물 4.6% 정도 함유되어 있다. 카로텐(비타민 A 효력 600 I.U.), 비타민 B_1 0.08 mg%, 비타민 C 20 mg% 등이 들어 있다. 토마토의 빨간색은 주로 lycopene이고 기타의 것은 carotene이다. 그밖에 크산토필, 크립토크산틴이 있으며 덜 익은 것에는 푸른색의 엽록소가 들어 있다. 따라서 가공용에 알맞은 토마토는 리코펜 함량이 높은 품종이어야 한다. 토마토는 주스, 퓨레, 케찹 등의 원료로 사용되고 미숙과는 절임용으로 사용된다.

① 토마토 주스

주스용 토마토는 진한 홍색으로 풍미가 높고 가용성 고형물이 많으며 씨 부분이 적은 주스용 품종이 좋다. 토마토 주스의 제조공정은 그림 7-4와 같다.

우선 토마토의 꼭지를 제거하고 세척한 후에 파손되지 않은 것으로 정선한다. 정선된 토마토를 파쇄하고 착즙기 또는 토마토 펄퍼를 사용하여 압착하고 사별을 한다. 가열없이 바로 파쇄하면(냉법) 풍미가 좋아진다. 소금, 설탕 및 향료 등의 첨가물을 가하여 조미한 다음 펄프를 더욱 미세하게 하기 위해 균질기로 처리한다. 115~120℃의 고온으로 살균하면 제품이 완성된다.

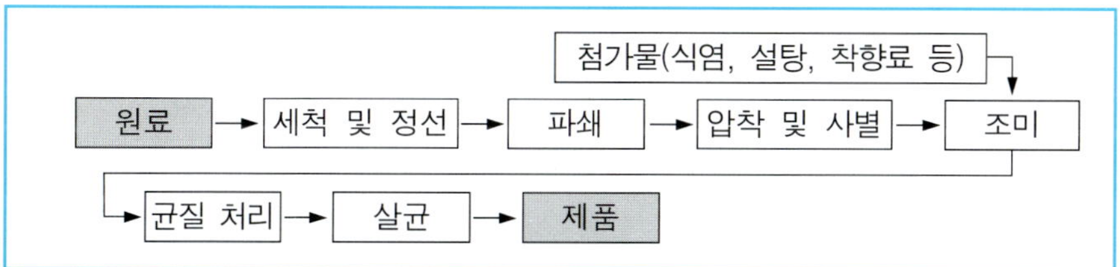

[그림 7-4] 토마토 주스의 제조공정

② 토마토 퓨레

원료 토마토를 펄핑하여 껍질 및 씨 등을 제거한 과육과 즙액인 토마토 펄프를 농축한 것을 토마토 퓨레라고 한다.

원료는 꼭지를 제거하고 세척, 선별한 후에 파쇄 한다. 이렇게 만들어진 토마토 펄프는 보통 비중이 1.019 정도가 되지만 이것을 가능한 저온에서 단시간에 농축하여 비중이 1.035~1.045가 되도록 한다. 완성된 토마토 퓨레는 바로 병 또는 통조림통에 담아 밀봉한다. 통조림은 90℃에서 10분간 살균하고 냉각시키면 제품이 완성된다.

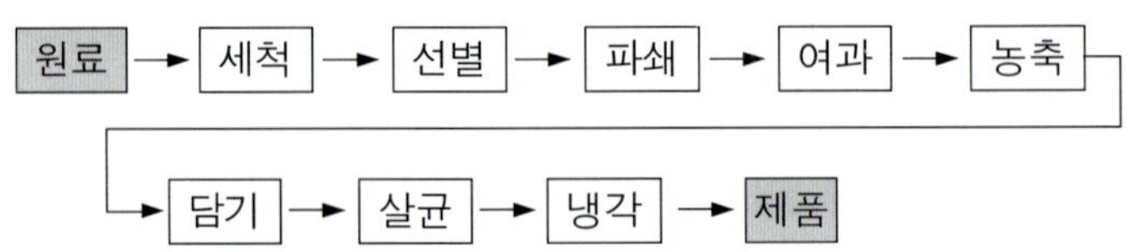

[그림 7-5] 토마토 퓨레의 제조공정

③ 토마토 케첩

보통 토마토 케첩은 토마토 페이스트와 토마토 퓨레에 여러 가지 향신료 등을 배합하여 농축한 제품이다. 토마토 케첩을 만들 때 대표적인 원료의 배합비는 퓨레 18 L, 양파 500 g, 마늘 50 g, 계피 27 g, 정향 15 g, 육두구 12 g, 고추 8 g, 후추 15 g, 설탕 2 kg, 소금 350 g, 10% 식초 1 L이다.

가열용기에 원료 퓨레를 넣고 비중이 1.06 정도가 될 때까지 농축한 다음 90℃가 되었을 때 초퍼로 간 파, 마늘이 섞인 조미채소즙을 넣는다. 이때 설탕의 일부를 넣는 것도 좋다. 그리고 잠시 농축하여 설탕을 넣고 잠시 가열하다가 고추, 후추, 계피, 정향 등의 향신료가루, 소금, 식초를 넣고 교반하여 가열 농축하며, 마지막의 비중이 1.12~1.13, 전고형물의 양이 25~30% 전후가 되게 완성시킨다. 농축이 끝나면 바로 가열을 중지하고 곧 케첩 중의 입자를 미세하게 균질화 한다. 이것을 90℃ 이하로 식기 전에 병에 담아 밀봉하여 제품으로 한다. 혹은, 균질화 시킨 것을 병에 담고 밀봉한 후에 살균하면 더 안전하다.

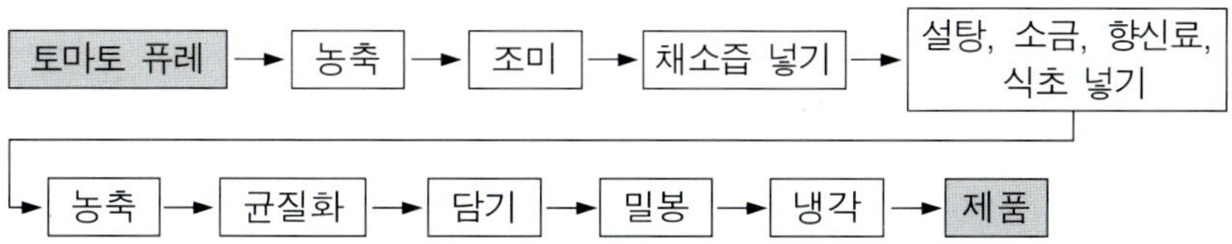

[그림 7-5] 토마토 케첩의 제조공정

4) 잼, 젤리와 마멀레이드

과즙 또는 과육에 설탕을 넣어 농축한·것으로 당류, 펙틴, 산의 겔화 된 제품을 말한다.

(1) 종류

① 잼(Jam)

과일 그대로 혹은 과육을 파쇄한 뒤에 설탕을 적당량 넣어 가열 농축한 것으로 과일 고유의 형태가 없어지고 상온에서는 젤리와 같은 외적 특성을 지닌다.

② 젤리(Jelly)

착즙한 과즙에 설탕을 넣어 가열 농축한 것으로 투명하며 광택이 있고 과일 특유의 향기와 색깔을 지닌다. 절단 시 절단면이 예리하고 매끄러우며 기울이면 흘러내리지 않고 원래 형태를 유지하는 특성이 있다.

③ 마멀레이드(Mamalade)

과즙, 과육, 과피 조각에 설탕을 넣어 가열 농축한 것으로, 대표적인 제품으로는 오렌지 마멀레이드가 있다.

(2) 젤리화의 원리

젤리화가 이루어지려면 과일 속에 당류, 펙틴, 산의 세 가지 성분이 적당하게 들어 있어야 한다.

① 당류

설탕, 포도당, 과당, 맥아당 등의 당류가 겔 형성에 효과적이다. 보통 설탕을 많이 사용하며 제품의 향기, 과육에 대한 당의 침투성, 당의 결정화 방지 등을 고려하여 포도당을 일부(약 20%) 대체하는 경우도 있다. 당농도가 높으면 겔화가 잘되지만 당결정이 생길 가능성도 커진다. 또 당농도가 너무 낮으면 젤리의 품질이 떨어지고 저장성도 낮아지므로 대략 62~65%의 당농도가 적당하다.

② 산(acid)

젤리화에 필요한 산은 함량보다는 pH로 나타내는데 젤리화에 적절한 pH는 3.0 내외이며, 식미를 고려할 경우 3.2~3.5 정도가 좋다. 2.8 이하가 되면 펙틴이 변해서(수분분리현상) 겔화능력이 떨어지고 높으면 젤리화가 일어나지 않고 단단해진다. 산의 양으로 볼 때 젖산은 0.3% 내외가 적당하다(표 7-3).

표 7-3 산도가 일정할 때 Jelly point에서 펙틴과 당과의 관계

펙틴량(%)	0.75	0.90	1.00	1.25	1.50	1.75	2.00	2.75	4.25	5.50
당함량(%)	–	65.0	62.0	54.0	52.0	51.0	49.5	48.0	45.0	43.0

(3) 펙틴질

식물 세포벽 사이에 존재하는 물에 녹지 않는 프로토펙틴(protopectin)은 과일이 익어감에 따라 물에 녹는 펙틴으로 변한다. 이런 변화는 산성 용액 중에서 가열할 때에도 일어난다. 지나치게 가열하거나 과숙 과일의 경우에 펙틴이 펙트산(pectic acid)이 되어 젤리화능력을 잃게 되므로 지나치게 익은 과일은 잼 원료로 적당하지 않으며 가열도 지나치게 해서는 안 된다. 젤리화에 이상적인 당류, 산류, 펙틴의 함량은 당 62~65% 정도, 산 pH 3.2~3.5 정도, 펙틴 0.2~1.5%이다. 이 세 가지 성분 사이에는 표 7-4와 같이 상호간에 밀접한 관계가 있다. 다시 말하면, 펙틴이 0.75% 이하일 때에는 설탕을 넣어도 젤리화가 일어나지 않지만 펙틴이 1.5%, 산이 3.05% 들

어 있으면 설탕 50%만 넣어도 젤리화가 일어난다. 펙틴이 1.5%이고 산이 0.3% 들어 있을 때에는 설탕을 61.5%를 넣어야 젤리화가 일어난다. 상업적으로는 산과 펙틴의 양이 많아 넣는 설탕의 양이 적게 하는 것이 좋다(표 7-4)

표 7-4 펙틴함량이 1.5%일 때 Jelly point에서 산과 당과의 관계(%)

구연산첨가량	총산량	당함량	구연산첨가량	총산량	당함량
0.00	0.05	75.0	1.50	1.55	52.0
0.12	0.17	64.0	1.75	1.75	52.0
0.25	0.30	61.5	2.00	20.5	50.5
0.50	0.55	56.5	2.50	2.55	50.0
0.75	0.75	56.5	3.00	3.05	50.0
1.00	1.05	53.5	3.50	3.55	50.0
1.25	1.30	53.5	4.00	4.05	50.0

(4) 잼의 제조

① 원료 과일

과일 나름대로의 향기와 맛, 색을 지니며 젤리화가 일어나는데 충분한 펙틴, 산, 당을 가지고 있어야 한다. 여러 과일에 들어있는 펙틴과 산의 량은 종류, 품종 및 숙도 등에 따라 상당한 차이를 나타낸다. 참고로 펙틴과 산의 양과 이에 따른 과일의 종류를 표 7-5에 나타내었다.

표 7-5 펙틴과 산량 및 이에 따른 과일의 종류

펙틴과 산량	과일의 종류
펙틴과 산이 적은 과일	서양배, 익은 복숭아, 과숙과일
펙틴과 산이 적당한 과일	익은 사과, 비파, 유럽포도
펙틴이 적고 산이 많은 과일	딸기, 살구
펙틴이 많고 산이 적은 과일	복숭아, 앵두, 무화과
펙틴과 산이 많은 과일	오렌지, 자두, 포도, 사과

② 원료의 전처리

과일은 여러 차례 깨끗한 물로 세척한 뒤에 꼭지를 따거나 껍질을 벗기고 핵을 제거하여 펄프를 만든다.

③ 가당 및 농축

원료에 대해 1:1의 비율로 설탕을 첨가하고 가열 농축시킨다. 이 때 과일에 들어있던 프로토펙틴이 분해되어 수용성 펙틴으로 추출된다. 이때 세 성분들이 용해되어 젤리화가 이루어지는데 너무 오래 가열 농축시키면 펙틴이 분해되고 설탕이 카라멜화를 일으켜 갈변이 생기고 향미와 풍미가 떨어진다. 따라서 15~30분 정도 가열하여 완성한다. 젤리 완성점(Jelly point)을 아래와 같은 방법으로 결정할 수 있다.

- 컵테스트 : 찬물이 들어있는 컵에 농축액을 떨어트려 중간에 흩어지지 않고 바닥까지 굳은 채로 가라앉으면 완성점에 도달한 것이다.
- 스푼테스트 : 잼을 나무 주걱으로 떠서 흘러내리는 상태로 결정하는 방법인데 방울이 져서 흐르면 덜 된 것이고 시럽처럼 방울지지 않고 흐르면 완성된 것이다.
- 온도계법 : 온도가 104℃ 내외이면 완성된 것이다.
- 당도계법 : 당도계의 눈금이 65% 내외이면 완성된 것이다.

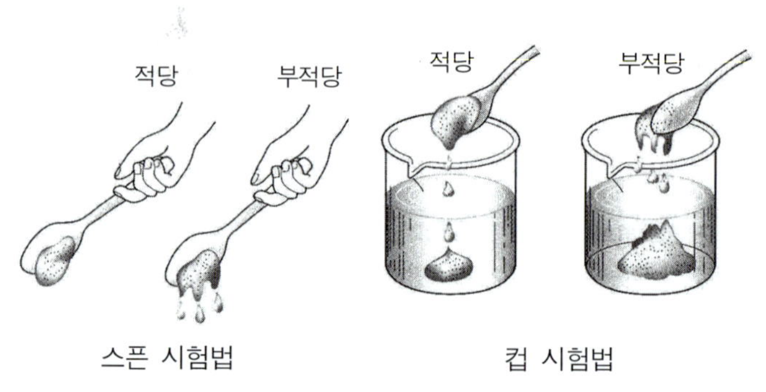

[그림 7-7] jelly point 결정법

④ 담기, 살균 및 냉각

살균한 유리병에 100℃ 이상으로 가열 농축한 잼을 담았을 때에는 별도의 살균이 필요 없지만 보통 80℃에서 약 30분간 끓는 물속에서 가열살균 처리한다. 고온에서 장시간 방치하면 변색이나 펙틴이 분해하므로 곧바로 실온까지 냉각시켜야 한다.

5) 침채류

채소류를 주원료로 해서 무, 파 등의 채소류를 소금으로 절이고 액젓, 마늘, 고춧가루와 같은 향신료 등을 섞어서 발효 숙성시킨 일종의 복합 발효 식품이다. 김치는 형태별로 보면 김치, 깍두기, 동치미, 절임, 장아치 등이 있고 약 187종에 이른다.

김치는 다음과 같은 유익한 점이 있다.

- 미각을 자극하여 식욕을 높인다.
- Na, Ca, K, Fe 등의 무기질과 비타민 B_1, 비타민 C를 공급한다.
- 섬유소의 주요 공급원이 되고 소화를 촉진하며 정장효과가 있다.

(1) 김치의 숙성

침채류의 숙성은 주로 삼투작용과 발효에 의해 일어나는데 김치, 초침류는 발효에 의해 숙성하고 술찌게미 절임류는 효소작용에 의해 숙성되는 것이며 무장아치류는 삼투작용에 기인한 것이다.

적당량의 소금으로 절이면 배추의 세포는 탈수되어 원형질막이 분리되면서 죽게 되고 여러 향미 물질들이 세포 내부로 침투된다. 김치의 숙성과정에서 주된 미생물의 작용은 젖산 발효이다. 이상젖산 발효로 당을 젖산, 초산, 사과산과 같은 유기산과 탄산가스를 만들어 김치의 상쾌한 맛을 지니게 하고 환경을 산성화하고 혐기적인 상태로 만들어 호기성 부패세균의 발육을 억제시키는 중요한 역할도 한다. 야생 이스트는 당을 알코올로 변화시켜 풍미를 향상시키는 효과가 있다.

김치를 장기간 숙성시키면 연부가 일어나서 불쾌취와 더불어 조직이 물러진다. 이는 펙틴분해효소인 펙틴에스테라아제(pectinesterase)와 연화효소인 폴리갈락투로나아제(polygalacturonase)의 작용으로 일어난다.

(2) 김치의 제조

배추김치를 만드는 일반제법은 그림 7-8과 같다.

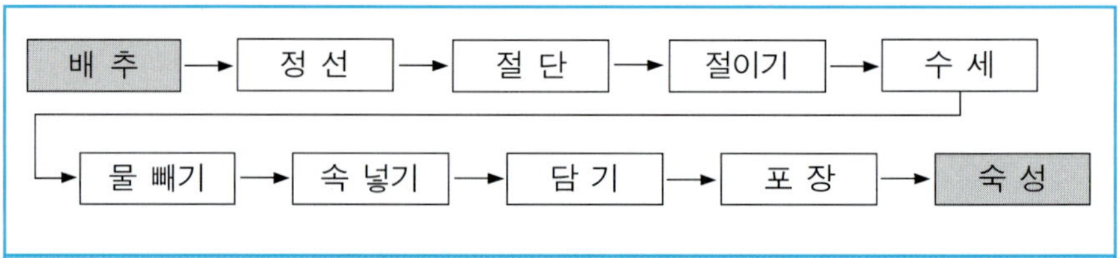

[그림 7-8] 배추김치의 제조 공정

① 원료의 전처리

배추의 겉잎을 제거하고 크기에 따라 1/2~1/4로 절단한다. 버무리기용 김치는 약 4 cm 정도의 크기로 절단한다.

② 절이기

천일염을 사용하여 소금물을 만들어 절이는 습식 절임(소금농도 약 11%)과 소금을 뿌리는 건식 절임이 있다. 대량으로 처리할 때에는 약 10℃의 온도에서 약 11%의 소금물에 담가 12시간 내외로 절인다.

③ 수세

절인 배추를 깨끗한 물로 수차례 헹궈 소금과 이물질을 제거하고 망으로 된 용기에 넣어 3~4시간 방치시켜 물기를 뺀다.

④ 속 넣기

준비된 무채, 마늘, 생강, 파, 고춧가루, 액젓 등을 함께 버무려 속을 준비한 뒤에, 일일이 손으로 속을 배추잎 사이사이에 넣어 마무리한다. 속을 준비할 때 찹쌀풀, 새우, 각종 과일류 등을 넣기도 한다.

⑤ 포장

500 g의 소포장부터 1~20 kg 단위로 포장한다. 속포장재는 PE/nylon필름을 사용하고 2차 포장은 PVC통이나 대형드럼 통을 사용한다.

⑥ 숙성

운송판매 여건에 따라 숙성온도를 조절하여 적절한 숙성도에 이르도록 저장한다.

(3) 김치의 평가

김치의 품질이 가장 양호한 경우는 5~10℃에서 숙성시켜 최종소금 농도가 3%, 산도가 0.3~0.7%, pH 4.2 정도일 때라 한다. 산도가 1.7~2.3%, pH 3.0에 이르면 아주 시어지고 산패가 일어난다. 유통 중에는 2~5℃에서 저장하면서 적정 숙성도에 이를 때 소비자가 소비하는 것이 바람직하다.

제8장 축산식품 가공

1. 식육 및 육가공

식육(meat)이란 일반적으로 식육생산을 목적으로 사육된 동물의 가식부(근육조직, 지방, 내장, 살가죽 등으로 뼈를 제외한 먹을 수 있는 모든 부위)를 말한다. 사육된 동물이란 야생동물이나 수렵동물을 제외한 소, 돼지, 면양, 토끼 등과 같은 가축과 닭, 오리, 칠면조, 거위 등과 같은 가금을 말한다.

우리나라의 식육소비량은 연평균 10% 정도씩 증가하고 있으며 식육 가공품의 소비도 크게 증가하고 있다.

1) 식육의 성상

식육의 성상은 동물의 종류와 나이는 물론 동물의 부위, 영양상태 등에 따라 각각 다르다.

(1) 근육조직

동물근육은 조직학적, 생리학적 기능에 따라서 가로무늬근(횡문근, 橫紋筋), 심근(心筋), 민무늬근(평활근, 平滑筋)의 3종류로 구분되지만 식육이란 주로 생체의 35~65%를 차지하는 가로무늬근을 말한다.

가로무늬근은 수의적으로 운동을 할 수 있으므로 수의근(隨意筋)이라고도 하며 골격에 붙어 있으므로 골격근(骨格筋)이라고도 한다.

소화관, 혈관, 자궁벽 등에 분포되어 있는 민무늬근은 그 운동이 수의적이 아니므로 불수의근이라고도 한다.

심근은 염통을 이루며 불수의적으로 운동하지만 형태적으로는 가로무늬근에 가깝다.

이들 근육 중에서 식용고기로 주로 이용되는 것은 가로무늬근인데 이에는 운동에 필요한 에너지와 영양소가 많이 들어 있다.

① 근육의 구조

근육을 이루는 가로무늬근은 많은 수의 근섬유(筋纖維, muscle fiber)와 결합조직(結合組織), 지방세포로 구성되어 있다.

크기가 10~100μm 정도 되는 길쭉한 근섬유 50~150개가 모여 하나의 근섬유 다발(근속, 筋束, muscle bundle)을 이루고 이들 근섬유 다발 50~60개가 모여서 보다 큰 근섬유 다발을 이룬다. 이것이 여러 개 모여 근육을 형성한다. 각 근섬유는 근막(筋膜)에 둘러싸여 서로 결합되어 근육을 이루는데 근막에는 혈관, 신경조직, 임파관 등의 결합조직이 분포되어 있고 때로는 지방도 침착되어 있다. 근육의 양끝에는 여러 개의 근막이 모여 힘살을 이루어 골막(骨膜)에 밀착되어 있다. 비육(肥肉)이 잘 된 경우는 지방세포가 근막에 골고루 침착되어 결합조직에 지방이 많이 들어있게 되는데 이렇게 되면 고기가 연해진다.

② 기타 조직

근육에 관계되는 기타 조직으로는 결합조직과 지방조직이 있다.

결합조직은 각 세포, 내장 등을 결합시키는 강인한 조직이며, 교원섬유(膠原纖維), 탄성섬유(彈性纖維), 세망섬유(細網纖維)로 구성되어 있고 동물체에 널리 분포되어 있다. 근육조직에는 근섬유의 근막, 근초, 혈관벽, 지방세포 등이 분포되어 있으며 이는 근육조직의 약 20% 이상을 차지하고 고기의 연도에 영향을 준다.

지방조직은 피하나 내장의 주위, 복강(腹腔) 등에 다량 축적되어 체온유지 및 내장보호 등의 작용을 하는 외에 고기의 맛, 연도, 긴밀도 등을 현저하게 높여 준다.

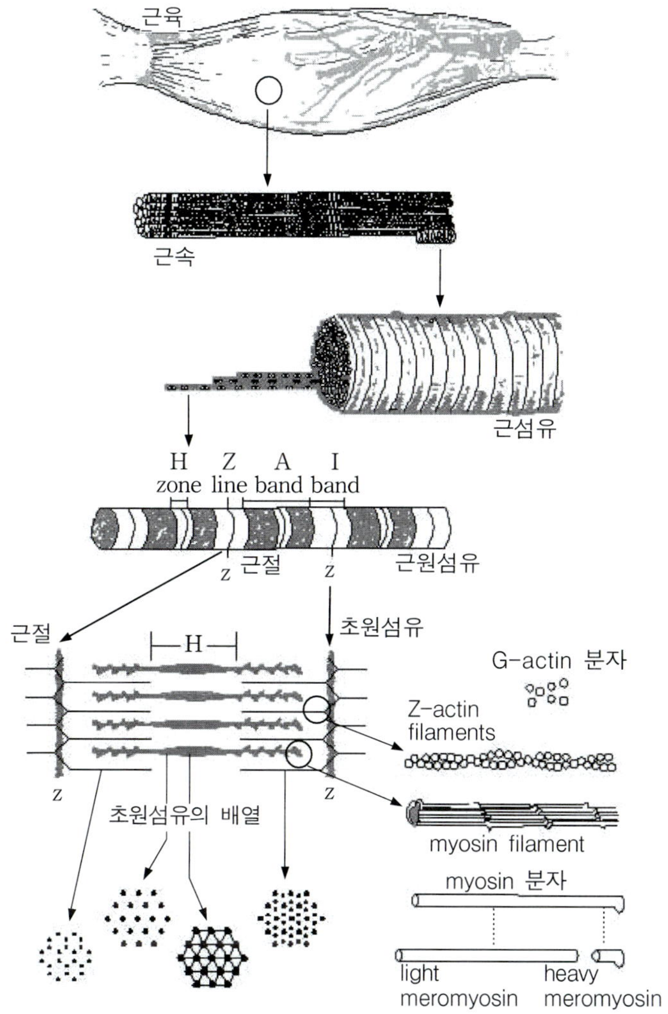

[그림 8-1] 골격근의 단위구조

2) 식육의 화학적 조성

식육의 화학적 조성은 동물의 종류, 품종, 성별, 나이, 영양상태, 도살방법, 도체부위 등에 따라 다르다.

식육의 주성분은 단백질과 지질이다. 단백질 함량은 식육의 종류, 부위에 관계없이 약 20% 정도 함유되어 있다. 지질은 식육의 성분 중에서 가장 변화가 많으며 지질함량과 수분함량은 반비례한다. 또한 어린 동물의 고기는 수분이 많고 지방이 적다. 탄수화물은 생리학적으로는 중요한 역할을 하지만 그 양은 극히 적다.

(1) 단백질

근육 중의 단백질은 용해성에 따라서 근장단백질(筋漿蛋白質), 근원섬유단백질(筋原纖維蛋白質), 육기질단백질(肉基質蛋白質)로 크게 나뉘며 이 중에서 근장단백질과 근원섬유단백질은 영양가가 높은 단백질이다.

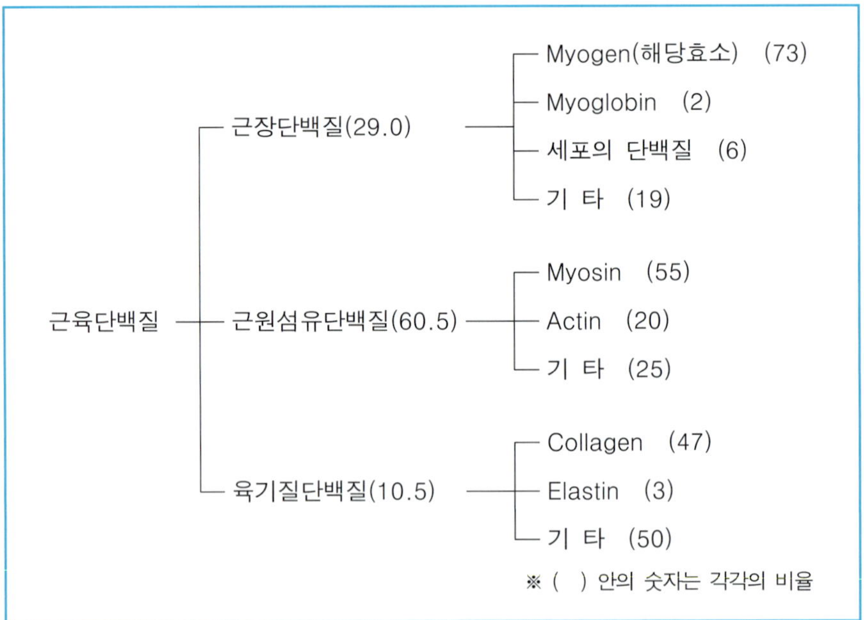

[그림 8-2] 식육단백질의 조성

① 근장단백질

수용성의 구상단백질로 가장 많은 양을 차지하는 것은 미오겐(myogen : 해당계에 관여하는 효소)이며 미오글로빈, 헤모글로빈, 치토크롬 C 등이 함유되어 있다. 미오글로빈은 색소단백질로 육의 색과 밀접한 관계가 있으며 근육세포 내에서 산소를 저장하는 중요한 단백질이다.

② 근원섬유단백질

근원섬유를 구성하는 섬유상단백질로 육기질단백질과 함께 근육의 구조를 이루며 근수축에 관여하기 때문에 근육구조단백질이라고 한다. 근육단백질의 약 50%를 차지하며 주성분은 액틴과 미오신이다. 미오신은 액틴과 결합하여 액토미오신이 되며 근육의 수축, 이완에 직접 관여한다.

③ 육기질단백질

건(腱) 등의 결합조직을 구성하고 조직을 지지, 결합하는 역할을 하는 섬유상 단백질로 알부미노이드에 속하는 콜라겐과 엘라스틴 등이 있다. 이 단백질의 많고 적음은 육의 경도와 관계가 있으며 동물은 나이가 들어감에 따라 콜라겐 등의 양이 증가하기 때문에 딱딱하게 된다. 콜라겐은 결합조직에 많고 엘라스틴은 근육과 골격을 연결하는 인대, 혈관벽 등에 많다. 콜라겐은 물에 녹지 않으나 물을 가하여 오래 가열하면 변성되어 가용성인 젤라틴으로 변하며 소화효소의 작용을 받기 쉬워진다. 콜라겐은 필수아미노산 중에서 함황아미노산과 트립토판이 거의 함유되어 있지 않은 영양가가 매우 낮은 단백질이다. 엘라스틴은 물과 같이 가열하여도 가용화되지 않으며 효소에 의한 저항성이 강하기 때문에 소화 흡수가 되지 않는다.

④ 식육단백질의 영양가

각종 식육단백질은 필수아미노산 중에서 함황아미노산과 트립토판이 약간 부족하지만 단백가가 76~90으로 전체적으로 균형이 잡힌 아미노산의 조성을 가지고 있어 영양가가 높다.

(2) 지질

식육의 성분 중에서 지질 함량은 변화가 가장 크고 그 성질도 동물의 종류, 조직, 연령, 사양조건, 부위 등에 따라서 다르다.

동물의 지질은 피하, 신장 주변, 근육 사이 등에 존재하는 축적지방과 근육조직 내, 장기조직 등에 함유되어 있는 조직지방으로 나뉜다. 축적지방의 약 90%는 중성지방이지만 그 함량이나 성질은 동물의 연령, 영양상태, 사료 등에 따라서 크게 변화한다. 가축의 비육에 따라서 근육 중에 있는 근속 주위의 결합조직에 지방의 침착이 생기는데 이를 근육 내 지방이라고 하며 지방이 침착된 고기를 상강육(霜降肉)이라고 한다. 조직지방은 중성지방이 적고 주로 인지질이며 그 외에 콜레스테롤과 당지질로 구성되어 있다. 조직지방은 사육상태 등의 외적요인에 따른 변화는 적다.

동물의 지질을 구성하는 지방산은 주로 포화지방산이므로 지질의 융점이 높아서 고체 상태로 존재한다. 동물의 종류나 부위에 따라서 지방의 굳기에 차이가 있는데 일반적으로 소, 양, 말, 토끼 등의 지방은 굳은 편이나 닭은 아주 연하고 돼지는 중간정도이다.

(3) 탄수화물

식육 중에 함유되어 있는 탄수화물은 1% 이하로 소량이며 대부분이 글리코겐이다. 글리코겐은 간장에는 2~3% 정도 함유되어 있지만 고기에는 0.5% 정도 함유되어 있다. 근육 중에는 포도당, 과당, 갈락토오스, 이노시톨 등이 미량 함유되어 있다. 또한 결합조직, 피하조직, 연골, 건 등에는 당단백질의 형태로 존재한다.

(4) 무기질

식육 중의 무기질 함량은 약 1% 전후로 K, P, S가 특히 많으며 Ca가 적은 것이 특징이다. 이와 같이 식육은 P와 S가 많이 들어 있어서 대표적인 산성식품에 속한다. Ca, Mg, Zn 등의 2가 금속은 고기의 보수성에 관여하기 때문에 육가공에 있어서 매우 중요하다.

(5) 비타민

식육에는 비타민 A, B_1, B_2, B_6, 나이아신, 비타민 C, E 등 여러 가지 비타민이 고르게 함유되어 있다. 식육에는 비타민 B군이 풍부하며 특히 돈육은 비타민 B_1의 함량이 높아서 비타민 B_1의 우수한 공급원이 되고 있다. 식육에는 비타민 C가 적게 함유되어 있지만 햄, 소시지류에는 비타민 C의 함량이 높다. 이는 햄이나 소시지를 제조하는 과정에서 발색안정제인 아스코르빈산나트륨(sodium ascorbate)을 첨가하기 때문이다. 장기에는 각종 비타민 함량이 높으며 특히 간장에는 비타민 A가 많다.

(6) 추출분(extract)

고기를 뜨거운 물로 침출하여 얻은 성분을 넓은 의미로 추출분이라 하며 전 고형물의 약 2%에 이른다. 여기에는 K, Na, Ca, Cl 등의 무기물이 약 1.4% 성도 비단백성 질소화합물과 무질소 유기물 등의 유기물이 약 0.6% 정도 들어 있다. 추출분 중의 유기물은 좁은 의미의 추출분이라고도 하며 고기 맛의 주성분을 이루는데 숙성이 진행됨에 따라서 그 함량이 증가한다. 질소화합물로는 아미노산, 펩티드, 여러 가지 염기(크레아티닌, 카르노신, 글루타민, 이노신산 등)가 들어 있어 고기의 감칠맛을 내며 무질소 유기물에는 젖산, 아세트산 등의 신맛을 내는 것과 포도당, 과당, 갈락토오스 등의 단맛을 내는 것이 있어 이들 성분 모두가 합해져서 고기의 특이한 맛을 낸다.

3) 근육의 사후 변화

도살된 동물의 고기는 일반적으로 처음에는 굳어졌다가 차차 연화가 일어나는데 이와 같은 변화를 고기의 숙성(熟成)이라고 한다. 이 숙성에 의하여 고기가 연화되면 단백질의 일부가 분해되어 아미노산이 많아지므로 미생물이 잘 발육하게 되어 부패하기 쉽게 된다.

(1) 사후강직(死後强直)

동물을 도살한 뒤 시간이 경과함에 따라서 근육은 굳어지며 신전성(伸展性)이 없어지는데 이와 같은 현상을 사후강직이라고 한다. 강직이 일어나는 원인은 근원섬유단백질인 액틴과 미오신 사이에 불가역적이고 영구적인 상호결합이 형성되기 때문이다.

사후강직과 근육 내 에너지 대사와는 밀접한 상호관계를 갖는데 이는 ATP가 수축된 근육을 이완시키는데 관여하기 때문이다. 동물이 죽은 뒤 근육 속에 존재하는 글리코겐은 분해되어 젖산으로 변하면서 ATP를 생산한다. 그러나 시간이 경과함에 따라서 글리코겐이 고갈되고 pH가 최종 pH에 도달하게 되면 ATP의 생산이 중단되고 근육 중의 ATP가 고갈된다. ATP가 고갈되면 액틴과 미오신 사이의 불가역적인 결합이 생성되어 유연성과 신전성이 저하하게 되고 딱딱하게 굳어지게 된다.

사후강직과 도체의 pH 변화는 밀접한 관계를 갖는다. 즉, 사후에 pH의 변화가 거의 없거나 pH 저하가 급속한 경우는 사후강직의 개시와 완료가 빨리 오게 된다. pH 변화가 거의 없는 경우는 심한 피로나 스트레스 등으로 인하여 근육 내의 글리코겐이 도살 전에 거의 고갈된 상태로 사후에 해당작용이 미미하고 ATP 생산이 적어서 강직이 빨리 오게 되는 것이다. 한편 pH 저하가 급속한 경우는 근육 내의 글리코겐이 사후 단시간에 급속히 분해되어 일찍 고갈되거나 젖산의 축적으로 인하여 pH가 낮아져 해당작용이 억제되므로 ATP 생산이 오랜 시간동안 지속되지 못하기 때문에 ATP가 일찍 고갈되어 강직이 빨리 오게 되는 것이다. 정상적인 pH 변화를 보이는 근육은 사후강직 현상이 보다 오랜 시간에 걸쳐 서서히 진행된다.

사후강직 도중에 발생하는 pH의 저하는 육의 보수력에 영향을 준다. 근육 중에 있는 수분은 근육의 수축정도에 따라서 액즙의 형태로 분리되기 때문에 강직의 최대기에는 유리 액즙량이 최대로 되며 보수력은 최소가 된다. 강직 시의 고기는 가열조리하여도 부드럽지 못하여 맛이 없고 보수력이 작기 때문에 가열손실이 커서 식용으로 적당하지 못하므로 숙성과정을 거쳐서 식용하게 된다.

사후강직현상은 동물의 나이와 영양, 도살방법 및 온도에 따라서 차이가 난다. 일반적으로 어린 것은 나이 먹은 것에 비하여 사후강직이 빠르며 영양 상태가 나쁘거나 도살 전에 스트레스를 많이 받으면 사후강직이 빠르다. 강직의 지속시간은 여름철에는 40시간 정도이나 겨울철에는 70~80시간까지 지속된다.

(2) 숙성

강직이 일어났던 고기는 시간이 지나면 차차 연화된다. 이는 고기에 들어 있는 효소의 작용으로 인하여 고기성분이 분해되는 자기소화가 일어나기 때문이다. 이 작용으로 인하여 단백질은 가용성 단백질과 아미노산 등으로 변하고 근육은 연해지며 이노신산의 생성으로 인하여 풍미가 좋아진다. 강직기를 거쳐 연화기까지 저장하여 이 변화를 인위적으로 진행시키는 것을 숙성이라고 한다.

숙성에 요하는 시간은 식육의 종류와 저장온도 등의 조건에 따라서 다르며 2~4℃에 저장하는 경우 닭고기는 2일, 돼지고기는 3~5일, 소고기는 10일 정도면 숙성이 완료되며 온도가 높으면 숙성기간이 짧아진다. 숙성은 온도가 높으면 빨리 일어나지만 부패되기 쉬우므로 고기의 숙성은 냉장온도에서 하는 것이 좋다.

(3) 부패

효소에 의하여 단백질이 분해되고 가용성 질소화합물이 증가된 고기는 흡수성이나 점착성이 없으며 세균의 번식에 알맞은 상태가 된다. 아미노산과 같은 간단한 질소화합물이 생겨서 오염된 세균의 영양원이 된다. 세균이 증식하면서 단백질을 분해하고 아미노산의 탈탄산 또는 탈아미노 반응 등의 변화를 진행시켜 부패를 일으킨다. 고기가 부패되면 흑갈색으로 변하고 윤기가 없어지며 나쁜 냄새가 난다.

4) 육가공의 원리

육가공(meat processing)은 엄선된 원료를 이용하여 원료육의 물리적, 화학적 성질을 잘 응용하여 보다 안전하고 질이 좋은 제품을 만드는 과정이다. 육가공품의 종류에 따라서 약간의 차이가 있으나 대체적으로 선육(selection), 염지(curing), 혼합(blending), 훈연(smoking), 가열(cooking), 유화(emulsification), 냉각(cooling) 등의 공정을 거치게 된다.

(1) 원료육의 기능적 특성

① 유화성

유화형 육가공품에서 유화는 제품 품질의 중요한 요소로 유화능은 원료육의 단위 무게당 또는 단백질 단위 그램당 유화할 수 있는 지방의 양을 말하고 유화안정성은 유화조직을 가열처리할 때 지방과 수분이 분리되는 정도를 말한다.

유화능과 유화안정성은 염지제 특히 소금과 인산염에 의하여 추출되는 염용성 단백질에 정비례하는데 근원섬유단백질이 많고 결체조직이 적은 신선한 살코기일수록 유화성이 우수하다고 할 수 있다. 지방함량이 많은 고기일수록 살코기에 비해 유화성이 떨어지고 pH가 낮은 PSE(pale, soft, exudative) 근육은 단백질의 변성이 많고 단백질의 용해도가 떨어져 pH가 높은 DFD (dark, firm, dry) 근육이나 정상근육에 비해 유화성이 떨어진다. 기계발골육은 수동발골육에 비하여 지방이 많고 결체조직함량이 높아 유화성이 떨어진다. 냉동육은 신선육에 비해 대체로 유화성이 약간 떨어진다.

② 보수성

보수성(water holding capacity)은 고기의 압착, 가열, 세절 등의 처리를 하는 동안 원래 고기가 가지고 있던 수분이나 외부로부터 첨가된 수분을 그대로 유지하는 능력을 말한다. 고기의 보수성은 고기의 처리공정에서 동결, 해동, 세절, 염지, 가열, 건조 등에 영향을 미치고 육제품의 텍스쳐(texture), 연도, 색조 등에 영향을 미친다.

원료육의 보수성은 가축의 종류, 근육의 종류, 근육의 pH, 수축정도 등에 의하여 영향을 받는다. 적절한 사전취급, 도살방법, 사후취급 등에 의하여 생산된 고기는 완만한 pH 저하를 보이며 보수성은 높다. 사후강직, 저온단축, 고온단축 또는 해동강직 등에 의해 근육의 단축도가 높은 고기일수록 액틴과 미오신간의 결합이 많고 근섬유간의 간격이 좁아져서 물분자가 존재할 수 있는 공간이 적어서 보수력이 떨어지게 된다. PSE 근육과 같이 pH 저하속도가 빠르고 최종 pH가 낮은 고기는 보수성이 낮아 가공 시 감량이 많고 조직이 불량하다. 반대로 pH가 아주 높은 DFD 근육을 비롯하여 pH가 높은 근육은 보수성과 결착력이 높다. 고기의 가공처리에 있어서는 보통 pH의 변화가 일어나는데 육의 보수성은 등전점에서 최소가 되고 산이나 알카리의 첨가에 의하여 보수성은 증가한다. 상강도가 높은 고기가 보수력이 높으며 적당하게 냉동보존되지 못한 냉동육은 보수력이 떨어지는데 이는 근육 표면의 탈수, 단백질 변성, 근육조직의 파괴에 기인한다.

③ 결착력

결착력(binding property)이란 보수성과 고기 덩어리간의 표면결착력을 의미한다. 고기 덩어리간의 결착은 고기 덩어리에 염지제를 가하여 마사지(massaging) 또는 텀블링(tumbling)할 때 고기 표면에 추출되는 염용성 단백질이 가열처리 과정에서 응고함으로써 형성되는 것이므로 유화성과 보수력이 높은 양질의 고기가 고기 덩어리간의 결착력도 좋다.

④ 육색소 함량

가축의 종류, 연령, 운동량, 근육의 부위에 따라서 육색소의 함량이 다르다. 반건조 소시지의 경우에 진한 발색이 요구되므로 소고기와 양고기의 사용비율이 비교적 높고 돼지고기와 닭고기의 사용량은 제한되는 것이 보편적이다.

(2) 염지

① 염지의 목적

염지(curing)란 본래 고기를 소금에 절여서 장기보존이 가능하도록 하기 위한 조작을 뜻하는 것이지만 최근에는 냉장, 냉동 등 장기보존방법이 발달하였기 때문에 염지 본래의 의미가 크게 바뀌어 소금 이외에 아질산염, 질산염, 설탕, 화학조미료, 인산염 등의 여러 가지 염지제로 원료육을 처리하는 것을 말하며 햄이나 베이컨을 제조할 때 실시하는 기본조작으로 중요한 공정 중의 하나이다.

염지의 목적은 고기 중의 육색소를 화학적으로 고정시켜서 신선한 고기의 색을 그대로 유지시키며 고기 중의 육단백질의 용해성을 높여 보수성, 결착성을 증가시키고 고기의 보존성을 향상시킴과 동시에 고기를 숙성시켜 독특한 풍미를 갖게 하는 것이다.

② 염지방법

염지방법에는 건염법, 액염법, 염지액 주사법, 변압염지법, 압착염지법, 마사지·텀블링법, 가온염지법 등이 있다. 여기서는 마사지·텀블링법과 가온염지법만 설명한다. 나머지는 이미 126쪽에서 설명하였다.

ⓐ 마사지·텀블링법

마사지·텀블링법은 대형의 원료고기나 염지액 주사법으로 염지한 육을 마사저(massager) 또는 텀블러(tumbler)에 넣어 일정시간동안 연속적으로 또는 단속적으로 부벼대거나 흔들어 대는 것이다. 이렇게 하면 육조직의 일부가 파괴되고 고기표면이 끈적끈적하도록 염용성 육단백질이 추출된다. 이렇게 처리된 고기를 충전, 가열하면 추출된 단백질이 응고, 결착하므로 고기덩어리간의 결착력이 향상되어 일정한 크기와 형태를 갖는 제품을 생산하는데 이용된다.

ⓑ 가온염지법

가온염지법은 액염 시 염지액을 염지탱크와 보조탱크 사이를 환류시켜 보조탱크에서 가온하고 액의 온도를 50℃로 유지하는 방법이다. 이 방법으로 염지하면 고기의 자기소화를 촉진하여 풍미, 연도 등이 좋아지는 이점이 있으나 관리에 실패할 경우 대량의 고기를 부패시킬 우려가 있다.

③ 염지용 재료

염지용 재료로는 소금, 육색 고정제, 당류, 중합인산염 등이 사용된다.

ⓐ 소금

소금은 염지에 있어서 가장 필요한 기본적인 것으로 주성분은 NaCl이나 $MgCl_2$, $MgSO_4$, $CaSO_4$ 등의 불순물이 포함되어 있다. 순수한 소금은 순수한 짠맛을 가지나 불순물인 Mg 이온을 많이 함유하면 쓴맛이 난다. 염지 시에는 순도가 높은 정제염을 사용하며 사용량은 건염지의 경우 고기 중량에 대하여 1.0~2.5% 정도 첨가한다. 염지 후 염지가 너무 강할 경우에는 냉수나 온수에 침지하여 염미농도를 조절할 수 있다. 소금의 첨가효과는 고기 조직 내의 탈수에 의한 삼투압의 변화로 미생물의 발육을 억제하며 저장성을 증가시키고 고기에 소금의 맛을 부여하며 기호성을 높이고 염용성 단백질의 용해성을 높여 고기의 보수성을 향상시킨다.

ⓑ 육색고정제

육색고정제는 고기 자체의 육색소를 고정시켜 고기의 육색을 그대로 유지하는 것이 주목적이며 또한 염지된 고기의 풍미를 좋게 하고 식중독을 일으키는 미생물인 *Clostridium botulinum*의 성장을 억제하는 역할을 하므로 제품의 안전을 위하여 사용되어야 하지만 발암물질인 니트로사민(nitrosamine)을 생성하기 때문에 사용허가기준 이내로만 사용되어야만 한다. 육색고정제로는 아질산나트륨, 질산나트륨, 질산칼륨이 있으며 육색고정 보조제로는 아스코르빈산(ascorbic acid)이 사용된다. 육색고정제는 육가공품에는 고기 중량 대비 0.07 g/kg 이하로, 어육가공품에는 0.05 g/kg 이하로 사용된다.

ⓒ **당류**

당류의 첨가는 풍미를 좋게 하며 수분의 건조를 막고 고기를 연하게 하는 효과를 나타낸다. 당류로는 설탕, 물엿, 포도당, 솔비톨 등이 사용된다.

ⓓ **중합인산염**

중합인산염은 고기갈이 중 염용성 단백질인 액토미오신을 액틴과 미오신으로 분해하는 작용이 있고 분해된 단백질은 그 계면활성작용에 의하여 고기 중의 지방에 대해 유화제로 작용하는 성질이 있다. 또한 알칼리토금속류와 착염을 형성하여 제거되므로 고기의 보수성을 높이고 유화안정성을 높인다. 중합인산염으로는 sodium phosphate(Na_3PO_4), sodium pyrophosphate ($Na_4P_2O_7$), sodium tripolyphosphate($Na_5P_3O_{10}$), sodium hexametaphosphate($(NaPO_3)_6$), potassium metaphosphate($(KPO_3)_n$) 등이 사용된다.

(3) 염지와 가열 중의 육색고정

고기의 색소 중 중요한 것은 미오글로빈과 헤모글로빈이다. 미오글로빈은 근육의 주된 색소이며 헤모글로빈은 혈액의 주된 색소이다. 살아 있는 동물의 근육에는 헤모글로빈이 미오글로빈보다 많이 들어 있지만 도살 중 방혈되므로 고기 중에 존재하는 미오글로빈의 함량은 전 색소의 약 80~90%에 달한다. 미오글로빈은 1분자의 헴(heme)과 1분자의 글로빈이 결합한 것으로 산소를 저장하는 역할을 하며, 헤모글로빈은 4분자의 헴과 4분자의 글로빈이 결합한 것으로 산소를 운반하는 역할을 한다.

살아 있는 동물조직에서는 미오글로빈과 헤모글로빈의 환원형(암적색)과 산화형(선홍색)이 평형상태를 이루고 있으나 도살 후에 산소공급이 중단되면 색소는 어두운 암적색을 띄게 된다. 미오글로빈은 산소 존재상태에서 산화하거나 산소화한다. 산소분압이 낮으면 메트미오글로빈으로 되고 산소분압이 높으면 옥시미오글로빈이 형성되기 쉽다. 사후에는 메트미오글로빈의 형성이 활발하여지고 고기의 색은 갈색으로 된다. 그러나 육가공 시 염지에 사용된 육색고정제 중 질산염을 사용할 경우 고기 자체에 존재하는 질산염 환원균에 의하여 부분적으로 아질산염이 생성되고 이 아질산염은 미오글로빈과 반응하여 메트미오글로빈을 생성시킨다. 동시에 아질산은 색소고정제로 첨가된 환원제인 아스코르브산과 반응 중간체를 형성하고 이 중간체로부터 서서히 일산화질소가 생성된다. 한편 아질산염은 고기자체의 해당과정에 의해 생성된 젖산과 반응하여 아질산과 젖산염이 생성되며 이 아질산은 고기의 환원작용에 의해 일산화질소가 생성되고 이것이 고기 중의 미오글로빈과 반응하여 적색의 니트로소미오글로빈을 생성한다.

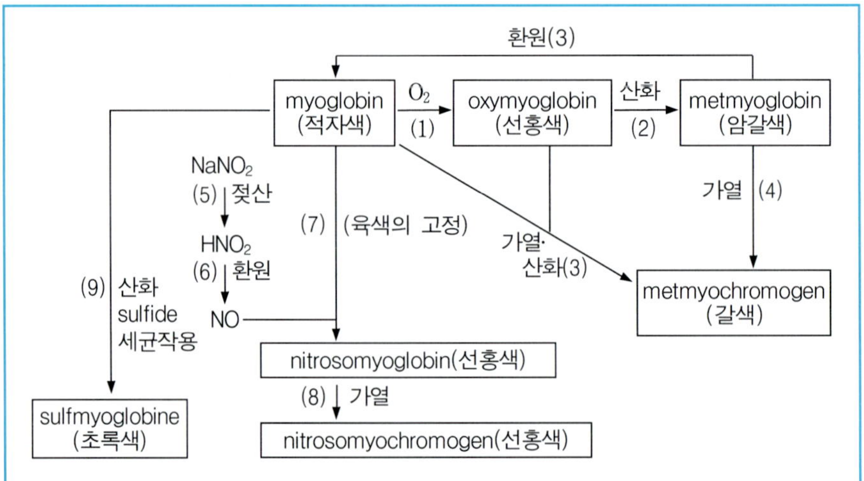

[그림 8-3] 육색의 변화와 고정

(4) 혼합 및 유화

① 세절

세절(grinding)은 사일런트 커터(silent cutter)에서 혼합공정을 용이하게 하기 위하여 세절기로 고기를 잘게 갈아 전체입자를 균일한 크기로 만드는 공정이다. 고기를 세절함으로써 다른 종류의 부재료들이 충분히 혼화되게 할 수 있다. 큰 덩어리의 육괴를 작게 세절하면서 혼화하려면 많은 시간이 소요되지만 미리 세절처리하면 배합을 용이하게 할 수 있다. 세절 작업 시 주의해야 할 점은 세절 작업 중 고기의 온도가 상승하면 고기의 보수력이 저하하고 제품의 품질이 나빠진다는 점이다.

② 유화

유화(emulsification)는 소시지의 품질을 결정하는 주요한 공정으로 원료 중의 단백질과 지방이 수분과 친화되도록 하는 것이다. 세절한 고기를 사일런트 커터를 이용하여 더욱 곱게 세절하여 충분한 점착성을 생성시켜 조미료, 향신료 등을 혼합하고 고기 중의 염용성 단백질을 충분히 추출하여 단백질과 지방 및 물을 유화시키는데 그 목적이 있다.

세절된 고기를 사일런트 커터에 넣고 1차 작동시켜 미세하게 세절하여 결착성이 형성된 상태에 얼음을 넣고 작동시킨다. 얼음을 사용하는 이유는 온도상승을 방지하여 양호한 유화상태를 얻기 위함이다. 다음 필요량의 조미료, 향신료, 증량제, 결착제를 첨가하고 혼화시켜 전체 고기에 충분한 결착력이 생기면 마지막으로 지방을 첨가하고 커팅 작업을 완료한다. 사일런트 커터 작업 시 고기의 온도는 13℃ 이하로 유지하면서 실시하고 얼음은 원료육에 대하여 10~25% 정도 사용한다.

③ 혼합

혼합(mixing)은 고기에 형태적 변화를 주지 아니하고 다른 부재료들과 섞는 작업이다. 주로 프레스햄의 가공 시 고기 덩어리의 결착 혹은 세절된 결착육과 부재료를 함께 섞어줄 목적으로 시행하며 미트 믹서(meat mixer)가 이용된다. 혼합시간은 혼합기의 회전속도나 능력, 제품의 종류, 결착제의 첨가유무 등에 따라 다르지만 5~10분 정도가 적당하다.

(5) 훈연

① 훈연의 의의

훈연(smoking)은 식품의 장기적인 보존방법인 염장, 건조와 함께 인류가 사용한 가장 오래된 식품보존방법 중의 하나이다. 그러나 최근에는 냉장, 냉동 또는 첨가물에 의한 보존방법이 발달함에 따라서 훈연의 저장효과에 대한 중요성은 감소되었고 오히려 풍미와 외관을 좋게 하는 방법으로 이용되고 있다.

② 훈연의 목적과 성분

훈연의 주요 목적은 제품에 연기성분을 침투시켜 보존성을 향상시키며, 연기성분에 의해 훈연제품 특유의 색과 풍미를 증진시키고 육색의 고정이 촉진되며 지방의 산화를 방지하는 것이다.

훈연 시 발생하는 연기성분인 유기산, 알데히드, 알코올, 페놀 등이 고기의 중심으로 침입, 흡착되는 것과 동시에 페놀과 포름알데히드의 축합에 의하여 수지상의 막이 고기의 표면에 도포되어 독특한 향미와 다갈색의 훈연색을 나타내게 된다. 또한 가열에 의하여 온도가 상승함에 따라 근육단백질의 열변성이 발생하게 되고 이 때 생성되는 -SH의 환원작용에 의하여 아름다운 적색의 발색이 촉진된다.

③ 훈연목재

경성목재의 훈연재료로는 오오크(떡갈나무), 너도밤나무, 오리나무 등이 있으며, 이 훈연재료에는 타르 성분이 함유되어 있다. 또한 발연 시 페놀류와 같은 휘발성 성분이 발생되는데 이 성분들은 육제품의 풍미와 보존성 증진에 크게 기여하는 매우 중요한 성분이다.

연성목재의 훈연재료로는 침엽수계통의 목재인 소나무, 낙엽송 등이 있다. 이 훈연재료는 경성재료와 훈연 첨가제 등과 함께 사용되며 육제품에 흑색의 착색효과를 기대할 때 이용된다.

④ 발연방법

톱밥 혹은 대패밥을 서서히 태우면서 연기를 발생시키는데 이 때 훈연재료는 활발히 타서는 안 되며 불꽃이 피지 않은 상태로 타야 한다. 이러한 상태에서는 양호한 풍미를 갖는 낮은 온도의 연기가 많이 발생하기 때문에 타는 속도는 반드시 천천히 진행되어야 한다.

연소는 산소의 존재 하에서만 진행된다. 연기의 순환은 발화지역에 산소를 공급해주며 연기의 이동을 유도하기 때문에 연기는 반드시 순환되어야 한다. 연기의 순환이 제대로 이루어지지 않으면 산소의 공급이 제대로 되지 않아서 다량의 산, 독성을 지닌 일산화탄소, 불쾌한 냄새성분이 생성된다.

⑤ 훈연방법

훈연방법(131쪽 참조)에는 냉훈법, 온훈법, 고온훈연법 등의 방법이 있다.

(6) 가열

① 가열의 목적

육가공 공정 중 가열처리의 목적은 미생물이나 효소를 불활성화시켜 저장기간을 연장하고 근육단백질을 열변성시켜 응고시킴으로써 바람직한 조직을 부여하고 향미의 생성과 염지육의 육색 안정화를 도모하고 고기조직을 완전하게 식용 가능한 상태로 만들기 위함이다.

② 가열방법

가열방법으로는 건열조리, 습열조리, 저온살균, 고온살균 등이 있다.

A. 건열조리

건열조리(dry cooking)는 높은 온도의 건조상태에서 가열하는 것으로 로스팅(oven roasting), 브로일링(oven broiling) 등을 뜻하고 건열조리는 비교적 조직이 연한 고기의 조리에 이용된다. 기름 중에서 프라잉(frying)하거나 프라이팬에 조리하는 것도 이 방법에 해당된다.

B. 습열조리

습열조리(moist cooking)는 뜨거운 수증기나 액체에 넣어 가열하여 익히는 방법으로 수분의 재순환과 수증기의 농축이 가능하므로 비교적 열효율이 높다. 습열조리는 결체조직 단백질 중 교원섬유단백질인 콜라겐을 젤라틴으로 변화시키는데 효과가 좋으므로 질긴 고기를 가열하는데 효과적이다.

C. 저온살균

저온살균(pasteurization)은 식품에 생존하고 있는 무포자 세균의 일부를 사멸시켜 저장기간을 연장하기 위한 살균법이다. 통조림제품을 제외하고 대부분의 육가공품은 60~80℃의 저온살균으로 가열처리되고 있다.

D. 고온살균

고온살균(sterilization)은 영양세포를 사멸시키고 일부 포자를 불활성화시키는 살균방법이다. 육가공품 제조에서 고온살균법은 육제품의 중심온도 100℃ 내외의 상압에서 장시간 가열하는 방법과 115~121℃에서 단시간 가압에 의하여 살균하는 방법이 있다.

2. 햄

1) 햄

햄(ham)이란 영어로 돼지의 뒷다리를 가르키는 말로 어원은 중국어인 함육(鹹肉) 즉 염육(鹽肉)에서 기인하였다. 햄은 돼지고기를 부위에 따라 분리시켜 정형, 염지한 후 훈연하거나 열처리한 것으로 수분 72% 이하, 조지방 10% 이하의 것을 말하며 원료육의 부위에 따라 분류한다.

(1) 본레스 햄의 제조

본레스 햄의 일반적인 제조공정은 그림 8-4와 같다.

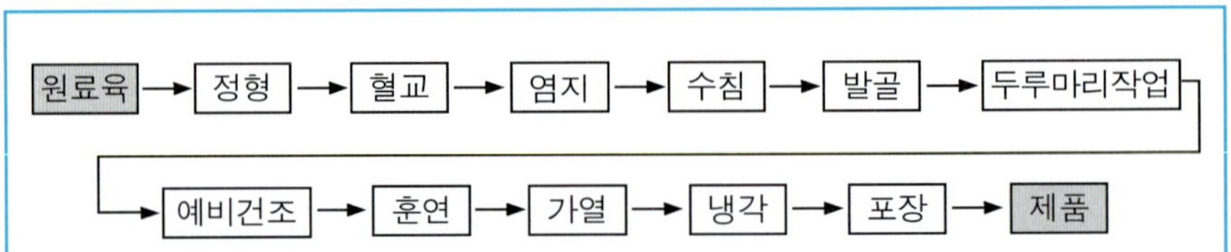

[그림 8-4] 본레스 햄의 제조공정

① 원료육의 처리

본레스 햄(boneless ham)은 돼지의 뒷다리를 사용하여 뼈를 제거해서 만든 것으로 원료로 이용되는 뒷다리 고기를 취하는 방법에 따라 숏컷 스타일(short cut style)과 롱컷 스타일(long cut style)의 2가지가 있다. 원료 돼지가 비교적 대형인 경우에는 몸의 부분을 길게 하고 뒷다리 부분을 짧게 하기 때문에 이것을 숏컷 스타일이라고 하며 원료 돼지가 비교적 소형인 경우에는 몸의 부분을 짧게 하고 뒷다리 부분을 길게 절단하기 때문에 이것을 롱컷 스타일이라고 한다. 이와 같이 얻은 원료육은 10℃ 이하의 냉장고에 보관하면서 가공처리한다.

② 혈교

원료육에서 일차적으로 핏물을 제거하는 작업을 혈교(precuring)라고 한다. 혈교작업은 원료육 중량에 대하여 2~3%의 식염과 0.15~0.25%의 질산칼륨의 혼합염을 고기의 표면에 잘 스며들도록 균등하게 건염법으로 바른 다음 2~4℃에서 1~2일간 유지하는 것이다. 혼합염에는 아질산나트륨을 0.01~0.02% 정도 가하여 사용할 때도 있다.

혈교의 목적은 가장 오염되기 쉬운 고기표면에서의 세균번식을 억제하고 식염의 탈수작용에 의해 부패하기 쉬운 상태로 남아 있는 혈액 등을 제거하여 고기의 부패를 방지하며 고기에 염미를 부여하고 발색을 촉진하는 것이다. 방혈을 잘하고 청결하게 처리된 원료육은 혈교공정이 필요없지만 안전을 위하여 대부분 혈교를 실시한다.

③ 염지

염지란 본래 고기를 소금에 절여서 장기보존이 가능하도록 하기 위한 조작을 의미하지만 최근에는 염지 본래의 목적이 크게 바뀌어 풍미향상 및 고기의 물리적 특성을 개선하기 위하여 실시한다. 염지방법으로는 건염법이 주로 실시되는데 염지제의 종류로는 소금, 아질산나트륨, 설탕, 화학조미료, 아스코르빈산나트륨, 중합인산염 등이 있으며 필요에 따라서 염지제의 종류를 조절할 수 있다.

염지제는 잘 혼합하여 3등분하여 1/3을 고기의 표면에 고루 바르면서 마사지하여 염지상자에 등지방층이 아래 방향이 되도록 쌓는다. 다음 5일 후에 1/3의 염지제로 염지하고 10일 후에 나머지 1/3을 이용하여 같은 방법으로 염지한 후 고기 kg 당 7일 동안 염지를 실시한다. 이 때 염지실의 온도는 4~5℃의 냉장온도로 유지하고 비닐로 표면을 잘 덮어 공기가 통하지 않게 하여 변패를 방지한다.

액염법으로 염지할 경우는 정제수 20 L를 1차로 가열하여 식힌 다음 여기에 염지제를 용해시켜 고기가 담긴 염지통에 넣어 액에 잠기도록 한 다음 뜨지 않도록 누름돌로 눌러 놓는다.

④ 수침

염지를 마친 고기는 염지제의 분포상태가 균일하지 않거나 혈교작업에 의한 식염의 침투량이 많아서 염미가 강하기 때문에 고기를 깨끗한 물속에 넣어 염분을 제거하여 적당한 염미를 가지도록 하는 작업을 수침(soaking)이라고 한다. 이를 통하여 원료육의 표면에 부착된 오염물질이 제거되므로 청결을 유지하는 효과도 있다.

수침은 5~10℃ 정도의 물속에 원료육 1 kg당 10~20분간을 표준으로 하며 햄의 크기에 따라서 1~2시간 정도 하는 것이 일반적이다. 물의 온도가 너무 높거나 수침시간이 길면 변색, 산패 등 좋지 않은 영향을 주므로 주의가 필요하다.

⑤ 발골 및 두루마리 작업

원료육 처리 시 뼈를 제거하지 아니하고 염지, 수침처리를 행한 경우에 뼈를 제거하는 요령은 먼저 슬개골을 제거하고 대퇴골을 원료육의 위와 아래쪽으로부터 터널모양으로 뼈 주위의 건과 살을 도려내면서 뼈를 빼는데 가능한 한 근육이 손상되지 않도록 해야 한다.

원료육에서 뼈를 제거한 뒤 표면의 지방층 두께가 1 cm 정도가 되도록 깎아 내고 이것을 청결한 면포에 지방면이 접히도록 놓고 공간이 생기지 않도록 원통형의 모양으로 단단히 조이면서 말아 두루마리(wrapping)하고 한쪽 끝을 졸라매고 전체가 같은 크기의 원통형이 되도록 한 후 다른 끝을 단단하게 졸라맨다.

스테인레스로 된 정형기(retainer)를 이용하면 용이하게 두루마리를 실시할 수 있으며 또 면포를 이용하지 않고 섬유 케이싱(fibrous casing)에 충전하여 원통형으로 두루마리하는 방법이 이용되고 있다. 섬유 케이싱은 통기성이 있기 때문에 훈연이 가능하고 강인하므로 본레스 햄뿐만 아니라 로인 햄의 제조에도 이용되고 있다. 케이싱에 원료육을 충전할 때에는 케이싱이 파괴되지 않을 정도로 단단하게 충전하여야 하며 가능한한 공기가 들어가지 않도록 하여야 한다. 만약 케이싱에 공기가 들어가면 이것으로 인한 세균의 오염이 발생하고 가열처리를 할 때 케이싱이 파괴될 염려가 있기 때문에 바늘로 작은 구멍을 내서 공기를 제거할 필요가 있다. 그런데 통기성이 있는 케이싱의 경우는 바늘로 구멍을 내면 좋지만 염화비닐리덴계의 케이싱과 같이 통기성이 없는 케이싱의 경우는 구멍을 내면 가열처리 시 파열되기 때문에 바늘구멍을 내서는 안 된다.

⑥ 예비건조와 훈연

면포로 두루마리를 한 것이나 섬유 케이싱에 충전한 것은 훈연실에서 서로 표면이 닿지 않도록 적당한 공간을 띄운다. 훈연실 내 공기의 온도를 30℃에서 30~90분간 가볍게 예비 건조하여 햄 표면이 약간 탄력이 나타낼 때 훈연을 실시하는데 처음에는 온도를 50~55℃ 정도에서 4~8시간 동안 훈연을 실시한다. 이 때 온도를 급격하게 상승시키면 표면이 급히 건조되어 일종의 피막이 생성되므로 훈연효과가 떨어진다. 훈연 중 수분이 증발하여 실끈이 느슨해지면 다시 단단하게 조여야 한다.

⑦ 가열 및 냉각

훈연이 끝난 후 70~75℃의 탕 중에 넣고 중심부의 온도가 65℃에 도달한 다음 30분간 가열처리를 실시한다. 본레스 햄의 경우 가열처리에 요하는 시간은 제품의 크기에 따라 차이가 있으나 약 5~6시간이다. 가열처리의 목적은 고기 속에 존재하는 병원균을 완전히 사멸시키는 것이며 또한 가열에 의해 고기조직을 완전하게 식용 가능한 상태로 익히는 것이다. 가열처리 후 면포로 싼 것은 끈이 느슨해지기 때문에 한번 더 세게 감아 주어 형태를 바로 잡고, 또 고기의 결착도 좋게 할 필요가 있다.

염지를 마친 원료육은 훈연을 거치지 않고 햄 브로일러(ham broiler)에 넣어 가열처리만 행하는 경우가 있는데 이러한 제품을 보일드 햄(boiled ham)이라 한다. 가열이 끝나면 빨리 냉각하여 고기 중심부의 온도를 낮게 유지하도록 해야 하는데 냉수에 의한 냉각보다는 냉장실에 매달아서 냉각하는 방법이 행해지고 있다.

⑧ 포장

최근에는 합성수지제 필름을 이용하여 포장하고 있으며 이들 필름으로 진공포장하여 저온저장하면 지방의 산화와 육색의 퇴색을 방지할 수 있다.

(2) 레귤러 햄의 제조

레귤러 햄은 돼지의 볼기부위를 뼈가 있는 채로 가공한 것으로 본인 햄(bone in ham)이라고도 한다. 우리나라에서는 아주 적은 양이 생산되고 있으며 제조방법은 본레스 햄(boneless ham)과 유사하다.

원료육의 처리는 돼지의 뒷다리 부위를 정형하여 만든 레귤러 햄에는 롱컷 햄과 숏컷 햄이 있다. 염지 전 고기의 온도는 0~2℃ 정도로 냉각하여 유지하는 것이 품질상 유리하다. 레귤러 햄의 염지방법은 햄의 보수성과 결착성을 향상시키기 위하여 침지용 피클과 주사용 피클에 인산염을 첨가하여 염지육의 항산화성을 좋게 하고 육색도 잘 유지되게 한다. 수침이 끝난 고기는 물기를 빼고 마른 천으로 잘 닦아주고 정형하는데 고기의 표면에 돌출한 뼈와 여분의 육편을 잘라내어 정형하며 하단에 뼈가 매달리도록 단단히 끝을 묶어준다. 레귤러 햄은 보통 본레스 햄보다 보존성이 높게 만들기 때문에 먼저 30℃ 정도에서 1~2일간 건조를 한 후 연기를 보내어 25~30℃에서 3~5일간 훈연을 실시한다. 훈연을 마치면 방냉시킨 후 표면을 청결한 천으로 닦아주고 폴리에틸렌, 염화비닐 등의 합성수지제 필름과 염산고무계 필름 등으로 만들어진 주머니에 넣어 밀착진공포장하여 냉장실에 저장한다.

(3) 로인 햄의 제조

로인 햄(loin ham)은 돼지의 등심부위를 원료로 하여 제조한 것으로 등심부분은 얇고 길기 때문에 2등분 혹은 3등분하여 사용한다. 혈교는 본레스 햄과 같은 방법으로 실시하며 염지 시에 염지제의 농도는 낮게 한다. 염지는 본레스 햄과 같은 방법으로 실시하며 수침은 5~10℃의 냉수에서 10~60분간 실시한다.

수침 후 피하지방층의 두께를 5 mm 이하로 깍은 후 면포로 두루마리하거나 섬유 케이싱에 충전하여 30℃에서 2~3시간 건조시키고 55~60℃에서 3~5시간 정도 훈연을 실시한다. 가열처리, 냉각, 포장은 전체적으로 본레스 햄의 경우와 유사하다.

(4) 락스 햄의 제조

락스 햄(lachs ham)은 로인 햄과 같은 의미로 취급되는 경우가 많으나 돼지의 머리에 가까운 등심부분을 이용하여 만든 햄으로 독일의 lachs-schinken에서 유래하였다. 독일에서는 돼지의 등심이나 갈비살로 만든 제품을 lachsschinken이라고 부르고 있다. 로인 햄에 속하지 않는 소형의 햄으로 우리나라에서는 보통 로스 햄이라고도 한다. 이것은 크기가 알맞기 때문에 우리나라 가정에서 선호하는 제품이다.

(5) 프레스 햄의 제조

프레스 햄(press ham)은 여러 가지 햄이나 베이컨 제조 후에 나오는 잔육을 선육하여 적당한 크기의 작은 육편으로 절단하고 이것을 케이싱에 넣어 밀착, 충전시켜서 마치 한 덩어리의 육편으로 만들어진 육가공품처럼 제조한 것이다. 돼지고기는 전체 함유량의 70% 이상이어야 하며 장기류나 부산물을 사용해서는 않되고 제품의 수분함량이 75% 이하 조지방함량이 20% 이하여야 한다.

프레스 햄의 제조상 이점은 다음과 같다.

① 제조설비가 비교적 간단하다.
② 대량생산체제가 가능하다.
③ 조미료, 향신료 등에 의해 그 풍미를 자유롭게 조절할 수 있다.
④ 제조시간이 짧고 정형기(retainer)의 규격에 따라서 다양한 제품을 만들 수 있다.
⑤ 소시지보다 고가제품으로 취급된다.
⑥ 여러 종류의 원료육과 햄이나 베이컨 및 소시지 제조 후 남은 잔육의 이용성을 높일 수 있다.
⑦ 원료배합 및 제조기준에 따라 대중적인 제품으로 제조 가능하다.

프레스 햄의 일반적 제조공정은 그림 8-5와 같다.

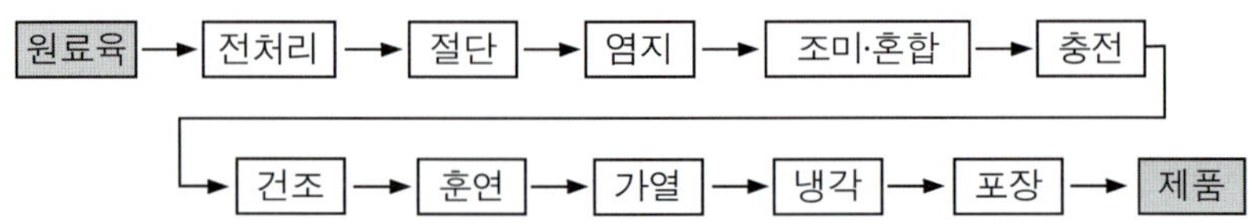

[그림 8-5] 프레스 햄의 제조공정

① 원료육의 선정

돼지고기는 결착력이 강한 어깨부위 육과 기타 육가공품 제조 후에 나오는 적색 잔육 등을 이용한다. 소고기는 어깨육, 가슴육, 협육 등을 이용할 수 있고 주로 결착육(binding meat)으로 사용하며 송아지고기는 수분이 많고 결착력이 양호하며 전부위를 모두 사용할 수 있다. 말고기는 가격이 저렴하기 때문에 원료육으로 사용하기 좋으나 힘줄이나 건막이 많기 때문에 많은 양을 사용하지는 않는다. 면양고기는 특유의 노린내가 나기 때문에 지방부위를 제거한 적색육만을 이용하나 탈혈 후 이용한다. 토끼고기는 결착력이 양호하므로 세절하여 결착육으로 사용하면 효과적이다. 가금육은 결착력이 비교적 양호한 편으로 브로일러, 육계, 폐계, 칠면조육이 사용된다. 또한 프레스 햄은 적색육 이외에 돼지 등지방을 10~20% 정도 첨가한다.

② 고기의 절단과 염지

원료육은 표면이 공기와 접촉되지 않도록 폴리에틸렌 필름으로 꼭 덮어 2~3℃의 냉장실에서 숙성시킨 후 절단하여 일정량의 염지제를 가하고 2~4℃에서 3~5일간 염지를 행한다. 결착육으로 사용할 별도의 고기와 돼지의 등지방육은 세절기로 잘 갈아서 놓는다.

③ 조미와 혼합

염지를 마친 고기는 맛을 내기 위한 조미(seasoning)작업을 하는데 진공혼합기를 사용하면 좋다.

조미료로는 MSG, 5'-이노신산나트륨, 글리신, DL-알라닌 등이 사용되고, 향신료로는 백후추(white pepper), 코리앤더(coriander ; 고수), 메이스(mace ; 육두구), 올스파이스(allspice), 마늘분말(garlic powder), 양파분말(onion powder), 파프리카(paprika), 생강분말(ginger powder) 등이 사용된다.

복합인산염은 고기의 결착력과 지방의 산화방지 효과가 있는데 사용량은 고기 중량의 0.1~0.3% 정도이며, 보존료인 소르빈산과 소르빈산칼륨은 0.2% 이하, 식육의 발색과 산화방지를 목적으로 첨가하는 아스코르빈산나트륨은 0.03%, 에르소르빈산나트륨은 0.02% 정도 첨가할 수 있다.

증량제 및 품질개량제는 2~3% 정도 사용하는데 증량제로는 소맥전분, 감자전분, 옥수수전분 등이 사용되며 품질개량제로는 락트알부민(lactalbumin), 카제인 나트륨(sodium caseinate), 분리대두단백(isolate soy protein; ISP), 계란 알부민(egg albumin), 젤라틴(gelatin), 글루텐(gluten) 등이 사용된다.

④ 충전

조미공정에 의하여 원료육과 각종 첨가물이 잘 혼합되면 케이싱에 충전한다. 케이싱에 충전할 때는 스터퍼(stuffer)가 사용되는데 스터퍼에는 수동식, 유압식, 공기압축식 등이 있다. 프레스 햄의 제조에 사용되는 케이싱은 과거에는 셀로판 케이싱이 주로 사용되었지만 최근에는 섬유, 크레할론(Krehalon), 사란(Saran) 등의 케이싱이 사용되고 있다. 셀로판과 섬유 케이싱은 통기성이 있기 때문에 훈연이 가능하며 크레할론과 사란 케이싱은 통기성이 거의 없는 플라스틱 케이싱이다. 케이싱에 충전할 때 제품을 일정한 형태와 일정한 크기로 고정하기 위하여 정형기(retainer)를 사용한다. 정형기는 금속제의 그물로 된 틀로서 케이싱 보호작용을 하여 케이싱의 파손이 줄어들 뿐만 아니라 취급도 용이하게 된다.

⑤ 건조, 훈연 및 가열

충전된 고기를 훈연실에 넣어서 연속적으로 건조, 훈연 및 가열 처리한다. 충전된 프레스 햄의 온도를 40~45℃의 온도에서 30~60분간 예비 건조시켜 스모킹 링(smoking ring)의 형성을 방지하고, 고기 표면에 다공질을 갖게 함으로써 훈연 시 훈연성분이 식육 내부에 깊숙히 침투하도록 도와준다. 훈연은 단기간 저장 후 식용으로 할 경우는 훈연온도 60~65℃에서 2~3시간 실시하고, 장기간 저장할 경우는 냉훈법으로 15~25℃에서 보통 5~7일간 실시한다. 가열처리는 가열된 물을 넣어 실시하는데 이 때 햄의 중량, 직경

등에 따라 유지시간을 달리한다. 햄의 중심온도가 72℃ 이상이 되면 세균학적으로 매우 안전하므로 햄의 중심온도를 탐침온도계로 확인한다.

⑥ 냉각 및 포장

가열이 끝나면 냉수샤워 혹은 흐르는 물에 넣어 신속히 냉각시키는데 냉각수의 적합한 온도는 0~2℃이다. 1차 냉각 후 신속히 5℃ 이하의 냉장고에 넣고 제품의 중심온도가 10℃ 이하가 되도록 완전히 냉각시킨다. 급냉하는 이유는 표면의 수분증발을 방지하고 표면주름의 생성을 방지하며 호열성 세균을 사멸시키기 위해서 이다.

냉각 후 햄의 외양, 색깔, 에어 포켓(air pocket)의 여부, 탄력성 등을 검사한 후 내포장된 셀로판지를 벗겨내고 비통기성, 방습성, 차광성이 있는 포장재로 재포장한다.

(6) 혼합 프레스 햄

여러 종류 식육의 육괴(장기류는 제외) 또는 이에 어육 육괴를 전체 고기 함량의 10% 미만으로 혼합하여 염지한 것에 결착제, 조미료, 향신료 등을 첨가한 후 훈연하거나 열처리한 것으로 수분 75% 이하, 조지방 30% 이하의 것을 말한다.

(7) 닭고기 햄

닭고기를 일정한 크기로 절단하여 프레스 햄과 같이 염지제를 일정량씩 첨가하여 2~3℃의 저온에서 1~2일간 염지, 숙성시킨다. 염지 후 닭고기 중량 5~10% 정도의 닭고기를 별도로 세절기에 고기갈이 하여 원료육과 함께 조미료, 향신료 등을 넣고 혼합기에서 조미, 혼합시킨다. 충전, 훈연, 가열 및 냉각은 프레스 햄과 유사하게 실시한다.

3. 소시지

소시지(sausage)는 염지시킨 고기를 육절기로 갈거나 세절한 것에 조미료,

향신료 등을 넣고 여기에 야채, 곡류, 곡분 등을 넣어 반죽, 혼합한 것을 케이싱에 넣고 훈연하거나 삶아서 가공한 것을 말한다.

소시지의 어원은 영어로 암돼지란 뜻의 sow와 향신료인 sage의 조합으로 돼지고기를 주원료로 하여 향신료는 sage를 주로 사용하였기 때문에 sausage라는 단어가 유래되었다고 한다.

우리나라의 식품공전에 의하면 소시지는 육함량, 수분함량 및 조지방 함량에 따라서 소시지, 혼합소시지, 건조소시지, 건조혼합소시지, 반건조 소시지, 반건조혼합 소시지, 가열냉동소시지로 구분된다.

소시지는 돼지, 소, 말, 면양, 산양, 토끼, 상어, 가다랭이 등 원료육이 다양하고 특히 햄이나 베이컨 가공시에 나오는 자투리고기를 원료로 이용하고 또한 가축의 부산물인 내장, 심장, 간, 혀, 머리고기 및 혈액을 부원료로 이용할 수 있기 때문에 경제적인 육가공식품의 하나이다.

1) 소시지의 분류

소시지의 맛, 향기, 색깔, 조직감 등은 원료의 종류, 가공공정상의 차이 및 사용된 부재료의 양과 종류에 따라 달라진다. 소시지는 가공방법과 저장성에 따라서 크게 분류하면 더메스틱 소시지(domestic sausage)와 드라이 소시지(dry sausage)로 나뉜다. 이들을 가공공정 중의 원료, 건조, 훈연 및 가열방법에 따라서 분류하면 다음과 같다.

(1) 더메스틱 소시지(Domestic sausage)

일반적으로 수분함량이 50% 이상으로 많으며 부드럽고 맛이 좋은 소시지로 값이 저렴하기 때문에 소비량이 많다. 이것을 가공공정에 따라서 구분하면 다음과 같다.

① 생 소시지(fresh sausage)

그라인더(grinder)에 갈은 고기에 조미료, 향신료 등을 혼합하여 천연케이싱에 충전시킨 것으로 조리 시에 소비자의 기호에 따라서 찌든가 후라이하든가 구워서 먹는다. 종류로는 후레쉬 포크 소시지(fresh pork sausage), 블랙퍼스트 소시지(breakfast sausage), 복 부어스트(bock wurst), 브라트 부어

스트(brat wurst) 등이 있다.

② 훈연 소시지(smoked sausage)

공기가 통할 수 있는 통기성 케이싱에 충전한 다음 건조, 훈연, 가열처리시킨 것으로 2~3주의 보존성을 갖는다. 종류로는 비엔나 소시지(Vienna sausage), 포크 소시지(pork sausage), 프랑크푸르트 소시지(frankfurt sausage), 레오나 소시지(leona sausage) 등이 있다.

③ 가열 수시지(cooked sausage)

식육의 생산 시에 나오는 간, 혈액, 혀, 머리고기 등을 처리하여 통기성이나 비통기성 케이싱에 충전하여 중탕가열(broiling) 살균한 것이다. 종류로는 간 소시지(liver sausage), 텅 소시지(tongue sausage), 헤드 치이즈(head cheese), 블러드 소시지(blood sausage) 등이 있다.

(2) 건조 소시지(dry sausage)

돼지고기와 소고기를 주원료로 하여 가공되며 장기저장이 가능하도록 발효, 숙성시킨 소시지를 말하며 통기성이 있는 케이싱에 고기갈이육 등 부재료를 혼합시킨 것을 넣고 날 것 그대로 장기간 동안 일정 온도에서 건조, 숙성하든가 저온건조, 저온훈연을 하여 수분이 30% 이하가 되도록 만든 딱딱한 소시지이다. 이를 가공방법에 따라서 구분하면 다음과 같다.

① 생 건조 소시지(unsmoked dry sausage)

날 것을 가공천연케이싱인 콜라겐 케이싱에 충전하여 장기간 건조, 숙성시킨 것이다. 세르블라(Cervelat), 이탤리안 살라미 소세지(Italian salami sausage), 소프트 드라이 소시지(soft dry sausage), 하드 드라이 소시지(hard dry sausage) 등이 있다.

② 훈연 건조 소시지(smoked dry sausage)

가늘게 세절한 고기에 부재료를 혼합한 날 것을 천연케이싱에 충전한 후 저온훈연, 저온건조, 숙성시킨 것이다. 서머 소시지(summer sausage), 파머 소시지(farmer sausage) 등이 있다.

③ 가열 건조 소시지(cooked dry sausage)

고기갈이된 세절육을 유산균 발효에 의해 pH를 낮춘 후 가열한 다음 건조, 숙성시킨 것으로 수분함량이 50% 내외가 되도록 한 것이다. 밀라니스 살라미 소시지(Milanese salami sausage), 모타델라(mortadella) 등이 있다. 이 가열 건조 소시지를 반건조 소시지(semi dry sausage)라 하며 저온훈연하는 경우도 있다.

2) 더메스틱 소시지의 일반적인 제조법

더메스틱 소시지(domestic sausage)는 생 소시지, 훈연 소시지, 가열 소시지 및 특수 소시지로 분류되는데 이들은 원료 및 제조공정에서 차이가 난다. 그 일반적인 제조공정은 그림 8-6과 같다.

[그림 8-6] 더메스틱 소시지의 제조공정

(1) 원료육의 처리

햄이나 베이컨의 가공 시에 나오는 잔육이나 적색 돼지고기가 주원료가 되며 그 외에 소고기, 송아지고기, 양고기 등을 이용하는 것이 보통이고 경우에 따라서는 어육을 혼합하기도 한다. 고기는 pH에 의해 영향을 받으므로 사후 강직 직전의 온도체나 숙성시킨 냉장육이 적당하다. 특히 소시지 원료육은 결착력이 중요하며 원료육은 가능한한 적색육 부위와 지방은 분리하고 건과 근막을 제거한다. 적색의 살코기는 3~5cm^2의 크기로 절단하고 지방은 연성 지방이나 냄새가 나는 노란 색을 나타내는 것은 피하고 순백색의 딱딱함을 가지는 A급 지방을 선택하여 따로 준비한다.

(2) 염지

원료육의 처리가 끝난 육의 중량에 대해 양질의 정제염 2.5%, 질산갈륨 0.10~0.15%, 아질산나트륨 0.01%의 비율로 잘 혼합하여 원료육과 함께 혼합기에서 혼화한 후 편편한 염지통에 넣고 상부를 비닐로 꼭 덮어서 공기와의 접촉을 억제시켜 2~3℃의 냉장실에 고기의 중량에 따라 2~3일 또는 3~5일간 염지, 숙성시킨다.

지방은 원료육과 별도로 정제염을 2% 정도 섞어 덮개를 덮어 냉장실에 보관한다.

생소시지와 같이 염지공정을 거치지 않는 경우도 있다.

(3) 만육

만육(grinding)은 염지한 원료육, 생육 및 지방덩어리를 만육기로 갈아내는 것이다. 만육기는 3장의 판(plate)과 2장의 칼날이 달린 3단 만육기가 널리 사용된다. 고기를 만육할 때 고기의 온도가 상승하면 보수력과 결착력이 저하된다. 따라서 고기를 만육기에서 갈아낼 때에는 온도가 상승하지 않도록 고기를 충분히 냉각하여야 하며 만육기의 스크류(screw), 판(plate), 나이프(knife)를 충분하게 냉각시켜 사용하여야 한다.

돼지지방은 만육 시 온도가 올라가기 쉽고 고온이 되면 라드(lard)화되어 지방 분리의 원인이 된다. 따라서 원료육이나 돼지지방은 항상 주의하여 온도가 올라가지 않게 냉장실에 보관하면서 이용해야 한다.

(4) 혼화

혼화(cutting)는 소시지 제조시 품질을 결정하는 중요한 공정으로 만육된

육을 사일런트 커터(silent cutter)에 넣어 더욱 곱게 세절시켜 충분한 점착성을 생성시키고 조미료, 향신료 등을 혼합시키는 공정이다. 즉 고기 중의 염용성 단백질을 충분히 추출하여 단백질과 지방 및 물을 유화시키는 것이 이 공정의 목적이다. 이 공정을 거침으로써 소시지는 특유의 조직과 조직의 균일성을 가지며 특유의 점탄성을 나타내게 된다.

만육이 완료된 적육과 지방은 분리하여 냉장실에 보관하였다가 사용하고 조미료, 향신료, 증량제, 품질개량제 등은 일정한 비율에 맞추어 평량하여 준비한다.

먼저 적색육을 사일런트 커터(silent cutter)에 놓고 작동하며 고기에 결착성을 보일 때 얼음을 넣는다. 첨가하는 얼음의 양은 고기의 종류, 육질의 상태 및 가공품의 종류에 따라 일정치 않으나 원료육에 대하여 대략 10~25% 정도이다. 다음 향신료와 결착제를 첨가하는데 이들은 향미를 부여하고 결착성을 높이고 풍미를 조정하며 유화성을 향상시키고 산화를 지연시킨다. 지방의 첨가시기는 유화형성에 직접적인 영향을 미치므로 혼화작업이 진행되는 고기에 충분한 결착력이 생기면 첨가한다. 첨가되는 지방의 양은 원료육의 종류에 따라 차이가 있으나 대체적으로 원료육량에 대해 30% 전후 첨가한다. 전분은 맨 마지막에 첨가한다. 전분은 증량제로서 중력분 밀가루나 옥수수전분을 고기중량의 약 3~6% 정도 첨가한다.

혼화시간은 8~15분이며 시간의 배분은 적색육을 넣고 6분 정도, 부재료를 넣고 1분 정도, 지방과 전분을 넣고 2~3분 정도 혼화조작을 하는데 칼날의 회전수는 저속에서 고속으로 높여 실시한다.

(5) 혼합

혼합공정은 고기의 크기가 작은 육괴를 염지하기 전 작업과 유화형이 아닌 그라인드형인 후레쉬 포크 소시지와 살라미 소시지 또는 고기의 형태를 유지하며 제조하는 프레스 햄의 경우에 실시하는 조작이다.

혼합시간은 혼합기의 회전속도, 제품의 종류, 결착제의 첨가여부 등에 따라 다르나 보통 5~10분 정도가 적당하다.

(6) 충전

충전(stuffing)은 혼화를 마친 조미 혼합육을 충전기에 공기가 혼입되지 않도록 다져 넣은 다음 케이싱에 충전한다. 케이싱에는 천연케이싱, 가공천연케이싱 및 인공케이싱이 있으며 제품에 있어서 훈연의 유무, 가열의 유무에 따라서 케이싱을 선택한다.

천연케이싱은 천연의 장을 처리하여 이용하며 돼지의 소장, 대장, 방광과 소의 소장, 맹장, 직장이나 면양의 소장이 사용된다. 가공천연케이싱은 동물의 징, 긴, 생피 등의 콜라겐을 젤라틴화 하여 천연케이싱처럼 만든 것으로 가식성이며 통기성이 있기 때문에 훈연이 가능하다. 인공케이싱에는 PVDC를 소재로 한 크레할론(Krehalon)과 사란(Saran)이 있다.

케이싱에 충전된 소시지를 케이싱 양쪽에서 새지 않고 형태가 유지시될 수 있도록 묶어 주여야 한다. 묶는 재료로는 실, 금속의 클립 또는 알루미늄 철사가 사용된다.

(7) 훈연

훈연(smoking)은 천연케이싱이나 가공천연케이싱에 충전된 것을 훈연기에서 가열, 건조하여 연기성분을 육조직 내로 침투시키는 작업이다. 훈연을 필요로 하는 소시지류는 표면이 대단히 습해서 소시지 내부에 연기의 유효성분이 충분히 침투하기 어려우므로 훈연하기 전에 미리 50℃ 전후에서 1~2시간 동안 건조한다.

훈연의 초기에는 저온에서 서서히 온도를 올려 목적하는 온도까지 상승시켜 일정하게 온도를 유지해야 한다. 온도를 급격하게 상승시키는 경우에는 고기의 표면이 건조되어 치밀한 단백질의 열응고 피막이 형성되므로 고기 내부에 연기가 침투하기 어렵게 되며 내부의 수분이 증발하는데 장애가 되어 발색불량 및 부패의 원인이 된다.

훈연기 내부의 온도와 풍속이 일정하게 유지되어야 하며 소시지끼리 밀착되지 않도록 간격을 두고 바닥에서 제품까지의 높이도 일정한 간격을 두어 연기나 열기의 대류현상이 원활하도록 해야 한다.

(8) 가열 및 냉각

가열처리는 제품에 적당한 탄력성과 응고성을 주어 바람직한 풍미와 식미성을 부여하고 제품 내에 오염된 미생물을 사멸시켜 보존성을 갖게 하는 공정이다. 가열방법으로는 뜨거운 물에 직접 담그는 방법, 훈연기 내에서 열수로 직접 샤워하는 방법, 열수실로 옮겨 샤워하는 방법 등이 있다. 가열 시 내부온도가 68~72℃에 도달할 때까지 가열해야 하며 가열시간은 소시지의 종류, 직경, 중량에 따라서 달라진다.

가열이 끝나면 바로 냉각샤워나 냉수에 담그어 고기온도가 상온까지 떨어지도록 하여야 하고 1~4℃의 냉장실에 저장한다.

출하할 때 진공포장하면 세균의 발육을 억제하고 산화를 억제함으로써 제품의 유통기한을 연장할 수 있다.

3) 건조 소시지의 일반적인 제조법

건조 소시지(dry sausage)는 세절한 고기에 등지방, 조미료, 향신료 및 기타 첨가물을 넣어 잘 혼합하여 통기성 케이싱인 천연 또는 인공 케이싱에 충전시켜 대개는 가열하지 않고 그대로 발효와 건조로 숙성시켜 저장성을 높임으로써 장기보존할 수 있도록 한 것이다.

건조 소시지는 훈연 식육과 지방입자의 크기, 발효방법 및 건조상태 등에 따라서 생 건조 소시지(unsmoked dry sausage), 훈연 건조 소시지(smoked dry sausage), 반 건조 소시지(semidry sausage)로 나뉘는데 일반적인 제조공정은 그림 8-7과 같다.

(1) 원료육 및 지방의 처리

원료를 선택할 때는 품질이 양호한 것을 선택해야 하는데 일반 육가공품과는 달리 pH가 가급적 낮은 것이 좋으며 이상적인 원료육의 pH는 5.4~5.8 정도이다. 즉 원료육은 도살 후 시간이 경과하지 아니한 것을 사용하는 것이 좋으며 소고기는 도살한 다음 72시간 이상 경과하면 원료육으로 적합하지 않다.

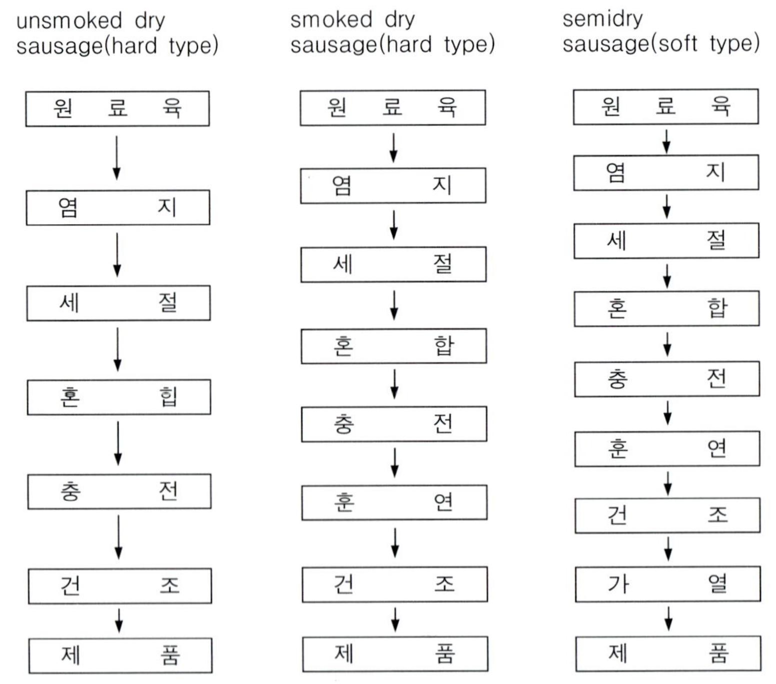

[그림 8-7] 건조 소시지류의 제조공정

pH가 낮은 원료육에서는 젖산균의 증식이 용이하여 발효, 숙성이 잘 되어 안정된 제품을 생산할 수 있다. 소고기와 돼지고기의 비율이 맞지 않거나 지방이 너무 많으면 결착력이 떨어지므로 비율을 적절히 조정해야 한다. 지방은 조직이 단단한 돼지 등지방이 좋으며 지방산의 불포화도는 낮을수록 좋다.

소고기는 각 부위육을 작은 크기로 절단한 혼합육, 어깨고기, 식도육, 협육, 심장육을 절단하여 사용하고 돼지고기는 어깨고기 등 상등육을 절단하여 사용한다.

(2) 냉장

원료육을 잘 세절하여 냉장하는데 식육 및 지방의 입자크기는 제품의 종류에 따라 다르다. 세절된 고기와 지방은 혼합시키며 여기에 염지제와 향신료를 혼합하고 유산균 스타터(starter culture)를 이용할 경우 일정량 접종한다.

혼합한 후 4℃의 냉장실에 넣어 12~48시간 동안 유지한다. 이때 냉장고는 청결하게 유지되어야 하며 일정한 넓이와 공간을 가져야 한다. 온도가 −2℃ 이하로 내려가서는 안되며 6℃ 이상이 되어서도 안된다. 이 범위를 벗어나면 고기의 결착력이 감소하여 양질의 건조 소시지를 생산할 수 없다.

(3) 충전

충전은 더메스틱 소시지와 비슷한 모양으로 하지만 충전할 때 더욱더 세심한 주의가 필요하다. 즉 공기가 케이싱에 들어가지 않도록 해야 하며 공기가 들어갔을 경우에는 바늘로 구멍을 내어 공기를 제거시켜 호기성 미생물의 증식을 억제해야 한다.

(4) 예비건조

건조 소시지의 제조공정 중에서 가장 중요한 과정은 원료육이 가지고 있는 효소작용과 원료육에 첨가된 화합물 사이에서 일어나는 생화학 반응에 의한 숙성과정이다. 건조 소시지는 훈연하기 전에 일정시간동안 통풍이 잘 되는 곳에 두어 그 표면을 건조할 필요가 있으며 만약 표면에 습기가 많아서 케이싱의 건조가 불충분하면 연기성분이 고기조직에 침투하지 못하므로 스모크링(smoke ring)이 생기기 쉽고 변패를 일으킬 우려가 있다. 훈연실 내에서 예비건조를 8~10℃, 습도 85~90%에서 3일간 한 실시한 다음 10~15℃, 습도 70~80%로 유지하면서 건조와 숙성을 실시한다.

(5) 훈연 및 건조

건조 소시지는 일반적으로 더메스틱 소시지보다 낮은 온도에서 훈연을 실시한다. 15℃에서 24시간 정도 훈연하거나 온도를 20℃로 고정하고 상대습도를 75%로 하여 4~6일간 훈연하는 방법이 있으나 제품의 종류에 따라 차이가 있다. 건조는 훈연 후 50~70℃에서 1~3시간 동안 가열한 다음 10~12℃에서 건조한다. 건조 소시지는 제조공정 중 장기간 건조하는 것이 특징으로 급속히 건조시킨다 하더라도 2주간이 소요되며 완전히 천연건조 시키기 위해서는 3개월 정도의 기간이 소요된다.

4. 베이컨

베이컨(bacon)은 돼지의 삼겹살에 염지원료 및 향신료를 건염법으로 처리하여 염지한 다음 주로 훈연하거나 열처리한 것을 말한다. 베이컨은 원료육의 부위에 따라서 복부육을 가공한 베이컨, 등심육 또는 복부육이 붙어 있는 등심육을 가공한 로인 베이컨, 어깨부위를 가공한 숄더 베이컨으로 나뉜다. 국내에서 생산되는 베이컨류는 주로 삼겹을 원료로 가공한 것이다. 베이컨은 최종적으로 고온가열살균을 하지 않는 제품으로 원료육의 위생상태에 따라서 최종 가공품의 위생적 품질이 결정되므로 원료검사에 특히 주의해야 한다.

1) 베이컨의 일반적인 제조법

베이컨의 일반적인 제조공정은 그림 8-8과 같다.

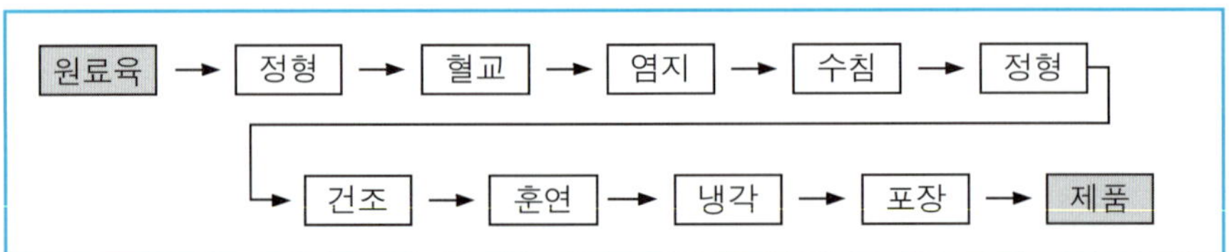

[그림 8-8] 베이컨의 제조공정

(1) 원료육의 선정

원료육은 도축검사에 합격한 것을 사용한다. 돼지 도체 중 배 부위를 선택하여 지방층이 많은 껍질을 벗기고 갈비뼈를 제거하여 장방형 모양으로 부드럽게 잘 다듬는다. 배 쪽은 등선과 평행되게 잘라 전체를 직사각형으로 유지하되 뒷다리 쪽의 폭은 약간 넓게 한다. 일반적인 베이컨은 껍질을 제거하고 뼈를 제거한 것이지만 뼈가 있는 채로 한 것, 늑골만 제거하고 늑연골을 남긴 것도 있다.

(2) 염지

베이컨의 염지는 주로 건염법을 이용한다. 염지제는 원료 중량에 대하여 소금 2.0~3.5%, 아질산염 0.01~0.02%, 질산염 0.15~0.25%, 설탕 1.3%, 향신료 0.6~1.0%를 일정하게 혼합시켜 베이컨 표면을 마사지하면서 문지른다. 염지제로 문질러 마사지한 고기는 살코기와 살코기끼리 포개어 염지통에 쌓는데 맨 바닥에는 지방면이 가도록 쌓고 위쪽 면은 지방면이 위로 가도록 쌓으며 공기와 지방측면과의 접촉을 막기 위하여 비닐로 밀착되게 꼭 덮어서 냉장실에 중량 1kg당 4~5일의 비율로 처리한다.

액염법은 원료육을 혼합염지액에 담구는 것으로 염지액의 농도는 염미인 경우 Be'17~19, 감미인 경우 Be'13 정도로 한다. 염지액 수사법은 염지액을 원료육에 주사하여 염지를 촉진시키는 것으로 염지액 주사량은 대략 8~12% 정도이다.

(3) 수침과 정형

염지를 마친 고기는 육조직 중에 과도한 염분이 있어서 베이컨의 맛이 짜게 되므로 과잉의 염분을 제거할 목적으로 물에 담그는 공정을 수침(soaking)이라고 한다. 원료 중량의 10배 정도가 되는 5℃의 냉수에 담그어 고기 중량 1kg당 1~2시간 동안 수침한다. 수침이 끝난 베이컨육은 깨끗한 헝겊 등으로 닦아 고기표면의 수분을 제거하고 제거되지 아니한 연골이나 이물질을 제거한 다음 다시 적당한 크기로 잘라 정형한다.

(4) 건조 및 훈연

수침과 정형을 마친 원료육은 베이컨 핀으로 꿰어 훈연실에 넣는다. 핀을 사용하는 이유는 원료육의 어깨육 쪽을 꿰어서 훈연 중에 아래쪽 방향 고기가 위쪽 방향 고기보다 수축이 많이 일어나는 것을 방지함으로써 장방형으로 정형하기 위함이다. 건조온도와 시간, 훈연온도와 시간의 결정은 제품의 소비 시기, 염지 방법 등에 따라서 달라질 수 있다. 바로 소비될 제품은 높은 온도에서 짧은 시간동안 훈연하나 장기간 보존할 제품은 낮은 온도에서 긴 시간동안 훈연한다.

베이컨의 훈연은 냉훈법이 유리하다. 이는 원료육의 지방함량이 높고 지방의 융점이 35~40℃이기 때문에 융점보다 낮게 유지해야만 지방이 융해되어 나오는 것을 방지할 수 있기 때문이다.

(5) 냉각 및 포장

훈연이 끝난 베이컨은 실온에서 냉각시켜 2~3℃의 냉장실에서 12시간 정도 냉장한 다음 슬라이서(slicer)로 두께 2~3mm로 잘라 일정 중량씩 진공 포장한다. 포장재로는 통기성이 적은 특수필름이 이용된다.

2) 베이컨류의 종류

(1) 롤드 베이컨(Rolled bacon)

양질의 베이컨을 만들기 위해서는 베이컨 부위가 어느 정도 두께가 있어야 하는데 원료육 자체가 너무 얇기 때문에 베이컨육을 말아서 만든 제품을 말한다.

(2) 캐나디언 베이컨(Canadian bacon)

일명 등심 베이컨이라고도 하며 일반 베이컨과는 달리 지방층이 5mm 이하이고 등심부위육, 삼겹부위가 등심쪽으로 1/3 정도 부착된 상태에서 절단된 원료육을 사용한다. 지방함량이 적은 부위로 만들어지기 때문에 지방을 기피하는 소비자들에게 호감을 주는 제품이다.

(3) 숄더 베이컨(Shoulder bacon)

숄더 베이컨은 골부를 포함한 어깨부위육이나 사이드 베이컨(side bacon)의 어깨부위육을 블록(block) 형태로 또는 얇게 절단하여 베이컨의 일반적인 제조방법에 따라서 염지, 수침한 후 셀룰로오스 케이싱이나 그물주머니에 넣어 건조, 훈연, 냉각하여 포장한 제품이다.

(4) 사이드 베이컨(Side bacon)

사이드 베이컨은 돼지의 반환지육을 일반적인 제조방법에 따라 정형, 염지, 수침한 다음 셀룰로오스 케이싱이나 그물주머니에 넣어 건조, 훈연, 냉각하여 포장한 제품이다.

(5) 보일드 베이컨(Boiled bacon)

얇은 베이컨 부위의 원료육을 늑골에 붙여진 상태로 염지하고 수침한 다음 가열을 실시하고 훈연을 생략한 제품이다.

5. 유

유(乳, 젖)란 포유동물(哺乳動物)의 유선으로부터 어린 동물의 영양을 위하여 분비되어 나오는 백색의 불투명한 액체로서 젖당(乳糖, lactose)과 무기질 수용액에 지질이 유화(乳化, emulsion)되어 있고 단백질이 현탁(懸濁, suspension)되어 분산되어 있는 콜로이드(colloid) 용액이다.

젖류에는 구리 및 철 등을 비롯한 일부 무기성분을 제외한 거의 대부분의 영양소가 골고루 들어 있을 뿐만 아니라 소화흡수도 잘되므로 이상적인 식품이다. 젖류는 특히 일반 식사에서 부족하기 쉬운 칼슘의 공급원으로도 매우 우수하다.

젖류는 사람의 젖을 비롯하여 우유, 말젖, 양젖 등의 여러 가지가 있으나 그 중에서 우유를 가장 많이 먹는다.

1) 유의 일반성분

젖류의 일반성분은 동물의 종류에 따라 차이가 있는데 같은 동물이라도 품종, 개체, 연령, 계절 및 사료 등에 따라서 다르다.

우유에는 일반적으로 수분이 85~89%, 단백질이 2.7~4.4%, 지질이 2.8~5.2%, 젖당이 4.0~4.9%, 회분이 0.5~1.1% 정도 들어 있다.

(1) 단백질

젖에는 여러 가지의 단백질이 들어 있으며 pH 4.6에서 침전되는 카제인(casein)과 침전되지 않는 유청(乳淸, whey)단백질로 나뉜다. 유청 중에는 락트알부민(lactalbumin), 락토글로불린(lactoglobulin)과 프로테오스(proteose) 및 펩톤(peptone) 등이 함유되어 있다.

① 카제인

우유 중의 카제인은 75%의 α-카제인, 22%의 β-카제인 및 3%의 γ-카제인 등으로 구성되어 있다.

카제인은 약한 알칼리에 녹고 약한 산성(pH 4.6)에서 응고, 침전되나 산의 농도가 진해지면 다시 녹는다. 카제인은 가열하더라도 잘 응고되지 않으나 100℃에서 약 12시간, 130℃에서 약 10시간, 150℃에서 약 3시간 가열하면 응고된다.

② 유청단백질

A. 락트알부민

우유 중의 알부민은 β-락트알부민, α-락트알부민 및 혈청 알부민 등으로 이루어져 있다.

B. 락토글로불린

락토글로불린은 우유에는 적게 들어 있으나 초유에는 전체 단백질의 50~60%나 들어 있고 유청단백질에는 85~90%나 들어 있다.

(2) 지질

우유의 지방은 젖소의 품종, 비유기, 사료 등에 따라 다르기는 하나 지름이 0.1~22 μm(보통 3~7 μm)의 지방구로서 우유 1ml 중에는 20~60억 개 정도가 분산되어 에멀션(emulsion)을 이루고 있다.

유지에는 주로 올레산, 팔미트산, 스테아르산, 리놀레산과 부티르산 등의 저급지방산이 많이 들어 있다.

(3) 탄수화물

젖 중에 들어 있는 탄수화물은 주로 젖당이다. 젖당은 에너지원으로서 뿐만 아니라 장 안에 있는 젖산균의 번식을 왕성하게 하여 다른 유해균의 번식을 억제하는 효과가 있다.

이 밖에 우유는 0.07~0.4% 정도의 시트르산을 함유하고 있는데 인산염과 함께 우유의 열 안정도와 깊은 관계가 있다. 우유 중에 들어 있는 젖당은 젖산균에 의하여 젖산으로 되는데 젖산이 0.25~0.30% 정도에 이르면 우유는 약간 신맛을 내고 0.8~1.0% 이상에 이르면 젖산균이 증식하지 못하여 우유는 산패된다.

(4) 무기질

우유에는 회분이 0.5~1.1% 정도 들어 있다. 이것은 칼륨, 나트륨, 칼슘, 마그네슘, 염소, 인, 황 등의 화합물이 주성분이 되고 철, 구리, 망간, 실리콘, 요오드 등의 화합물이 약간 함유되어 있다. 필요한 성분을 비교적 골고루 함유하고 있으나 철 및 구리가 적게 들어 있으므로 우유만을 유아에게 먹이면 빈혈증상을 일으키기도 한다.

(5) 비타민류

우유에는 동물의 영양에 필요한 비타민 A, B_1, B_2, B_6, 나이아신, C, D 등 거의 모든 비타민을 함유하고 있다. 그러나 비타민의 종류에 따라서는 비타민 C와 같이 불안정하여 손실되기 쉬운 것도 들어 있고 비타민 D와 같이 그 함유량이 필요량에 비하여 대단히 적게 들어 있는 것도 있다.

또한 우유 중에는 비타민에 속하는 색소 물질로서 카로틴과 리보플라빈이 들어 있다. 우유 중의 비타민 A와 카로틴의 함량은 사료의 카로틴 함량에 영향을 받는다. 그러므로 비타민 A는 여름철의 우유에 많이 들어 있고 겨울철의 우유에는 적게 들어 있다.

2) 시유

(1) 시유의 종류

시유(market milk, city milk)는 우유 성분을 가능한한 손상시키지 않고 식품위생상 안전하게 처리하여 시판하는 우유류를 말한다. 시유는 살균방법에 따라서 살균우유와 멸균우유, 첨가되는 원료에 따라서 가공유, 유음료 및 강화우유, 가공방법에 따라서 환원유와 유당분해우유, 성분조성에 따라서 저지방유, 고지방유 및 조제유 등으로 분류된다.

① 우유

우유는 젖소로부터 착유된 원유를 원료로 하여 다른 유제품이나 영양소를 첨가하지 않고 그대로 균질화하고 살균 또는 멸균처리하여 판매하는 것을 말하며 대표적인 시유이다. 우유에는 다른 성분을 혼합해서는 안된다고 규정하고 있으나 원유의 성분함량이 서로 다르므로 일정한 성분규격에 맞도록 원료유끼리 혼합하거나 과잉의 유지방을 제거하는 등 표준화하는 과정을 거쳐서 생산된다.

② 가공유

가공유는 원유나 그 가공품인 탈지유, 전지분유, 탈지분유, 농축우유, 무당연유, 크림 및 무염버터 등을 원료로 하여 만들어지는데 기타 다른 성분이나 비타민 및 무기질 등의 영양소를 가하지 않고 환원우유와 원유를 일정비율로 혼합한 후 균질화와 살균 등 일련의 처리를 우유와 똑같이 한 것을 보통 가공유라고 한다.

A. **환원우유**

탈지분유에 무염버터와 물을 가하거나 전지분유에 물을 가하여 우유의 성분조성과 똑같이 원상태로 만든 우유를 말하며 재생우유라고도 한다.

B. **저지방우유**

저칼로리 우유로서 원유에서 유지방분을 제거하여 1~2%의 유지방을 함유하도록 만든 우유이다.

C. **강화우유**

우유에 비타민과 무기질 등의 영양소를 강화한 우유이다.

D. **농후우유**

원유에 유성분 함량을 늘려서 유지방 3.5% 이상, 무지고형분 8.5% 이상이 되도록 조정한 우유이다.

③ 유음료

유음료는 커피우유, 초코우유 및 과즙우유 등과 같이 우유나 탈지유에 커피, 초콜릿, 과즙, 설탕, 안정제 등을 가하여 풍미를 좋게 한 것으로 착색이 되어 있어서 우유나 가공유와는 전혀 다른 외관을 하고 있으며 우유성분도 보통 우유의 약 반에 불과하다.

(2) 시유의 일반적인 제조방법

일반적인 시유의 제조공정은 그림 8-9와 같다.

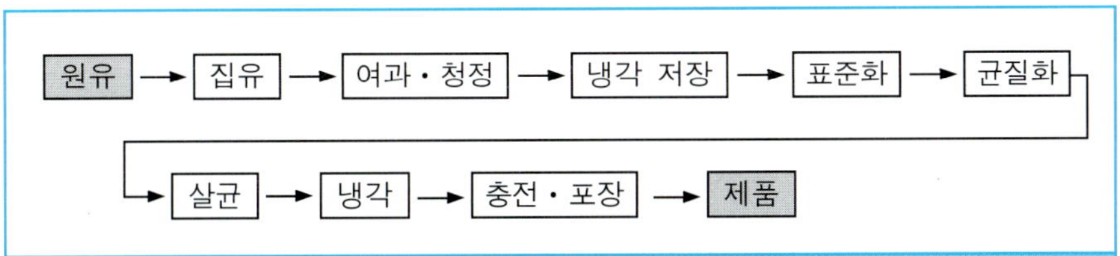

[그림 8-9] 시유의 제조공정

① 집유

집유란 원유를 수집, 여과, 냉각 또는 저장하는 것을 말한다. 원유 수집 시에는 수유 전에 원유검사를 실시해야 하며 수유 시에 검사가 불가능한 검사 항목에 대해서는 검사시료를 채취하여 검사실에서 검사를 실시한다. 수집된 원유는 신속하게 집유장으로 운송하여 여과, 냉각 또는 저장 등 필요한 조치를 취하여야 한다. 목장에서 집유 시의 원유의 냉각온도는 5℃ 이하여야 한다.

② 여과 및 청정

원유 중에 혼입된 먼지와 이물을 여과기 또는 원심청정기를 사용하여 제거한다. 여과기는 송유파이프의 중간에 장착되어 있어서 먼지를 포집하도록 되어 있으며 우유에 존재하는 미세한 협잡물을 제거할 수 있지만 세균이나 백혈구 등은 제거되지 않는다. 또한 작업 중에 막힐 수가 있으므로 연속작업에는 적당하지 않다. 원심청정기는 원심력을 이용하여 우유로부터 먼지와 기타 이물을 제거하는 장치로 여과기에 비하여 훨씬 효과적이고 연속작업에 적합하다. 또한 세균, 백혈구 및 기타 세포의 일부도 제거할 수 있다.

③ 냉각저장

여과 및 청정이 끝난 우유는 냉각기를 통하여 4℃로 냉각되어 저유탱크에 저장된다. 냉각기는 과거에는 표면냉각기가 사용되었으나 현재는 판형 열교환기가 사용되고 있다.

정유탱크에는 충분한 크기의 교반기와 냉각용 자켓이 설비되어 있다. 그러나 근래에는 냉각설비를 갖추지 않은 대형의 저유탱크가 많이 이용되는데 이것을 사일로형 저유탱크라고 한다. 이 경우에는 탱크가 밀폐식으로 플레이트식 냉각기를 통하여 냉각된 우유를 넣을 수 있도록 되어 있다.

④ 표준화

제품의 성분 함량을 항상 일정하게 하기 위하여 제품의 성분규격에 맞게 우유의 지방, 무지고형분 및 강화성분의 함량을 정확히 조절하여야 하는데 이 공정을 표준화(standardization)라고 한다. 우유에 유지방이 많을 경우는 표준화 청정기 또는 삼원분리기로 청정과 동시에 지방의 일부를 분리하여 냉각, 저장함으로써 연속적으로 표준화할 수 있으므로 매우 간편하게 표준화할 수 있다. 보다 신속하고 정확한 방법으로는 Milko-tester와 같이 표준화기의 앞과 뒤에 각각 유지방 자동분석기를 연결하고 표준화 우유의 지방함량을 계속 감시하면서 기계의 작동을 지시하는 표준화 방법도 있다. 자동표준화 시설이 없는 경우는 탈지유와 크림을 사용하여 표준화하는데 표준화에 필요한 탈지유의 양과 크림의 양을 계산할 때에는 다음과 같은 피어슨 공식이 사용된다.

① 우유의 지방률이 높을 때의 탈지유 첨가량

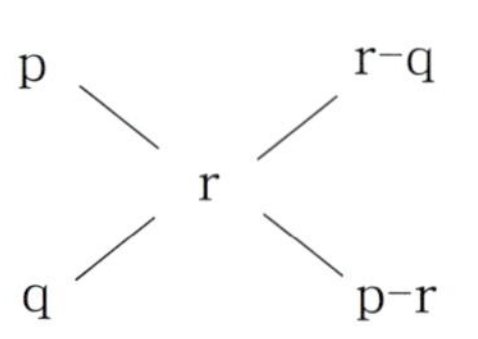

$$y = \frac{x(p-r)}{(r-q)}$$

② 우유의 지방률이 낮을 때의 크림 첨가량

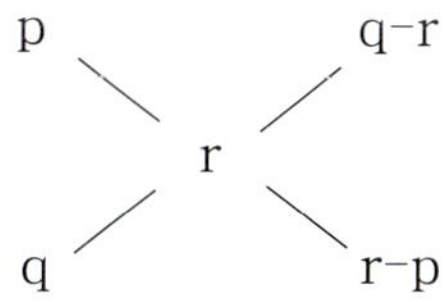

$$y = \frac{x(r - p)}{(q - r)}$$

y = 탈지유 또는 크림의 소요량(kg)

x = 표준화하고자 하는 우유의 양(kg)

p = 우유의 지방함량(%)

q = 탈지유 또는 크림의 지방함량(%)

r = 표준화 우유의 지방함량(%)

⑤ 균질화

우유의 지방은 직경이 0.1~10.0 μm인 구형으로 우유 중에 분산되어 있다. 이러한 우유를 일정시간동안 방치하면 지방구가 큰 것일수록, 상층으로 빨리 떠올라 크림층을 형성하게 되므로 기계적으로 지방구의 크기가 2 μm 이하가 되도록 균일하게 미세화시키는데 이를 균질화(homogenization)라고 한다. 우유는 균질기에 의하여 균질화 되는데 우유가 고압으로 좁은 공간을 통과할 때 받는 힘에 의해서 지방구가 미세하게 된다. 우유의 균질화를 수행하는 주된 목적은 주로 지방구를 미세화시켜서 지방의 분리를 방지하는 것이지만 그 외에도 지방구의 세분에 의해서 비교적 유연한 커드를 생성시키고 단백질의 소화율을 다소 향상시키는 효과가 있다. 균질할 때의 우유 온도는 50~60℃, 압력은 140~210 kg/cm^{2}가 적당하다.

⑥ 살균

살균(pasteurization)은 시유의 처리에 있어서 가장 중요한 공정으로 우유 중에 존재하는 각종 미생물을 사멸시키고 효소를 파괴하여 위생적으로 안전하게 하며 저장성이 높은 우유를 생산하기 위한 처리공정이다. 저온장시간 살균법(LTLT법, 62~65℃에서 30분간 처리), 고온단시간 살균법(HTST법, 72~75℃에서 15초간 처리), 초고온 살균법(UHT법, 135~150℃에서 0.5~5초간 처리) 등이 있다.

⑦ 충전 및 포장

살균 후 냉각된 우유는 청결한 용기에 위생적으로 충전한다. 용기로는 유리병, 종이 및 플라스틱 등이 사용된다.

6. 연유

농축유제품이란 우유의 성분 중에서 수분을 증발시켜 고형분 함량이 많게 농축한 유제품을 말하며 대표적인 것은 연유이다.

1) 농축유제품의 종류

연유는 설탕의 첨가여부에 따라서 가당연유(sweetened condensed milk)와 무당연유(evaporated milk)로 나뉘며 원료유에 따라서 전지연유와 탈지연유로 나뉜다. 가당연유는 설탕을 첨가하여 저장성을 높이는 반면 무당연유는 농축 후 밀봉해서 멸균함으로써 저장성을 높인 것이다.

연유와 유사한 농축유제품으로는 농축유청, 농축버터밀크, 농축조제우유, 가당농축유청, 가당농축버터밀크 등이 있는데 이들은 모두 수분을 증발시켜 생산되는 제품이다. 한편 한외여과법을 이용하여 유청 중에서 분자량이 적은 수분, 회분 및 젖당을 제거한 고농도 유청단백질도 농축유제품의 일종이라고 할 수 있다.

2) 가당연유

가당연유는 공업적으로 만들어진 최초의 유제품으로 고농도의 설탕에 의한 방부성으로 실온에서 장기간 보존할 수 있고 개봉 후에도 비교적 오래 보관할 수 있어서 유아용으로 널리 이용되어 왔다. 당분이 너무 많은 것이 문제가 되어 현재는 유아용으로는 이용되지 않으며 제과용이나 아이스크림 제조용 원료로 사용된다.

가당연유는 제품의 성분규격에 맞도록 원료우유의 성분을 조정한 다음 살균하고 40~50%의 설탕을 가하여 진공솥에서 원액의 1/2.5~1/3까지 농축한 것으로 제품 중에는 62.5~64.5%의 설탕이 함유되어 있어서 그 방부력에 의하여 보존성을 갖도록 한 유제품이다.

가당연유의 일반적인 제조공정은 그림 8-10과 같다.

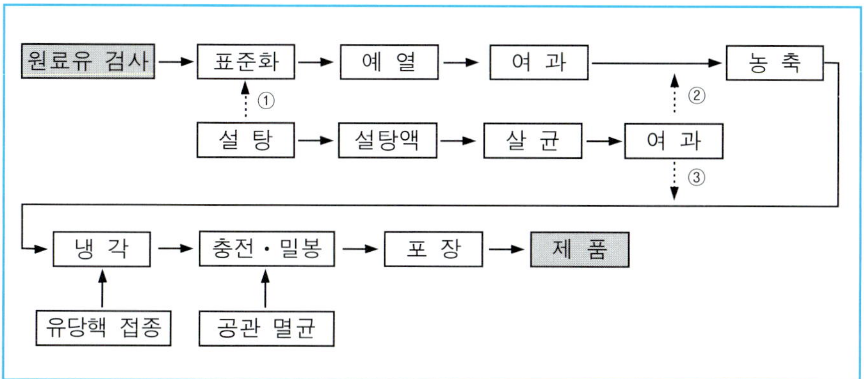

[그림 8-10] 가당연유의 제조공정

(1) 원료유의 검사 및 표준화

양질의 가당연유를 제조하기 위해서는 좋은 원료를 사용해야만 한다. 원료유는 풍미검사, 알코올 시험 및 산도측정 등의 유질검사에 의하여 풍미가 좋고 열안정성이 높은 신선한 우유를 선택하여 여과 및 청정을 거쳐 5℃의 저유탱크에서 냉각된다. 지방과 전고형분의 함량을 측정한 다음 제품의 규격에 따라서 표준화한다.

(2) 예열

원료유를 농축하기에 앞서 가열처리하는 것을 예열이라고 하며 예열의 목적은 다음과 같다.

① 미생물과 효소 등을 파괴하여 위생상의 안전성과 제품의 저장성을 높인다.

② 진공농축장치에서 수분의 증발을 빠르게 하고 눌어붙는 것을 방지한다.

③ 농축처리 전에 우유단백질을 변성시켜 농축 중의 열안정성을 높이고 제품의 점도를 높인다.

④ 첨가한 당을 완전히 용해시킨다.

일반적으로 80℃ 내외에서 5~10분간 처리하는 배치식 방법과 110~120℃에서 2초간 처리하는 연속식 방법이 사용된다. 예열온도가 60℃ 이하일 때는 점도가 낮고 지방분리와 당의 침전이 일어나기 쉬우며, 100℃ 내외의 온도에서는 갈색화와 농후화가 쉽게 일어나므로 80℃ 내외나 110~120℃ 정도가 안전한 것으로 알려져 있다.

(3) 가당

가당의 목적은 삼투압의 작용에 의하여 미생물의 발육을 억제하고 연유 특유의 단맛을 부여하는 데 있다. 설탕이 주로 사용되는데 사용되는 설탕은 순도가 높아야만 한다. 물엿이나 포도당은 설탕에 비하여 값이 싸고 감미가 부드러우며 결정을 형성하지 않으므로 설탕 대신에 사용할 수 있으나 첨가량이 많으면 갈색화가 되기 쉽고 제품의 점도가 증가하게 된다.

설탕의 첨가량은 미생물의 발육을 억제할 수 있을 만큼 충분해야 한다. 가당연유에서 미생물의 발육이 억제되는 최저수준의 설탕농도를 설탕률이라 하는데 다음과 같은 식으로 표시된다.

$$\text{설탕률}(\%) = \frac{\text{설탕함량}(\%)}{\text{연유 중의 수분함량}(\%) + \text{설탕함량}(\%)} \times 100$$

$$= \frac{\text{설탕함량}(\%)}{100 - \text{전유고형분함량}(\%)} \times 100$$

설탕률은 가당연유가 함유하여야 할 당의 농도와 원료유에 첨가해야 할 가당의 양을 결정하는 기준으로 보통 62.5~64.5%의 범위이다.

설탕의 첨가방법은 가당연유의 제조공정에 나타낸 바와 같이 설탕의 첨가시기에 따라서 다음의 세 가지가 있다.

① 생유에 설탕을 직접 첨가하여 녹여서 예열하는 방법
② 설탕용액을 별도로 살균하여 농축하기 직전에 생유와 혼합하는 방법
③ 생유만을 농축하고 농축말기에 65%의 설탕액을 혼합하는 방법

우유 중의 미생물은 당에 의하여 열저항성이 증가하고, 유단백질은 당의 존재에 의하여 농후화나 갈색화가 되기 쉬우므로 ③의 방법이 가장 효과적이

라고 할 수 있다. 그러나 증발시켜야 하는 수분의 양이 적고, 조작이 간편하며, 증점효과로 인해 지방이 분리되기 어렵다는 장점 때문에 ①의 방법을 쓰기도 한다.

(4) 농축

우유의 농축(condensing) 시에는 가열온도가 높을수록 열변성이 일어나기 쉬우므로 진공상태에서 낮은 온도로 가열하여 수분의 증발속도를 빠르게 하면서 우유의 품질이 크게 변하지 않도록 하는 진공농축법이 많이 이용되고 있다. 이외에도 동결농축, 원심식 농축, 한외여과법 등이 있으나 경제성, 제품의 품질, 기호성 및 미생물 오염 등의 문제로 진공농축법이 가장 많이 이용된다.

(5) 냉각

가당연유의 냉각은 농축된 연유를 단순히 냉각시키는 것이 아니라 과포화 상태로 들어 있는 유당이 냉각에 의하여 결정화되는데 이 결정이 적어도 10 μm 이하의 미세결정이 되도록 하여 사상조직이 되거나 저장 중에 침전이 생기지 않도록 하는데 그 목적이 있다. 일반적으로 유당결정은 28~30℃에서 가장 신속하게 생성되기 때문에 먼저 연유를 28~30℃로 냉각시키고 여기에 유당핵을 연유의 양에 대하여 0.04~0.1% 정도 접종하여 다량의 집단 소결정을 만들어야 한다. 이를 유당핵 접종이라고 하며 유당핵은 시판 분말유당을 분쇄하여 200 mesh 이하의 미분말로 한 다음 살균한 것을 말한다.

(6) 충전

냉각이 끝난 다음 기포를 없애기 위하여 10~12시간 동안 방치한 후 미리 멸균하여 건조시킨 관에 충전 및 밀봉한다. 밀봉된 제품은 더 이상 멸균을 하지 않기 때문에 공관은 철저히 멸균하여야 한다.

(7) 보존시험

밀봉된 제품은 내용물의 누설검사를 실시하고 일부의 시료에 대하여 35~

40℃에서 1~4주간 보존시험을 하여 팽창관, 갈색화, 농후화, 지방분리, 지방분해취 및 세균증식 여부 등을 검사한다.

3) 무당연유

무당연유는 우유를 원액의 1/2.5 가량 농축하여 멸균한 것으로 주로 커피크림 대용으로 쓰이며 유아용과 제과용으로도 이용된다. 제조공정은 대체로 가당연유와 비슷하나 설탕을 첨가하지 않기 때문에 삼투압에 의한 방부력이 없으므로 가열멸균하여 포장한다. 근래에는 우유, 탈지유 및 유청 등을 농축하여 멸균처리하지 않는 여러 종류의 농축유도 제조되며 이는 주로 제과용, 아이스크림용, 기타 식품제조용 원료로 사용되고 있다.

무당연유의 일반적인 제조공정은 그림 8-11과 같다.

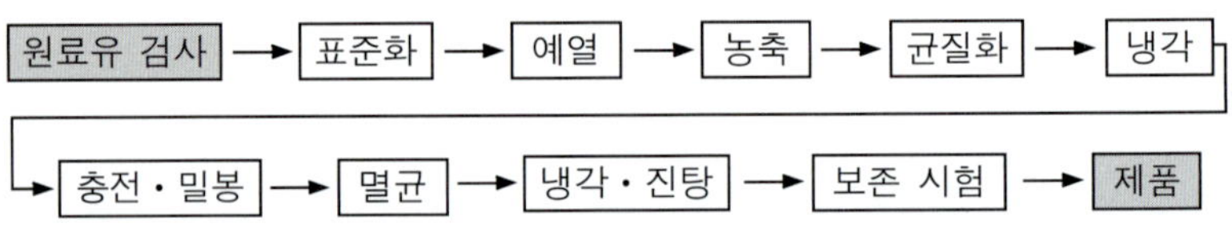

[그림 8-11] 무당연유의 제조공정

(1) 원료유의 검사

무당연유의 제조 시에는 100℃ 이상의 고온처리를 하게 되므로 원료유의 내열성이 커야 한다. 따라서 신선하면서 열응고성인 유청단백질을 많이 함유하지 않고 무기염류의 균형이 잘 잡힌 우유를 사용해야 한다. 원료유의 선별을 위하여 풍미검사, 알코올시험, 산도측정, 세균시험, 자비시험 등을 행한다.

(2) 표준화

무당연유에 있어서도 원료유의 지방량과 무지고형분의 비가 성분규격에 맞도록 표준화를 해야 한다. 또 제조공정 중의 열안정성과 제품 저장 중의 안정성을 높이기 위하여 안정제가 첨가되는데, 제2인산소다, 구연산소다, 중탄산소다 등을 원유 100 kg 당 1~20 g 첨가한다.

(3) 예열

원료유의 살균과 동시에 멸균 시의 고온처리에 대한 열안정성을 높이기 위하여 예열을 한다. 즉 가열에 의해서 알부민을 미리 응고시키고 또 칼슘의 일부를 불용성으로 하여 염류의 평형을 갖도록 하는 것이다. 예열은 가당연유보다 고온에서 실시하며 보통 93~98℃에서 5~15분간 실시한다. 이보다 온도를 낮게 하여 시간을 길게 하면 점도가 증가하고 열안정성이 떨어진다. 반대로 100℃ 이상으로 가열하면 열안정성은 높아지지만 점도가 떨어진다.

(4) 농축

예열이 끝난 우유는 여과기를 통하여 진공농축장치로 유입된다. 무당연유는 가당되어 있지 않고 예열온도가 높기 때문에 거품이 많이 나고 심하게 끓으며 눌어붙기 쉬우므로 주의해야 한다. 농축방법은 가당연유의 경우와 같다.

(5) 균질화

무당연유를 그대로 저장하면 보존 중에 지방분리를 일으키므로 이러한 현상을 방지하기 위해 농축 후에 균질화를 행한다. 가당연유의 경우는 고농도의 설탕에 의한 점성으로 지방의 분리를 막을 수 있으나, 예열과 멸균 등의 조작을 거친 농축유에서는 장기간 보존할 경우 지방이 떠오르고 운반 시에 흔들려서 교동이 되므로 버터입자가 생겨서 상품가치가 떨어지게 된다. 따라서 이를 막기 위하여 지방구를 물리적으로 파괴하여 미세하게 함으로써 지방분리가 일어나지 않도록 할 뿐만 아니라 지방구에 흡착되는 카제인량이 증가하여 점도가 알맞게 되고 제품의 소화성도 향상된다.

(6) 충전 및 밀봉

균질 후에는 즉시 냉각해야 하는데, 당일 충전 시에는 8℃, 다음날로 넘길 때에는 4℃로 냉각하여야 한다. 밀봉 후에는 고압멸균하므로 상부공간을 남겨 놓고 밀봉하여야 한다. 밀봉 후 멸균까지 장시간이 소요되는 경우에는 냉장고 안에 보관하여 변질을 방지해야 한다.

(7) 멸균

무당연유는 가당연유와는 달리 그대로는 보존성이 없으므로 고온으로 가열하여 미생물이나 효소를 파괴하여 보존성을 높여야 한다. 그 외에도 멸균에 의하여 제품의 점성을 높이고 저장 중의 지방분리를 방지한다. 가열에 의해 제품은 농후한 외관을 나타내나 지나친 가열은 제품의 갈색화와 조직의 손상 및 풍미 저하의 원인이 되므로 주의해야 한다. 소규모인 경우에는 배치식, 대규모인 경우에는 연속식으로 멸균한다. 배치식인 경우 115~117℃에서 15~20분간 멸균하고 연속식인 경우에는 124~138℃에서 1~3분간 멸균한다.

(8) 냉각 및 진탕

멸균이 끝나면 15~20분 내에 관내 온도가 20℃ 또는 실온이 되도록 냉각시킨다. 가당연유와는 달리 냉각만을 목적으로 될 수 있는 대로 빨리 냉각해야 한다. 내열성이 낮은 원료유를 사용하거나 멸균 조작의 불량 또는 미숙으로 인하여 제품에 연한 커드가 생기는 경우에는 커드를 곱게 부수어 부드러운 크림상 조직으로 만들기 위해 진탕기로 진탕을 하지만 내열성이 높은 원료유를 사용하여 적절한 처리를 한 경우에는 진탕을 하지 않는다.

(9) 보존시험

제품 중에서 일부의 시료를 취하여 보존실에 옮겨 25~30℃에서 3~4주간 보존하면서 산패, 응고, 가스팽창, 지방분리, 침전 등의 결함이 있는지를 검사한다.

7. 분유

건조유제품은 우유 또는 탈지유에서 수분을 제거한 후 분말상으로 만들어 보존성을 높인 것으로 대표적인 것은 분유이다.

1) 분유의 종류

분유는 원료유의 종류에 따라 전유를 건조시켜 만든 전분유 또는 전지분유(whole milk powder)와 탈지유를 건조시켜 만든 탈지분유(skim milk powder)로 크게 나뉘며 설탕을 첨가한 가당분유, 유아에게 필요한 영양소를 강화한 강화분유, 모유의 성분과 비슷하게 조제한 조제분유 등과 같이 우유에 영양소를 넣거나 일부의 조성을 변경시킨 분유가 있다.

분유와 비슷한 건조유제품으로는 분말크림, 분말버터밀크, 분말유청, 카제인 및 젖당 등이 있다.

2) 분유의 일반적인 제조법

(1) 전지분유

전지분유는 전유를 원료로 하여 예열, 예비농축 및 건조에 의하여 만들어지는 것으로 분무건조법에 의한 전지분유의 제조공정은 그림 8-12와 같다.

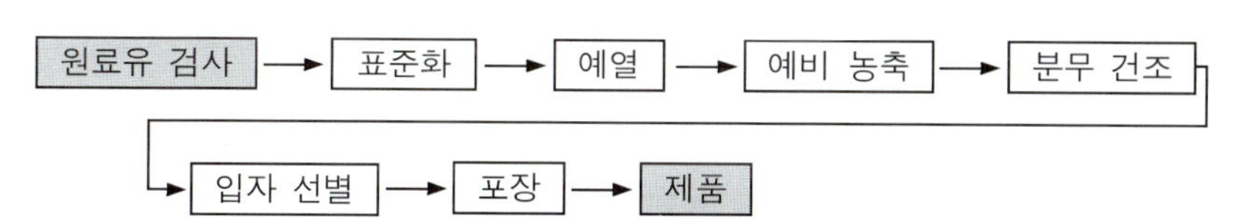

[그림 8-12] 전지분유의 제조공정

① 원료유의 검사와 표준화

원료유의 풍미, 알코올시험, 온도, 비중, 이물질, 산도 및 세균수 등을 검사하여 신선한 우유만을 원료로 사용한다. 검사가 끝난 원료유는 여과 및 청정을 거쳐 저유탱크에서 5℃ 전후로 냉각한다. 시료를 취하여 지방함량을 검사한 후 제품의 규격에 따라서 표준화한다. 원료유의 지방함량이 낮으면 크림을 가하고, 지방함량이 높으면 탈지유나 탈지분유를 가한다.

② 예열

분유 제조 시 예열의 목적은 분유의 보존 시에 유해한 리파아제(lipase),

퍼옥시다아제(peroxidase) 등의 효소를 파괴하고, 대장균, 포도상구균 등의 세균을 사멸시키는데 있지만 단백질의 열변성을 최소화하여 분유의 용해성을 향상시키기 위해 장시간의 가열을 피하고 단시간의 가열처리를 하는 것이 일반적이다.

보통 관상 가열기나 평판식 열교환기로 70~85℃에서 15~30초간 살균하는 HTST법이나 초고온살균기로 120~150℃에서 1~2초간 살균하는 UHT법이 이용되고 있다.

③ 예비농축

예열이 끝난 우유는 즉시 진공농축기에서 농축된다. 분유의 제조 시에 우유를 농축하지 않고 바로 건조시켜 분말화할 수 있지만 건조기에서는 가열공기로 우유를 건조시키므로 금속보다 열전도도가 나쁜 공기를 가열시키는 데에는 많은 열과 시간이 필요하다. 그러나 진공농축기에서는 우유가 직접 금속에 접촉하게 되므로 수분의 증발이 빠르고 열효율이 높다. 따라서 진공농축기에서 예비농축을 함으로써 건조능력을 높이고 제조시간을 단축하여 열과 동력을 단축할 수 있다.

품질 면에서도 우유를 농축시키지 않고 그대로 분무하면 분무입자에 많은 기포가 함유되어 작고 가벼운 입자가 되기 때문에 분산성이 떨어지고 용적이 커서 관에 충전시키기 어려우며 진공충전을 하는 경우에는 공기가 충분히 제거되지 않아 우유의 성분이 쉽게 산화되어 보존성과 품질이 떨어지게 된다. 따라서 열효율을 높이고 건조시간을 단축시키며 분유입자의 분산성과 제품의 보존성 및 품질을 향상시키기 위하여 우유를 건조시키기 전에 약 1/4로 농축한다. 이보다 더 농축하면 용해도가 떨어지고 덜 농축하면 입자가 뭉치기 쉽다.

④ 분무건조

분무건조(spray drying)는 건조실 내에 열풍을 불어넣고 열풍 속으로 농축우유를 분무시키면 우유는 미세한 에어로졸을 형성하여 표면적이 증가하므로 수분이 순간적으로 증발하여 열풍과 함께 밖으로 배출되고 유고형분은 분말입자의 형태로 변하여 낙하하게 되는 방식이다. 이때 열풍이 갖는 열의 대부분은 기화열로 빼앗기게 되므로 에어로졸이 받는 온도는 50℃ 내외에 불과하다. 또한 건조실 내에 쌓인 분유는 연속적으로 밖으로 배출되므로 열풍에 노출되는 시간이 짧다. 따라서 분무건조에 의해 제조된 분유는 열에 의한 성분 변화가 거의 없다.

공기여과기를 통하여 청정화된 공기를 가열장치에서 150~250℃로 가열하여 송풍기에 의하여 건조실로 보내고 농축유를 50℃로 가온하여 분무장치에 의하여 건조실 내로 분무하여 순간적으로 건조분말로 만든다. 열풍은 배기구에서 증기를 수반하여 실외로 배출되지만 기류 중에 미세한 분유 입자가 섞여 있으므로 고속 사이클론 콜렉터나 백필터, 습식집진기를 이용하여 분리회수한다. 이때 건조실 내에 쌓인 분유는 연속적으로 반출한다.

⑤ 충전 및 포장

분무건조 후의 분유는 냉각공기로 냉각하여 20~30 mesh의 체를 통하여 거친 입자들을 제거한 다음 계량하여 충전공정으로 보내진다. 분유 중에는 상당량의 무수 젖당이 존재하고 있으며 흡습성이 강하기 때문에 습도가 높은 조건에서 충전을 하면 분유가 흡습하여 고화되기 쉽다. 또 온도가 높은 상태 그대로 충전하면 덩어리가 생길 수 있다. 따라서 충전 시에는 분유를 충분히 냉각시켜야 하며 건조한 곳에서 취급하여야 한다. 일반적으로 전지분유는 26~28%의 지방을 함유하고 있어서 산화 등의 화학적 변화를 받기 쉽기 때문에 질소가스 충전포장이 행해지고 있다.

(2) 탈지분유

탈지분유는 원료유로부터 대부분의 지방을 분리하고 남은 탈지유를 건조한 것으로 분유공업에서 큰 비중을 차지하고 있다. 전지분유와 같은 설비라인을 사용하여 제조하며 제조방법도 거의 같다.

(3) 조제분유

유아용 조제분유가 생산되기 시작할 당시인 초기의 제품은 분유에 설탕이나 탄수화물을 첨가한 정도에 불과하였으나 오늘날에는 제조기술의 발전과 유아의 영양생리에 관한 연구가 많이 진전되어 우유의 성분조성, 영양강화, 무기질의 조성, 커드의 연화 및 비피더스균 성장조건의 개선 등 인공적인 처리에 의하여 모유와 상당히 유사한 제품을 생산할 수 있게 되었다. 그러나 이화학적인 성질에 있어서 많은 차이가 있는 우유로부터 모유와 똑같은 제품을 만든다는 것은 사실상 어려운 일이며 모유에 가까운 제품을 만들기 위하여 연구개발을 거듭하고 있다. 따라서 물리적인 상태나 성분조성이 비슷하더라도 제조사별로 제조공정이나 첨가물의 종류 등에 있어서 많은 차이가 있다. 제조공정의 기본은 전지분유와 거의 같다.

조성의 표준화에 있어서는 지방치환, 열안정성 비타민이나 무기질의 첨가, 단백질 조정 등이 있다. 열에 안정한 비타민 A, D, E는 비타민유나 결정으로 직접 첨가하거나 유지에 미리 혼합, 용해한 다음 첨가한다. 단백질 조정은 우유 단백질 중의 카제인과 유청단백질의 비율(약 5 : 1)을 인유 중의 비율인 약 1.6 : 1에 가깝도록 하는 것으로 탈염한 유청의 첨가나 효소처리에 의한 카제인의 부분적인 분해 또는 이들을 조합시킨 방법을 사용한다.

표준화 후에는 전지분유와 같이 살균, 농축 및 분무건조 후 냉각시킨 다음 당류와 열에 불안정한 수용성 비타민(B_1, B_2, B_6, B_{12}, C 등)을 첨가하여 자동혼합기에서 균일하게 혼합한다. 제조된 조제분유는 유지의 산화를 방지할 목적으로 질소가스 충전포장을 한다.

(4) 인스턴트분유

분무건조법으로 제조된 분유는 100 μm 이하의 미립자로 물에 넣었을 때 침강속도가 늦고 표면이 습윤, 용해되어 내부로의 물의 침투를 방해함으로써 환원 시에 덩어리를 생성하기 쉽다. 따라서 내부에 스폰지상의 모세관 구조를 가진 집합입자를 만들면 물의 침투가 빠르게 되어 수면 상에서 덩어리를 만드는 일이 없고, 개개의 입자는 침강하면서 용해되는 성질을 갖게 된다. 이와 같은 성질을 갖는 분유를 인스턴트 분유(instant dry milk)라고 한다.

8. 크림

크림(cream)이란 우유에서 분리한 지방분을 말한다. 우유에는 지방분이 3~4% 정도 함유되어 있으며, 균질화하지 않은 우유를 그대로 방치하면 비중이 가벼운 지방분이 점차 위로 뜨게 되는데 이것이 크림층이다. 크림은 유지방이 단백질의 피막에 쌓인 유지방구의 형태로 우유 속에 미세하게 분산된 에멀젼이다. 최근에는 원심분리법에 의하여 지방분 함량 80% 정도의 것까지 만들 수 있다. 식품위생법에서는 크림을 유지방분이 18% 이상이며 유성분 이외의 성분을 함유하지 않는 것이라고 정의하고 있다. 크림은 일반적으로 유지방분 18~50% 정도의 것이 많이 사용된다.

1) 크림의 종류

크림은 우유에서 분리한 것을 그대로 살균하여 냉각한 생크림(fresh cream)과 젖산균으로 발효시킨 발효크림(sour cream)으로 나뉜다. 생크림은 유지방의 함량에 따라서 라이트크림(light cream, 유지방 18% 이상), 헤비크림(heavy cream, 유지방 36% 이상), 플라스틱크림(plastic cream, 유지방 70% 이상)으로 나뉘며 가공처리상태에 따라서 싱글크림(single cream), 더블크림(double cream), 분말크림(dried cream), 동결크림(frozen cream)으로 나뉘고 용도에 따라서 커피용, 휘핑용, 조리용, 식품원료용으로 나뉜다.

특히 조리용 크림의 경우에는 그 사용목적에 따라 지방함량이 달라지나 일반적으로는 40~50% 정도의 것이 많이 사용된다. 조리용 크림은 수프를 비롯하여 생선, 고기, 채소요리 등의 소스, 디저트 등에 맛, 풍미 및 점도를 내기 위해 널리 사용되고 있다.

2) 크림의 제조

(1) 크림의 분리

우유로부터 크림을 분리하는 방법으로는 원심력에 의하여 유지방과 무지고형분의 중력차를 기계적으로 확대시켜 분리속도를 빠르게 하는 원심분리법과 우유를 오랫동안 정치하여 비중이 가벼운 유지방구가 자연히 부상하여 형성된 크림층을 분리하는 방법이 있다. 우유를 정치하여 분리하는 방법은 시간이 오래 걸리고 분리된 크림의 질이 좋지 않으며 탈지유에 많은 양의 유지방이 남는다. 따라서 산업적으로는 원심분리법이 사용된다.

(2) 크림의 살균

분리된 크림은 저온장시간 살균법(LTLT법, 62~65℃에서 30분간 처리), 고온단시간 살균법(HTST법, 72~75℃에서 15초간 처리), 초고온 살균법(UHT법, 135~150℃에서 0.5~5초간 처리) 또는 이와 동등 이상의 효력을 가지는 방법으로 살균한다. 살균된 제품은 미생물이 2차 오염되지 않도록 충전, 포장한다.

3) 크림제품

(1) 커피크림

커피크림은 유지방분이 18~20% 정도 함유된 것으로 테이블크림 또는 라이트크림이라고도 한다. 커피크림은 커피의 풍미를 온화하게 하고 커피의 쓴맛을 없애며 색을 희게 하기 위하여 첨가된다. 또한 크림과 우유를 섞어서 유지방이 10~12%가 되도록 만든 크림을 하프 앤 하프(half and half) 크림이라고 한다.

커피크림의 제조는 신선한 크림을 균질하여 시유의 살균방법과 동일하게 처리하는데 멸균크림을 생산할 때에는 크림의 산도가 0.14~0.15% 이상일 때에는 멸균하는 동안 응고하므로 중화시킨 후 0.1~0.3%의 알긴산나트륨을 넣어 안정화시켜야 한다.

(2) 휘핑크림

휘핑크림(whiping cream)은 유지방분이 30~50%인 것으로 유지방분이 30~36%인 라이트휘핑크림과 36% 이상인 헤비휘핑크림으로 나뉜다. 이는 5~10℃의 낮은 온도에서 강한 교반으로 미세한 기포를 생성시킨 것이다.

크림을 휘핑할 경우 기포가 크림 속에 들어가면 즉시 단백질의 피막에 쌓여 있는 유지방구가 파괴되고 유리된 고체지방이 나와 기포의 주위를 둘러싸서 점차 단단한 휘핑크림이 된다. 따라서 지방의 함량이 30% 이하인 것은 휘핑하기 어려우며 크림이 10℃ 이상이 되면 지방의 일부가 액화되므로 잘 휘핑되지 않는다. 너무 심하게 교반하면 기포가 터져서 지방입자와 수분으로 분리된다. 이러한 현상을 방지하기 위하여 보통 시판하고 있는 것에는 유화제나 안정제가 첨가되어 있다. 휘핑크림은 생과자의 장식용으로 또는 과일과 함께 디저트로 이용할 때도 사용된다.

(3) 플라스틱크림

크림을 다시 원심분리하여 유지방분이 80% 이상이 되도록 만든 크림은 실온에서도 고체상태이므로 플라스틱크림(plastic cream)이라고 부른다. 플라스틱크림은 주로 아이스크림의 원료로 사용되며 버터원료가 되기도 한다. 유지방 함량이 버터와 비슷하나 지방이 물에 분산된 유화상태(수중유적형)로 있기 때문에 버터(유중수적형)의 조직과는 차이가 있다.

(4) 동결크림

동결크림(frozen cream)이란 −10∼−20℃에서 동결시킨 크림을 말하며 크림의 수급조절을 위하여 살균 후 동결저장한 것이다.

(5) 발효크림

유지방분이 18% 이상인 크림을 젖산균으로 발효시켜 산도가 0.6%가 되도록 한 것을 발효크림(sour cream, cultured cream)이라고 한다.

9. 버터

우유에서 분리한 크림을 서서히 교동하면 유지방구막이 파괴되고 지방만이 유출되어 뭉쳐서 좁쌀과 같은 크기로 엉긴다. 이것을 모아 짓이겨서 남아 있는 물이 지방에 분산되도록 유화시킨 것을 버터(butter)라고 한다.

1) 버터의 종류

버터는 식염첨가 여부에 따라서 가염버터와 무염버터로 나뉘며, 발효 여부에 따라서 발효버터와 감성버터로 나뉜다.

우리나라에서는 소비자들의 기호성 때문에 주로 감성버터가 제조되고 있으며 가염버터는 주로 가정용으로 사용되고 있고 무염버터는 과자, 아이스크림, 환원우유 제조용 원료로 사용되고 있다. 최근에는 제품에 향신료나 견과류 등을 첨가하여 만든 것도 있으며 지방함량을 낮게 하여 조성분의 함량을 변화시켜 만든 버터도 있다.

2) 버터의 일반적인 제조법

버터의 일반적인 제조공정은 그림 8-13과 같다.

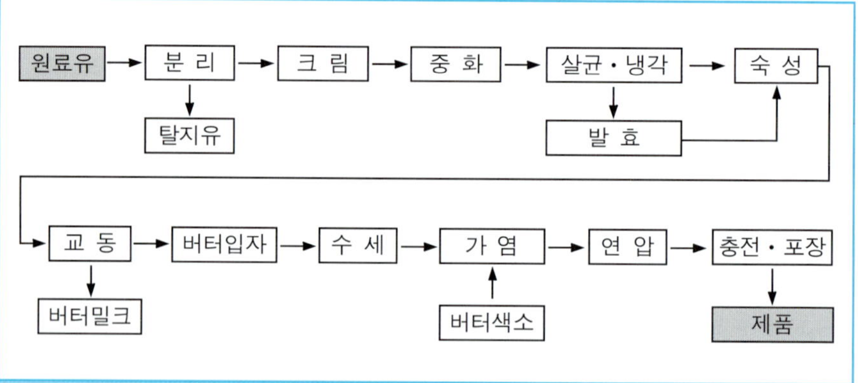

[그림 8-13] 버터의 제조공정

(1) 크림의 분리

원유검사에 합격한 원료유는 원심력을 이용한 원심분리기로 크림을 분리하여 지방함량이 30~40%의 범위가 되도록 조절한다.

(2) 크림의 처리

분리된 크림은 교동 전에 중화, 살균, 냉각, (발효), 숙성 등의 과정을 거친다.

① 중화

신선한 크림의 산도는 0.10~0.14%이다. 산도가 높은 크림을 살균하면 카제인이 응고하여 버터의 품질이 저하되고 응고된 카제인은 유지방과 함께 버터밀크에 섞여서 나오므로 버터의 생산량이 감소되는 원인이 된다. 크림의 산도는 0.2% 이하의 것을 사용하고, 산도가 0.2~0.3%인 경우는 중화제로 중화시켜 사용한다. 산도가 0.3% 이상인 크림은 중화하면 중화취가 강한 비누와 같은 버터가 되므로 사용하지 않는다.

중화제로는 중탄산나트륨, 탄산나트륨, 수산화나트륨, 생석회 및 소석회 등이 있는데 일반적으로 크림의 중화에는 중탄산나트륨을 사용한다. 크림분리 직후 35℃ 전후의 크림을 서서히 교반하면서 10% 중탄산나트륨 용액을 첨가하여 균일하게 혼합한다.

② 살균 및 냉각

크림의 살균은 크림 중의 병원성 유해균의 살균 및 지방분해효소의 불활성화 등 버터의 보존성 향상을 목적으로 행해진다. 또한 발효 시에 젖산균의 발육을 저해하는 물질을 파괴하는 효과도 나타난다. 크림의 휘발성 냄새성분은 가열에 의하여 어느 정도 제거되기 때문에 살균에 의해 풍미가 개선되며 온도처리 방법에 따라 버터의 전연성이 개량되기도 한다.

버터 원료용 크림은 버터 저장 시에 산패를 일으킬 수 있는 지방분해효소를 완전히 파괴하고 크림의 발효 시에 젖산균의 성장을 저해할 수 있는 물질을 파괴하기 위하여 시유보다 높은 온도로 처리한다. 보통 75~85℃에서 5~10분간 살균하는 저온장시간 살균법과 90~98℃에서 15초간 살균하는 고온단시간 살균법이 있으며 105~115℃의 초고온 살균법이 사용되기도 한다. 살균 후에는 숙성 또는 발효공정의 온도인 4~22℃로 냉각한다.

③ 발효

발효는 발효버터에만 적용되는 공정으로 젖산균을 순수배양한 버터 스타터를 살균된 크림에 첨가하여 발효시키는 것이다. 발효에 의하여 생성된 젖산은 크림의 점도를 낮추고 이로 인하여 지방분리가 빠르게 되어 교동작업이 쉬워진다. 또한 방향성 물질이 생성되어 버터의 풍미를 좋게 한다. 버터 스타터로 이용되는 젖산균으로는 *Lactococcus lactis*와 *Lactococcus cremoris*를 혼합해서 사용하며 *Leuconostoc citrovorum*, *Leuconostoc dextranicum*, *Lactococcus diacetylactis* 등과 같은 향기 생성균을 혼합 배양하여 이용하기도 한다. 이때 생성되는 방향성 물질로는 초산, 알코올, 지방산 및 디아세틸 등이 있으며 이들은 버터 특유의 풍미를 나타낸다.

크림량에 대하여 약 3~6%의 스타터를 넣고 크림의 산도가 0.3%가 될 때까지 20~22℃에서 4~6시간 동안 발효시킨다.

④ 숙성

크림의 숙성(aging)은 감성버터의 경우는 크림을 살균한 후에, 발효버터의 경우는 발효 후에 크림을 교동하기 전까지 비교적 낮은 온도로 냉각하여 저장하는 과정을 말한다. 이 과정에서 액상 유지방이 결정화되어 교동작업이 쉬워지고, 교동시간이 일정하게 되며, 교동 후 버터밀크로의 지방손실이 감소된다. 또한 유지방의 지방산 조성은 계절에 따라서 달라지기 때문에 버터의 경도가 다르게 되므로 유지방의 결정화를 조절하여 버터의 경도와 전연성을 항상 일정하게 유지하는 효과가 있다. 일반적으로 겨울철에 생산된 우유의 지방에는 융점이 낮은 지방이 많아서 지방결정이 많이 생기게 되므로 낮은 온도(8℃)에서 유지방을 서서히 결정화하면 작은 결정이 형성되어서 연성조직의 버터가 된다. 반대로 여름철에 생산된 우유의 지방은 융점이 높은 지방이 많으므로 12~14℃에서 숙성시키면 지방의 결정화가 촉진되어 경도가 높은 버터가 된다. 숙성시간은 여름철에는 7시간, 겨울철에는 2시간 정도가 적당하다.

(3) 교동

크림의 교동(churning)이란 크림에 기계적인 충격을 주어 일정한 속도로 크림을 운동시켜 지방구끼리 뭉쳐서 버터입자가 형성되고 버터밀크와 분리되도록 하는 작업을 말한다.

① 교동의 원리

교동현상에 대한 학설은 많지만 Fisher와 Hooker의 상전환설과 Rahn이 제창한 포말설이 대표적인 것으로 알려져 있다. 전자는 크림 중의 지방구가 교동작용에 의하여 그 지방구막이 손상되어 지방구가 뭉쳐서 유지방이 물에 유화된 상태로부터 물이 유지방에 유화된 상태로 상이 전환되어 버터입자를 형성한다는 이론이고 후자는 상전환설의 기작에 대하여 좀더 자세히 언급한 것으로 지방구가 단백질 이외에도 여러 가지 분산상을 흡착하여 평형상태를 유지하고 있기 때문에 물속에서 유지방의 유화상태가 유지되고 있으나 교동에 의하여 기포가 형성되면 이러한 평형상태가 깨지기 때문에 지방구들이 융합되기 쉽고 기포에 의하여 변성된 지방구의 피막단백질은 충격이 있을 때 쉽게 파괴되어 지방구가 뭉쳐서 버터입자를 형성한다는 이론이다.

② 교동의 조건

교동에 있어서 가장 중요한 조건은 크림과 교동온도이다. 온도가 낮으면 점도가 높아서 교동이 잘되지 않으므로 버터입자가 생성되기까지 장시간이 필요하고, 온도가 높으면 버터입자가 연성이 되어 버터밀크로의 지방 유출량이 많아지므로 버터 생산량이 적어진다.

① 교동온도 : 여름철에는 8~10℃, 겨울철에는 12~14℃를 표준으로 한다. 교동과정에서 크림의 운동으로 운동에너지가 발생하여 크림의 온도가 1~2℃ 정도 상승하면 교동장치 밖에서 냉수를 살포하여 냉각시킨다.

② 크림의 지방함량 : 크림은 통상 지방함량 30~40%인 것이 사용되는데 교동효율을 높이기 위하여 고지방함량의 크림이 사용된다.

③ 크림의 양 : 교동기 내의 크림용량은 1/3~1/2 정도이고 1/3 정도가 가장 적당하다. 크림의 양이 너무 많으면 크림의 운동량이 감소되고 너무 적으면 크림의 중량이 부족하여 버터입자의 생성이 늦어진다.

④ 교동기의 회전수 : 교동기의 형식이나 크기에 따라서 달라지지만 일반적으로 대형일수록 회전수를 적게 한다. 20~35 rpm으로 50~60분을 기준으로 하여 버터입자가 생성될 때까지 교동을 계속한다.

(4) 버터밀크의 배제

교동의 종료는 교동기의 투시창을 통하여 버터입자의 크기가 좁쌀 크기 정도 되었을 때로 한다. 교동작업이 끝나면 교동기의 회전을 멈추고 버터입자가 떠올라 버터밀크와 분리되도록 약 5분 정도 기다렸다가 교동기의 밑에서 버터밀크를 배제시킨다.

버터밀크와 함께 빠져나가는 버터입자는 여과하여 회수하고 버터밀크 중에 함유된 유지방은 원심분리기로 회수하여 버터크림으로 이용한다. 버터입자의 크기가 클수록 입자 내에 버터밀크가 많게 되어 버터밀크의 배제가 곤란하므로 연질의 버터가 되어 보존성이 나빠진다. 또한 버터입자가 작을수록 입자의 유출이 많게 되고 수분제거가 곤란하여 수분과다가 되기 쉽다.

(5) 수세

버터입자를 수세(washing)함으로써 버터입자에 부착해 있는 버터밀크를 거의 완전히 제거하여 버터의 경도를 증가시키고 특이취를 제거하며 보존성을 높인다. 사용되는 물은 위생상 양호해야 하며 물의 온도는 버터밀크보다 1~2℃ 낮게 한다. 1회의 수세에 사용되는 물의 양은 버터밀크의 양과 동일하게 하여 버터의 전면에 뿌리고 수회 교동기를 회전시킨 다음 배수한다. 이러한 작업을 2회 반복한다.

(6) 가염

가염(salting)은 가염버터의 제조 시에만 적용되는 공정으로 버터의 풍미를 좋게 하고 미생물의 증식을 억제하여 보존성을 향상시킨다. 식염의 첨가량은 1.0~2.5% 정도로서 여름철에는 2.0~2.5%, 겨울철에는 1~2% 정도가 적당하다. 버터용 식염은 특급 정제염으로 순도가 높고(99.5% 이상) 마그네슘(Mg)이나 칼슘(Ca)과 같은 불순물이 적게 함유되어 있어야 한다.

가염법으로는 건조염을 그대로 산포하는 건염법과 식염을 용해시켜 사용하는 습염법이 있는데 건염법은 버터에 식염의 결정이 남게 되어 유리수분을 분리시키고 저장하는 동안 버터의 조직에 식염반점을 나타내게 하므로 식염을 물에 녹여서 첨가하는 습염법이 일반적으로 이용되고 있다.

(7) 연압

연압(working)은 교동에 이어 중요한 공정으로 버터입자가 덩어리로 뭉쳐 있는 것을 모아서 짓이기는 작업을 말한다. 연압의 목적은 버터에 알맞는 점조성을 부여하고, 첨가된 식염의 용해를 촉진시켜 버터 전체에 식염이 균일하게 분포되도록 하며, 버터입자 중의 수분을 분산시키고, 제품의 수분함량을 조절하는 것이다. 수분의 조정은 초기에 버터를 채취하여 수분함량을 측정하고 부족 분을 보충한다. 가수량은 다음 공식에 의하여 산출한다.

$$W = F\left(\frac{16}{100-18} - \frac{a}{100-a}\right)$$

W : 가수량(kg)
F : 크림 중의 지방량(kg)
a : 도중에 측정된 수분함량(%)

그러나 실제로는 교동기 내의 잔존 수분을 고려하여 계산에 의해 산출된 양의 80% 정도를 가한다. 금속제 교동기에 의한 연압은 처음에는 저속에서 시작하여 서서히 가속시킨다. 최적온도는 여름철에는 14~16℃, 겨울철에는 15~18℃이고 시간은 조건에 따라서 달라지지만 대략 60~80분 정도이며 그 사이에 수분의 보정을 2회 정도 실시한다. 버터입자가 잘 밀착하여 조직으로부터 수분이 유리되지 않으면 작업을 종료한다.

(8) 포장

황산지, 파라핀피복지, 비닐 및 은박지 등으로 내포장하고 다시 두꺼운 종이상자로 외포장한다. 포장할 때 버터의 온도는 10℃ 전후가 적당하다. 버터의 온도 또는 포장실의 온도가 높으면 포장되어도 일정한 모양을 유지하기 어려우며 버터가 포장지 밖으로 새어 나온다. 반대로 온도가 낮으면 버터의 조직이 단단해져서 균일한 상품이 되지 못한다. 포장된 버터는 단기간 저장 시에는 −5~0℃에 보존하고, 장기간 저장 시에는 −15℃ 이하에 동결보존해야 한다.

10. 치즈

치즈(cheese)란 전유, 탈지유, 부분탈지유, 크림, 버터밀크 또는 이들의 혼합물을 젖산균에 의하여 발효시키고 레닛 등의 응유효소를 가하여 응고시킨 후 유청을 제거한 다음 가온, 가압 등의 처리를 통하여 얻어지는 신선한 응고물 또는 이를 숙성시켜 얻어지는 식품을 말한다.

표 8-1 치즈의 분류

분류	종류
연질 치즈 (soft cheese, 수분 55~80%)	· 비숙성 – Cottage, Mozzarella, York, Cream, Cambridge · 젖산균에 의한 숙성 – Belpaese, Colwich, Lactic, Quarg · 흰 곰팡이에 의한 숙성 – Camembert, Brie, Neufchatel · 유청치즈(whey cheese) – Ricotta, Mysost, Primost
반경질 치즈 (semi-hard cheese, 수분 45~55%)	· 젖산균에 의한 숙성 – Brick, Munster, Limburger, Port du Salut · 푸른 곰팡이에 의한 숙성 – Roquefort, Gorgonzola, Blue, Stilton
경질 치즈 (hard cheese, 수분 34~45%)	· 젖산균에 의한 숙성 – Cheddar, Gouda, Edam · 프로피온산균에 의한 숙성(가스 구멍 있음) – Emmental, Gruyere, Asiago
초경질 치즈 (very hard cheese, 수분 13~34%)	· 세균에 의한 숙성 – Parmesan, Romano, Sapsago
가공치즈 (processed cheese)	· process cheese food, process cheese spread

치즈는 자연치즈(natural cheese)와 가공치즈(process cheese)로 나뉜다. 자연치즈는 원유 또는 유가공품에 젖산균, 응유효소, 유기산 등을 가하여 응고시킨 후 유청을 제거한 것으로 커드가 신선한 상태 그대로 식용하는 것과 장기간의 숙성을 요하는 것 등 다양한 종류가 존재한다. 가공치즈는 자연치즈를 주원료로 하여 여기에 다른 식품 또는 식품첨가물을 가하고 유화시켜 제조한 것이거나 종류나 숙성도가 서로 다른 자연치즈를 배합하여 가열, 용해시켜 성형한 것을 말한다.

1) 치즈의 분류

세계 각국 치즈의 종류는 약 800여종에 달한다. 일반적으로 치즈를 분류하는 기준으로는 응유방법(효소응고법, 산응고법, 가열응고법), 원료유의 종류(우유, 산양유), 원료의 지방함량(크림, 전지유, 탈지유), 숙성방법(비숙성, 세균 숙성, 곰팡이 숙성 등), 치즈의 경도(연질, 경질) 등이 있다. 일반적으로 치즈의 풍미, 조직 및 외관상의 특징에 기준을 두고 분류하고 있다.

2) 자연치즈의 일반적인 제조방법

자연치즈의 제조공정은 크게 원료유의 처리, 응고와 발효, 커드의 처리, 치즈의 숙성 등 4단계로 나눌 수 있다. 각 공정은 최종제품의 품질을 좌우하는 중요한 공정들로서 치즈의 종류에 따라서 그 제조방법도 다양하다. 자연치즈의 일반적인 제조공정은 그림 8-14와 같다.

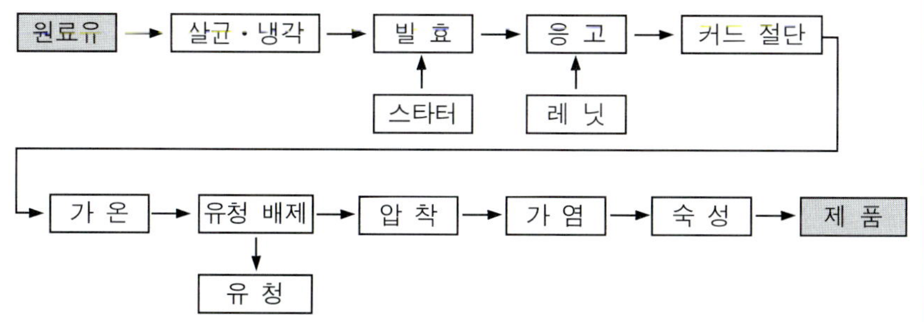

[그림 8-14] 자연치즈의 일반적인 제조공정

(1) 원료유의 처리

원료유의 성질은 치즈의 품질과 밀접한 관계가 있으므로 신선한 양질의 우유를 원료로 사용하여야 한다. 원료유는 위생적인 사양관리를 하고 유방염 등의 질병에 걸리지 않은 소로부터 착유한 정상유여야 한다. 따라서 치즈용 원료유는 알코올시험, 산도검사, 레닛 응고시험, 항생물질 검출시험 등을 통하여 양질의 우유를 선별해야 한다.

유질검사를 통하여 선별된 원료유는 지방과 단백질을 표준화하고 여과, 청정한 후 살균하여 치즈제조에 사용해야 한다.

① 표준화

우유의 카제인과 지방의 함량은 치즈의 품질 및 생산량과 밀접한 관계를 갖는다. 일반적으로 카제인(C)의 함량은 지방(F)의 함량에 비하여 큰 변동이 없으나 대체적으로 다음과 같은 식에 의해서 구해질 수 있다.

$$\text{카제인 함량}(\%) = 0.4F + 0.9$$

따라서 원료유의 지방함량이 낮을수록 C/F가 크고, 이에 따라서 지방 함량에 대한 치즈의 생산량이 크므로 유리하다고 할 수 있으나, C/F = 0.7을 표준으로 하고 있다. 즉, 제품의 지방함량을 규격에 맞게 하는 동시에 단위수량을 높이고 균일한 제품을 얻기 위하여 C/F가 0.7이 되도록 표준화를 실시한다.

② 살균

제품의 안전성을 확보하기 위하여 원료유를 살균한다. 일반적으로 75℃에서 15초간 살균하는 고온단시간살균법이 표준이며, 63℃에서 30분간 살균하는 저온장시간살균법도 이용되고 있다. 그러나 온도가 높은 계절이나 미생물 오염이 많은 원료유를 처리할 경우에는 70~80℃의 온도범위에서 적절한 살균온도를 선정해야만 한다.

(2) 발효 및 응고

원료유의 살균이 끝나면 치즈배트에서 젖산균 스타터를 첨가하여 우유를 발효시킨다. 발효에 의하여 적당량의 산이 생성되면 레닛을 가하여 우유를 응고시킴으로써 커드가 형성된다. 이때 젖산균 스타터를 첨가하여 우유를 발효시키는 것은 불필요한 잡균의 번식을 억제하고 레닛에 의한 우유의 응고를 촉진하기 위함이다.

① 스타터의 첨가

치즈 스타터는 우유를 응고시키기 전에 적당한 양의 산을 생성시키기 위하여 첨가되는 것이다. 치즈 스타터로 사용되는 젖산균으로는 *Lactococcus lactis, Lactococcus cremoris, Lactococcus diacetylactis, Streptococcus thermophilus, Lactobacillus bulgaricus, Leuconostoc citrovorum* 등이 있다. 살균된 원료유를 치즈배트에서 21~32℃로 냉각시키고 스타터를 0.5~2.0% 정도 첨가한다.

스타터를 첨가한 후 네닛을 넣을 때까지의 젖산발효시간은 치즈의 종류, 유질 및 스타터의 활성에 따라서 달라지지만 대체로 20분~2시간 정도가 소요된다. 이때의 적정산도는 0.18~0.22% 정도가 적당하다. 한편 살균에 의하여 우유 중의 가용성 칼슘이 불용성으로 되어 레닛의 응고를 지연시키고 커드의 탄력이 저하되므로 이를 방지하기 위하여 0.01~0.02%의 염화칼슘을 첨가한다.

또한 치즈를 일정하게 착색시키기 위하여 식물성 색소인 안나토 추출액을 0.003~0.012% 정도 첨가하기도 한다.

② 레닛의 첨가

스타터에 의하여 산이 적당량 생성되면 레닛을 첨가하여 우유를 응고시킨다. 우유의 응고는 치즈를 만드는 기본으로써 젖산발효에 의한 응고도 있으나 대부분의 치즈는 레닛에 의하여 응고된다. 레닛의 최적 활성 온도는 41℃이며 작용 온도 범위는 30~48℃, 최적 pH는 5.35이다. 레닛의 첨가 시 우유의 온도는 대략 22~35℃이며 레닛의 첨가량은 우유의 온도, 치즈의 종류 및 레닛의 역가 등에 따라서 달라지는데 분말 레닛의 경우 원료유에 대하여 대략 0.002~0.004% 정도가 적당하다.

레닛을 첨가한 후 신속하게 저어서 고르게 분산시킨 다음 치즈배트의 뚜껑을 덮고 정치해서 응고되기를 기다린다. 이 과정을 세팅(setting)이라고 한다.

(3) 커드의 처리

생성된 커드를 절단, 가온, 압착 등의 처리를 통하여 유청을 배출하고 일정한 모양을 형성시킨 다음 가염하여 생치즈를 만든다.

① 커드의 절단

커드가 적당하게 굳으면 커드 절단기로 절단하여 커드 내부의 유청을 배출시킨다. 커드 절단시기의 판단은 많은 경험이 필요하지만 보통 커드 속에 집게손가락 또는 온도계를 넣어서 살며시 윗쪽으로 올렸을 때 커드가 깨끗이 절단되어 투명한 유청이 스며 나오는 상태일 때나 치즈배트의 벽에 붙어 있는 커드를 손으로 눌렀을 때 깨끗이 떨어질 때가 좋다.

커드를 자르는 칼은 치즈배트의 종류, 치즈배트의 모양과 크기, 절단 방식 등에 따라 여러 가지 종류가 있으나 보통 수평철선칼과 수직철선칼의 한쌍으로 되어 있어서 커드를 입방체로 절단하도록 되어 있으며 칼날의 간격은 대략 0.5~2.0 cm 정도이다. 일반적으로 수분함량이 높은 연질치즈는 크게 절단하고 경질일수록 커드를 작게 절단한다. 절단이 끝나면 유청분리가 시작되고 커드입자가 수축되어 얇은 막을 형성함으로써 내부로부터 지방의 유출을 막는다.

② 커드의 가온

절단된 커드는 그대로 두면 밑으로 가라앉아 커드입자 간에 다시 엉기게 되므로 커드레이크(curd rake) 또는 교반기(agitator)로 저으면서 가온한다. 가온 온도는 치즈의 종류에 따라서 다른데 연질치즈는 31℃ 전후이고 경질치즈는 38℃ 전후이다. 가온 시에는 온도를 1℃ 상승시키는데 약 4~5분이 걸리도록 서서히 올려야 한다. 이때 커드가 서로 엉기지 않고 균일하게 수축되도록 계속 교반하여야 한다. 커드를 가온함에 따라서 커드가 수축되면서 내부의 유청이 배출되어 더욱 굳게 된다.

③ 유청 빼기

커드가 알맞게 수축되고 유청의 산도가 적당하게 상승하면 유청을 빼낸다. 유청의 적당한 산도는 치즈의 종류에 따라서 다른데 산도가 부족하면 나중에 숙성이 잘 안되고 너무 높으면 산미가 강하며 건조되기 쉽다. 유청을 빼낸 다음 커드가 냉각되기 전에 다음 작업을 해야 한다.

④ 압착

유청을 빼내고 나면 커드를 일정한 치즈틀에 넣고 압착기로 압착(moulding, pressing)하여 남은 유청을 빼내는 동시에 일정한 크기와 모양을 갖도록 한다. 이때 치즈 특유의 모양이 형성되고 치밀한 조직이 만들어진다. 지방의 유출을 막기 위하여 천천히 가압하여 예비압착을 한 다음 밀착된 치즈 커드를 꺼내어 반전하여 천으로 싸고 다시 틀에 넣어서 본 압착을 하는 것이 보통이다. 연질치즈의 경우는 가압을 하지 않고 반전시키면서 치즈 자체의 무게로 커드의 밀착과 유청배출을 촉진시킨다.

⑤ 가염

가염(salting)은 치즈의 풍미를 좋게 하고, 수분함량을 조절하며 과도한 젖산발효와 잡균에 의한 이상발효를 억제하는데 목적이 있다. 틀에 넣어서 압착이 끝난 치즈를 20%의 식염수에 담가서 가염하는 습염법(Gouda, Edam 등)과 커드를 틀에 넣기 전에 또는 압착한 후에 식염을 커드에 직접 뿌리거나 치즈 표면에 문질러서 가염하는 건염법(Cheddar, Blue, Camembert 등)이 있다. 또 습염법과 건염법의 두가지를 병용해서 가염하는 경우(Swiss, Brick 등)도 있다.

(4) 치즈의 숙성

일부의 연질치즈를 제외한 거의 모든 치즈는 일정한 기간동안 숙성된다. 압착과 가염을 마친 생치즈(green cheese)는 조직이 단단하고 풍미가 없으나, 이 생치즈를 일정기간동안 숙성시키면 특유의 풍미와 부드러운 조직을 갖게 되어 식품으로서의 가치가 향상된다. 치즈의 숙성은 미생물학적 및 생화학적 반응의 과정을 거쳐서 이루어진다. 치즈의 숙성은 원래 그 지방의 기후에 맞추거나 동굴 등의 천연적인 숙성실이 이용되어 왔지만 최근에는 일정한 온도와 습도를 유지할 수 있는 숙성실이 이용되고 있다. 숙성실의 온도와 습도 조건은 치즈의 품질 및 감량과 밀접한 관계가 있으므로 철저한 관리가 필요하다. 숙성기간 동안 수분증발에 의한 감량을 적게 하고 치즈 표면에 곰팡이가 오염되는 것을 방지하기 위하여 파라핀(paraffin), 왁스(wax), 플라스틱 필름(plastic film) 등을 입히기도 한다.

3) 대표적인 치즈

(1) 고우다 치즈(Gouda cheese)

고우다 치즈는 네덜란드 원산의 경질 치즈로 숙성 치즈의 대표적인 것이다. 전유 또는 반탈지유를 사용해서 직경 30 cm, 두께 8~12 cm의 원판으로 만들며 담황색 또는 버터 빛깔이 나고 온화한 풍미를 갖는 것이 특징이다.

제품의 지방함량을 건물 대비 48% 정도로 조정하기 위하여 원료유는 그 지방함량을 2.7~3.0%로 조정하여 살균한다. 냉각 후에 *Lactococcus cre-*

moris, Lactococcus lactis, Lactococcus diacetylactis, Leuconostoc citrovorum 등의 혼합스타터를 원료유의 0.5~1.5% 정도 첨가하고 균일하게 되도록 교반한다. 29~32℃에서 30~50분간 정치하여 산도가 0.17~0.18%에 달했을 때 원료유에 대하여 염화칼슘(10% 용액)을 0.01~0.02%, 레닛(2% 식염수 용액)을 0.002~0.004% 첨가한다. 30~40분간 정치하여 커드가 적당하게 굳었을 때 절단한다. 절단 후 10~15분간 교반하는데 이때 유청의 산도는 0.10~0.12% 정도가 적당하다.

유청빼기는 우선 유청 전량의 약 1/3을 배출한 다음 교반하면서 유청의 온도가 35℃에 달할 때까지 0.5℃/분의 속도로 가온하고 유청의 약 1/3을 배출한다. 다시 가온을 계속하여 유청의 온도가 38~39℃에 도달할 때까지 약 50분간 교반한다. 가온에 의하여 커드가 탄력성이 증가하고 유청의 산도가 0.12~0.13%에 달하면 커드층의 상면까지 유청을 배출한다.

배트 내의 커드는 양측에 퇴적시켜 냉각을 방지하고 약 30분간 압착하여 커드의 결착을 촉진한다. 커드를 절단하고 틀에 충진하여 예비압착하고 치즈를 틀로부터 꺼내어 뒤집어서 재충전한 다음 2~3시간 동안 본압착한다. 틀과 함께 약 10℃의 물에 10시간 이상 침지하여 치즈 덩어리를 냉각하고 틀에서 꺼내 식염수(Be'18~22, 10~12℃)에서 2~3일간 침지시켜 가염한다.

가염 후 1일간은 표면을 건조시키고 플라스틱 필름으로 진공포장하여 온도 10~13℃, 습도 80~85%에서 3~5개월간 숙성시킨다.

(2) 체다 치즈(Cheddar cheese)

체다 치즈의 제조법은 전반적으로 고우다 치즈의 제조법과 공통점이 많지만 산미를 강하게 하기 위한 스타터의 선택이나 치밀한 조직을 만드는 체다링 공정 등 특징이 있는 공정을 가지고 있다. 현재 세계 각지에서 가장 많이 제조되고 있다. 전유 또는 반탈지유로 제조되는 경질치즈로 온화한 산미가 나고 독특한 맛과 향을 지닌다.

원료유로는 지방함량 2.7~3.5%의 것이 사용되며 72~75℃에서 15초간 살균하고 약 30℃로 냉각시켜 1.0~1.5%의 스타터를 첨가한다. 스타터로는 *Lactococcus cremoris* 단일 또는 *Lactococcus lactis*와의 혼합 스타터가 사용된다. 31~31℃에서 1.0~1.5시간 동안 발효시켜 산도가 0.20~0.21이 되면 염화칼슘(10% 용액)을 0.01~0.02%, 레닛(2% 식염수 용액)을 0.002~0.004% 첨가한다. 약 25분간 방치한 뒤 커드를 절단한다. 5분간에 1℃의 속도로 온도가 상승하도록 가온하면서 교반하여 유청의 산도가 0.15~0.17%가 되어 커드가 적당하게 굳었을 때 유청을 전량 배출한다. 커드는 배트의 양쪽에 퇴적시키고 다시 유청을 배출시켜 매트상으로 융착시킨다.

커드를 절단하여 내측으로부터 외측으로 다시 반전하여 여러 겹으로 쌓고 절단과 반전을 반복하여 유청을 배출시키고 탄력성이 있는 조직을 갖도록 한다. 이 때 커드의 온도가 30℃ 이하로 냉각되지 않도록 보온하여야만 한다. 이와 같은 조작을 체다링이라고 하는데 유청의 산도가 0.5%에 도달할 때까지 계속 반복한다.

매트상으로 된 커드를 커드분쇄기로 분쇄하고 커드의 재결착을 방지하면서 2~3%의 식염을 가하여 교반한다. 틀에 28~30℃로 유지된 커드를 충전하여 약 1시간 동안 예비압착하고 커드를 틀로부터 꺼내어 외형을 정형한 다음 60℃의 온탕에서 1시간 동안 침지하고 다시 1~2일간 압착한다. 압착 후 온도 10~15℃, 습도 80%의 숙성실에서 치즈의 표면을 건조시키고 파라핀으로 피복하여 보통 5~6개월, 길게는 1년 이상 숙성시킨다.

(3) 블루 치즈(Blue cheese)

블루 치즈는 반경질의 곰팡이 숙성 치즈로 산양유를 원료유로 하는 프랑스의 로크포르가 대표적인 것이다. 블루 치즈의 특징은 접종한 곰팡이 스타터인 *Penicillium roqueforti*가 발육하여 치즈 내부에 대리석 모양을 만드는 것과 지방분해에 의한 특유의 자극적 풍미이다.

원료유에 크림 또는 탈지유를 가하여 지방함량을 3.3~3.5%로 조정하고 균질화한 다음 70~75℃에서 15초간 살균하여 30℃로 냉각한다. 젖산균 스타터 1~2%, 염화칼슘 0.01~0.02%를 가하여 산도가 0.16~0.18%에 달할 때 레닛을 0.004% 가하여 정치한다. 커드를 절단하여 10~15분간 정치한 후 가끔씩 서서히 교반한다. 이어 33℃로 가온하여 커드가 수축되고 유청의 산도가 0.20% 정도 되었을 때 대부분의 유청을 배출시킨다.

Penicillium roqueforti 스타터(분말) 0.002~0.004%, 식염 0.15%를 뿌려서 서서히 혼합하고 원주상의 틀에 충전한다. 15~20분마다 수회 반전하여

성형하고 20℃에서 하룻밤 방치한다. 3일간에 걸쳐 제품의 식염농도가 3~5%가 되도록 식염을 전면에 고르게 도포하고 커드의 50여 곳에 직경 2~3 mm의 구멍을 내고 나서 숙성실에 넣어 10℃, 습도 90~95%에서 가끔씩 치즈를 뒤집으면서 약 2개월간 숙성시킨다.

(4) 코티지 치즈(Cottage cheese)

코티지 치즈는 비숙성 연질치즈로 크림치즈와 함께 신선치즈(fresh cheese) 중의 하나이다. 원산지가 네덜란드로 숙성시키지 않은 치즈 중에서 가장 널리 제조되는 치즈이다. 원료유는 본래 전지유가 사용되었으나 지금은 대부분 탈지유를 사용하고 있으며 약간의 크림을 섞는다. 또한 스타터만으로 만들어지는 특수치즈였으나 요즘에는 레닛을 첨가하는 경우도 있다. 샌드위치나 각종 요리에 많이 이용되고 유백색이며 산미가 섞인 상쾌한 맛을 지니나 보존성이 거의 없다.

탈지유를 72~75℃에서 15초간 살균한 다음 냉각한다. 단시간법의 경우는 30~32℃에서 스타터를 5~8% 첨가하여 5~6시간 발효시킨다. 장시간법의 경우는 방향 생성균의 최적온도인 약 22℃에서 스타터를 0.5~1.0% 첨가하여 16~20시간 발효시킨다. 응유의 경도를 높이기 위해서 레닛을 0.00005% 정도 첨가한다. 응유의 pH가 4.5~4.7, 산도가 0.7~0.9%, 유청의 산도가 0.5~0.6%에 달했을 때 절단, 교반하고, 55~60℃까지 약 1.5~2시간 걸리게 가온한 후 유청을 전량 배출한다. 20~30℃의 온수와 냉각수를 가하여 커드를 교반하고, 수세 및 배수 후 식염 1%를 가하여 혼합한다. 별도로 살균 냉장한 지방함량 35%의 크림을 탱크 내에서 혼합하고 용기에 충전하여 냉각시킨 다음 제품으로 한다.

(5) 가공치즈(processed cheese)

가공치즈는 두 종류 이상의 자연치즈를 분쇄, 혼합하고 유화제를 가하여 가열 용융 및 성형한 것으로 우리나라 치즈 소비량의 대부분을 차지하고 있다.

① 원료용 치즈

원료가 되는 자연치즈로는 체다와 고우다가 주로 사용되며, 에담과 에멘탈 등이 이용되기도 한다. 원료치즈로는 위생적이고 가스 팽화 등의 결함이 없으며 풍미가 좋은 양질의 것을 사용한다.

② 제조공정

가공치즈의 일반적인 제조공정은 그림 8-15와 같다.

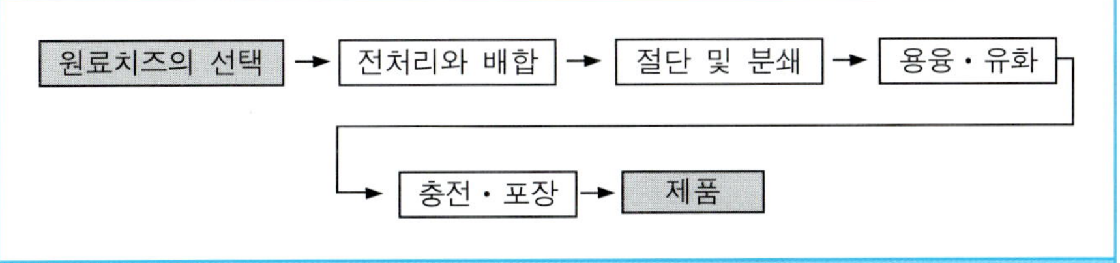

[그림 8-15] 가공치즈의 제조공정

원료치즈는 포장재의 제거, 표면 청정 등의 전처리를 한다. 일반적으로 숙성이 진행된 치즈는 풍미가 강하고 유화가 잘 되지 않는다. 반면에 비숙성 치즈는 조직이 부드럽지만 풍미가 없다. 따라서 이들 치즈의 특징을 살려 숙성 정도에 따라서 배합을 한다. 배합을 마친 원료는 절단기를 사용하여 적당한 크기로 절단하고 초퍼로 분쇄하여 롤러로 마쇄한다. 유화솥에 넣은 뒤 수분조절을 위하여 가수하고 유화제를 1~3% 첨가하며 기타 첨가물을 가하여 저속으로 교반하면서 가열한다. 60~70℃에서 20~30분간 교반하여 완전히 용융, 유화한 후 가열을 멈추고 솥을 감압으로 하여 탈취 및 탈기한다. 온도가 50℃ 이하로 내려가서 유동성을 잃기 전에 신속하게 포장한다.

11. 아이스크림

아이스크림(ice cream)이란 우유 또는 유제품을 주원료로 하여 설탕, 향료, 색소, 유화제 및 안정제 등을 가하여 교반하면서 동결시킨 것을 말한다. 아이스크림은 1550년경 이탈리아에서 고안되어 유럽 각국에 전해졌다고 알려져 있다. 당시의 아이스크림은 오늘날의 아이스캔디와 같은 것이었으며 현재와 같은 부드러운 제품은 1774년 프랑스의 루이 왕가의 것이 최초인 것으로 알려져 있다.

1) 아이스크림의 종류

아이스크림은 판매 형태에 따라서 경화시켜서 판매하는 하드 아이스크림과 경화시키지 않고 반동결 상태로 판매하는 소프트 아이스크림으로 분류된다. 또한 성분의 차이에 따라서 아이스크림, 아이스밀크, 락토아이스 및 샤베드 등이 있고 향료에 따라서 플레인 아이스크림, 후루츠 아이스크림 및 너츠 아이스크림 등이 있으며 포장 용기에 따라서 벌크(bulk), 카턴(carton), 컵(cup), 콘(cone) 및 스틱(stick) 등이 있다.

2) 아이스크림의 성분

아이스크림은 농후한 풍미, 혀에 닿는 좋은 감촉, 청량감 등의 특징을 가지고 있어서 기호식품으로서 일반적으로 식용되고 있으며 우유 및 유제품을 주원료로 하기 때문에 영양가가 높은 것도 특징의 하나이다.

아이스크림의 구성성분은 유제품 그룹과 비유제품 그룹으로 나뉜다. 유제품 그룹은 유지방과 무지유 고형분이 포함되어 있으며 비유제품 그룹은 감미료, 안정제, 유화제, 계란, 착색제, 향료 및 물이 포함된다. 각 성분이 아이스크림의 특징에 부여하는 효과는 다음과 같다.

(1) 유지방

유지방은 특유의 농후한 풍미를 부여하고 조직을 유연하게 하며 높은 영양가를 제공한다. 일반적으로 10% 전후의 함량이 바람직하며 함량이 높아질수록 청량감을 잃고 조직이 연화된다. 유지방의 주 공급원은 크림이며 때로는 전지연유, 전지분유, 버터 및 버터기름 등도 사용된다.

(2) 무지고형분

무지고형분은 제품의 풍미를 좋게 하고 조직을 개량하며 식품의 가치를 증진시킨다. 작고 안정된 기포를 형성하고 유지하는 데 중요한 역할을 한다. 무지고형분을 공급하는 주원료로는 탈지유, 탈지분유, 버터밀크 및 연유 등이 사용되며 이 중에서 가장 좋은 공급원은 탈지분유이다.

(3) 감미료

감미료는 아이스크림에 감미를 부여하고 향을 증진시킴으로써 제품의 기호성을 높이고 부드러운 조직을 만들어 준다. 또한 믹스의 점성과 전고형분량을 증가시킨다. 통상 13~17%의 감미료가 첨가되며 주로 설탕이 사용된다. 기타의 당으로는 옥당, 전화당, 포도당 및 과당이 사용되기도 한다.

(4) 안정제

안정제는 다량의 물과 결합함으로써 수분과 함께 겔을 형성하여 빙결정의 형성을 억제 또는 감소시키고 부드러운 조직의 유지에 도움을 주며 제품이 녹는 것을 지연시키는 효과를 나타낸다. 또한 각 성분을 균일하게 분산시켜 안정상태로 유지하는 기능을 나타낸다. 일반적으로 0.2~0.3%가 첨가되며, 알긴산염, 젤라틴 및 펙틴 등이 사용된다.

(5) 유화제

유화제는 분자 내에 친수성기와 소수성기를 함께 가지고 있기 때문에 물과 지방이 혼합, 유화되도록 하며 아이스크림 믹스의 거품성을 개선해 주고 조직을 더욱 부드럽게 해 주는 기능이 있다. 유화제로는 모노글리세리드(monoglyceride)와 폴리에틸렌(polyethylene) 유도체 등이 사용되는데 모노글리세리드는 지방의 분산과 거품성을 개선해 주며 폴리에틸렌 유도체는 아이스크림이 녹는 시간을 지연시켜 주고 아이스크림을 굳게 하는 성질이 있다.

(6) 풍미물질

풍미물질은 제품에 향과 맛을 부여하는 첨가물이다. 풍미물질로는 천연향료와 인공 합성향료가 사용되는데 천연향료로는 과일류, 초콜릿, 코코아 및 커피 등이 주로 사용되고 합성향료로는 방향족 화합물 등이 사용된다.

(7) 착색료

착색료는 외관을 좋게 하기 위하여 첨가되는 첨가물이다. 천연착색료와 합성착색료가 사용되는데 천연착색료로는 β-carotene 등이 주로 사용되며 합성착색료로는 식용 타르계 색소가 사용된다.

(8) 난 및 난제품

아이스크림 제조에는 냉동난황이나 난분 등이 주로 이용되며 난분의 사용량은 대략 0.5% 정도이다. 난황 고형분은 거품의 생성속도를 빠르게 해주며 조직이 단단하게 해준다. 또한 아이스크림이 녹을 때 좋은 모양으로 녹게 해주고 조직과 식품가치를 개선해 주는 효과가 있다.

3) 아이스크림의 일반적인 제조방법

아이스크림의 일반적인 제조공정은 그림 8-16과 같다.

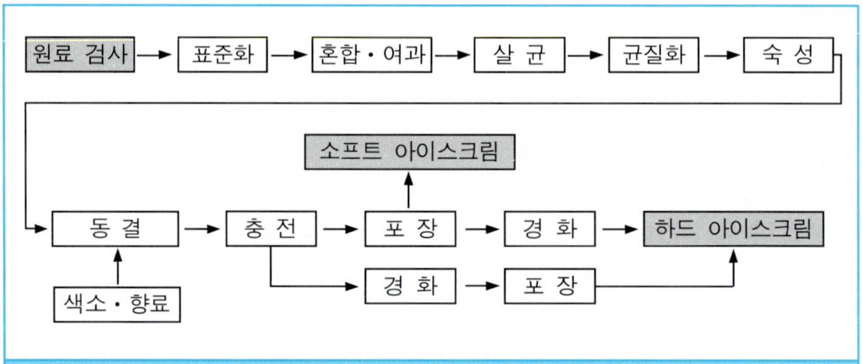

[그림 8-16] 아이스크림의 제조공정

(1) 원료검사

양질의 원료로부터 양질의 아이스크림이 제조되므로 원료의 검사는 엄격히 해야 한다. 우유와 유제품은 다른 원료나 자재의 이취를 흡수하기 쉬우므로 보관장소 및 온도관리에 특별히 주의를 기울여야 한다.

(2) 표준화

동결하면 아이스크림이 될 수 있도록 각종 원료를 혼합하고 살균 및 균질화 등의 처리를 마친 것을 아이스크림믹스 또는 믹스라고 한다. 믹스를 제조하기 위해서는 먼저 표준조성을 결정하고 그 조성에 맞도록 원료를 배합해야 한다. 이렇게 각 원료의 배합량을 계산하여 결정하는 것을 표준화라고 한다.

(3) 혼합 및 여과

사용할 원료 중에서 액체원료를 먼저 혼합탱크에 넣어 교반하면서 가열하고 분유, 건조란, 코코아, 설탕 및 안정제 등의 원료는 액체원료의 품온이 50℃가 되기 전에 혼합한다. 버터, 플라스틱크림, 냉동크림 및 기타 냉동 제품은 작은 덩어리로 미리 잘라 넣어서 믹스가 살균온도에 도달하기 전에 완전히 녹여야 한다. 색소나 풍미물질 등은 믹스를 동결하기 직전에 첨가하는 것이 일반적이다. 각 원료가 잘 용해되면 필터를 통과시켜서 이물질이나 큰 원료덩어리를 제거한다.

(4) 살균

믹스의 살균은 유해균을 사멸시키는 것이 주목적이지만, 그 외에 믹스의 보존성 및 조직을 개선시키고 지방분해효소의 실활에 의한 산패취 발생을 방지하게 된다.

소량생산 시에는 배치식 살균이 주로 이용되며 대량생산 시에는 연속식 살균이 주로 이용된다. 배치식 살균은 저온장시간 살균법이 사용되며 68℃에서 30분 정도 살균한다. 연속식 살균은 고온단시간 살균법(80~85℃에서 20초 전후)과 초고온 살균법(130℃ 전후에서 2~3초)이 사용된다.

(5) 균질화

믹스의 균질화(homogenization)는 믹스 중에 존재하는 지방구의 크기를 2 μm 이하로 미세화시켜 크림층의 형성을 방지하고 균일한 유화상태를 유지하는데 목적이 있다. 또한 균질화에 의하여 조직을 부드럽게 하여 동결 중에 지방의 응집을 방지하고 증용율을 향상시키는 효과도 있으며 숙성기간을 단축시키고 안정제의 소요량이 감소되는 이점이 있다.

균질기에는 고압형, 원심형 및 초음파형 등이 있으며 보통 고압균질기가 이용된다.

(6) 숙성

균질 후의 믹스를 냉각하여 0~5℃에 일시적으로 보존하는 공정을 숙성(aging)이라고 한다. 숙성에 의하여 지방의 고화, 안정제의 겔화, 믹스의 점성 증가 등이 일어나 믹스를 안정화시키고 조직을 부드럽게 하며 적당한 보형성(保型性)과 거품성을 갖게 한다. 일반적으로 숙성은 3~24시간 정도 실시하는데 이때 세균의 2차 오염을 주의해야만 한다.

(7) 동결

동결(freezing)은 아이스크림 제조공정 중에서 가장 중요한 공정으로 아이스크림 특유의 공정이다. 이는 아이스크림의 품질 및 최종제품의 수율에 직접적인 영향을 주는 공정이므로 동일한 믹스를 사용하였다 하더라도 동결방법에 따라서 품질과 수율이 달라지게 된다.

동결이란 아이스크림믹스를 동결기에 의해 급속히 냉각시켜 수분을 동결시키면서 적당량의 공기를 혼입하여 강하게 교반함으로써 믹스 중에 미세한 공기의 기포와 얼음입자 및 지방 등을 균일하게 분산시켜 반유동체의 소프트크림 상으로 만드는 것이다. 공기를 혼입하면서 동결하면 조직이 부드럽게 되고 혀의 촉감이 좋아진다. 공기의 혼입에 의하여 부피가 증가되므로 최종제품의 수율이 높아진다. 공기의 혼입에 의하여 믹스의 용적이 증가하게 되는데 이 용적이 증가된 비율을 증용율(over run)이라 한다. 일반적으로 증용율은 아이스크림의 용적과 그 믹스의 용적의 차(증량분의 용적)를 그 믹스의 용적에 대한 백분율로서 나타낸다. 보통 증용율은 80~100%가 적당하다.

(8) 충전 및 포장

동결기에서 나온 반동결 상태의 아이스크림을 충전기로 소정의 용기에 충전한다. 컵류와 벌크류는 충전 → 경화 → 포장의 공정을 거치고 콘류는 충전 → 포장 → 경화의 공정을 거친다.

(9) 경화

경화(hardening)는 동결 후 용기에 충전된 반유동체의 아이스크림을 −20 ~−30℃로 급속히 냉각시켜 일정한 형태를 유지하기까지 동결시키는 공정을 말하며 이 공정에 의하여 소프트아이스크림이 안정된 조직의 하드아이스크림으로 전환된다. 경화를 시킬 때 수분동결율은 90% 정도가 적당하며 동결시간은 가능한한 짧을수록 좋다.

12. 발효유

발효유(fermented milk)란 일반적으로 우유, 산양유 및 마유 등과 같은 포유동물의 젖을 원료로 하여 젖산균이나 효모 또는 이 두 종류의 미생물을 종균으로 하여 발효시킨 제품을 말하며 여기에 향료와 과즙 등을 첨가하여 음용하기에 적합하도록 만든 것을 말한다.

1) 발효유의 종류

발효유는 그 형태, 원료, 고형분의 함량, 미생물의 종류, 생산지역 등에 따라서 매우 다양하다.

발효의 근본이 되는 최종발효산물의 종류에 따라서 분류하면 순수하게 젖산균에 의해서만 발효가 일어나는 젖산발효유와 젖산균과 효모의 공동작용에 의해서 부분적으로 알코올이 생성되는 젖산-알코올발효유로 구분된다. 젖산발효유는 전세계적으로 소비가 증가하면서 액상발효유, 과일 요구르트, 냉동과일 요구르트, 드링크 요구르트, 저지방 요구르트, 무균 요구르트 등 다양한 제품이 만들어지고 있으며 젖산-알코올발효유는 동유럽 지역에서 고전적인 형태로 생산되고 있다.

젖산발효유는 유지방 함량에 따라서 고지방 요구르트(유지방 3.0% 이상), 저지방 요구르트(유지방 1.5% 이상) 및 탈지 요구르트(유지방 0.5% 이하)로 제조방법에 따라서 세트타입 요구르트, 스터드타입 요구르트 및 드링크타입 요구르트로 과일의 첨가 여부에 따라서 일반 요구르트(plain yoghurt), 과일 요구르트(fruit yoghurt) 및 풍미 요구르트(flavor yoghurt)로 가공방법에 따라서 살균 요구르트(pasteurized yoghurt), 동결 요구르트(frozen yoghurt), 건조 요구르트(dry yoghurt) 및 농축 요구르트(concentrated yoghurt)로 제품의 물리적 성상에 따라서 액상 요구르트(liquid yoghurt)와 호상 요구르트(viscous yoghurt) 등으로 분류된다.

우리나라는 발효유의 종류를 무지유고형분의 함량에 따라서 액상 발효유와 농후 발효유로 대별하고 있으며 농후 발효유는 다시 과일을 넣어서 떠먹도록 만든 호상 요구르트와 과즙을 넣어서 마실 수 있도록 만든 드링크 요구르트로 세분화하고 있다.

2) 발효유의 일반적인 제조법

발효유의 일반적인 제조공정은 그림 8-17과 같다.

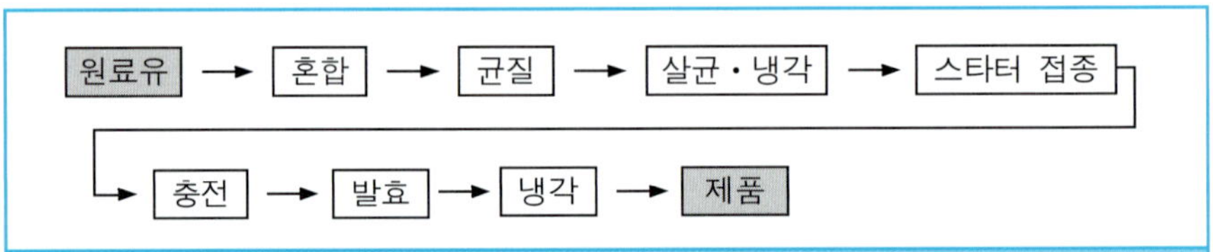

[그림 8-17] 발효유의 일반적인 제조공정

(1) 원료 배합 및 균질

양질의 원료유와 유가공품을 사용하여 지방함량 0.5~3.5, 무지고형분 함량 8.5~12.5%가 되도록 표준화하고 나서 50~60℃의 온도에서 균질한다.

① 원료유

원료유로는 전유와 탈지유가 사용되며 유고형분을 강화하기 위하여 연유와 탈지분유 등을 첨가한다. 고형분이 많을수록 요구르트의 조직이 단단해지며 고형분이 적으면 조직이 약해진다.

액상 요구르트의 경우는 원료유로 주로 탈지유(또는 환원탈지유)를 사용하며 고형분을 강화하기 위하여 탈지분유나 혼합탈지분유 등을 첨가한다. 호상 요구르트의 경우는 원료유로 원유를 사용하며 고형분을 강화하기 위하여 탈지분유나 혼합탈지분유 등을 첨가한다. 드링크 요구르트의 경우에는 원유 또는 탈지유를 원료유로 하여 혼합탈지분유, 탈지분유, 유단백질농축물 및 유청분말 등으로 고형분을 강화시킨다.

② 감미료

액상 요구르트의 경우에는 감미료로 고과당, 설탕, 포도당 및 올리고당이 사용되며 일부 제품에는 아스파탐이 사용되기도 한다. 호상 요구르트의 경우에는 설탕, 포도당, 결정과당 및 올리고당이 사용된다. 드링크 요구르트의 경우에는 농축과즙의 당류를 주로 이용하고 나머지 감미 부족분은 포도당, 올리고당, 액상과당 및 아스파탐을 사용하여 맞춘다.

③ 과즙 또는 잼

호상 요구르트에는 감미를 부여하고 식감을 증진시키기 위해 잼을 혼합하는데 잼의 형태로 첨가되는 주요 과일로는 딸기, 사과, 복숭아, 포도 등이 있다. 드링크 요구르트의 경우에는 과즙의 형태로 첨가되는데 그 종류로는 사과, 복숭아, 딸기, 살구, 파인애플 및 배 등이 있다.

④ 안정제 및 기능성 첨가물

호상 요구르트에는 천연안정제로서 펙틴, 젤라틴 및 전분 등이 함유된 복합안정제가 사용되고 있으며 기능성 첨가물로서 식이섬유인 파인화이버와 폴리덱스트로스, 충치 억제물질인 차 추출물, 두뇌발육 촉진효과가 있는 DHA 등이 첨가되기도 한다. 드링크 요구르트에는 기능성 첨가물로서 비피더스 증식인자로 알려진 올리고당의 사용이 일반화되어 있으며 식이섬유인 파인화이버와 폴리덱스트로스 및 이눌린 등이 사용되고 있다. 액상 요구르트에는 과일이나 안정제는 첨가되지 않으며 일부 제품에 대하여 올리고당, 칼슘, 철, 비타민, 타우린, DHA 등의 기능성 첨가물이 사용되고 있다.

(2) 살균

표준화 및 균질이 끝난 원료유는 살균을 하는데 일반적으로 80~90℃에서 20~30분간 실시한다. 열처리로 원료유가 살균될 뿐만 아니라 유청분리가 잘 일어나지 않게 되며 유리아미노산을 증가시켜 젖산균의 증식을 촉진한다.

(3) 스타터의 접종 및 발효

스타터를 접종하여 배양하는 방법은 제품의 종류에 따라 다르다. 농후발효유인 호상 요구르트의 경우 배양방법에 따라서 세트타입과 스터드타입으로 구분되는데 세트타입은 원료유를 살균하고 스타터를 접종한 후 포장용기에 충전, 포장하여 포장한 상태로 배양하는 방법이고 스터드타입은 원료유를 살균하고 배양탱크 내에서 스타터를 접종하여 배양한 다음 냉각시켜 용기에 충전, 포장하는 방법이다.

① 종균

발효유의 제조에 사용되는 젖산균은 액상 요구르트의 경우 대체로 젖산간균인 *L. casei, L. acidophilus, L. bulgaricus, L. helveticus* 등의 단일균주가 종균으로 이용되어 왔으나, 최근에는 *Bifidobacterium* spp.가 혼합된 혼합균주의 사용이 늘고 있다. 호상 요구르트나 드링크 요구르트의 경우에는 *Strep. thermophilus, Lactobacillus* spp.가 혼합배양되어 사용되었으나, 최근에는 *Bifidobacterium* spp.를 포함한 3~4종의 젖산균이 혼합배양되어 상품화되고 있다. 혼합배양은 균주간의 상호보완적인 상승작용이 있어서 단독배양보다 배양시간이 단축되며 유용한 대사산물이 생성되는 등 유리한 점이 많아서 최근에는 혼합배양이 점차로 증가하는 추세이다.

② 접종 및 발효

살균이 끝난 원료유는 배양온도인 40~43℃로 냉각하여 약 2%의 벌크 스타터를 접종하고 2~3시간 동안 배양하면 pH가 4.9~5.0이 되며, 커드의 군기가 알맞게 된다. 이때 즉시 냉각하여 산의 생성을 정지시키고 유청의 분리가 일어나지 않도록 해야 한다. 요구르트 용기의 온도가 29℃가 되기 전까지는 용기를 움직여서는 안 되며 찬물에 넣어서 15℃까지 냉각시키고 4℃의 냉장실에 보관하여야 한다. 최종산도는 0.9% 정도가 되도록 한다.

(4) 냉각, 포장 및 보관

발효가 끝나면 열교환판을 통과시켜 20~25℃로 냉각시킨 후 저장탱크에 보관하면서 포장한다. 만약 냉각온도가 너무 낮거나 높으면 최종제품의 조직이 약하고 점도가 낮은 요구르트가 되므로 냉각온도가 매우 중요하다.

호상 요구르트를 포장할 때에는 인라인 믹서(in line mixer)를 통하여 발효된 요구르트와 함께 과일 잼이나 과즙을 혼합하여 포장하고 포장 후에는 신속하게 냉장고에 옮겨서 서서히 냉각시켜 최종제품의 온도가 5℃가 되도록 한다. 너무 급속하게 냉각시키면 유청분리 현상이 일어나므로 주의해야 한다.

3) 주요 발효유제품

(1) 액상발효유

액상발효유는 무지고형분 3.0% 이상, 젖산균수 1,000 만/mL 이상으로 주로 탈지유와 탈지분유를 원료로 하여 제조된다. 액상이면서 무지고형분 3.0% 이하, 젖산균수 100 만/mL 이상인 젖산균음료와 구분하고 있다. 국내에서 가장 소비량이 많은 제품이다.

(2) 농후발효유

① 호상요구르트

농후발효유인 호상 요구르트는 서양의 요구르트에 해당하는 것으로 무지고형분이 8.0% 이상이고 젖산균수가 1 억/mL 이상이며 과육이나 과일잼을 첨가하여 떠먹을 수 있도록 만든 요구르트이다. 호상 요구르트는 제조방법에 따라서 스터드타입과 세트타입으로 나뉘는데 그 제조공정은 그림 8-18과 같다.

A. 동결요구르트

동결요구르트는 1960년대에 북미지역에서 개발되었으며 최근에 그 선호도가 높은 제품으로 아이스크림과 발효유의 장점을 살려 만든 제품이다. 플레인 요구르트에 과즙, 안정제 및 향료 등을 혼합하여 −15~−20℃에서 동결한 것이다.

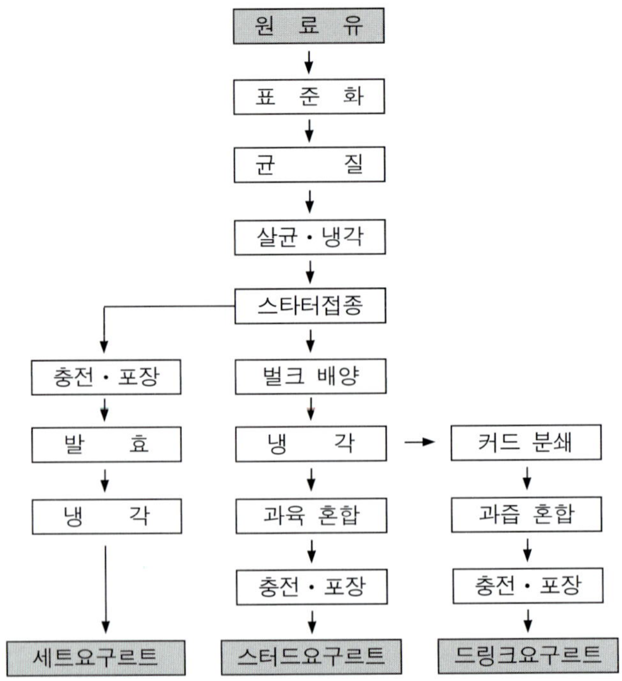

[그림 8-18] 호상 요구르트의 제조공정

B. 살균요구르트

살균요구르트는 독일을 비롯한 서부유럽에서 생산되는 제품으로 배양하여 제조된 요구르트를 열교환기 등을 이용하여 살균 혹은 멸균처리하여 요구르트 내의 젖산균은 물론 효모와 곰팡이 등 오염균을 사멸시킴으로써 저장수명을 증가시킨 제품이다. 일반적으로 스터드타입 요구르트의 경우는 72~75℃로 수초간, 세트타입 요구르트는 용기에서 72~75℃로 5~10분간 열처리하며, 저장수명은 대략 4~8주이다.

② 드링크요구르트

드링크요구르트는 호상 요구르트와 유사한 성분을 가지고 있으며 배양 후에 커드를 완전히 분쇄하여 점도를 낮추고 여기에 과즙, 향료 및 감미료 등 각종 첨가물을 첨가하여 균질함으로써 마실 수 있도록 제조한 농후발효유 제품이다.

(3) 발효버터유

발효버터유(cultured butter milk)는 버터 제조 시에 부산물로 얻어지는 버터밀크를 산생성 젖산균과 풍미생성 젖산균을 스타터로 하여 21~24℃에서 발효시킨 후 응고된 커드를 분쇄하여 액상화한 것이다. 이는 풍미물질의 생성으로 기호성이 좋고 영양가가 높아 각종 요리에 사용된다.

(4) 애시도필러스밀크

애시도필러스밀크(acidophilus milk)는 우유에 젖산간균인 *L. acidophilus*를 접종한 후 발효시킨 것이다. *L. acidophilus*는 사람과 동물의 장내에서도 생존할 수 있으며 장내균총의 불균형을 조절하고 부패균의 생육과 증식을 억제하는 효과가 있다.

(5) 젖산-알코올발효유

젖산균과 효모에 의하여 젖산발효와 알코올발효가 동시에 일어나 제품에 젖산, 알코올 및 탄산가스가 포함되어 있는 것으로 케피어(kefir)와 쿠미스(kumiss)가 대표적인 것이다. 이들은 동유럽 지역에서 우유, 산양유 및 마유 등으로 만들어졌으며 현재는 주로 우유를 원료로 하여 생산되고 있다.

A. 케피어

케피어는 코카시아(Caucasia) 산악지대에서 유래된 가장 오래된 발효유 중의 하나로 염소, 양 및 소의 젖을 원료유로 하여 제조된다. 케피어는 0.9~1.1%의 젖산과 0.5~1.0%의 알코올 및 다량의 탄산가스를 함유하고 있어서 독특한 풍미를 갖는다. 제조상 특이한 점은 다른 발효유와 같이 젖산균 스타터를 사용하지 않고, 스타터로서 직경 2~15 mm의 백색 조직을 갖는 케피어입자를 사용하여 발효시킨다는 점이다. 케피어입자는 대개 불규칙한 형상을 하고 있으며 입자의 표면에는 주로 효모, 내부에는 젖산균이 분포하고 있다. 전체 미생물 균총의 분포를 보면 젖산간균이 약 70%, 젖산구균이 약 20%, 효모가 약 5~10% 정도이다. 케피어입자는 여러 미생물이 함께 자라면서 생성한 점질물질, 카제인 및 점질다당류로 구성되어 있다.

B. 쿠미스

쿠미스는 중앙아시아 지역에서 마유의 알코올발효에 의해서 제조되는 전통 발효유로서 최근에는 우유에 설탕이 첨가되어 제조되고 있다. 마유는 우유 카제인의 등전점에서 응고되지 않는 특징이 있다. 스타터 미생물로는 젖산간균과 효모(*Saccharomyces* spp. 및 *Torula* spp.)가 주종을 이룬다. 쿠미스는 젖산발효보다는 알코올발효가 강한 편이다. 쿠미스의 최종제품에는 젖산 0.6~1.0%, 알코올 0.7~2.5% 및 탄산가스 0.5~0.9% 정도가 함유되어 있다.

4) 발효유와 건강

먼저 발효유와 건강을 설명하기 전에 발효유 관련 젖산균의 종류에 관하여 언급하고자 한다. 젖산균이라 불려지는 균 군은 당류를 발효하여 다량의 젖산을 생성하고, 부패에 의하여 단백질을 분해하지 않는 세균의 총칭이라고 말할 수 있다. 이 같은 발효를 젖산발효라고 말하고 정상젖산발효(homo-lactic acid fermentation)와 이상젖산발효(hetero-lactic acid fermentation)로 대별할 수 있다.

정상젖산발효는 glucose로부터 주로 lactic acid를 85% 또는 그 이상 생성하는 발효로서 이 같은 발효를 행하는 젖산균을 정상젖산발효 젖산균이라고 부른다. 한편 이상젖산발효는 glucose로부터 젖산과 그 이외 물질을 생성하는 발효로서 두 가지 형태인데 하나는 glucose를 발효하여 lactic acid, alcohol을 생성하는 발효형식이고 또 하나는 glucose 1 mole에서 젖산 1 mole과 초산 1.5 mole을 생성하는 발효형식을 취하여 전자의 이상발효형식을 취하는 것이 *Leuconostoc*속과 이상발효 *Lactobacillus*속이고(그림 8-19) 후자의 발효형식을 취하는 것이 *Bifidobacterium*속이다(그림 8-20).

젖산균은 균의 형태, 발효형식, 호기성 발육 등의 성상에 따라 크게 6가지의 속으로 나눌 수 있다. 막대기 모양의 락토바실러스(*Lactobacillus*), 공모양의 스트렙토코커스(*Streptococcus*), 류코노스톡(*Leuconostoc*), 페디오코커스(*Pediococcus*), 락토코커스(*Lactococcus*), 피비도박테리움(*Bifidobactyerium*)이 바로 그것들이다.

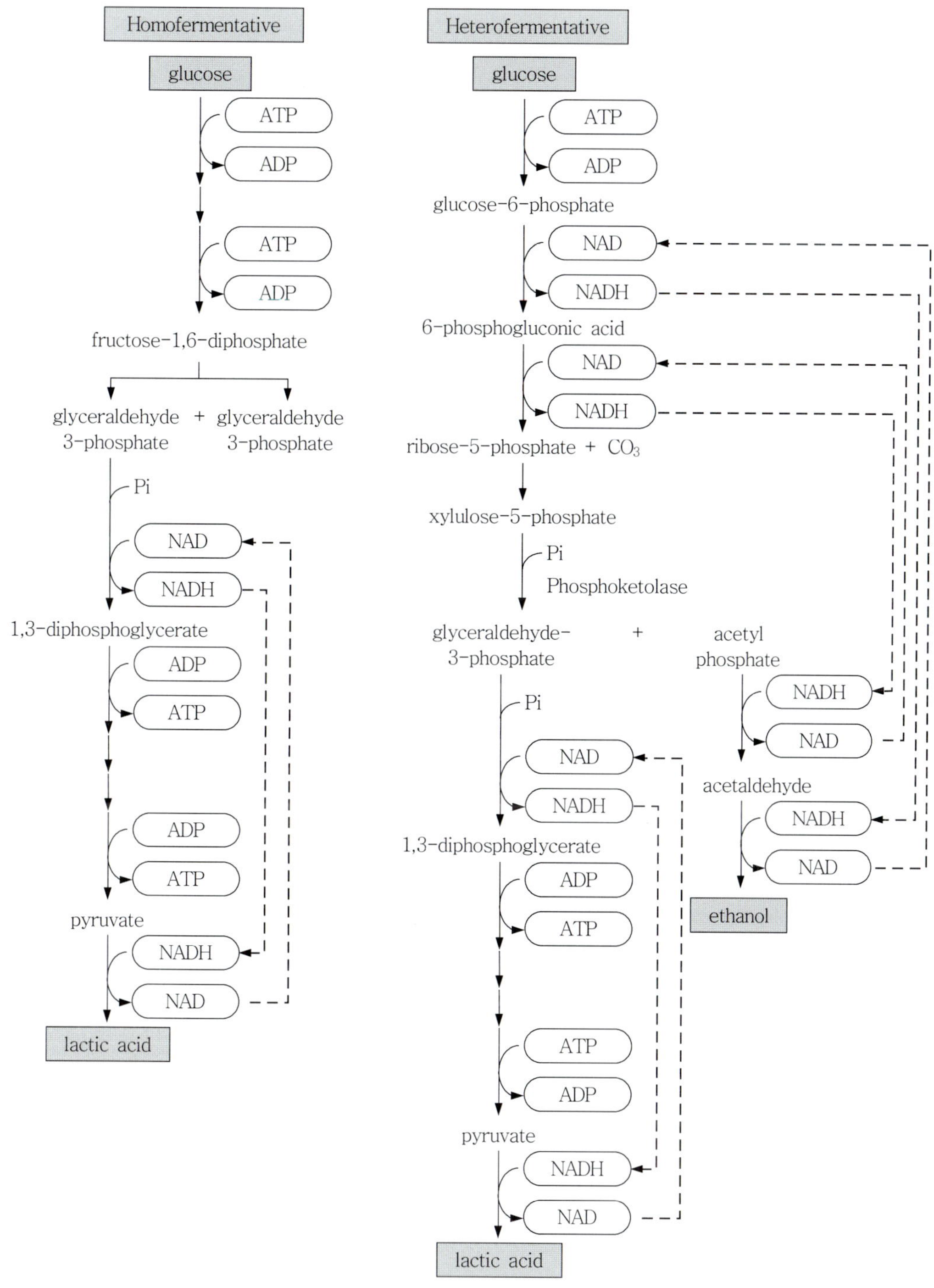

[그림 8-19] 젖산균에 의한 유당의 정상발효 및 이상발효

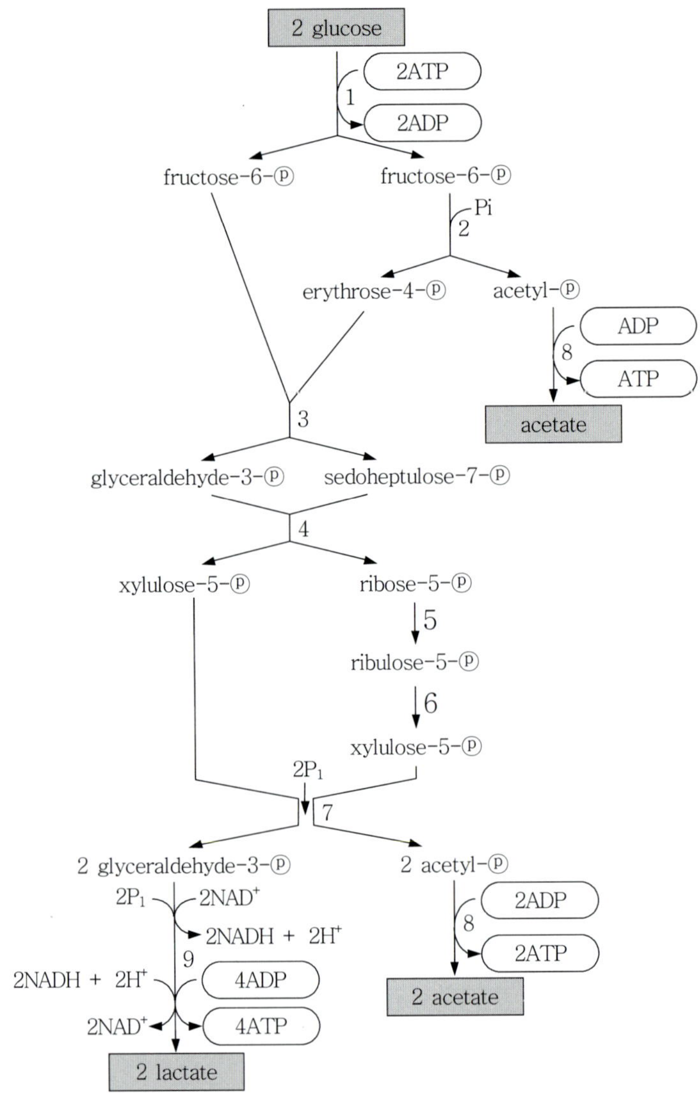

1 : Hexokinase and glucose-6-phosphate isomerase
2 : fructose-6-phosphate phosphoketolase
3 : transaldolase
4 : transketolase
5 : ribose-5-phosphate isomerase
6 : ribulose-5-phosphate 3-epimerase
7 : xylulose-5-phosphate phosphoketolase
8 : acetate kinase
9 : enzymes as in homofermentative pathway

[그림 8-20] Bifidum경로에 의한 포도당으로부터 초산과 젖산의 생성

*Lactobacillus*속 우유의 유당을 뜻하는 Lacto와 막대 모양이라는 bacillus라는 말이 합쳐져서 생긴 말로 우유 속에 있는 유당을 분해하는 막대모양의 균이라는 뜻이다. 젖산간균은 다른 젖산균과 비교해서 과학적 효능에 대한 연구가 가장 많이 수행된 젖산균이다. 즉, 학술적으로나 산업적으로 가장 많이 이용되는 젖산균들이다. 젖산간균에는 불가리커스(*Lactobacillus bulgaricus*), 카제이(*Lactobacillus casei*), 애시도필러스(*Lactobacillus acidophilus*) 등이 있다. 27종으로 아종을 합치면 32종이다. *Lactobacillus*균종의 분류는 젖산발효형식과 발육온도에 의하여 3그룹으로 대별된다. 제1그룹은 homo젖산균으로 45℃에서 발육하고 15℃ 에서 발육하지 않는 고온성의 *Lactobacillus*속으로 yoghurt starter인 *L. bulgaricus*. cheese starer인 *L. helveticus* 등이 있다. 제2그룹은 homo젖산균으로 45℃에서 발육하지 않고 15℃에서 발육하는 중온성의 *Lactobacillus*속으로 *L. casei* 등이 있고 유제품을 비롯하여 pickle, ensilage, sour bread, 구강, 장관에서도 검출되는 야성형의 젖산균이다. 제3그룹은 hetero젖산 발효하는 젖산균으로 유업에서는 이용가치가 없는 젖산균이라 볼 수 있다.

*Lactobacillus bulgaricus*는 불가리아 지방에서 유래됐다는 뜻을 가지고 있다. 불가리아 지방 사람들이 애용하는 발효유 제품에서 발견된 젖산균이다. *Lactobacillus casei* Shirota *casei*는 치즈라는 의미이며, Shirota는 발견자 이름이다. 이 막대모양의 젖산균은 인체 내 소화액, 담즙에 죽지 않고 주로 소장에서 활동하면서 소장내 균총을 정상화시키고 대장을 안정화시키는 효과가 있다. 야쿠르트균은 내산성이 강한 특수 젖산균으로 정장작용 및 소화작용을 돕는 인체에 매우 유익한 균이다. *Lactobacillus acidophilus*는 락토바실러스균의 일종인 이 젖산균은 막대기 모양의 젖산균으로 산에 강한 내산성 균으로서 장내 부패성 미생물의 생장 억제, 항암효과, 콜레스테롤 저하작용, 비타민 B군의 합성능력이 있으며, 장내 정착이 가능한 미생물이다.

*Streptococcus*속은 사슬모양으로 연결되어 있다는 strepto(연쇄상, chain)와 공모양이라는 coccus(구형, round)가 합쳐져서 '구형의 균이 사슬모양으로 이어져 있다'는 뜻이다. 대표적 균으로는 스트렙토코커스 써모필러스(*Streptococcus thermophilus*)를 들 수 있다. Thermophilus는 열을 나타내는 thermo(열, heat)와 좋아한다는 의미의 philus가 합쳐져서 고온에서 잘 자라는 균이라는 의미를 가지고 있다. 다른 젖산균이 37℃에서 잘 자라는데

비하여 40℃ 이상에서 오히려 잘 자란다. 젖산생성능력이 매우 뛰어나며, 항생제에 민감한 특징을 가지고 있다. 21종으로 먼저 10℃와 45℃에서 발육하는지를 조사하여 네 그룹으로 대별할 수 있다. 10℃에서도 45℃에서도 발육하는 *Streptococcus*속으로서 소위 장구균인 *Str. faecalis*와 *Str. faecium*이 대표로서 사람이나 동물의 장관에 생식하고 식품에도 널리 분포되어 있다. 또한 낙농분야에서 중요한 젖산균은 *Str. thermophilus*와 *Str. lactis* subsp. *diacetilactis*. *Str. cremoris*의 4종류 이다.

*Leuconostoc*속은 외관적으로는 *Streptococcus*속과 유사하며 *Streptococcus*속은 homo젖산균, *Leuconostoc*속은 hetero젖산균이고 젖산의 선광성에 의해서 구별된다. *Leuconostoc*속은 6종으로 분류되고 pH 4.8과 pH 6.5에서 발육하는지에 의해서 두 그룹으로 나눈다. 제 1그룹은 pH 4.8에서 발육하지 않는 균종으로 대부분의 *Leuconostoc*속이 여기에 속한다. 유제품 외에 발효된 야채나 과실에 분포되어 있으며 낙농에서 특히 중요한 것은 *Leuconostoc cremoris*이다. 제 2그룹은 pH 4.8에서 잘 생육하나 중성부근에서는 발육하지 않는 *Leuconostoc oenos*로 wine에 존재한다. *Bifidobacterium*속은 간균이며 젖산과 초산을 생성한다. 장내의 유익작용을 하며 모유영양아의 장내에 압도적으로 우세하게 존재한다. Bifidobacteria의 bifido는 가지를 치고 있다는 의미이다(Y자 또는 V자 형태). 대부분 젖산균은 일정한 모양(막대, 구형)이 있는 반면 비피더스균은 환경에 따라서 모양이 변하는 카멜레온 같은 성질을 지니고 있다. 보통은 Y자, V자, 곤봉이나 아령 형태로 매우 다양하다. 비피더스균은 주로 대장 내에서 활동하여 대장 내 균을 정상화 시킨다. 하지만 영양요구성이 매우 복잡하여 산소가 있으면 사멸하기 때문에 배양이 어렵다. 대장에 존재하는 관계로 비피더스균과 같이 유익한 균을 증식시키기 위해서 올리고당을 사용한다. 올리고당은 대장균과 같은 병원성 미생물은 성장에 이용을 못하지만 비피더스균과 같은 젖산균은 이를 이용하기 때문이다.

발효유의 건강증진 효과는 젖산균과 젖산균 배양 중에 생성된 대사산물이 장내 부패균의 성장저해작용을 일으키는 데 근거를 두고 있다. 젖산균 발효유의 건강증진 효과에 대해서는 메치니코프의 불로장생설에서 시작하여 많은 연구자들에 의해 장운동의 조절, 병원성 세균의 억제, 소화흡수의 촉진, 변비와 설사 예방 등의 효과 외에 영양생리학적인 건강증진작용 또는 질병억제작용에 대한 과학적인 연구에 기초를 두고 있으며 최근에는 혈중의 콜레스테롤 저하작용과 항암작용에 대해서도 보고되고 있다.

젖산균의 건강증진효과는 다음과 같다. 첫째, 살아있는 젖산균의 건강증진 효과로서 젖산균이 생균으로 장내에 도달하여 그 속에서 증식할 수 있는 능력을 가진 젖산균의 경우에는 외래병원균에 대하여 젖산균이 영양소를 경쟁적으로 이용하여 장내 pH를 저하시킴으로써 증식을 저지하고 장내의 유해물질을 분해하거나 유해물질의 합성을 저지하며, 숙주의 면역력을 높이는 작용이 있다. 둘째, 젖산균이 위산이나 담즙에서 사멸되었을 경우에는 죽은 젖산균으로부터 유리된 균체 성분이 장으로부터 흡수되어 면역기능을 자극하여 감염이나 암에 대하여 저항력을 높여주고 간 기능을 향상시키며 장내 유해물질의 무독화에 기여한다. 셋째, 젖산균의 작용에 의하여 만들어진 유효물질인 젖산, 펩톤, 펩타이드 또는 미량 활성물질의 효과이다. 이들에 의하여 장 운동이 자극되어 장내 부패가 억제되고 칼슘의 흡수가 개선되며 간 기능의 항진이나 장액의 분비가 촉진될 수 있다.

(1) 장내 유해미생물의 생육 억제

사람의 장내에는 400여 종 이상의 각종 세균이 존재하는데 이들 장내세균의 집단을 장내균총이라고 부른다. 분변 1 g당 대략 1,000억 마리의 세균이 존재한다.

일반적으로 태아는 무균상태이나 세상에 태어나면서부터 각종 미생물이 신생아의 장기에 들어가서 자리잡게 된다. 출생 후 1~2일이 지나서 인체에 유해한 대장균, 장구균 및 클로스트리듐균 등의 부패균이 먼저 자리잡게 된다. 그 후에 인체에 유익한 젖산간균과 비피더스균이 출현하면서 처음에 왕성한 활동력을 보이던 유해균들은 비피더스균이 우세하여 감에 따라서 점차 감소되어 간다. 생후 약 1주일 이후에는 안정된 유아의 장내균총이 형성되는데 비피더스균이 장내균총의 90% 이상을 차지하는 것으로 알려져 있다. 약 7세 이후부터는 성인의 장내균총과 거의 비슷하게 되며 박테로이드, 유박테리아 및 혐기성 연쇄상구균 등이 최우세균총을 형성하게 되고 비피더스균 및 장구균 등의 순으로 존재한다. 주목할 것은 노년기에 이르면 비피더스균이 더욱 감소하고 장내의 유해균은 증가하는데 이는 노화와 관련이 깊은 것으로 생각되고 있다.

장내균총을 구성하고 있는 균 중에서 비피더스균을 포함한 젖산균은 숙주에 대하여 유해한 대사산물을 생성하지 않고 유해균의 증식을 억제하여 장내 균총을 유리하게 개선하며 소화기 계통의 각종 질병의 예방에도 기여하는 것으로 알려져 있다. 특히 젖산균은 장내에서 길항물질과 젖산, 초산 등과 같은 유기산 등을 생성하여 인체에 해로운 부패균과 병원성 세균 등의 성장을 억제하는 역할을 하며 이들이 생성한 독소를 무독화시키는 것으로 알려져 있다.

(2) 설사 및 변비의 예방

젖산균에 의하여 생성되는 젖산은 장내의 산도를 증가시켜 소장에서는 장의 연동운동을 원활하게 하여 소화흡수를 촉진시키며 대장에서는 장의 운동을 조절하여 변비와 설사를 예방하는 것으로 알려져 있다.

건강한 사람 분변의 수분함량은 70~80% 정도인데 만일 수분함량이 70% 이하로 떨어지면 자연히 변비현상이 오고, 반대로 80% 이상으로 높아지면 설사를 일으킨다. 설사한 사람의 분변을 보면 특히 비피더스균과 박테로이드 등의 혐기성 세균이 감소하고 대장균과 장구균 등의 유해균이 오히려 증가하는 경향을 보인다. 이러한 사실로부터 젖산균이 설사의 예방에 효과가 있음을 알 수 있다.

변비의 예방기작에 관해서는 분명하게 밝혀져 있지 않으나, 젖산균의 투여에 의한 장내균총의 개선과 장관 내에서 생성되는 각종 유기산이 인체의 장내 연동운동을 조절하여 정상적인 배변을 도와 대장 관련 질병을 예방하고 변비예방을 나타내는 것으로 보여진다.

(3) 콜레스테롤의 저하작용

인체 내의 콜레스테롤은 적절한 수준으로 유지되어야 하며 지나칠 경우 각종 순환기 계통의 질병을 유발하여 성인병의 원인이 된다. 최근의 연구에 의하면 정기적인 발효유의 섭취는 혈중 콜레스테롤을 감소시키는 효과가 있는 것으로 밝혀졌다. 또한 젖산균은 장내에서 증식하면서 스테롤 물질을 이용함으로써 콜레스테롤의 흡수를 감소시켜 순환기 계통의 건강유지에 도움을 주는 것으로 알려져 있다.

(4) 항암효과

우리가 섭취하고 있는 음식물에는 암을 유발시킬 만큼의 발암물질이 함유되어 있는 것은 아니지만 장내에서 음식물이 소화되는 과정에서 장내 유해세균이 작용하여 많은 종류의 독소와 발암물질을 생성하여 암을 유발시키는 것으로 알려져 있다. 발효유의 항암성은 장관 내에서 발암성 물질의 생성억제 및 불활성화, 숙주의 면역증진효과 및 발암물질 전구체를 전환하여 활성화시키는 장내 미생물 효소의 활력감소 등에 의한다고 알려져 있다.

13. 난가공

난(알)은 가금류로부터 생산되는 주요 산물로 부화되면 병아리가 될 수 있는 모든 성분을 갖추고 있다.

식용하는 알에는 계란, 메추리알, 오리알, 거위알, 칠면조알, 타조알 등이 있다. 계란과 메추리알을 많이 먹으며 가공되는 알은 계란 정도이다.

1) 계란의 구조

계란은 알껍질, 알껍질막, 흰자, 노른자, 노른자막, 배, 알끈(chalazae)으로 구성되어 있다. 오래된 알은 알끈, 알껍질막, 노른자막 등이 없어지고 노른자, 흰자, 알끈이 서로 섞여버린다(그림 8-21).

(1) 알껍질(난각 ; egg shell)

알껍질은 알껍질막과 밀착되어 있으며 두께는 대략 250~400 μm이고 1 cm^2당 30~100여개의 미세한 구멍이 있는 다공질상으로 되어 있다. 산란 직후의 알껍질 표면에는 수란관에서 분비된 점액이 건조되어 이루어진 극히 얇은 큐티클(shell cuticle)층이 있으나 이는 저장과 마찰에 의해 쉽게 없어진다.

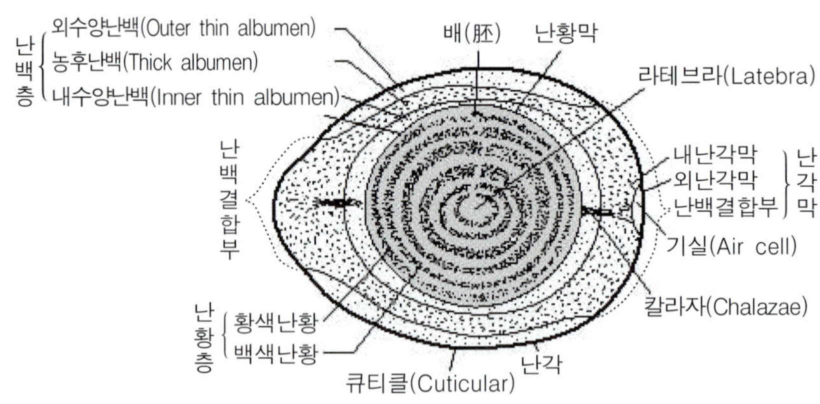

[그림 8-21] 계란의 내부구조

(2) 알껍질막(난각막 ; egg shell membrane)

알껍질막은 겉껍질막과 속껍질막의 2층으로 구성되어 있다. 겉껍질막은 알껍질에 밀착되어 있고 속껍질막은 흰자를 둘러싸고 있으며 반투막의 성질을 갖는다. 산란 직후에 외부의 공기에 의하여 냉각되면 속껍질막이 수축하여 겉껍질막과 속껍질막이 서로 떨어져서 공간을 만드는데 이것을 기실(氣室 ; air cell)이라고 한다. 기실은 저장기간이 길어질수록 그 크기가 커진다. 알껍질막은 케라틴(kelatin)과 같은 단백섬유로 구성되어 있으며 두께는 겉껍질막이 약 50 μm 내외, 속껍질막이 20 μm 내외이다.

(3) 흰자(卵白 ; egg white)

흰자는 외수양흰자(外水樣卵白 ; outer thin layer egg white), 농후흰자(濃厚卵白 ; dense layer egg white), 내수양흰자(內水樣卵白 ; inner thin layer egg white)와 알끈(chalazae)으로 구성되어 있다. 농후흰자는 점조한 오보뮤신(ovomucin)으로 되어 있는 망상섬유와 오브알부민(ovalbumin)으로 되어 있어서 겔상이지만 시간이 흐름에 따라서 점성이 없어지면서 수양화된다. 흰자의 비중은 대략 1.039~1.152 정도로 노른자의 비중보다 높다. 흰자는 공기와 접촉하면 굳어지는 성질이 있어서 기포성이 크기 때문에 제과, 제빵 시에 기포제로 사용된다. 알끈은 노른자막에 연결되어 있으며 노른자의 위치를 고정시켜 준다.

(4) 노른자(난황 ; egg yolk)

노른자는 무색 투명한 노른자막(난황막 ; yolk membrane)에 싸여 구형에 가까운 모양으로 알의 중앙부에 위치한다. 노른자의 비중은 대략 1.0288~1.0299 정도이며 배반(胚盤 ; germ disc)의 비중은 대략 1.0266~1.0277 정도이기 때문에 유정란에서는 항상 배반이 노른자의 윗쪽에 떠 있다. 노른자를 자세히 관찰해 보면 배반으로부터 노른자의 중심부로 라테브라(latebra)가 있으며 이를 중심으로 황색노른자(yellow yolk)와 백색노른자(white yolk)가 층을 이루고 있다.

2) 계란의 화학적 조성

계란의 화학적 조성은 품종, 연령, 개체, 영양상태 및 저장기간 등에 따라서 달라지지만 일반적인 값은 표 8-2와 같다.

표 8-2 계란의 화학적 조성(평균, %)

성분 \ 부분	전 란	흰 자	노른자	알껍질
전란에 대한 비율	100	58	31	11
수 분	65.5	88.0	48.0	
단 백 질	11.8	11.0	17.5	
지 방	11.0	0.2	32.5	
무 기 질	11.7	0.8	2.0	
탄 산 칼 슘				94.0
탄산마그네슘				1.0
인 산 칼 슘				1.0
유 기 질				4.0

계란 내용물의 약 65%가 수분이며 흰자와 노른자에는 각각 85%와 50% 내외의 수분이 들어 있다. 저장하는 동안 수분이 증발하고 기실이 커져서 비중이 차차 낮아진다. 신선한 계란의 비중은 약 1.094 정도인데 100일 정도 저장하면 1.003 정도로 낮아진다.

계란 단백질의 대부분은 수용성 형태로 난백단백질과 같이 홀로 존재하거나 난황단백질과 같이 지방 또는 인 등과 결합한 상태로 존재한다.

계란의 지방은 중성지방, 인지질, 스테롤, 단백지질, 당지질 등이며 그 99%는 노른자에 들어 있다.

계란은 극히 소량의 탄수화물을 함유하고 있다는 점이 다른 식품과의 차이점이다. 탄수화물의 일부는 유리 상태로 존재하며 포도당, 만노오스, 갈락토오스 등이 지방, 단백질 등과 결합한 상태로 존재한다고 알려져 있다.

계란에 존재하는 무기성분의 대부분은 알껍질에 함유되어 있으며 신선한 흰자에는 약 0.7%, 노른자에는 약 1.9% 정도가 함유되어 있다.

계란에는 비타민 A, B_1, B_2, D, E가 많이 함유되어 있는데 주로 노른자에 많이 들어 있다. 흰자에는 비타민 B_2만이 비교적 많이 함유되어 있다. 비타민 C는 거의 함유되어 있지 않으나 부화할 때 노른자에서 합성되어 많아진다.

(1) 알껍질 및 알껍질막

알껍질은 탄산칼슘($CaCO_3$), 탄산마그네슘($MgCO_3$), 인산칼슘($Ca_3(PO_4)_2$)과 같은 칼슘염으로 된 무기질과 약간의 유기질 그리고 수분으로 구성되어 있다. 알껍질막 및 큐티클층을 포함하여 분석하면 유기질이 4.5~5.0%이고 수분은 1.5% 정도이다.

(2) 흰자

흰자의 총고형분 함량은 12~13%이며 고형분의 90% 이상이 단백질이다. 난백을 구성하는 주요 단백질로는 오브알부민(ovalbumin), 콘알부민(conalbumin), 오보뮤코이드(ovomucoid), 리소자임(lysozyme), 오보글로불린(ovoglobulin), 오보뮤신(ovomucin), 아비딘(avidin) 등이 있다.

오브알부민은 난백의 주단백질(대략 54% 정도)로 열에 의해 쉽게 응고되는 인단백질의 일종이다. 콘알부민은 분자당 2개의 Fe^{2+} 또는 Fe^{3+} 이온과 결합하여 안정된 화합물을 이루는 철결합 단백질로 흰자 총고형분의 약 13% 정도를 차지한다. 오보뮤코이드는 흰자 총고형분의 약 11%를 차지하는 당단백질로 열에 대한 응고성이 없으며 트립신의 작용을 저해하는 안티트립신(antitrypsin) 작용을 나타낸다. 리소자임은 흰자 총고형분의 약 3.5%를 차지하는 글로불린으로 특정한 세균의 세포벽을 분해하여 용균작용을 나타낸다. 오보글로불린은 우수한 기포성을 나타내는 단백질로 알려져 있다. 오보뮤신은 당단백질로 흰자 중에 교질상으로 분산되어 있는 점성단백질이며 오보뮤코이드와 함께 농후단백과 알끈을 구성한다. 아비딘은 비오틴(biotin) 또는 비오틴 화합물과 결합하여 흡수를 저해하는 유해단백질이다.

흰자 중의 지질 함량은 0.05% 정도로 극소량이지만 저장하는 동안 노른자의 지질이 이동하여 그 함량이 증가한다.

흰자 중에는 포도당을 비롯하여 과당, 만노오스 등과 오탄당이 단백질과 결합한 형태로 존재한다. 이들 당은 건조 시에 변질과 변색의 원인이 되는 것으로 알려져 있다.

흰자 중에는 황과 인 이외에도 많은 종류의 무기성분이 미량씩 들어 있다.

흰자 중에는 지용성 비타민이 거의 없고 수용성 비타민은 함유되어 있으나 비타민 C는 없다.

(3) 노른자와 노른자막

노른자막은 대부분이 뮤신(mucin), 케라틴(keratin) 및 콜라겐(collagen) 등의 단백질로 되어 있으며 표층은 겔상의 섬유구조이고 내층은 주로 콜라겐으로 되어 있다.

노른자에는 지질이 32%, 단백질이 16%, 무기질이 2%, 탄수화물이 1% 정도 함유되어 있어서 총고형분이 약 50%로 비교적 많은 편이다.

노른자의 단백질은 인단백질이 지질과 결합한 지단백질(lipoprotein)이 주종을 이룬다. 노른자 고형분의 60% 이상을 차지하는 지질은 대부분 단백질과 결합되어 있으며 중성지방, 인지질, 스테롤 등이 주종을 이룬다. 노른자에 주로 존재하는 당은 포도당이다. 노른자에는 인단백질 및 인지질의 함량이 많으므로 인의 함유량이 높으며 황은 함황아미노산의 형태로 존재한다. 노른자 중에는 지용성 비타민과 함께 수용성 비타민도 많이 들어 있으나 비타민 C는 들어 있지 않다. 노른자의 색소는 사료에서 유래되는 것으로 크산토필(xanthophyll)류에 속하는 루테인(lutein)과 제아크산틴(zeaxanthin)이 주종을 이룬다.

3) 계란의 이화학적 성질

(1) 비중

신선한 계란의 비중은 대략 1.094 정도이며, 알껍질이 두꺼울수록 크다. 계란은 저장하는 동안 수분이 증발하고 기실이 커져서 비중이 낮아지는데 100일 정도 저장하면 1.003 정도가 된다.

(2) 동결점

노른자는 0.56∼−0.60℃에서 흰자는 −0.42∼−0.46℃에서 언다. 계란을 교반하면서 냉각하면 −3.2℃에서도 동결되지 않는 것으로 알려져 있다. 신선한 계란은 오래된 계란보다 낮은 온도에서 언다.

(3) 흰자의 기포성

흰자를 교반하면 거품이 생긴다. 계란을 교반하여 거품을 내면 용적이 약 10배가 되며 특수한 기계를 사용할 경우 30배까지 부푼다. 기포는 계란이 오래된 것일수록 많이 생기고 교반하여 4분까지만 비례한다. pH가 높아지면 기포력은 증가하나 거품의 안정성은 감소한다. 30℃에서 기포력과 안정성이 가장 높다. 우유, 기름, 노른자, 소금 등은 기포를 감소시킨다.

(4) 노른자의 유화력

노른자에 존재하는 레시틴, 세파린 등의 인지질은 유화제이므로 버터, 마요네즈의 제조에 이용된다.

(5) 열에 의한 응고

흰자는 58℃에서 응고되기 시작하고 62∼65℃에서 유동성을 상실하며 70℃에서 응고하여 80℃ 이상에서 완전히 굳는다. 계란을 62∼68℃로 두면 반숙으로 반유동체가 된다.

4) 난의 품질과 감정법

(1) 계란의 저장에 따른 변화

계란은 그 구조와 난백 중에 존재하는 여러 가지 항균성분 때문에 할란하지만 않으면 장기간 보존이 가능하다. 온도 0℃, 습도 80~85% 정도에 보존하면 적어도 3개월은 선도가 보존된다. 그러나 계란은 살아 있는 생체이므로 계속 호흡작용과 분해작용이 일어나서 그 성분 등이 변화하며 저장기간이 길어지면 점차로 미생물의 오염을 받기 쉬워진다.

① 수분의 감소

계란에는 약 65% 내외의 수분이 들어 있는데 저장 중 증산작용에 의하여 증발하여 수분이 감소한다. 수분의 감소는 저장온도가 높아질수록 현저해지며 보통 실온에서는 0.15~0.2%씩 감소한다.

② 비중의 감소

계란을 저장하면 기공을 통하여 수분을 잃어버리기 때문에 내용물의 용적이 감소하며 기실은 점차로 커져서 비중이 감소한다. 신선한 계란의 비중은 1.08~1.09 정도이며 비중이 1.02 정도로 감소한 것은 무척 오래되고 부패한 것이라고 할 수 있다. 따라서 비중 1.027의 식염용액(식염 60 g을 물에 녹여 1 L로 한 것)에 계란을 넣은 후 뜨고 가라앉는 상태에 따라서 신선도를 판단할 수 있다.

③ pH의 상승

계란을 실온에 방치하면 흰자에 녹아 있는 CO_2가 방출되어 pH가 상승한다. 산란 직후 계란의 pH는 7.5 정도이던 것이 pH 9.5 정도까지 상승한다. 이와 같은 pH의 변화는 계란 성질의 변화를 일으키는 중요한 요인이 된다.

④ 농후난백의 수양화

산란 직후의 농후난백은 흰자의 약 60% 정도를 차지하지만 저장 중에 점차로 감소하여 수양난백이 증가한다. 이와 같은 난백의 수양화는 pH의 상승에 의하여 일어나는 변화 중의 하나이다.

⑤ 노른자의 변화

계란은 저장 중에 노른자막의 강도가 점차로 약화되어 구상을 유지하기 어렵게 된다. 계란을 평판 위에서 깨뜨렸을 때의 난황의 높이와 직경을 측정하여 그 비를 난황계수라고 하며 이는 계란의 신선도를 표시하는 수치로 사용된다.

$$\text{난황계수} = \frac{\text{난황의 높이(mm)}}{\text{난황의 평균직경(mm)}}$$

난황계수가 0.40 내외(0.36~0.44)인 것은 신선한 것이며 0.30 이하인 것은 오래된 것이다.

⑥ 구조의 변화

계란 속에는 프로테아제, 리파아제 등 여러 가지 효소가 들어 있는데 이들 효소가 계란 속의 여러 가지 성분에 작용하여 계란의 정상적인 구조가 변화하게 된다. 즉 계란의 노른자막이 차차 이완되어 둥글던 것이 일그러지고 나중에는 터지고 마는데 이 때 흰자의 조직도 부서져서 액화되므로 노른자와 흰자의 구별이 없이 섞이고 만다.

⑦ 부패

효소에 의하여 계란의 내용물이 분해되면 미생물이 쉽게 번식하여 부패된다. 세균은 산란 이전에 침입하는 경우도 있으나 대개는 산란 후 저장 중에 알껍질의 기공을 통하여 침입하게 된다. 따라서 오래된 계란일수록 더 잘 침입하게 되고 물에 씻은 계란은 더욱 쉽게 침입한다. 이와 같이 미생물이 침입하면 계란이 부패되어 황화수소를 내며 계란 내용물이 암녹색으로 변하고 냄새를 내게 된다.

(2) 계란의 감정법

계란의 감정법으로는 선도검사와 난질검사의 2가지가 있다.

① 선도검사

계란의 질과 신선도를 검사하는 방법으로는 다음과 같은 방법이 있다.

A. 외관법

알껍질의 표면이 거칠고 선명한 것은 신선한 것이며 광택이 나고 기름기가 있는 것은 대체로 부패된 것이다.

B. 흔들어 보기

신선한 계란은 흔들어도 내용물이 움직이지 않는다. 오래된 계란은 내용물이 흔들리고 심한 것은 소리가 난다.

C. 설감법(舌感法)

계란의 양쪽 끝을 혀끝에 대어 보면 신선한 것은 기실부가 따뜻하고 다른 쪽은 차서 확실한 차이가 있으나 오래된 것은 그 차이가 없이 양쪽이 모두 차다.

D. 비중법

신선한 계란의 비중은 대략 1.08~1.09 정도이며, 1.02 이하인 것은 부패한 것이다. 물 1 L에 소금 60 g을 타서 비중 1.027인 소금물을 만든 다음 계란을 넣어서 검사한다. 뜨는 계란은 부패된 것이다.

E. 투시법(透視法)

계란의 알껍질은 광선의 투과성이 있으므로 광선에 비추어 계란의 내부를 볼 수 있다. 햇빛에 비추어 보거나 암실에서 검란기를 이용하여 기실의 크기와 노른자와 흰자의 유동성 및 자리를 조사한다.

② 난질검사

계란의 품질은 신선도뿐만 아니라 크기, 모양, 청결도 및 균일성도 또한 중요한 인자이다. 난질검사는 외부검사와 내부검사로 나뉜다.

A. 외부검사

㉠ 계란의 크기와 무게

계란의 크기와 무게로 선별하여 구분하는 것이다. 보통 선란, 검란에서는 무게를 기준으로 하여 나눈다.

㉡ 계란의 모양검사

계란의 모양은 길이와 폭이 4 : 3으로 된 타원형이라야 한다.

㉢ 알껍질의 두께

계란의 알껍질은 고르고 치밀하며 두껍고 굳어야 집란, 선란, 포장, 수송 등의 작업에 견딜 수 있어 좋은 것이다.

㉣ 건전도

계란의 알껍질에 금이 갔거나 깨진 흔적이 없어야 한다.

㉤ 청결도 검사

알껍질 표면이 착색되었거나 분뇨에 더렵혀져 있지 않고 깨끗해야 한다.

B. 내부검사

㉠ 기실 보기

저장 중 기실은 수분 증발에 의해서 점점 커지는데 계란을 실제로 깨어 보지 않고 내부의 기실을 검사하여 신선도를 알아내는 방법으로 기실의 크기를 기실 측정기로 측정하여 그 값으로 신선도를 추정하는 것이다. 그러나 저장하는 온도, 습도 등에 의해서 같은 계란도 기실의 크기가 달라질 수 있으므로 이를 감안하여야 한다.

㉡ 깨어 보기

계란을 깨어서 유리판 위에 쏟아 놓았을 때 혈점이 없으며 점조하고 넓게 흩어지지 않으며 특히 노른자는 완전한 구형으로 폭이 좁고 높이가 높은 것일수록 좋다.

5) 난제품

(1) 1차 가공품

계란은 대부분 신선한 식란으로 소비되나 다량생산 시는 1차 가공품인 액란, 동결란, 건조란 등으로 가공되어 다시 2차 가공품인 마요네즈, 과자, 피단 등의 제품원료로 이용된다.

① 식란(위생란) 처리

양계장으로부터 수집되어온 신선란은 먼저 오염란과 기형란을 골라내고 온수와 소독수를 사용하는 자동세척기로 세척하고 고속송풍기로 급속건조시킨 후 투광검란을 통하여 이상란, 혈란, 변질란 등을 가려낸 다음 무게에 따라 선란한다. 선별된 난은 플라스틱 필름 혹은 종이상자에 10개씩 포장하며 저장 또는 수송용으로는 30개 들이 난좌(egg tray)에 채워 넣어 12개 난좌를 대형상자에 포장하기도 한다. 포장된 난은 소비 또는 출하될 때까지 항상 냉장한다.

② 액상란

액상란이란 계란을 할란하여 얻어진 것을 말하는 것으로 전란액, 난백액, 난황액 등이 있다. 액상 전란은 제과, 제빵의 원료 및 단체급식의 조리용으로 사용되고 액상 난백은 제과용, 수산연제품 및 소시지용 또는 음료용으로 이용되며 액상 난황은 대부분 마요네즈 제조에 쓰이고 일부는 제과용, 제면용 또는 이유식용으로 사용된다.

액상란은 변질이 빠르게 일어나므로 할란 후 20시간 이내에 사용되어야 한다. 신속하게 사용하거나 저온보관이 불가능한 경우는 동결 또는 건조한다.

원료란은 저온실(10~15℃)에 보관하며 사용 시 투시검사 또는 할란검사를 실시하고 경우에 따라서는 대장균군 검사와 생균수 검사를 실시하기도 한다. 신선하고 깨끗하며 난각 표면에 균열이 없는 정상란을 사용하여야 하며 우선 세란하고 난각 표면을 살균한다. 살균된 난은 할란기에서 할란하면서 불량란이나 이상란을 제거한다. Basket식 여과기 또는 압력식 여과기로 여과하여 난액 중에 혼입된 껍질조각, 알끈, 난황막을 제거하고 균일한 난액을 얻는다. 여과된 난액은 난성분이 응고되지 않는 상태로 대장균, 부패균, 병원균 등을 사멸시키기 위하여 저온살균한다. 살균법으로는 회분식과 연속식(판상열교환기 또는 holding tube)이 있으며 살균조건은 난액의 종류와 회사별, 국가별로 차이가 있다. 일반적으로 일반세균수를 규격 이하로 대장균군은 0.1 g당 음성, *Salmonella*균은 20~50 g당 음성으로 하고 있다. 살균된 난액은 5℃ 이하로 신속하게 냉각시킨다. 냉각된 난액은 필요에 따라서 용기에 충전, 밀봉하기도 한다.

③ 동결란

살균된 액상란을 동결시킬 때는 용기에 넣어 밀봉한 후 강제순환식 동결실에서 동결시키는 것이 보편적이다. 전란액, 난백, 난황의 동결점은 −0.5℃ 정도이며 가당난황과 가염난황(13%)은 −17℃ 정도이다. 액상란은 용기에 충전한 후 신속하게 동결하여야 하는데 특히 난황과 전란은 부패하기 쉬우므로 −35~−45℃ 수준에서 급속동결시킨다. 난황은 그대로 동결하면 점도가 이상하게 증가되어 겔화가 일어나므로 글리세린, 식염, 설탕 등을 5~10% 정도 첨가하여 동결한다. 동결란은 보통 −18℃에서 저장한다.

동결란은 사용하기 전에 해동하여 사용하여야 한다. 해동법으로는 상온해동, 저온해동, 유수해동, 가온해동, 마이크로파해동 등이 있다. 상온해동은 상온에서 자연적으로 해동하는 방법으로 미생물이 번식하여 품질을 나쁘게 한다. 저온해동은 5℃ 이하의 냉장실에서 46시간 이내, 10℃ 이하에서 24시간 이내에 해동하는 방법으로 일반적으로 널리 이용되는 방법이다. 유수해동은 15~20℃의 흐르는 물에 용기채로 넣어 해동하는 것으로 단시간 해동이 가능하며 미생물의 증식이 적다. 가온해동은 30~50℃의 항온기에서 강제송풍에 의해 해동시키는 단시간 해동법으로 가염 또는 가당한 동결란의 해동에 적합하다. 마이크로파해동은 전자렌지를 이용하여 해동하는 방법이다.

④ 농축란

농축란이란 액상란에 가당 또는 가염하여 수분활성도를 낮추거나 역삼투 또는 한외여과 등의 방법으로 농축하여 저장성을 높인 것으로 가당농축전란과 농축난백 등이 있다.

전란액은 냉동저장기간이 길어지면 제품 내의 온도가 너무 낮아서 난황부분의 변성이 일어나 점도의 상승 및 기포력의 저하가 일어나므로 이용하기 불편해 진다. 이러한 결점을 보완하기 위하여 전란액에 설탕이나 식염을 첨가하여 동결점을 낮추어 변성을 방지하는데 이 때 농축을 시키면 수분활성도가 저하되어 보존성이 높아진다.

농축난백은 난백 내의 수분을 역삼투 또는 한외여과 등의 기술에 의해 농축하는 것으로 수분을 증발시키지 않고 여과하여 농축을 실시한다. 난백을 농축하면 포장, 저장, 운반비용이 절감되며 건조 시 건조능력이 높아진다.

⑤ 건조란

건조란은 난 내용물을 건조한 것으로 저장성이 크고 수송이 편리하나 유해균이 오염되기 쉽고 지방이 산패되기 쉬우며 용해도가 저하하기 쉬우므로 주의하여야 한다.

건조란의 종류로는 건조전란, 탈당건조전란, 건조조제전란, 건조난백, 분무건조난황, 탈당건조난황 등이 있다. 건조전란은 전란액을 분무건조한 것으로 제과원료 및 케이크 믹스(cake mix) 원료로 사용된다. 탈당건조전란은 전란액을 탈당처리한 후 분무건조한 것으로 저장성이 좋으며 제과원료, 비상용으로 이용된다. 건조조제전란은 난황, 당, 시럽, 식염 등을 첨가하여 다시 조제한 난액을 분무건조한 것으로 제과원료 및 식품가공원료로 사용된다. 건조난백은 건조실 천반에서 건조한 것으로 주로 제과용 원료로 사용된다. 분무건조난황은 난황성분만을 분무건조한 것이다. 탈당건조난황은 탈당처리한 난황을 분무건조한 것으로 제과원료, 면류제조원료, 케이크 믹스 원료 등으로 사용된다.

건조란의 제조법은 전처리와 건조의 2공정으로 나뉜다. 난액을 그대로 건조하면 난액에 함유된 탄수화물과 단백질 또는 인지질이 반응하여 갈변과 용해도 저하 현상이 나타난다. 이러한 반응을 억제하기 위하여 건조 전에 탈당처리나 산성화 처리가 수행된다. 탈당처리에는 자연발효법, 효모발효법, 효소탈당법, 세균발효법 등이 있으며 이 중에서 효모발효법과 효소탈당법은 전란, 난백, 난황에 모두 적용할 수 있으나 자연발효법과 세균발효법은 난백에만 적용할 수 있는 방법이다. 건조는 분무건조기가 주로 사용되며 140~150℃ 정도에서 건조시키는데 목적에 따라서는 난액을 얇은 접시에 담아 50~60℃에서 건조하기도 한다. 최종제품의 수분은 5% 이하가 되도록 건조하며 건조된 제품은 습기, 공기, 광선을 막을 수 있는 백(bag)에 넣어 진공포장하거나 캔에 넣어 질소가스를 충전하여 밀봉한다. 이렇게 제조된 건조전란과 건조난백은 1년 이상, 건조난황은 6개월 이상 안전하게 냉장 저장할 수 있다.

(2) 2차 가공품

① 계란음료

계란에 오렌지 등의 과즙, 우유, 향료, 설탕, 유기산, 양주 등을 가하여 농축원액을 음료로 만들어 음용 시 희석하는 것으로 조화된 신맛, 단맛을 가지며 향기가 좋고 영양가도 풍부한 음료이다. 계란음료의 일반적인 제조방법은 그림 8-22와 같다.

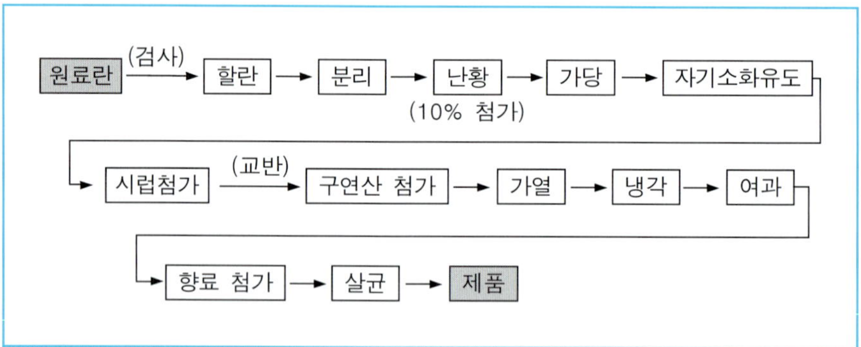

[그림 8-22] 계란음료의 일반적인 제조공정

검사에 합격된 신선란을 할란하여 난백과 난황을 분리한다. 계란 100개의 난백에 계란 20개의 난황을 혼합한다. 난황을 혼합하는 이유는 난황 중에 단백질 분해효소인 프로테아제가 포함되어 있기 때문에 이에 의한 자기소화(autolysis)를 유도하기 위함이다. 원료 난액에 동량의 설탕을 가하고 교반, 혼합하면서 12시간 정도 50℃로 가열유지하면 자기소화가 일어나 난단백질의 일부가 분해되어 가열시 응고되지 않는다. 자기소화 후 30% 설탕 시럽을 첨가하여 혼합하고 계속해서 20% 구연산액을 소량씩 첨가, 교반, 혼합하고 총 첨가량의 70~80% 정도의 구연산을 첨가한 다음 반제품 일부를 5배 가수 희석하여 맛을 보고 산미가 부족하면 구연산을 더 첨가하면 된다. 난액의 색이 불량하면 85℃로 가열하고 색소를 혼합하여 착색시킨다. 색소로는 등황색의 에그 옐로우(egg yellow) 10% 수용액을 사용한다. 착색된 혼합액은 뜨거울 때 여과포를 사용하여 여과하고 여과된 액은 20℃ 이하로 냉각하여 레몬, 오렌지, 바나나, 귤, 양주 등을 일정량씩 혼합한 것을 소량 첨가하여 혼합한다. 향료 첨가가 끝나면 살균된 병에 넣고 밀봉한 다음 80℃의 열탕에서 30분간 살균하여 냉각시킨다.

② 마요네즈(Mayonnaise)

마요네즈는 난황의 유화성을 이용하여 식물성 식용유에 식초, 소금, 설탕 등을 혼합하여 만든 유탁액(emulsion)이다. 주원료인 식물유로는 정제된 면실유, 대두유, 옥수수유 등이 사용되며 그 함량은 65% 이상이고 난황의 함량은 10~15% 정도이다. 마요네즈는 수중유적형의 유탁액으로 식용유의 입자가 미세할수록 점도가 높고 안정도가 크다.

마요네즈의 일반적인 제조공정은 그림 8-23과 같다.

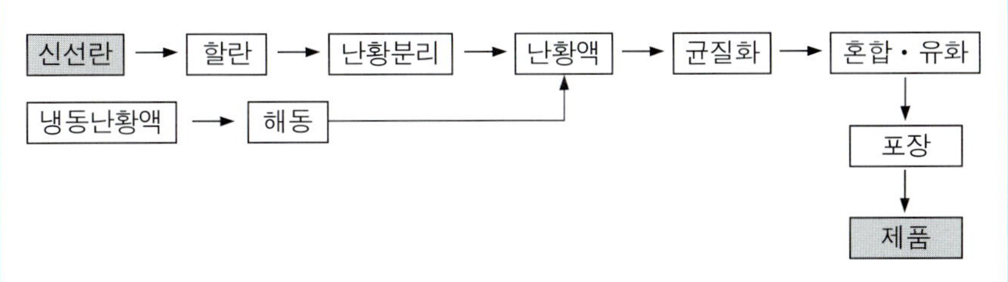

[그림 8-23] 마요네즈의 제조공정

원료 난황은 신선란으로부터 분리하여 사용하거나 동결난황을 사용한다. 식물유는 정제된 식물유를 사용하고 식초는 포도 또는 레몬으로 만든 것이 사용되며 레몬즙, 젖산, 주석산 등을 가한 식초를 사용하면 특수한 풍미가 있는 제품을 얻을 수 있다. 조미료는 소금, 설탕, MSG 등이 사용되며 향신료로는 백후추, 겨자, 파프리카, 생강 등의 정제 미세분말 제품이 사용된다.

6) 계란의 저장

계란을 저장한다는 것은 난의 내용물을 가능한한 신선하게 유지함과 동시에 난각에 있는 기공을 통하여 미생물이 침입하는 것을 방지하는 것이다. 신선한 계란에는 알껍질 표면에 큐티클층이 있고 알껍질 내부에는 2층의 알껍질막이 있으므로 미생물이 침입하기 어렵다. 또한 흰자의 리소자임은 세균의 세포벽을 분해하여 용균시킨다. 그러나 계란을 물로 씻거나 오래 저장한다든지 표면을 마찰시키면 기공이 외기에 노출되므로 미생물이 침입하여 부패되기 쉬워진다.

계란의 신선도를 유지하면서 저장하는 방법으로는 냉장법, 냉동법, 가스저장법, 피복법 등이 있다. 냉장법은 15℃ 이하의 온도로 저장하는 방법으로 6개월 이상 장기간 저장하고자 하는 경우는 0~5℃로 2~3개월의 단기저장을 원하는 경우는 15℃로 저장하는 것이 좋으며 습도는 80~85% 정도로 유지하는 것이 좋다. 냉장 중에도 계란은 계속해서 호흡하므로 탄산가스가 배출되어 계란의 pH는 올라가게 된다. 계란을 일정량의 탄산가스 중에 저장하면(가스저장) 저장란의 품질변화를 억제할 수 있다. 냉동법은 계란을 깨서 흰자와 노른자를 분리하거나 혹은 그대로 급속냉동하여 −15~−18℃에 저장하는 것이다. 가스저장법은 탄산가스나 질소가스를 혼합한 공기 중에서 저온에 보존하여 계란의 호흡과 증산작용을 억제하는 보존법이다. 피복법은 계란껍질에 파라핀, 합성수지, 물유리, 기름, 젤라틴, 방부제를 함유한 에멀젼을 도포하여 피막을 만들어 알껍질의 구멍을 막음으로써 수분의 증발, 탄산가스의 방출을 방지하고 미생물의 침입을 방지하여 저장하는 방법이다.

제9장

수산식품 가공

삼면이 바다인 우리나라는 수산자원이 풍부할 뿐 아니라 근래에는 원양어업이 발달하여 먼 바다에서의 수산물 생산량이 증가하여 세계 상위권의 수산물 생산국이다. 또한 단백질 공급원으로서 수산물의 비중이 날로 커지고 있는 실정이다. 한편으로 해조류의 소비가 늘어나고 있는데 그 이유는 식이섬유소와 무기질 함량이 커서 이들 영양소의 공급원으로서 역할이 늘어나고 있기 때문이다.

1. 수산 건제품

식품을 건조시키는데 많이 사용되고 있는 건조법으로는 자연건조와 인공건조법이 있다. 이중 인공건조법에는 열풍건조, 진공 동결건조 등이 이용되고 있다. 수산식품 건제품은 그 건조법에 따라 아래와 같이 분류할 수 있다.

① 소건품(素乾品, 날마른치) : 원료 그대로를 건조시킨 것

② 자건품(煮乾品, 찐마른치) : 원료를 삶은 뒤 건조시킨 것.

③ 조미건품(調味乾品, 맛낸마른치) : 원료를 조미하여 건조시킨 것

④ 염건품(鹽乾品, 간마른치) : 원료를 염장한 뒤 건조시킨 것

⑤ 동건품(凍乾品, 얼마른치) : 원료를 반복적으로 동결, 해동, 건조하여 제품을 만든 것

이 외에도 배건품(군마른치), 훈제품 등이 있다.

1) 소건품(날마른치)

소건품은 대표적인 수산 건제품으로써 건오징어와 명태가 거의 대부분을 차지하고 해조류의 경우에는 건미역과 김이 대표적인 제품이라 할 수 있다.

(1) 마른오징어

생 오징어의 분수공에 칼끝을 넣어 몸체의 중앙선을 따라 직선으로 개복한다. 이때 먹통이 터지지 않게 조심히 다루면서 내장을 제거한다. 다음으로 머리 부분의 중앙을 절개함과 동시에 눈과 입을 제거한다. 처리한 오징어를 깨끗한 바닷물이나 2~3%의 소금물로 잘 세척한 후 민물로 헹궈서 소금기를 뺀다. 소금이 남아있으면 건조가 늦어지고 건조 후 습기를 빨아들여 품질이 떨어지게 된다.

세척한 오징어를 건조장에서 가을철의 경우에는 2~3일간 자연 건조시킨다. 어느 정도 건조된 오징어를 평평하고 반듯하게 되도록 정형하여 다시 건조장에서 건조시켜 제품을 완성시킨다. 기후가 좋은 가을철에는 3~4일이면 건조가 끝나 약 20% 내외의 수분을 함유하게 된다. 요즈음에는 반 건조시킨 제품도 인기가 있으므로 정형 후에 출하하는 경우도 있다. 건조가 끝난 제품은 크기, 육질, 색택 등에 따라 선별하여 20마리 단위로 묶는다.

품질이 양호한 제품은 일반적으로 건오징어 특유의 구수한 향미가 있고 육색은 황갈색, 황백색 또는 호박색이며 다리나 흡반이 떨어져 나가지 않아야 하며 표면에는 적당량의 흰 가루가 덮여져 있어야 한다.

오징어 육질에는 수용성 단백질 함량이 높아 비를 맞으면 단백질이 용출되고 색소세포에 들어있던 색소가 용해되어 육편이 얇아져 딱딱하고 붉은색을 띄고 불쾌한 냄새를 동반한 제품이 만들어지기도 한다. 따라서 비가 오는 경우에는 덮개를 덮거나, 묽은 초산이나 방부제 액에 침지하는 것이 좋다.

(2) 마른명태

신선한 원료인 동태를 아가미에서 항문까지 개복하여 내장을 제거한 후 깨끗한 바닷물 또는 2~3%의 소금물로 잘 세척한다. 2~5마리씩 줄에 꿰어 건조대(덕)에 넌다. -15℃ 내지 -20℃ 정도의 추운 밤사이 충분하게 동결되고 따뜻한 낮에는 녹아 일부는 유출되고 일부는 증발되면서 서서히 건조가 진행된다. 이 과정을 약 30일 내지 50일간 반복하면 건조도가 약 80%에 이르게 된다. 원료를 모아 약 1 m 정도의 높이로 쌓아두고 비닐이나 부직포로 3~4일간 덮어둔다. 일기가 좋은 날 덮개를 열고 며칠간 널어 건조시킨 후 정형하여 포장, 제품화한다.

(3) 마른꽁치(과메기)

꽁치를 깨끗한 바닷물 또는 2~3%의 소금물로 잘 세척한다. 20마리씩 두름으로 엮어 건조대(덕)에 넌다. -15℃ 내지 -20℃ 정도의 추운 밤사이 충분하게 동결되고 따뜻한 낮에는 녹아 일부는 유출되고 일부는 증발되면서 서서히 건조가 진행된다. 이 과정을 약 30일 내지 50일간 반복하면 건조도가 약 80%에 이르게 된다. 원료를 모아 약 1 m 정도의 높이로 쌓아두고 비닐이나 부직포로 3~4일간 덮어둔다. 일기가 좋은 날, 덮개를 열고 며칠간 널어 건조시킨 후, 정형하여 포장, 제품화한다. 먹을 때에는 뼈를 발라낸 다음, 물미역이나 상추와 함께 초고추장과 양념으로 쌈을 사서 먹으면 일품이다.

2) 자건품(찐마른치)

자건품 재료의 일반적인 특징은 자가소화속도가 빨라 어획초기부터 부패하기 시작한다는 점이다. 따라서 가공 초기부터 변질을 예방하기 위해 원료 어패류를 미리 삶는데, 이 과정은 자가소화 효소를 불활성화시키고 오염된 미생물을 살균하고 단백질을 열 응고시켜 수분을 제거하는 동시에 건조가 쉽게 일어나게 한다.

자건품에는 마른 멸치와 새우가 대부분이고 해삼, 전복, 가다랭이, 상어 지느러미 등이 있다.

(1) 마른멸치

멸치는 우리나라의 전 해안에서 특히 남해안에서 대량으로 어획되고 있다. 멸치의 크기에 따라 대멸(7.5 cm 이상), 중멸(4.5~7.5 cm), 소멸(3.0~4.5 cm), 자멸(1.5~3.0 cm), 세멸(1.5 cm 이하) 등으로 나누고 있다. 멸치는 주로 마른멸치와 젓갈로 가공되고 있으며 마른 멸치의 대부분은 자건법으로 생산하고 있다. 자건멸치의 제법을 아래와 같다.

어획 직후의 신선한 멸치를 깨끗한 바닷물 또는 2~3%의 소금물로 잘 세척한다. 5~10%의 끓는 식염수에 넣어 소금물이 다시 끓기 시작하여 원료가 떠오를 때까지 10~15분간 삶는다. 삶는 물 표면에 뜬 기름기를 제거하고 재료를 건져 올려 널 대에 널어 자연 건조시킨다. 하루에 한 번 정도 뒤집어 수분 분포가 고르게 하면 건조가 속히 이루어진다. 기후가 알맞으면 3~4일 만에 수분함량이 20% 내외가 되어 제품이 완성된다. 저장 중 변질을 예방하기 위해 포장하여 서늘하고 응달이며 바람이 잘 통하는 곳에서 보관한다.

(2) 마른새우

새우도 크기와 형태에 따라 대하, 중하, 소하 등으로 나누고 있다. 대하나 중하의 경우에는 조리용으로 사용되고 있으며 소하는 마른새우나 젓갈로 가공하고 있다. 마른 새우의 가공은 다음과 같다. 어획 직후의 신선한 새우를 깨끗한 바닷물 또는 2~3%의 소금물로 잘 세척한다. 5~10%의 끓는 식염수에 넣어 소금물이 다시 끓기 시작하여 원료가 떠오를 때까지 10~15분간 삶는다. 삶는 물 표면에 뜬 기름기를 제거하고 재료를 건져 올려 널 대에 널어 자연 건조시킨다. 하루에 한 번 정도 뒤집어 수분 분포가 고르게 하면 건조가 속히 이루어진다. 기후가 알맞으면 3~4일 만에 수분함량이 20% 내외가 되어 제품이 완성된다.

3) 염건품(鹽乾品, 간마른치)

신선한 어패류를 전처리하고 소금에 절였다가 건조시킨 제품이다. 대표적인 것으로 정어리, 전갱어, 꽁치, 조기, 대구, 고등어 등이 있다. 염건품에는 알맞은 짠맛을 부여해 맛을 향상 시킨 제품과 소금의 탈수력과 함께 방부력을 이용한 제품이 있다. 최근에 이르러 콜드 체인이 체계화됨과 교통의 발달로 인해 염건품의 생산량이 눈에 띄게 줄어들고 있는 실정이다.

(1) 굴비(염건조기)

전라남도 영광의 특산물로 신선한 조기를 전처리 한 다음 그대로 살염법이나 염수적법으로 염장처리 하여 건조시킨 것이다. 살염 처리시에는 재료의

20%의 소금을 뿌려 약 1주일 정도 탱크에 담아 염장하거나 포화 식염수에 10일 내외로 염장한 뒤 10마리씩 엮어 건조대에서 건조시킨다. 아가미와 복부가 잘 건조되게 4~5일 정도 말린다. 이때 사용하는 소금은 정제염이 좋다.

(2) 염건대구

신선한 대구를 개복하여 아가미, 내장, 복강막 등 부산물을 제거한 뒤, 염장 후 건조시킨 제품이다. 제품은 제조 지역에 따라 다르다. 어체를 배따기나 등따기로 절개하는 경우가 있고 머리의 유무, 등뼈의 유무 등 다양하다. 일반적인 제조법은 다음과 같다. 개복이 끝난 원료를 깨끗한 물이나 바닷물로 세척하여 혈액과 불순물을 제거하고 염장한다. 염장 처리는 대개 살염법을 사용하는데 원료의 40~50%의 소금을 사용하여 5~6일간 염장한다. 염장 처리가 끝난 중간 원료는 묽은 소금물이나 깨끗한 바닷물로 세척한 뒤에 자연 건조시킨다. 염수적법으로 처리하는 경우에는 약 20% 내외의 소금물에 2일간 염장하고 다시 새 소금물에 염장하여 육질이 단단해지면 바닥에 재어 누름돌을 얹어 5~6일간 방치했다가 자연 건조시킨다.

4) 동건품(凍乾品, 얼마른치)

재료에 들어있는 수분을 얼린 뒤에 녹이면 드립으로 수분이 어느 정도 탈수된다. 이를 건조시킨다. 위의 작업을 여러 차례 반복하여 시행하면 건제품을 얻을 수 있다. 한천과 북어가 대표적인 제품이다.

여기서는 북어의 제법에 대해 설명하기로 한다. 신선한 원료를 절개하여 내장과 아가미를 제거한다. 이를 냉수로 2~3회 씻어 이틀간 담가 둔다. 이 과정에서 수분이 골고루 내부로 침투하고 조직 내에 남아있던 혈액은 씻겨 나간다. 뿐만 아니라, 살결이 희게 되어 상품가치가 높아진다. 물은 1일 4~5회 갈아준다.

처리된 원료는 머리를 꿰어 덕장의 덕에 걸어 겨울철 한 밤중(-20℃ 내외)의 냉기로 얼린 다음 그대로 자연적으로 녹게 하거나 흐르는 시냇물에 담가 녹인다. 약 40일 전후 건조시킨다. 약 80% 정도 건조가 이루어지면 약 이틀간 쟁임 작업을 하였다가 다시 얼렸다가 건조시킨다. 이를 황태라고도 한다.

2. 수산연제품

순 어육에 약간의 소금과 부재료를 혼합, 마쇄한 뒤 가열처리(삶거나 굽거나 튀김)한 수산 가공품을 연제품(fish meat products)이라 한다. 1496년 발간된 절용집(節用集) 문헌에 기록된 점으로 미루어 보아 일본에서는 이미 그 이전부터 일반인들에게 이용된 독특한 수산물 가공법이라 할 수 있다. 최근 국내의 수요증대와 함께 다양한 제품 개발로 생산량이 급격하게 증가하고 있는 실정이나 어획장의 국제 분쟁으로 원료 수급이 불안한 실정이다. 연제품 제조법은 크게 변한 것은 없다. 어육에 소량의 소금을 첨가하고 갈아서 고기풀을 만든 다음 대나무나 널빤지에 붙여 모양을 만들어(성형) 굽거나 삶아서 만들었지만 요즈음은 개선된 제조방법을 이용하여 다양하게 제품을 만들고 있다.

연제품이 지니는 특성은 신선도가 높지 않은 원료를 사용한다는 점과 여러 종류의 조미료, 향신료 등을 사용하여 품질을 향상시킬 수 있다는 점이다. 단점으로는 저장을 주목적으로 생산한 것이 아니기 때문에 저장성이 결여되었지만 최근에는 점차 개선되고 있는 실정이다. 또한 냉동 고기풀에 대한 가공기술이 개선되어 연제품 생산에 크게 기여하고 있는 실정이다.

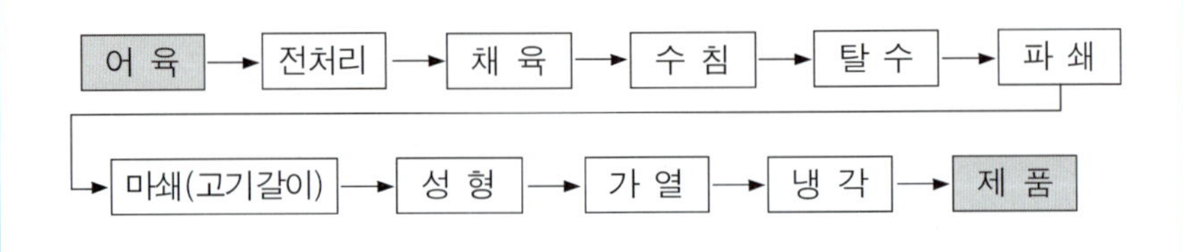

[그림 9-1] 연제품의 일반제조공정

1) 연제품의 제조원리

(1) 연제품의 겔 형성 메카니즘

연제품의 주 구성분인 단백질 분자가 소금에 의해 추출이 촉진되고 가열에 의해 그물구조를 형성하기 때문에 탄력성을 지닌 겔을 이룬다. 어육단백질은 수용성 미오겐(myogen), 염용성미오신(myosin) 및 불용성 콜라겐(collagen), 엘라스틴(elastin)으로 구성되어 있다.

미오신 쇄상단백질은 전단백질의 60~70%를 차지하며 가늘고 긴 체인 형태를 이루고 있으며 산성의 환경에서 액틴(actin)과 결합하여 액토미오신(actomyosin)으로 변하면서 구상단백질이 되고 탄력이 형성된다.

어육에 2~3%의 소금을 첨가하고 갈면 점성이 강한 고기풀이 형성되는데 고기풀에 점탄력이 형성되는 이유는 어육에 존재하는 소금물에 의해 염용성 액토미오신이 다량으로 용출되기 때문이다. 일반적으로 미오신 1분자 중에는 1,400개의 음하전 점과 1,200개의 양하전 점이 있다고 한다. 분자 전체로 보면 음하전 점이 많기 때문에 정전기적인 반발력으로 길게 뻗거나 분산하게 된다. 이로 인해 고기풀의 점착력이 증가하게 된다. 하지만 고기풀은 가열하거나 실온에서 장시간 방치해 두면 점착성이 감소하는 반면에 탄력을 지닌 겔로 변한다. 이때 실온에서 장시간 방치하여 탄력성을 지닌 겔로 변하는 현상을 엉겨앉음(setting)이라고 한다. 이것은 액토미오신 분자가 서로 엉키고 분자 표면에 나와 있는 반응기(예로 하전점)에 의해 가교결합이 이루어져 그물구조를 전체적으로 형성하기 때문이다. 또한 이 과정에서 소금에 의해 단백질의 보수성이 강해져서 물분자는 단백질 분자에 강하게 수화된 채 그물구조의 한 부분을 이루게 된다.

2) 원료 어육

(1) 어종과 어묵형성능력

약 100여 종류의 어종이 연제품 원료로 사용되고 있으며 연제품의 여러 특성을 고려할 때 한 종류의 어종보다는 여러 종류의 원료육을 혼합하여 사용하는 것이 서로 단점을 보완하는 이점이 있다. 일반적으로 흰살 어류는 사후 변화가 서서히 일어난다. 다시 말하면, 사후 경직이 일어나고 경직을 거쳐 해경(解硬)이 되는 과정에서 액토미오신 단백질의 물리적 특성이 서서히 변하고 선도가 떨어지면서 일어나는 어묵 형성 능력이 완만하게 저하된다. 반면에 붉은살 어류는 그 변화 속도가 급격하고, 어묵 형성 능력도 신속히 감소되는 경향이 있다. 따라서 흰살 어류인 조기, 황새기, 녹새치 등은 강한 탄력을 지닌 어묵 원료로 사용되고, 대신에 붉은살 어류인 고등어, 꽁치, 방어 등은 탄력이 적은 어묵 원료로 사용할 수 있다. 문제는 원료 어육의 단백질 조성에 의해 차이가 나는 것이 아니라 사후강직이 일어난 어느 시기에 처리 하느냐가 중요하다. 붉은살 어류도 사후 강직 직후에는 탄력이 약한 어묵의 원료로 사용할 수 있다. 이들 붉은살 어류는 죽은 직후 강력한 겔을 형성하나 강직이 일어나기 시작하면 겔의 강도가 감소하고 결국 어묵형성력이 소멸되기도 한다.

표 9-1 어종에 따른 탄력의 강도와 어묵형성의 정도

탄력의 정도	어묵형성이 쉬운 것	어묵형성이 보통인 것	어묵형성이 어려운 것
탄력이 강한 어종	날치, 매퉁이	넙치, 조기	상어, 녹새치
탄력이 보통인 어종	갈치, 명태, 전갱어	장어, 복어, 새멸	가재미
탄력이 약한 어종	정어리, 눈퉁멸	꽁치, 고등어	다랑어

풍미가 양호한 어묵 원료로는 새치류, 날치, 조기, 황새기, 명태 등이 있으며 탄력이 강한 원료와 혼합하여 사용하면 양질의 어묵을 생산할 수 있다. 이외에도 원양에서 어획한 명태를 가공하여 사용하기도 한다. 이를 냉동 고기풀(frozen fish meat paste)이라고 한다. 원래 명태 어육은 육질이 약하고 선도가 쉽게 떨어지며 장기간 냉동시키면 액토미오신이 냉동 변성을 일으켜 물에 녹지 않아 소금과 함께 갈아도 고기풀이 형성되지 않는다. 그런 명태 어육을 물로 충분히 세척하면 단백질 변성 촉진 인자인 무기질이 용출된다. 여기에 육단백질 변성억제제를 첨가하여 갈아 냉동시키면 연제품 원료로 적절한 냉동 고기풀이 된다.

첨가하는 재료에 따라 무염 고기풀과 가염 고기풀로 나누는데, 무염 고기풀에는 약 5%의 당류와 0.2%의 중합인산염을 첨가하는 것이 보통이다. 가염 고기풀에는 약 10%의 당류와 식염 약 2%를 첨가하면 냉동 중 액토미오신의 겔화가 억제된다. 또한 구연산나트륨을 2~3% 첨가해도 겔화를 효과적으로 억제할 수 있다. 이렇게 만든 냉동 고기풀은 약 6개월간 저장해도 겔형성 능력이 소실되지 않는다.

3) 연제품 제조

(1) 어묵의 일반 제조법

① 검사

원료육은 될 수 있는 대로 탄력이 강한 흰살어류로서 신선도가 양호한 것을 사용하며, 신선도 검사는 관능검사나 과학적인 방법을 이용한다.

② 다듬기(전처리)

원료어는 머리, 아가미, 내장, 지느러미, 비늘 등을 제거하고 원료의 크기에 따라 복막이나 등뼈를 제거한다. 이때 불순물이 오염되지 않도록 조심한다. 대형어의 경우에는 삼겹 편뜨기(filet)를 한다.

③ 수세

다듬은 어육을 깨끗한 냉수로 씻어 혈액과 오염된 물질을 제거한 뒤에 청결한 용기에 따로 담아둔다.

④ 채육(fleshing, meat seperating)

전처리가 끝난 원료육에서 고기만 발라내는 작업으로 채육기를 사용하여 살을 발라내고 뼈, 껍질, 비늘을 분리한다.

어육채취기는 롤 형과 스탬프 형 및 2중압축 형이 있다. 롤 형은 고무벨트와 직경이 4 mm 정도인 구멍이 많이 있는 원형 금속판 롤을 밀착시키고 서로 반대 방향으로 회전하게끔 설계되었다. 고무벨트와 금속 롤 사이로 원료육을 넣으면 압착되어 부드러운 육질만 구멍을 통해 빠져나가고 뼈, 껍질, 비늘 등은 분리된다. 스탬프 형은 직경 4 mm 정도의 구멍이 많이 있는 금속원판 위에 원료육을 얹어 수평으로 회전하며 위에는 고무판으로 된 압착판이 상하운동하면서 원료육을 압착하여 살코기만 구멍을 통해 분리되게 한 것이다.

두 가지 방법 모두 한번의 공정으로는 완전하게 살코기만 분리할 수 없기 때문에 1회 정도 반복하여 실시한다. 채육한 원료 육은 품온의 상승을 억제하기 위해 10℃ 이하의 냉수를 사용하면서 저장용기에 담는다.

⑤ 세척(물바래기, washing and bleaching in water)

채육한 어육을 깨끗하고 찬 냉수에 담궈 교반하면서 어육 중에 함유된 혈액, 색소 성분, 지방, 익스트랙트 분, 수용성 단백질, 껍질, 오염물질 등을 제거하는 작업이다. 이 작업을 거치면서 어육은 희게 되며 탄력과 보존성은 높아진다. 단점으로는 이 과정에서 익스트랙트 분과 정미성분 및 수용성 단백질의 소실이 있게 된다. 이런 약점을 보완하기 위해 신선도가 극히 양호하고 진한 맛을 지닌 어육은 세척 정도를 가볍게 하거나 또한 세척하지 않아도 무방하다.

세척 공정에서 탄력이 증가하는 이유는 그물구조의 주성분인 근원섬유단백질의 농도가 짙어지고 탄력형성저해 물질이 제거되기 때문이다. 일반적으로 그물구조 형성에 관여하지 않는 미오겐 단백질을 이 과정에서 유출시키면 탄력이 증가하게 된다. 예로 기름가재미와 같은 어종은 탄력형성이 일어나지 않지만 여러 번의 세척으로 탄력이 형성되기도 한다. 어육에 함유된 지방은 탄력형성에 그리 크게 영향을 미치지 않는다.

세척 작업은 예냉된 어육에 5내지 10배의 냉수를 가하여 교반하면서 지방, 오물, 혈액, 껍질, 등을 물에 분산시킨다. 윗물을 따라 내고 냉수를 보충하여 3~4회 반복하여 수세한다. 특별한 경우에는 횟수를 증가시킨다.

물바래기의 횟수가 증가하면 무기질이 소실되어 침전이 잘 일어나지 않고 물의 분리가 어려워진다. 이때 약 0.2%의 소금을 가하면 원료육의 침전이 잘 일어난다. 따라서 연제품 공장에서는 용수로써 경수를 사용하는 것이 좋다. 다량의 소금을 사용하면 오히려 미오신(myosin)의 용출이 늘어나면서 탄력이 떨어지기도 하므로 소금 사용량에 주의하여야 한다. 철분이 다량 함유된 물을 사용하면 탄력이 떨어지고 색택도 나빠지므로 철분이 함유된 물을 사용해서는 안 된다.

⑥ 탈수

세척이 완료된 어육은 완전히 침전으로 가라앉은 후에 어느 정도 수분을 제거하고 탈수 작업을 수행한다. 소규모 공장에서는 마포에 넣어 탈수하고 대규모 공장에서는 압착기나 원심탈수기를 사용한다. 탈수되는 수분량은 대략 80% 정도이다. 원심탈수기의 경우에는 회전수는 1,000 rpm 이상, 5분에서 10분 정도 탈수시킨다. 어종에 따라서 탄력이 강한 원료육은 보수성과 팽윤성이 커서 탈수가 어렵다. 세척 시간이 길어지면 역시 수분 분리가 어려워지므로 중성염류 용액을 가해 미오신 단백질의 수화성을 감소시킨 후에 탈수하면 효과적이다.

⑦ 쇄육(chopping)

탈수한 어육은 근섬유가 길고 작은 뼈들이 혼합되어 있기 때문에 초퍼(chopper, 쇄육기)를 사용하여 잘게 절단하거나 스트레이너(strainer)를 이용하여 어육을 정선, 이물질을 제거한다. 일반적으로 초퍼를 많이 사용하는데 초퍼의 마쇄 원리는 스크류(screw)가 회전하면서 원료육을 밀어내고 선단에 부착한 칼(knife)과 구멍이 뚫린 플레이트에 의해 세절, 분쇄한다. 이때 마찰열이 많이 발생하여 육단백질이 변성을 일으키기 쉽다. 마찰열로 인한 온도상승을 막기 위해 얼음을 사용하여 원료육과 초퍼를 냉각하기도 한다. 플레이트의 구멍의 크기가 크면 온도상승이 일어나지 않지만 어육의 세절 효과가 반감한다. 반면에 구멍이 작으면 분쇄가 곱게 되지만 온도가 급격히 상승하는 단점이 있다. 따라서 쇄육 초기에는 구멍이 큰 플레이트를 후반에 이르러서는 구멍이 작은 플레이트를 사용하기도 하며 요즈음은 단번에 분쇄하는 다단식초퍼를 사용한다.

⑧ 고기갈이(grinding)

세절한 어육을 스톤모터(stone moter)나 사일런트커터(silent cutter)에 넣고 약 15분간 고기갈이를 한 후에 약 2.5~3%의 소금과 각종 향신료, 전분 등 첨가물을 가하여 고기갈이를 하면 염용성 단백질이 용출되어 충분히 수화를 하게 되며 균일하게 혼합이 이루어진다.

생선육을 세절하는 면에서는 사일런트커터가 우수해서 단시간 내에 처리가 완료되므로 대량생산에 적합하지만 부원료의 혼합은 스톤모터가 효과적이다. 일반적으로 생선육은 축육에 비해 조직이 약하기 때문에 단시간 내에 탄력이 강한 제품을 제조하는 경우에는 스톤모터를 사용하기도 한다. 또한 냉동 고기풀을 사용하는 경우에는 사일런트커터를 사용한다.

부원료를 혼합할 때 고급의 연제품을 제조하려면 우선 어육만 갈고 이어서 소금을 첨가하여 갈은 다음 마지막으로 부원료를 첨가하여 고기갈이를 마친다. 마찰열을 줄이기 위해 얼음을 사용하거나, 작업을 저온에서 수행하거나 또는 냉각장치가 부착된 스톤모터나 사일런트커터를 사용한다. 보통 또는 저급의 연제품을 만든 경우에는 부원료와 재료를 한꺼번에 넣어 고기갈이를 수행하기도 한다.

일반적으로 고기갈이는 기계의 종류, 어육의 종류 및 생선육의 양 등에 따라 달라지기는 하지만 초벌갈이를 약 10~15분간, 두벌갈이는 약 20~30분간, 그리고 10~15분간 세벌갈이를 수행한다.

첨가하는 부원료는 주로 조미료, 감미료, 발색제, 품질 개량제, 탄력 보강제, 광택제, 증량제 등이 있다.

일반적으로 사용하는 조미료는 소금, 설탕, 물엿, MSG, 이노신산나트륨(sodium inosinate) 등으로 소금은 짠맛을 부여하는 이외에도 육단백질을 용출시켜 강한 탄력성의 겔을 형성시키는 역할도 있다. 사용량은 원료에 대해 2~3% 정도이다.

탄력보강제로 전분을 원료의 10% 내외의 양을 2배량의 물에 희석하여 첨가한다. 전분은 탄력보강제의 역할과 동시에 증량제로서의 기능도 지니고 있다. 난백은 탄력성 증대와 더불어 광택제로의 기능을 지니고 있다. 중합인산염(메타, 폴리 인산염)은 결착제로서 육단백질의 보수성을 높혀 강력한 탄력성을 지닌 제품을 만드는데 첨가하지만, 어묵의 유동성 또한 높아져서 판붙이 어묵 성형을 방해하는 경우도 있다.

⑨ 성형(molding)

고기갈이 공정이 완료된 재료는 점착성이 매우 높다. 이 점착성을 이용하여 적절한 모양으로 성형한다. 일반적으로 성형을 할 때에는 기포가 생기지 않도록 해야 하고 고기풀이 엉키기 전에 작업이 완료되도록 신속히 수행하여야 한다. 만일 기포가 있게 되면 가열 처리를 할 때 팽창 파열되거나 제품의 조직을 열화시키거나 내부 부패의 원인이 되기도 한다.

일단 엉킨 고기풀은 유동성이 감소되어 성형하기가 곤란하고 다시 고기갈이를 하여도 점착성이 생기지 않는다. 어육이 엉키는 것은 온도가 높을수록 잘 일어나는 경향이 있으므로 저온에서 신속하게 처리해야 한다. 대량생산을 위해서는 자동 성형기를 사용한다.

⑩ 가열

가열의 목적은 첫째로 탄력성을 지닌 겔을 형성하는 것이고, 둘째로 오염된 미생물을 살균하는 것이다. 일반적으로 고기갈이를 끝낸 어육을 바로 가열시킬 때, 고온으로 가열할수록 강력한 탄력을 지니게 된다. 신선도가 낮은 원료일수록 신속하게 가열할 필요가 있다. 그러나 너무 급하게 가열하면 오히려 육조직의 경도가 낮아져서 탄력성이 약화되므로 성형이 끝나고 어육이 엉키는 과정이 이루어진 다음에 가열하는 것이 좋다. 이때 미생물의 오염과 함께 번식이 일어나기 쉬우므로 가급적 신속하게 처리하는 것이 좋다. 일반적으로 30℃ 내외의 온도에서 약 2~3시간이 좋고 10℃에서는 12시간 정도의 방치시간 안에 처리한다.

가열은 중심 온도 75℃에서 20분 이상 가열 처리하여 10℃ 이하에서 냉장 보관한다. 고급품의 경우에는 80℃에서 가열하는 경우도 있다.

가열방법은 찌기(80~100℃), 삶기(80~95℃), 굽기(100~180℃), 튀기기(180~200℃) 등 여러 방법이 사용되고 있으며 중심온도가 75℃ 이상에서 가열하지 않으면 안 된다.

⑪ 냉각

될 수 있는 대로 신속히 냉각시켜 호열성 미생물의 발육을 억제한다. 일반적으로 포장 제품은 냉수에 담궈 냉각하거나 냉풍을 사용하여 급냉시키는 경우도 있다. 냉각이 끝나면 0℃ 부근에서 냉장 보관한다.

⑫ 포장

물기를 제거하고 포장지로 포장한 다음 일정량을 카톤 박스로 외포장을 한다.

3. 수산냉동품

1) 수산냉동품의 특성

냉동식품이란 전처리한 원료를 급속 동결하여 포장한 규격품으로서 소비자에게 전달될 때까지 -18℃ 이하에서 보관하는 식품을 말한다. 이런 냉동식품은 다음과 같은 특징을 지닌다.

① 산지에서 가공하므로 최고의 신선도가 유지된다.
② 비가식부를 제거하여 처리하기 때문에 경제적이다.
③ 조리하기가 쉬워 시간과 노동이 절약된다.
④ 규격과 품질이 균일하여 상품적 가치가 높다.
⑤ 원료를 위생적으로 처리하고 -18℃ 이하에서 유통, 보관하므로 위생적인 가치가 크다.
⑥ 수급을 조절할 수 있어서 가격을 안정시킬 수 있다.

2) 수산냉동식품의 분류

수산냉동식품은 그 처리방법에 따라, ① 생선 어패류 냉동품, ② 가공냉동품, ③ 조리 냉동품으로 분류한다.

① 생선 어패류 냉동품

어패류의 비가식 부분을 제거하는 단순 전처리 작업을 끝낸 원료를 즉시 냉동한 것으로, 어체의 처리 형태에 따라 Round, Semidress, Dress, Pan dress, Fillet, Chunk, Steak, Stick 등으로 나누며, 다른 한편으로는 일정한 형틀에 넣고 눌러 판으로 동결한 것을 Block 또는 Slab이라 하고 이것을 절단하여 막대기 모양으로 만든 것을 Bar라 한다.

② 가공냉동품

조미를 목적으로 가공한 것을 장기간 저장하기 위해 동결한 것으로 어묵이나 냉동어 연육도 이에 속한다.

③ 조리냉동품

간단한 조리처리와 조미를 하여 동결시킨 식품으로 그대로 해동시켜 먹거나 간단한 조리로 먹을 수 있는 냉동품을 말한다. 이들 조리냉동품은 -18℃ 이하에서 저장하여야 한다.

3) 수산냉동품의 일반제법

① 원료

가능한 한 신선도가 높은 원료를 선택해야 하며 처리여하에 따라 사후강직 기간에 크게 영향을 미치므로 ① 저온(빙장온도)에서 단시간 처리하며 직사광선은 될 수 있는 대로 피해야 한다. ② 사용하는 물 역시 냉수(5℃ 이하)를 사용하며, ③ 위생적으로 취급해야 한다.

② 세척

깨끗하고 찬 냉수나 소독한 바닷물로 여러 차례 세척하여 오염된 오물, 점액질, 혈액 등을 제거한다.

③ 선별

크기에 따라 대・중・소별로 품질이나 선도에 따라 정품, 파열품 등으로 정확하게 선별한다. 선별하는 이유는 상품적 가치를 높이고 가공을 용이하게 하는데 있다.

④ 처리

앞에서 언급한 바와 같이 목적하는 형태와 처리방법(Round, Semidress, Dress, Pan dress, Fillet, Chunk, Steak, Stick, Block 또는 Slab, Bar)에 따라 성형한다.

⑤ 세척

절단 및 처리된 원료를 세척하여 혈액, 내장, 점액질 등 오염물을 깨끗이 제거한 후에 물기를 완전히 제거시키고 평량한다.

⑥ 평량

전처리가 끝난 원료를 일정량씩 평량하여 금속제 냉동팬에 넣어 동결하게 된다. 동결과 해동 시에 부피의 증감을 고려해서 적절한 량을 팬닝한다.

⑦ 팬닝(panning)

팬닝은 원료의 특성을 살려서 상품적 가치를 높이도록 한다. 살재임 시 각 단마다 poly ethlene film sheet를 깔아서 큰 덩어리가 되지 않게 한다.

⑧ 동결

동결은 접촉식 냉동실이나 공기교반냉동실을 이용하여 -35℃ 이하의 온도에서 급속 동결을 시켜야 하며, 완료 후, 원료의 중심온도가 -20℃ 이하가 되도록 유지하면서 출고해야한다.

⑨ Depanning

일정한 형태로 냉동시킨 제품을 cake이라 하며, cake을 팬으로부터 이탈시키는 작업을 depanning이라 한다. 찬 냉수나 바닷물을 제품의 표면에 뿌리거나 30~60초간 침지시켰다가 꺼내서 뒤집어 놓고 가볍게 충격을 주면 쉽게 팬으로부터 이탈된다.

⑩ 아이스 글레이징(Ice glazing)

동결시킨 제품을 찬 얼음물에 담궜다가 건지면 표면의 물이 곧 얼게 되어 얼음박막이 형성된다. 2차로 다시 한번 반복하여 빙의를 입힌다. 빙의를 입히면 공기와 차단되어 건조와 산화를 예방할 수 있다.

Ice glazing시 적절한 환경 조건은 실내온도 -5~-10℃, 사용하는 물의 온도는 1~3℃, 동결식품의 온도는 -15℃ 이하이다. 글레이징의 횟수는 1회로는 부족하며, 2~3회 정도 반복하는 것이 좋다.

글레이징을 보다 효과적으로 하기 위해 propylene glycol 5~7% 정도 첨가하면 투명도가 높아지고, 두껍고 단단하게 글레이징이 되도록 젤라틴, 전분, CMC, 알긴산 등을 1%정도 첨가하기도 한다. 또한 보관 중에 표면증발이나 균열이 일어나기 때문에 중간에 다시 글레이징하는 것이 좋다.

⑪ 포장

글레이징이 끝난 제품을 polyethylene bag에 넣어 밀봉하고, 다시 carton box에 넣어 포장한 후 -18℃ 이하에서 보관한다.

4. 젓갈류

젓갈은 어패류에 소금을 첨가하여 염장과 동시에 자가소화 시킨 것으로 당질, 아미노산, 펩톤류, 유기산, 젖산 등이 포함되어 있다. 젓갈에 첨가하는 소금량으로서는 부패를 완전하게 예방할 수 없으므로 숙성 중 온도관리에 신경을 써야 한다. 염장품과 젓갈의 차이점은 염장품은 저장을 주목적으로 하고 젓갈은 당질, 아미노산, 펩톤류, 유기산, 젖산 등이 포함된 발효 겸용 식품이라 할 수 있다. 원료의 종류나 제법이 지역에 따라 다양하게 이루어지고 있어 제품의 종류 역시 다양하다.

1) 오징어젓

오징어에 간장을 가하면 자가소화가 빠르지만, 기름이 많아서 산패되므로 간장만 염장하여 유지를 제거하고 상등액만 가하는 것이 좋다. 처음에는 하루 2~3회 교반하고 식용할 때는 절단하여 마늘이나 고춧가루 등으로 조미하여 먹는다.

저염 젓갈은 소금대신 당으로 수분 활성도를 저하시킨다. 즉, 당침을 사용하고 있다.

① 전처리 : 오징어를 갈라서 내장과 머리, 다리, 껍질을 제거하고 조각으로 자른다.

② 당침 : 물엿에 12시간 정도 담근다.

③ 소금에 절이기 : 탈수하고 소금을 뿌려서 24시간 놓아둔다.

④ 조미 : 남은 소금을 털고, 탈수하고 조미하여 상온에서 하루 놓아둔다. 조미액은 고춧가루(12), 글루탐산나트륨(10), 조미고추가루(19), 마늘(15), 비빔당(19), 글리신(3), 물엿(13), 식용유(3), 액젓(1)의 비율로 한다.

⑤ 숙성 : 냉장실에서 10일정도 숙성시킨다.

2) 멸치젓

봄에 담그는 것은 춘젓, 가을에 담그는 것은 추젓이라 하며 춘젓의 맛이 좋다. 소금량은 20~25%가 좋다.

3) 새우젓

5월에 담은 것을 오젓, 6월에 담은 것을 육젓이라 한다. 품질은 삼복 직전에 담는 것이 좋다. 품질이 좋은 것은 육질이 단단하고 액즙이 백색으로 맑다. 1 cm 정도의 연한 새우로 담은 것을 곤쟁이젓이라 한다.

4) 조개젓

깐 조개 1 kg에 소금 100~150 g을 혼합하여 담근다(그림 9-2).

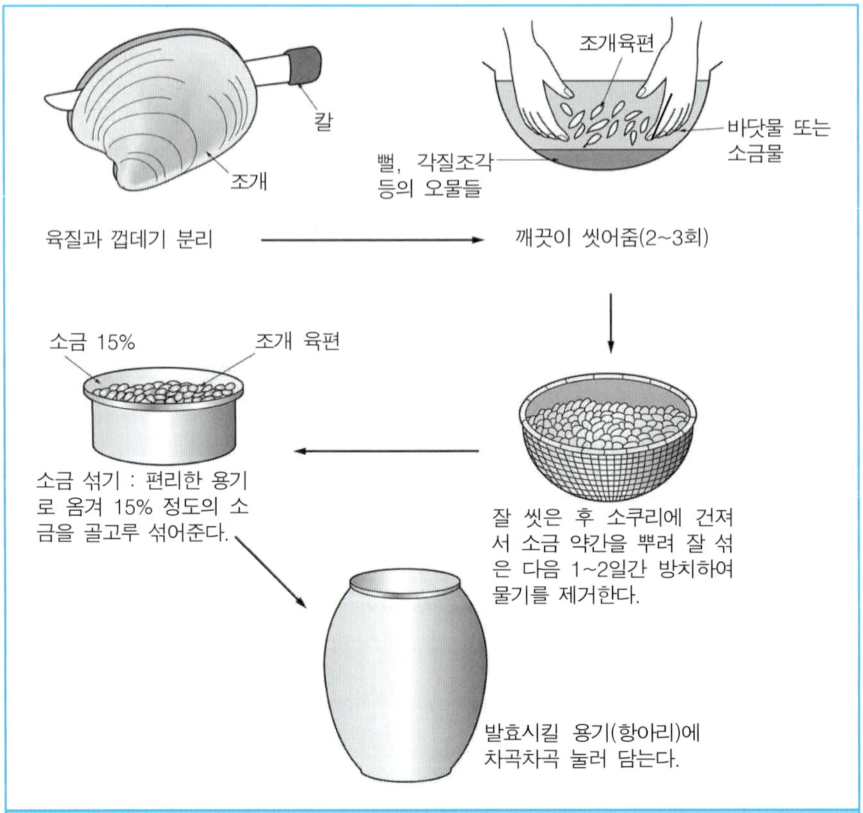

[그림 9-2] 조개젓 제조 공정도

제10장

식용유지 가공

옛날부터 인간은 유지를 자연에서 어떻게 얻어서 어떻게 사용할 것인가를 연구해 왔다. 열대 지방의 원주민들이 오랫동안 여러 가지 나무열매를 햇볕에 말려서 기름을 얻어 왔듯이 처음에는 식용으로만 사용해 왔던 동물유를 빛과 열원으로 만들 수 있게 되었다. 사람이 식용유지로 이용해 온 것으로는 동물성 유지와 식물성 유지가 있는데 천연 동식물 식품 속에 들어 있는 유지를 먹을 수 있도록 추출, 정제한 것을 '식용유지' 또는 '식용유'라고 한다.

우리나라에서는 동물성 유지자원으로 주로 소, 돼지와 꽁치, 전갱이, 명태, 고래 및 상어 등을 이용해 왔으나 어류의 대부분은 직접 식용으로 이용되며 유지자원으로 사용할 수 있는 양은 매우 적기 때문에 외국으로부터 많은 양의 어유(crude fish oil)를 수입하여 국내 유지공장에서 정제한 후 경화유, 쇼트닝, 마가린으로 가공하여 이용하고 있다. 식물성으로는 참깨, 유채, 대두, 면실, 미강 및 옥수수 등이 유지자원으로 이용되고 있으나 최근 세계적으로 유지자원이 부족하여 동남아에서 경제성이 높은 야자유나 팜유를 대량으로 생산하고 있다. 우리나라도 이러한 야자유나 팜유의 원유(crude oil)를 수입하여 가공 처리한 후 여러 가지 용도로 쓰고 있다.

한국인의 지방질 섭취량은 1960년대 이후 증가하고 있고 상용식품 중에 함유된 비가시지방(invisible fat)보다는 눈에 보이는 가시지방(visible fat)의 섭취량이 크게 증가하고는 있으나 아직 선진국 수준에는 미치지 못하고 있다. 국내에서의 유지 공급 상황은 1965년에는 14,421톤이었으나 1989년에는 50,659톤으로 국내 유지의 생산량이 조금씩 증가하고 있기는 하지만 유지 소비량은 1965년 29,871톤에서 1989년 460,737톤으로 엄청나게 급증하고 있으며 총수요량의 80%를 수입하여 사용하고 있다.

1. 식용유지의 원료

식용유지는 지방산과 글리세롤이 결합한 글리세리드로 여러 용도로 이용되는데 유지를 함유한 동물 또는 식물로부터 얻은 기름을 통틀어 말한다. 콩기름, 옥수수기름, 유채유, 미강유, 참기름, 들기름, 홍화유, 해바라기유, 목화씨기름, 땅콩기름, 올리브유, 팜유류, 야자유, 우지, 돈지, 혼합식용유, 정제가공유지, 쇼트닝, 마가린류, 고추씨기름, 카포크유, 니카유, 기타 식용유지 등의 원유를 제조·가공하여 식용유지를 만든다. 식용유지의 원료는 동·식물유지로 특별한 것을 제외하고는 어느 것이나 식용으로 이용되나 유지의 성질, 함유량, 집하 등의 문제로 종류가 한정되어 있으며 우리나라에서는 콩, 유채, 쌀겨, 동물의 지방조직 등이 주로 이용된다.

식용유지는 우지, 돈지 등의 동물성과 유채유, 콩기름, 참기름 등의 식물성으로 구별할 수 있다. 동물유지를 많이 먹으면 혈중 콜레스테롤이 증가하여 건강상의 문제를 일으킬 수 있으므로 세계적으로 식물유지의 소비가 증대하고 있다. 우리나라에서는 전통적으로 식물유지를 써왔고 현재에도 식물유지가 식용유지의 대부분을 차지하고 있다. 동물의 생체 내에는 피하조직, 복강, 간장, 결체 조직, 내장 주위 등에 많은 유지가 축적되어 있으며 식물에서는 종자, 과일에 많이 존재하고 곡물에는 배아에 유지가 많다.

자연계의 동·식물에는 유지와 납이 널리 분포되어 있으나 유지는 여러 지방산 글리세리드의 혼합물인데 반하여 납(wax)은 지방산 글리세리드가 아니라 고급 알코올과 고급 지방산의 에스테르의 혼합물이다. 유지는 크게 식용과 비식용으로 나눌 수 있다. 목화씨, 낙화생, 콩 같은 식물유들은 수소화하여 색깔과 맛과 향기를 제거하면 식용이 가능하므로 샐러드용의 소스와 다른 식용을 위하여 요리하는 데 사용된다. 어류의 간유는 비타민 함량이 많아 의약으로 사용되며 건성유이므로 도료 공업에 이용되기도 한다. 피마자유는 설사약으로 사용하기도 한다. 비식용 유지는 우지, 야자유, 종려유들로 대부분

비누제조에 사용된다. 다른 것들은 비누 제조를 위해 약간 수소화한 것을 이용하기도 한다. 아마인유는 불포화도가 커서 건성유 공업에 주로 사용하고 콩기름, 피마자유 등도 이용된다. 건성유는 건조되어 막을 생성하며 합성수지와 셀룰로오스 유도체와 함께 특수한 필름을 만드는데 사용한다. 피마자유, 아마인유, 콩기름, 채종유 및 면실유는 니트로 셀룰로오스 래커의 가소제로 사용하기도 한다.

유포(oil cloth)와 리놀륨 공업, 유지유도체를 제조하는 화학공업, 윤활제와 그리이스, 인쇄공업, 주석판 제조공업, 광택제, 크림, 에멀전, 습윤제와 세척제 등 그 밖의 용도에 사용되는 기름도 있다. 납(왁스), 밀랍, 경랍 등은 마루나 구두, 자동차, 가구 등의 광택제 제조뿐 아니라 묵지, 초, 전기 절연제, 방수 직물, 전축 레코드 제조에 사용된다.

표 10-1 유지의 분류

분류 기준	구 분	특 징	종 류
구성 성분에 따라	유지	지방산과 3가 알코올인 글리세롤의 화합물인 트리글리세리드가 주성분	일반 유지
	납	고급 지방산과 일가 알코올의 에스테르	납(왁스), 밀랍, 경랍
용도에 따라	식용	샐러드용의 소스와 다른 식용 및 요리에 사용	면화씨, 올리브, 콩, 옥수수 등
	비식용	비누공업, 건성유(막이나 도막을 생성), 특수 필름 제조	아마인유, 콩기름, 피마자유 등
급원에 따라	동물성유지	육지 혹은 수생동물 및 어류의 간 등으로부터 식용기름을 추출 생산	우지, 돈지, 간유
	식물성유지	각종 식물성 물질로부터 식물성 기름과 유박을 생산	참깨기름, 유채유, 대두유, 면실유, 미강유, 옥수수기름 등
	가공유지	동·식물성 기름을 정제, 경화하거나 가공처리하여 기름을 생산	정제 식용유, 식용 경화유

식용유지는 물리적인 상태에 따라서 상온(15~20℃)에서 액체상태인 액체유(oil)와 상온에서 고체인 고체지(fat)로 나누고 이들 제품을 유지제품(oil and fat products)이라 부른다. 그러나 고체상태의 모든 지방도 온도를 상승시키면 액체상태로 되고 액체상태의 액체유도 온도를 낮게 하면 고체로 되며

액체유는 주로 불포화지방산의 글리세리드로 구성되어 있는 반면 고체지는 포화지방산의 글리세리드가 많다.

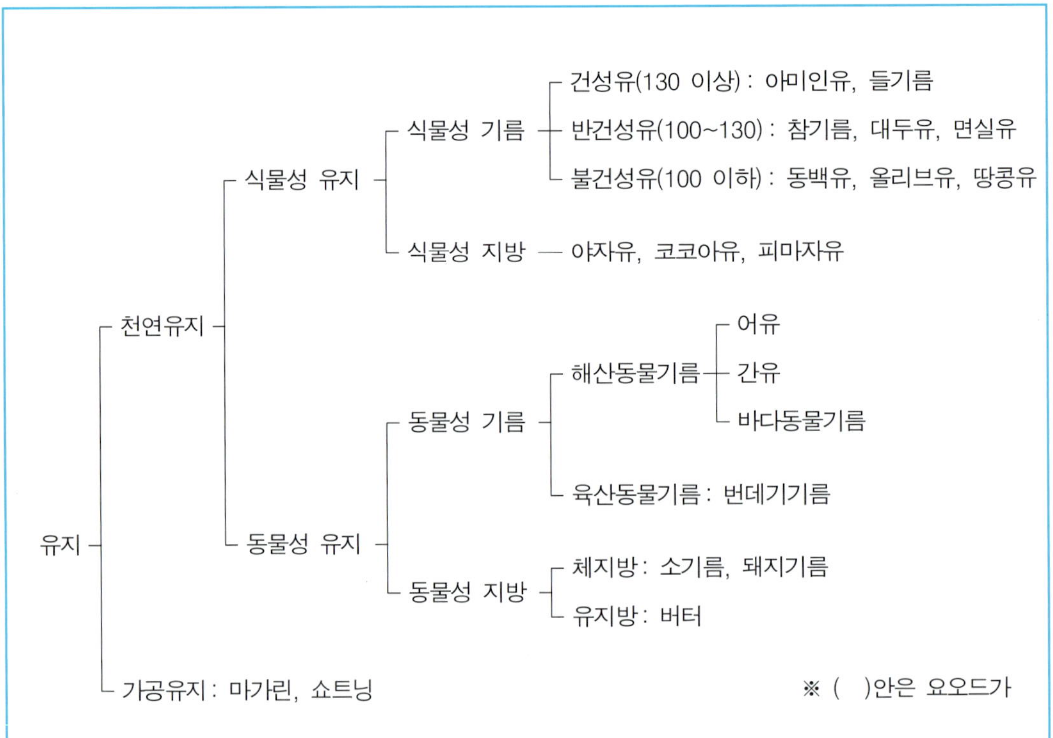

[그림 10-1] 유지의 분류

우리나라에서는 70년대에 급속한 경제성장과 더불어 현대적 시설을 갖춘 대규모 식용유지 공장이 설립되었으며 이때부터 참기름, 들기름, 낙화생유, 튀김용 미강유 위주의 산업에서 탈피하여 2차 가공품인 마가린, 쇼트닝, 마요네즈 영역까지 확산되었으며 부산물인 대두박도 사료 등으로 그 용도가 증가함에 따라 대두유 착유 공장의 규모가 대규모의 확장된 시설과 기술 집약적인 장치산업으로 점차 대형화되고 있다.

식용유지는 지용성 비타민을 함유한 영양소 중 하나이고 많은 에너지를 낼 수 있으며 유지는 현대 공업계에 많이 응용되어서 비누화, 수소화, 술폰화되어 비누, 페인트, 바니시(varnish, 니스), 래커(lacquer), 경화유, 인쇄잉크, 양초, 유지, 지방산, 글리세린 등 수많은 유용한 제품의 원료로 이용된다.

표 10-2 유지의 규격 기준(식품위생법 기준)

항 목	액체 유지					고체 지방				
	콩기름(대두유)	옥수수기름(옥배유)	채종유(유채유)	미강유	참기름	들기름	소기름	돼지기름	팜유	야자유
비중(25/25℃)	0.916~ 0.922	0.915~ 0.921	0.906~ 0.920	0.916~ 0.922	0.914~ 0.921	0.920~ 0.933	0.893~ 0.904	0.894~ 0.906	0.900~ 0.907	0.907~ 0.917
굴절율(25℃)	1.471~ 1.475	1.470~ 1.474	1.470~ 1.474	1.470~ 1.473	1.471~ 1.474	1.475~ 1.482	1.448~ 1.460	1.448~ 1.1461	1.453~ 1.459	1.447~ 1.450
불검화물(%)	1.0 이하	2.0 이하	1.5 이하	4.5 이하	–		1.2 이하	1.2 이하	1.0 이하	1.0 이하
산 가	0.2 이하	0.6 이하	0.2 이하	0.5 이하	4.0 이하	5.0 이하	0.3 이하	0.3 이하	0.2 이하	0.2 이하
검화가	188~ 195	187~ 195	169~ 195	180~ 195	186~ 195	189~ 195	190~ 202	192~ 203	190~ 209	246~ 264
요오드가	123~ 142	103~ 130	95~ 127	103~ 118	103~ 118	192~ 209	32~ 50	192~ 203	44~ 60	7~ 11
산화방지제(g/kg)										
–BHA, BHT	<0.2	<0.2	<0.2	<0.2	<0.2	<0.2	<0.2	<0.2	<0.2	<0.2
–propyl gallate	<0.1	<0.1	<0.1	<0.1	<0.1	<0.1	<0.1	<0.1	<0.1	<0.1
권장유통기한	1년	1년	1년	1년	6개월	3개월	1년	1년	1년	1년

2. 식용유지의 종류

유지제품은 사람이 섭취하는 식용 유지제품과 비누, 도료, 잉크, 화장품 등에 사용되는 비식용 유지제품으로 나눌 수 있다. 식용유지는 천연식물의 씨앗이나 과육 속, 동물의 모든 기관이나 조직 속에 함유되어 있으며, 이것을 채취, 정제하여 제조한다. 유지의 원료로는 동물성인 돈지, 우지, 양의 그리스, 대구의 간, 청어, 고래 등이 사용되며 식물성으로는 면화씨, 낙화생, 옥수수, 콩, 올리브, 야자열매, 동유, 피마자 등이 있다.

식용유지는 그 급원에 따라 1년생 유지작물(annual oil crops), 다년생 식물(oil-bearing trees), 가축(domestic animals), 해산동물(marine fishes and whales)로 나누기도 하나 이 장에서는 동물유지, 식물유지, 가공유지 등으로 구분하여 설명하기로 한다.

1) 동물유지

동물성 유지로는 소기름(우지), 돼지기름(돈지), 생선기름(어유) 등을 사용하고 있는데 우리나라에서는 우지의 수요가 많다.

소기름은 소 콩팥과 장의 지방조직에서 채취한 고체지방으로 정제하여 마가린이나 쇼트닝의 원료로 한다. 돼지기름은 돼지의 지방조직을 가열하여 지방을 용출시켜 정제한 것으로 신장지방에서 채취한 것이 품질이 가장 좋으며 중성 라드라 한다.

돼지기름의 구성 지방산은 팔미트산, 스테아르산, 올레인산, 리놀레산으로 소기름보다 불포화지방산이 많아 연질이나 소기름과 마찬가지로 상온에서 고체이다. 돼지기름은 튀김유로 쓰이며 라면제조, 과자, 마가린, 쇼트닝에 많이 사용된다. 육상동물의 유지는 고체지가 대부분이며 해산어류의 기름은 액체유가 많다.

(1) 소기름(beef tallow)

소기름은 소의 배, 신장, 심장 등의 지방조직으로부터 얻어지는 연한 황색의 고체지방을 추출하여 채취한 기름으로 식용으로는 정제하여 마가린, 쇼트닝에 쓰고, 비누, 양초제조 등 공업용으로도 쓰인다.

(2) 돼지기름(lard)

돼지의 복부, 콩팥과 다른 지방조직에서 얻어지는 백색의 고체지방을 용출법으로 채취한 기름으로 불포화 지방산이 많다. 융점이 30~50℃로 소기름에 비하여 낮고 연질이라 입에서의 촉감이 좋고 색과 풍미가 좋아 고급 중화요리에 많이 쓰이고 있다.

(3) 어유(fish oil)

꽁치, 정어리, 고등어 등의 물고기에서 얻어지는 기름으로 어류를 열탕 중에 넣고 가열하여 떠오르는 기름을 원심분리하여 얻는다. EPA, DHA 등과 같이 고도 불포화 지방산을 많이 함유하고 있어 자동 산화가 쉽게 일어나므로 대부분의 어유는 직접 식용유지로 사용되기 어렵고 수소를 첨가하여 경화유를 만든 다음 이용한다. 간유는 비타민 A가 풍부하여 약으로 쓰기도 한다.

(4) 고래기름(whale oil)

고래의 근육, 내장, 뼈에서 용출법으로 얻는다. 수소 첨가 후 경화유를 만들어 마가린, 쇼트닝을 만드는데 쓰기도 하며 공업용 원료로 쓰이기도 한다.

(5) 버터(butter)

우유 중의 지방을 주성분으로 한 유제품으로 우유를 원심분리하여 얻은 크림을 살균하여 젖산균으로 발효, 숙성시킨 후 교반하여 만든 것이다. 디아세틸(diacetyl), 프로피온산(propionic acid), 초산(acetic acid) 등으로 인한 독특한 맛과 풍미 때문에 여러 요리에 쓰이고 있다.

2) 식물유지

우리나라에서는 식물유지로 콩기름, 옥배유, 유채유, 참기름 등이 많이 쓰인다. 식물기름 중에는 이중결합을 많이 갖는 지방산의 글리세리드이고 건조성이 있는 것을 건성유라 하는데 요오드가가 130 이상으로 아마인유, 해바라기유, 호도기름 등이 이에 속하고 요오드가가 100~130인 반건성유로는 유채기름, 참깨기름, 쌀기름(미강유), 면실유 등이 있으며 요오드가가 100 이하인 불건성유로는 올리브, 야자기름, 낙화생기름(땅콩기름) 등이 있다.

(1) 콩기름(대두유)

국내에서 가장 많이 사용되는 샐러드유(salad oil)의 원료인 대두에서 압착법 또는 추출법으로 채취한 건성유로 콩(대두)은 대부분 외국으로부터의 수입에 의존하고 있다. 추출법으로 채유할 때는 헥산(*n*-hexan) 등과 같은 유기용매를 사용하기도 한다. 식용에 적합하도록 처리한 식용유지는 튀김, 식탁용 기름이나 샐러드(salad), 마요네즈(mayonnaise)용 기름으로 사용되거나 경화하여 마가린, 쇼트닝의 원료로 쓰이며 페인트, 바니시, 인쇄 잉크, 비누 등에도 이용된다.

(2) 옥수수기름(옥배유)

옥수수기름은 옥수수를 수입하여 전분 및 가공품을 만들 때에 부산물로 생기는 옥수수의 배아로 만든 기름이다. 옥수수 배아는 33~40%의 기름을 함유하고 있어 이를 원료로 하여 압착하고 유기용매로 추출하여 기름을 채취하며 정제, 동유 처리하여 식용에 적합하도록 처리하여 이용한다. 마요네즈, 마가린, 쇼트닝의 재료로 사용된다.

(3) 채종유

일명 유채유라고 하며 겨자과에 속하는 1~2년생 초본인 유채의 씨로부터 채취한 반건성유로서 유채종자에서 압착법 또는 추출법으로 채취하여 식용유, 윤활유, 등화용유, 머리 기름 등에 쓰이는 기름이다. 유채는 경작 지역이 제주도와 남부의 일부 지역에 한정되어 생산량은 비교적 적지만 국내의 유지자원으로 중요하다.

(4) 참기름

참깨는 45~55%의 지방질을 함유하고 있으며 단백질, 탄수화물, 비타민 등의 영양이 풍부하다.

참기름은 참깨를 가열, 압착하여 채취한 기름으로 식용에 적합하도록 처리한 것을 말하는데 고소한 맛과 향이 있어 가정에서 많이 사용 하나 가격이 고가이므로 콩기름, 면실유 등을 혼합하여 시판하는 수가 있다. 항산화성이 있는 토코페롤(tocopherol)과 세사몰(sesamol)을 함유하고 있어 산화가 잘 되지 않아 저장성이 좋은 반건성유이다.

(5) 낙화생유

땅콩기름이라고 하며 낙화생에서 압착법으로 채취되는 불건성유로 엷은 황색을 띤다. 특유한 맛과 방향이 있어 식용유나 인조 버터 제조용으로 많이 사용된다. 그 밖에 고급비누, 윤활유의 제조 원료로 쓰인다.

(6) 목화씨기름(면실유)

면실유란 면화를 채취하고 남은 목화씨를 가열, 압착하여 채취한 기름으로 주요지방산인 리놀렌산(linolenic acid)을 부분경화하여 변향을 없애고 산화안정성을 높여 식용하여 왔으나 생장 저해물질인 고시폴(gossypol)을 함유하고 있어 정제 시 주의를 요한다. 이 기름은 반건성유로서 식용유, 비누 및 경화유 제조에 이용된다. 면실유를 냉각시켜 고형물을 제거한 것을 윈터 오일이라 하고 고형물을 제거하지 않은 것을 썸머 오일이라 한다. 면실유는 주로 마가린, 쇼트닝의 제조에 이용된다.

(7) 아마인유

건성유에서 가장 중요한 아마인유는 아마인에서 채취하며 페인트, 바니시, 유지 및 비누 제조에 사용한다. 아마인유의 건조물질은 복잡한 조성을 갖고 용제에 잘 녹지 않는다.

(8) 해바라기기름

건성유로서 해바라기씨에서 채취하는데 잘 건조되지 않으며 식용유, 등화용 및 비누에 쓰이며 러시아에서 많이 생산된다.

(9) 쌀겨기름(미강유)

현미를 도정할 때 부산물로 생기는 4~6%의 미강(쌀겨)으로부터 추출 또는 압착하여 제조한 기름으로 식용에 적합하도록 처리한 것을 말하며 반건성유이다. 미강유를 적절히 정제한 경우 리놀렌산(linolenic acid)의 함량은 낮아지고 토코페롤(tocopherol), 오리자놀(oryzanol)같은 항산화성 물질이 미량 있어 산패가 지연된다. 쌀겨 기름은 비교적 많은 유리산과 불순물을 함유하고 있어 정제하기가 곤란하나 정제한 것은 식용에 사용되고 정제하지 않은 기름은 비누 제조에 사용된다.

우리나라에서는 미강유의 원료인 쌀겨의 생산량이 많아 자원이 풍부하므로 다량으로 생산할 수 있는 기름이나 원료수집의 비합리화와 제유 이외의 용도로 이용되는 양이 점차 증가하여 유지자원으로서 부족현상이 심화되고 있다.

(10) 올리브유

지중해 연안에 널리 분포되어 있는 올리브 열매의 과육에는 40~70%의 지방이 함유되어 있다. 이 올리브 열매를 압착하여 채취하고 유박에서 추출법으로 재차 채취하여 사용한다. 불건성유로서 튀김이나 샐러드유 등 식용으로도 쓰이며 화장용, 약용, 윤활유 등에 사용한다.

(11) 동백기름

불건성유로서 동백씨에서 채취하며 주성분은 올레인산의 글리세리드이다. 제주도와 거제도에서 생산되는 대표적인 불건성유로 화장용과 식용으로 쓰인다.

(12) 들기름

들깨의 씨를 압착하여 채취한 기름으로 독특한 향기를 가지고 있어서 참기름 대용으로 쓰이며 깻묵은 사료나 비료로 쓰인다. 들깻잎은 쌈이나 간장, 된장에 절인 장아찌, 들깻잎 나물로 애용된다.

(13) 홍화유(사플라워유)

홍화씨로부터 압착법이나 용매 추출법으로 채취한 기름으로 리놀레산 함량이 많다. 잇꽃기름이라고도 하고 담백한 풍미를 가지며 열에 약하므로 혼합유로 사용하는 것이 좋다.

(14) 팜유류

야자과에 속하는 팜은 팜핵에 45~53%, 팜 과육에 50% 정도의 지방을 함유하고 있어 유지 생산에서 중요한 위치를 갖는다. 동남아의 말레이시아, 인도네시아, 아프리카의 나이지리아 등지에서 대량으로 생산하고 있는 팜의 과육이나 핵으로부터 채취한 기름을 그대로 또는 분리 제조하여 식용에 적합하도록 처리한 것이다. 정제된 팜유는 산화 안정성과 담백한 특유의 풍미와 저렴한 가격의 이점으로 튀김용, 마가린, 쇼트닝, 제과용 유지로 우리나라에서 많이 쓰이고 있다.

(15) 야자유

야자유란 야자과육으로부터 채취한 기름으로 제과용, 마가린, 쇼트닝의 원료유지로 쓰이고 고급 화장비누의 원료로 쓰이기도 한다. 동남아 등지에서 경제성이 좋은 야자유나 팜유를 원유(crude oil)로 가공하여 대량으로 생산하므로 우리나라에서도 이를 수입하여 여러 가지 용도로 다양하게 가공처리하고 있다.

(16) 카카오지

코코아나무의 열매를 쪼갠 후 나오는 코코아 콩을 발효시키면 초콜릿 방향이 형성되는데 발효된 것을 건조, 압착하여 코코아버터(cocoa butter)를 얻고 탈지박은 분쇄하여 코코아를 만든다.

(17) 정제가공유지

동물유지, 식물유지 또는 이들을 혼합한 것에 수소첨가, 분별 또는 에스테르 교환 방법에 의하여 융점을 조절하거나 산화안정성을 부여한 것으로 식용에 적합하도록 정제한 기름이다.

3. 식용유지의 성분

동·식물성 식품 중에 존재하는 식용유지는 단백질, 탄수화물과 함께 식품의 3대영양소 중의 하나이며 식품의 주성분으로서 농축된 중요한 에너지원이다. 유지는 단위 그램당 열량이 단백질이나 탄수화물에 비해 크기 때문에 소량으로 많은 에너지를 얻을 수 있으며 다른 영양소에 비해 소화흡수율이 높고 우리 몸에 꼭 필요한 필수 지방산인 리놀레산의 공급원이다.

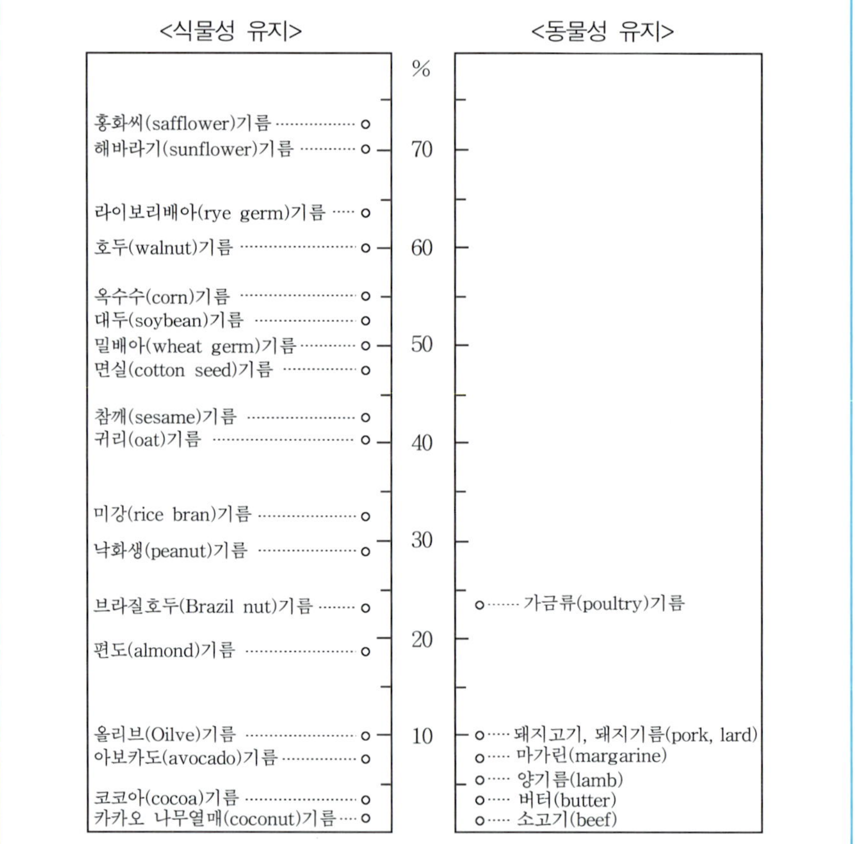

[그림 10-2] 여러 식물성, 동물성 유지의 리놀레산(linoleic acid)함량

녹황색채소에 많이 함유되어 있는 지용성 비타민인 비타민 A, 비타민 D, 비타민 E, 비타민 K 등의 용매로서 지용성 비타민을 용존, 함유하기도 하고

함께 조리하면 지용성 비타민의 소화 흡수율도 높일 수 있으므로 영양상으로 매우 중요하다.

유지를 이용하여 조리할 때에는 유지가 열의 효율적인 매체이므로 높은 온도에서 단시간에 조리할 수 있어 비타민 등의 영양소 손실이 적다. 노화를 진행시키는 과산화지질의 형성을 방지하는 비타민 E의 공급원이 되기도 한다.

지방질은 식품의 조리 가공시 식품조직의 성질을 개선하여 촉감과 맛을 좋게 하고 유화 및 연화를 시키는 작용을 한다. 또 식품에 풍미(flavor)를 주어 음식의 맛을 향상시키고 윤활성(lubricating)이 있어 과자나 빵의 제조시 타는 것을 방지하고 수분의 증발을 방지해 준다. 또한 부서짐성(shortening), 거품생성능(whipping)을 부여하는 주요한 역할을 하고 있다.

식용유지는 지방산과 글리세린의 화합물인 중성지방으로 트리글리세리드가 주성분이며 유리지방산, 스테아린, 색소 등 검화되지 않는 물질도 소량 함유하고 있다. 그림 10-2에서는 여러 식물성, 동물성 유지의 리놀레산 함량비율을 비교해서 보여주고 있다.

식용유지에는 종류가 다양한 지방산이 다량 함유되어 있다. 식용유지로 주로 이용되는 지방의 지방산 조성은 표 10-3, 표 10-4와 같다.

표 10-3 식물성 유지의 구성지방산(%)

구성지방산의 종류	옥수수유 (corn oil)	면실유(cotton seed oil)	올리브유 (olive oil)	낙화생유 (peaunt oil)	대두유 (soybean oil)	유채유 (rapeseed oil)
부티르산(butyric acid)						
카프로산(caproic acid)						
미리스트산(myristic acid)	8	0.5			0.1	0.5
팔미트산(palmitic acid)	3	21	9	7	8	2
스테아르산(stearic acid)	46	2	3	4	4	0.9
올레산(oleic acid)	42	29	82	60	28	18
리놀레산(linoleic acid)	0.6	45	6	22	54	22
아라키돈산(arachidonic acid)		0.2		3	0.6	0.5
리놀렌산(linolenic acid)		2			5	
리시놀레산(ricinoleic acid)	0.4					
리그노세린산(lignoceric acid)		0.3		2		1
팔미트산, 스테아르산, 올레인산, 리놀레산의 합계	99	97	100	93	94	42.9

표 10-4 동물성 유지의 구성지방산(%)

구성지방산의 종류	돼지기름 (lard)	소기름 (beef tallow)	버터기름 (butter fat)	정어리 기름 (sardine)
부티르산(butyric acid)				
카프로산(caproic acid)			3	5
미리스트산(myristic acid)	1	3	1	14
팔미트산(palmitic acid)	28	29	11	3
스테아르산(stearic acid)	13	20	25	10
올레산(oleic acid)	46	42	9	15
리놀레산(linoleic acid)	6	2	33	
아라키돈산(arachidonic acid)		0.8	4	42
리놀렌산(linolenic acid)	0.8	0.5		
팔미트산, 스테아르산, 올레산, 리놀레산의 합계	93	93	71	

요오드가(iodine value)는 유지의 불포화도(degree of unsaturation)를 표시하여 주는 척도이며 대체로 특정 유지의 특수(특정유지의 항수)로 볼 수 있다. 요오드가는 100g의 유지가 흡수하는 요오드(Iodine, I_2)의 g수로 표시된다. 일부 유지의 요오드가는 표 10-5와 같다.

표 10-5 대표적인 유지의 요오드가

유지의 종류	요오드가	유지의 종류	요오드가
소기름(beef tallow)	35.4~42.3	팜 야자유(palm oil)	49.2~58.9
버터기름(butter fat)	26~28	낙화생유(peanut oil)	88~98
피마자유(castor oil)	84	참기름(sesame oil)	103~117
코코넛 야자유(coconut oil)	6.2~10	대두유(soybean oil)	122~134
옥수수기름(corn oil)	111~128	유채씨기름(rapeseed oil)	94~105
면실유(cotton seed oil)	103~111.3	해바라기기름(sunflower oil)	129~136
아마인유(linseed oil)	175~202	돼지기름(lard oil)	62.5~79
올리브유(olive oil)	79~88	대구간유(cod liver oil)	137~166
동유(tung oil)	163~171	고래기름(whale oil)	90~146

4. 유지의 이용

1) 식용유지의 용도

(1) 튀김기름

튀김 기름에 이용되는 식용유는 콩기름, 유채유가 대표적이나 참기름, 미강유 등도 많이 쓰인다. 튀김용 기름은 참기름이나 유채유와 같이 색이 진하고 냄새가 나는 것과 색과 냄새가 없는 샐러드유에 가까운 것 등 두 가지 계통으로 분류하는데, 이 중 일반적으로 샐러드유와 같이 색과 냄새가 없는 것을 더 많이 소비하는 경향이다.

(2) 샐러드유

샐러드에 사용할 목적으로 정제한 것이다. 샐러드유는 튀김 기름보다 더 정제해야 하며 색과 냄새가 없고 저장 중에 산패에 의한 풍미의 변화가 없으며 저온에서 혼탁하거나 굳어지지 않아 내한성이 있는 특징이 있다.

(3) 기타

식용유지는 튀김 기름이나 샐러드유 이외에 저장용 기름, 제과용 기름, 조미용 기름 등 여러 가지 용도로 쓰인다. 저장용 기름은 통조림에 넣는 유지로 고기류의 보존, 저장에 쓰이는데 샐러드유와 같이 정제된 올리브유, 콩기름, 유채유 등이 사용된다.

제과용 기름으로는 비스킷이나 양과자 제조에 쓰이는 쇼트닝유나 초콜릿에 쓰이는 카카오 버터와 같이 비교적 변패가 잘 되지 않는 기름이 적합하다. 또 참기름 같은 것은 가정에서 조미료로 사용하며 인스턴트 라면, 스넥 등에도 조미 목적으로 첨가하고 있다.

식용유지는 사용용도에 따라 표 10-6(402쪽 참조)과 같이 분류된다.

표 10-6 사용 용도에 따른 식용유지의 종류

용도 구분	사용 식용유지
조리용(cooking oil)	대두유, 유채유, 옥수수기름, 면실유, 참기름, 우지, 돈지
튀김용(frying oil)	대두유, 옥수수기름, 유채유
라면용	팜유, 대두유, 경화유
스낵용	대두유, 미강유, 유채유, 면실유, 옥수수기름
수산통조림용	면실유, 옥수수기름, 대두유
마가린	대두유, 옥수수기름, 팜유, 면실유
쇼트닝	대두유, 팜유, 우지, 경화어유
커피크림	야자경화유, 대두경화유
조제분유용	옥수수기름, 해바라기유
초콜릿	카카오유, 야자경화유
식탁용(spread)	버터, 마가린
샐러드유(salad oil)	올리브유, 땅콩기름, 콩기름, 면실유, 유채유, 옥수수기름
제과용	카카오지, 야자유, 쇼트닝
저장용(preservation oil)	올리브유, 콩기름, 면실유

5. 채유 및 정제

유지는 일반적으로 물과 성질이 다른 물질이므로 채유, 정제, 가공 등의 과정이 친수성 소재를 원료로 하는 다른 식품과는 다르며 식용유지는 대부분의 동식물유지로 몇몇을 제외하고는 모두 식용으로 이용된다. 유지의 공업적인 채유방법에는 동물성원료를 가열하여 원료 중에 함유된 유지를 용출시키는 용출법과 기계적인 압력으로 원료를 압착하여 기름을 짜내는 압착법, 그리고 원료에 휘발성 용제를 사용하여 유지를 추출한 후 증류하여 용제를 회수함으로써 유지를 얻는 추출법 등이 있다.

1) 유지의 채취

(1) 식물유지 채취법

식물유지의 제조공정은 채유공정과 정제공정으로 나눠진다. 채유공정은 원료에서 유지를 채취하는 공정인데 식물성 유지 원료는 동물성 유지원료에 비하여 비유지 성분이 많으므로 채유방법 중에 용출법(rendering, melting out process : 어류의 기름을 채취할 때 사용)으로는 채취하지 못하고 일반적으로 압착법과 추출법이 주로 많이 이용되고 있다. 식용유지원료의 함유율과 채유율을 표 10-7에 제시하였다.

표 10-7 식용유지원료의 함유율과 채유율

원 료 명	유 지 명	함유율(%)	채유율(%)	원료주산지
대 두	콩 기 름	15~23	10~15	미국, 중국
유 채	유채기름	35~48	30~40(33)	한국, 일본, 중국
쌀 겨	미 강 유	15~20	10~15	한국, 일본
목화 열매	면 실 유	16~22	15~19	미국
사프라워종자	사프라워유	11~38	15~35	아메리카
코프라(Copra)	야 자 유	57~75	50~70(63)	동남아시아
참 깨	참 기 름	흑 45, 백 55	40~50(45)	관동
팜 과 실	팜 유	55~65	45~55(50)	아프리카, 인도
팜 핵	팜 핵 유	45~55	35~45(40)	아프리카, 인도
카 카 오	카카오유	48~57	40~50(40)	아프리카, 남미
돼지지방조직	라 아 드	50~80	45~75	각 국
소지방조직	헤 드	50~80	45~75	각 국
우 유	버 터	3.0~5.0	2.5~4.0	각 국
정 어 리	정어리유	5~15	3~12	각 국
청 어	청 어 유	5~14	3~12	북해도
고래지방조직	고래기름	70~80	65~75	북빙양

① 전처리

유지 원료에 들어있는 협잡물들을 제거하는 조작이 필요하며 동시에 열처리를 해서 채유효율을 높이도록 해야 한다. 열처리 과정이 기름이나 탈지박의 품질에 큰 영향을 주게 되므로 적당히 잘 볶아지도록 유의하여야 한다.

전처리 과정은 정선, 파쇄, 배조, 압편, 증자의 단계를 가지며 전처리가 끝난 원료는 착유과정으로 들어간다.

A. 정선

불순물인 흙, 모래, 먼지, 줄기, 다른 종자, 나뭇조각, 쇳조각, 쭉정이, 짚이나 빈 껍질 등 협잡물이 원료 중에 존재하면 기름을 흡수해서 생산량과 품질을 저하시키며 모래나 쇳가루 등은 기계를 손상시키므로 체로 쳐서 분리하거나 공기 시스템(pneumatic system)을 이용하여 바람으로 정선하기도 하고 필요에 따라 전자석분리기를 설치하여 못 등의 쇳조각을 충분히 제거한다.

B. 파쇄

정선이 끝난 원료는 그대로 파쇄하고 나면 건조와 가열을 동시에 신속히 하여 압착해야 하나 너무 미세한 가루로 만들면 분말이 유지를 흡수해서 오히려 생산량이 떨어진다. 이때 분쇄기로 롤 제분기(roll mill)를 이용하는데 원료의 분쇄정도에 따라 롤러의 간격을 조절한다. 목화, 낙화생 및 피마자의 경우는 먼저 탈각(껍질 벗기기)을 해야 한다. 예컨대, 목화씨는 씨 표면의 면섬유를 제거한 다음 단단한 외각과 자실을 탈각기로 분리한다.

C. 배조

원료를 압착하기 전에 크래킹 롤(cracking roll)로 파쇄하고 증열기 안에서 가열하면 세포가 부서져 세포막이 파쇄되고 단백질이 응고되며 기름의 점도가 낮아져 기름의 유동성이 증가하므로 압착 시 기름이 쉽게 흘러나오게 된다. 원료를 가열하는 것은 단백질이 기름과 함께 따라 나오지 않게 응고시키는데 목적이 있다. 배조 시 볶음솥에 원료를 절반정도 넣고 15~20분간 볶는데 지나치게 볶으면 색과 향기가 나빠지고 원료의 효율이 떨어지므로 가끔 원료를 으깨봐서 적당한 볶음을 조절한 후 원료를 솥에서 꺼내어 다음의 조작으로 옮긴다. 적당하게 볶으면 기름의 비린내가 없어지고 품질이 양호하여 좋은 향을 내게 되지만 열처리로 인해 비교적 많은 색소, 방향성분 및 점질물질 등이 기름 안에 흘러 나와 기름의 빛깔이 진하고 맛이 나쁠 때가 많으므로 좋은 기름을 얻기 위하여 파쇄한 것을 열처리하지 않고 곧 바로 압착하는 냉압법을 이용하기도 한다.

D. 압편

추출법에서는 압편을 만들어 추출 효율을 높인다. 엑스펠러(expeller)의 경우에는 배조까지 전처리를 끝내지만 케이지프레스의 경우에는 다시 압편증자하고 나서 압착한다. 압편기는 3~4단의 활면 롤이 적당하며 롤의 간격은 0.5 mm로 하는 것이 효율적이다.

E. 증자

건조한 원료에 적당한 수분을 가하여 세포기름과 수분과의 치환을 행하게 하고 기름은 점도를 내리게 하여 기름방울이 집결해서 조직의 표면에 나오는 것을 촉진한다. 증기로 10~20분간 찌는 것이 보통인데 건조한 원료의 수분 약 4%를 쪄서 약 8%로 만들면 기름의 품질이 양호해진다.

증자기는 대체로 솥이 이용되며 또 밀폐되어 내압이 걸리는 압증기도 많다. 압증하면 조직이 부드러워지고 수분과 기름이 잘 치환되며 원료의 소비가 증가하고 증자시간이 짧아져 열효율도 향상된다.

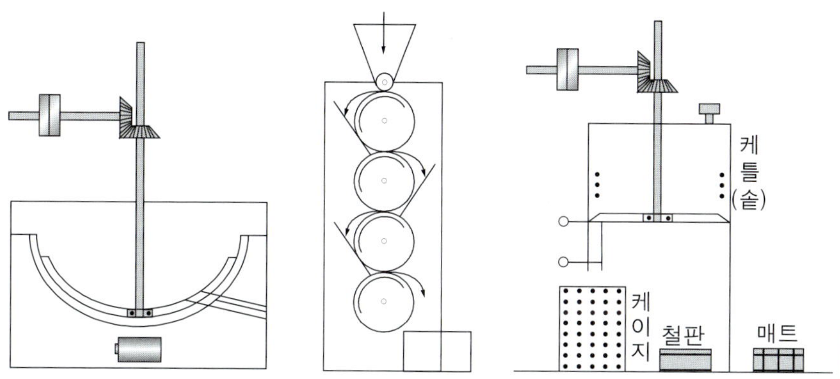

[그림 10-3] 볶음솥, 압편기, 증자기, 케이지

② 착유과정(oil extraction)

유지원료로부터 유지를 얻는 과정에서는 유지성분의 변화를 막고 가능한 한 불순물의 혼입을 방지해야 하고 최대한 높은 수율을 얻도록 주의해야 하며 유박(oil cake)의 효용가치를 높일 수 있도록 최대한 노력을 기울여야 한다.

식용유지의 착유방법으로는 압착법, 추출법, 용출법 등 세 가지가 자주 사용되고 있는데 식물유는 주로 압착법과 추출법에 의해서 채취하며 동물유지는 용출법을 주로 사용한다.

A. 압착법(pression process, mechanical pression)

주로 유지함량이 많은 식물종자에서 압력을 이용하여 기름을 짜내는 방법으로서 오래 전부터 이용되어 왔다. 초기의 방법은 원료를 자루에 넣고 기름틀(wedges, levers) 사이에 놓아 압력을 가하는 방법을 썼으나 그 후 수압을 효율적으로 이용하는 기계식 압착기(mechanical press)가 개발되었고 최근에는 연속적으로 착유할 수 있는 스크류식 압착기(screw press, expeller)가 사용되고 있다. 압착법과 추출법의 공정을 간단히 비교하여 설명하면 그림 10-4와 같다.

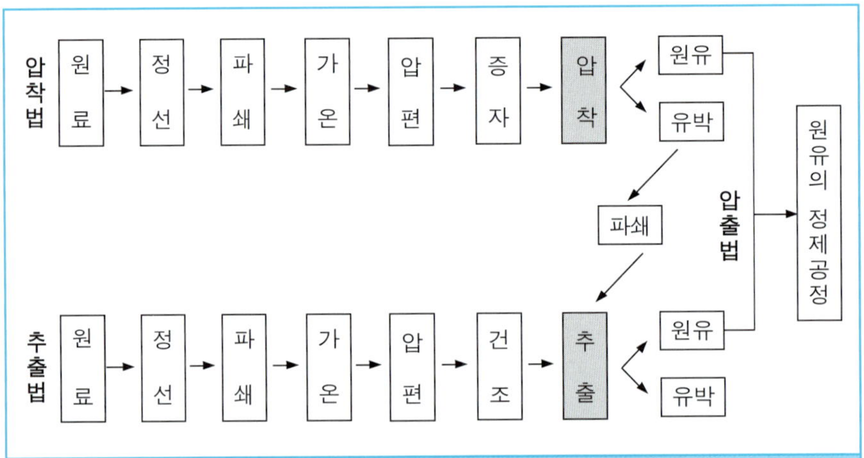

[그림 10-4] 압착법과 추출법의 유지 채취 공정

압착법으로 착유한 다음 남는 유박에는 2.5~5%의 지방분이 잔류하여 그만큼이 손실되므로 깻묵에 남은 유지량을 4% 이하로 하기 위해서 압착법으로 예비 착유를 한 다음 용제(solvent)로 추출하는 방법을 병용하는 방식을 많이 쓴다.

압착법(pressing)은 원료에 압력을 가하여 식물성 유지를 채취하는 방법으로 사용되는 기계는 다음과 같은 여러 가지 종류가 있다. 소규모의 경우에는 수동식 압착기를 사용하고 공업적으로는 수압식 압착기와 유압식 압착기를 사용해서 압착한다. 수압식에는 판교 수압기와 케이지 수압기 등 불연속식 압착기가 있고 이 밖에 연속식 압착기인 엑스펠러(expeller)도 있다.

• 판교 수압기

판교 수압기는 수압을 이용하여 무거운 압착대와 압착두 사이에 원료를 담은 압착 포대를 넣어 압착한다.

• 케이지 수압기(cage press)

케이지 프레스 케틀(kettle)에서 찐 원료를 케이지 속에 일정량씩 담는다. 철판을 놓고 그 위에 매트원료의 순으로 되풀이해서 케이지를 가득 채워 프레스의 중앙에 밀어 넣고 압력을 가해서 케이지를 올리면 상부에 고정한 원주의 철판과 케이지의 사이에서 원료가 압착되고 기름은 매트 속을 통과하여 케이지 내의 틈으로부터 케이지 구멍을 통과해서 밖으로 흘러나온다.

철제의 원통을 램(ram)위에 올리고 원료를 담은 뒤 압착두 사이에서 압착한다. 압력은 300kg/cm^2 정도이다.

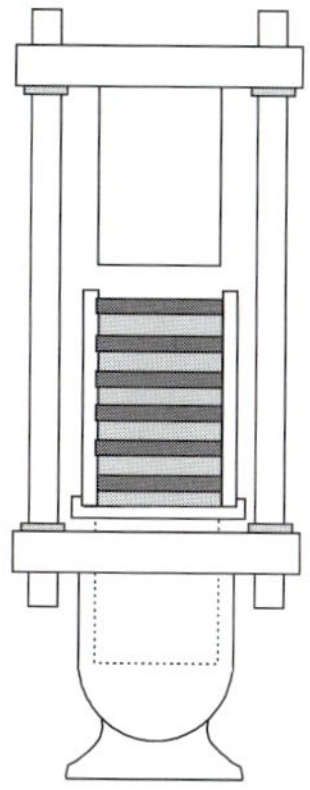

[그림 10-5] 케이지 프레스 압착기의 형태

• 엑스펠러(expeller)

엑스펠러는 연속식 압착기로 마쇄기 같이 스크류(screw)가 회전함으로써 착유한다. 호퍼(hopper)로부터 들어간 원료는 스크류로 압착되면서 보내지고 기름은 원통에 뚫린 중간 링의 구멍에서 흘러나오고 구멍이 있는 원통과 스크류의 간격은 끝으로 나올수록 좁게 되어 있는 구조로서 작업할 수 있으며 찌꺼기(깻묵)는 두께 약 1mm의 얇은 파편이 되어 원통 끝의 틈으로부터 밀려나오게 된다.

엑스펠러는 유지 함유율이 높은 유채, 참깨, 땅콩, 코프라(copra), 야자나무 열매의 과육 말린 것 등의 착유에 이용되는데 유지 함유율이 낮은 콩, 쌀겨의 착유에는 적합하지 않다. 엑스펠러는 연속적으로 착유할 수 있는 특징을 가진 나선 압착기의 일종인데 인력, 설비비가 적게 들고 압착용 포대와 넓은 장소가 필요없는 등 조작이 간편하며 기름의 수량도 많아 케이지 프레스를 대신해서 많이 보급되고 있다.

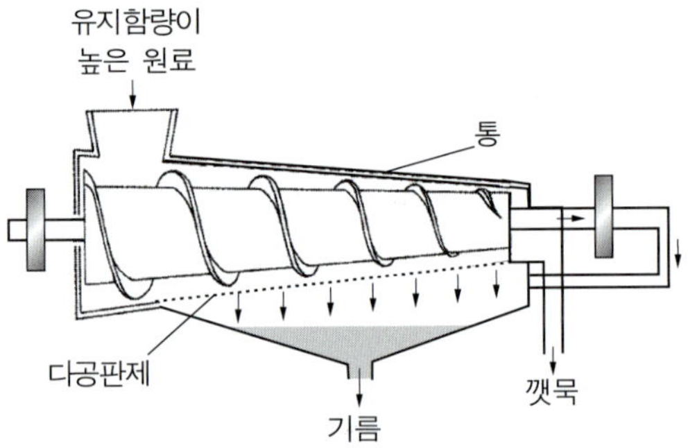

[그림 10-6] 엑스펠러(expeller) 압착기의 형태

B. **추출법**(extraction process)

유지원료에 휘발성 유기용매를 사용하여 유지를 추출한 후 용매는 증류해서 회수하고 남은 유지를 얻는 방법이다. 압착법보다 무리를 하지 않게 되므로 불순물이 적은 유지가 얻어지며 깻묵에 남은 유지는 0.5~1.5% 밖에 되지 않는다. 추출법은 유지 함유량이 적은 원료에도 이용할 수 있으므로 주로 유지 함량이 적은 종자의 채유에 이용하는 것이 능률적이다. 추출법을 쓸 경우 기름의 원료에 대한 제품의 비율이 높고 능률적이므로 대량처리에 적당하여 큰 공장에서는 오로지 추출법에 의해서 유지를 생산하고 있다. 추출법의 공정을 간단히 요약하면 그림 10-4(406쪽 참조)와 같다.

추출법에서도 파쇄, 압편, 건조 등의 전처리가 기름의 원료에 대한 제품의 비율에 크게 영향을 준다. 압착법의 전처리와 다른 점은 볶거나 찌지 않는다는 것이며 볶는 대신에 롤러(roller)에 통과시켜 압편하여 건조하면 용제가 잘 침투해서 채유율이 높아진다.

추출법에 사용되는 용매는 기름에 대한 용해도가 크고, 비점이 낮고, 추출장치를 부식시키지 않고, 인화 및 폭발의 위험성과 독성이 적고, 기화열과 비열이 커서 회수하기 쉽고, 유지 이외의 물질을 가급적 유출시키지 않으며, 가격이 싸고 안정성이 있는 것이 좋다. 한편 압착 후 깻묵이 사료로서 또는 기타 용도에 이용될 수 있도록 기름이나 깻묵에 악취를 남기지 않는 용매가 바람직하다. 현재는 *n*-헥산(C_6H_{14})이 가장 많이 쓰이고 있다.

추출그릇 위에서 건조한 원료를 매트를 깐 위에 넣고 용매(헥산 C_6H_{14})를 주입하여 60~70℃에서 원료에 들어 있는 기름을 약 2시간 추출하고 미셀라(miscella : 기름이 용매에 용해된 용액)를 밑에서 빼서 증류기로 보내고 용제를 증류, 정제하여 회수한다. 추출찌꺼기에 증기를 빨아 들여서 용매를 회수하고 증류통으로부터 용매와 함께 용매탱크로 되돌린다. 용매추출 장치는 그림 10-7과 같다.

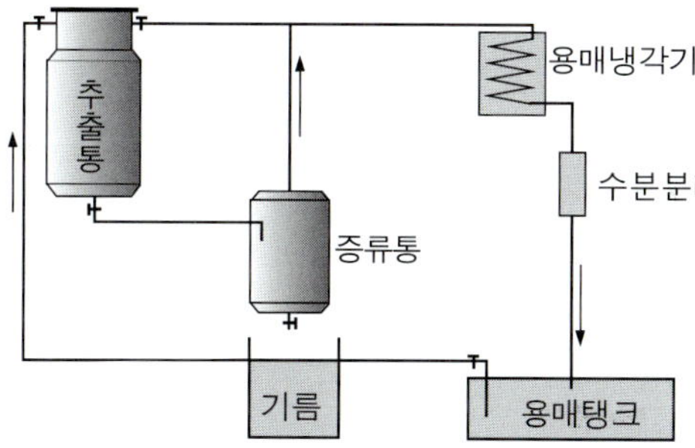

[그림 10-7] 용매 추출장치

(2) 동물유지 채취법

동물조직으로부터 고도의 압력을 가하여 기름을 짜내기도 하나 대부분의 동물 유지는 용출법에 의하여 채취된다.

① 용출법(rendering)

동물조직으로부터 지방을 추출하기 위한 최초의 방법으로서 원시인들이 육류의 조리기술과 아울러 고안한 방법이다. 여기에는 육류를 직접 가열하여 수분을 증발시키고 유리되는 지방을 수집하는 건식 용출법(dry rendering)과 원료를 열수나 수증기에 노출시켜 유리되는 지방을 건져내는 습식 용출법(wet rendering)이 있다. 용출법의 공정을 간단히 요약하면 그림 10-8과 같다.

[그림 10-8] 용출법에 의한 동물유지 제조과정

A. 초취법

지방육 등 지방조직으로부터의 채유에 이용된다. 소, 돼지, 고래 등의 지방조직을 절단해서 이중솥에 넣고 증기로 가열하여 지방을 녹여서 방냉하거나 뜨거울 때 천 주머니로 여과, 압착한다. 결체조직은 침전하거나 주머니 속에 남는다. 직화를 이용하면 부분적 과열 때문에 색과 향기가 나빠지기 쉽다.

B. 증열법

지방육 등 지방조직으로부터의 채유에 이용된다. 동물의 지방조직을 고압통에 넣고 증기를 불어넣어 가압용융하고 여과, 압착한다. 초취법보다도 대량처리에 적당하고 원료에 대한 제품의 비율도 좋다.

C. 자취법

어유나 간유 제조에 이용된다. 어유를 뜨거운 물속에 넣어 삶고 뜬 기름을 정치 또는 원심분리해서 채유한다. 원료는 약 2%의 수산화나트륨 용액 속에서 삶아 녹아 나온 유지를 원심분리해서 간유를 채유한다.

2) 유지의 정제

원료에서 채유된 유지를 원유(crude oil)라 하는데 원유에는 대개 먼지, 단백질, 검(gum)질, 지방산, 색소, 냄새나는 물질 등 불순물이 함유되어 있다. 정제는 이러한 불순물을 제거하는 과정이다. 유지를 정제할 때는 물리적 또는 화학적 방법을 이용하여 처리한다.

(1) 물리적 정제법

유지에 들어 있는 불용해성의 불순물을 침전, 원심분리침전(settling), 여과(filtration), 원심분리(centrifuging), 응고, 흡착, 가열 등 물리적인 방법에 의하여 제거한다. 또 유지를 가열하여 불순물인 단백질을 응고시키고 이와 동시에 다른 불순물을 흡착, 침전시키는 방법을 쓰기도 한다.

(2) 화학적 정제법

화학적 정제법은 탈검(degumming), 탈산(neutralization), 탈색, 탈취시키는 네가지 과정을 말한다. 탈검은 주로 인지질이나 단백질 등의 점질을 제거하고 탈산은 유리 지방산을 제거하기 위해 행한다.

① 탈검(degumming)

일반적으로 채유된 기름에는 트리글리세리드 이외의 여러 불순물과 함께 유지에 녹아 있는 인지질인 레시틴(lecithin)도 혼합되어 있어서 정제에 곤란한 점이 있으므로 이를 화학적으로 제거하는 방법이다. 인지질, 단백질 일부, 점질물 등은 무수물일 때는 기름에 가용성이지만 수증기 등으로 수화시키면 기름에 불용성이 되므로 75~80℃ 정도의 온수를 1~2% 정도 혼합하여 믹서로 수화시킨 다음 원심분리기로 분리, 제거한다. 이 공정을 탈검이라 한다.

② 탈산(neutralization)

채유한 원유는 유리 지방산을 함유하고 있으므로 이 유리 지방산을 제거해야만 한다. 탈산방법에는 여러 가지가 있지만 알칼리 수용액(NaOH)으로 중화하여 유리 지방산을 제거하는 동시에 공존하는 레시틴, 점질물, 색소 등도 함께 제거하는 소다법이 가장 일반적인 방법이다.

기름을 60~70℃로 가온하고 느리게 교반하면서 10~15%의 수산화나트륨액을 샤워 상태로 뿌려주고 나서 정치하면 유리지방산은 비누액이 된다. 이 비누액을 빼고 온탕에서 기름을 알칼리와 따뜻한 물로 씻으면 단백질이나 인지질이 제거되므로 튀긴 음식을 만들 때 거품이 일어나지 않게 된다. 또한 동시에 색소도 상당히 제거되는 탈색의 효과도 있다. 탈산 후의 유화액은 원심분리기로 분리한다.

③ 탈색

기름 속에 들어있는 황적색인 카로테노이드(carotenoid), 녹색인 클로로필

(chlorophyll) 등과 같은 색소는 탈산이나 탈취 공정에서도 제거되지만 이것으로는 충분하지 않으므로 색소가 들어 있는 기름은 흡착제에 의한 흡착법과 일광법 및 산화법에 의하여 탈색한다. 흡착제는 산성백토나 활성백토, 활성탄을 사용한다. 기름의 1~3%를 넣고 105℃로 달구어서 색소를 백토로 흡착시켜 여과한다. 미강유는 백토를 5~10% 넣어서 여과하는데 가열 전에 정제를 충분히 행한 기름은 백토를 이용하지 않고 고온(230~240℃)에서 단시간 가열하는 것만으로 카로테노이드계 색소가 분해되어 담색이 되는 것도 있으나 유지가 산화되기 쉽다. 탈색법에는 흡착법, 일광법, 산화법이 많이 쓰이고 있다.

- 흡착법 : 많은 양의 활성백토(activated clay), 산성백토, 활성탄을 넣어 색소를 흡착시키는 방법이다.
- 일광법 : 유지의 색소를 공기 중의 산소로 분해시키는 방법이며 자외선에 의하여 변화가 촉진된다. 목납, 밀납에 많이 쓰인다.
- 산화법 : H_2O_2(과산화수소), O_3(오존), Na_2O_2, CaO_2, $K_2Cr_2O_7$ 등을 써서 탈색시키는 방법이다.

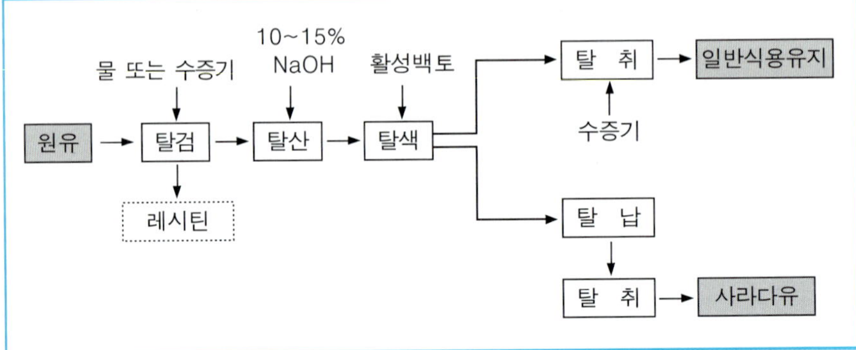

[그림 10-9] 유지의 정제 공정

④ 탈취

채취된 유지가 냄새를 가지고 있을 때나 탈색공정에서 생긴 백토 냄새를 제거하기 위한 과정이다. 냄새의 성분은 대부분 휘발성이므로 고도의 진공을 유지하는 탈취탑의 내부 진공 상태에서 기름이 탱크(트레이)를 자동적으로 이동하는 가운데 유지에 가열증기, 이산화탄소(CO_2), 수소, 질소 등을 불어넣어 휘발시켜 냄새를 제거한다.

(3) 사용한 튀김 기름의 정제법

튀김이 끝난 기름을 정제하기 위하여서는 조개, 소라 등의 껍질을 불에 태워서 분말화한 것이나 생석회에 물을 부어 기름이 뜨거울 때 함께 섞어 준 후 냉각시켜 여과한다. 이 기름에 냉수를 잘 흔들어 섞어 주고 정치하여 기름을 분리하면 다시 사용할 수 있는 기름이 된다.

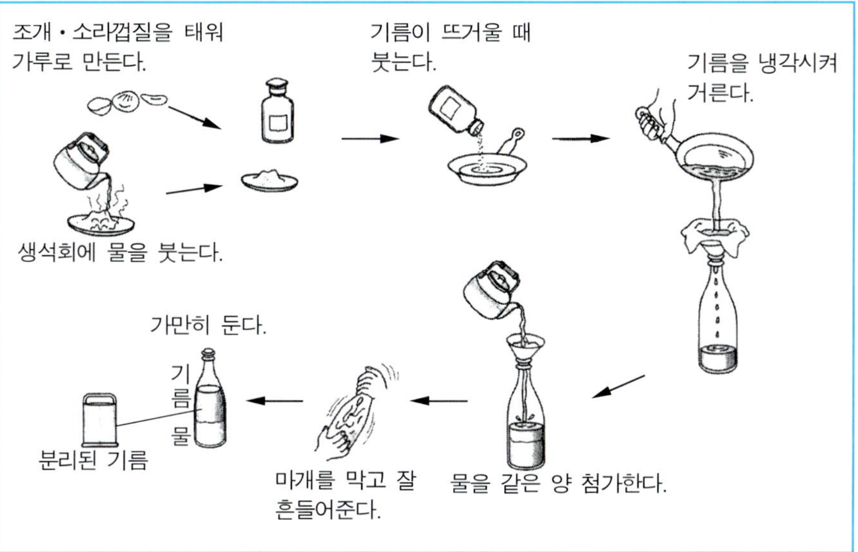

[그림 10-10] 사용한 튀김 기름의 정제

6. 유지의 가공식품

식용 유지에는 튀김유(frying oil), 샐러드유(salad oil)와 같이 원료에서 채취한 후 크게 가공하지 않고 사용하는 것과 경화유, 마가린(margarine), 쇼트닝(shortening oil), 분말유지 등과 같이 가공해서 사용하는 것이 있다.

1) 동유(동유처리, wintering)

보통 샐러드와 같이 사용 시 냉장고에 보관하게 되는 유지의 제조에는 기본 정제 공정 이외에 탈납(dewaxing, 저온처리, winterization)을 행한다. 이 작업은 샐러드유(salad oil)와 같이 냉각했을 때 고체 지방이 생겨나는 것을 꺼리는 경우 탈취하기 전에 미리 기름을 0~6℃에서 18시간 정도 방치하고 생성된 결정을 여과 또는 원심분리해서 고체 지방을 석출, 분리하고 액체유를 회수하는 공정이다. 유지란 녹는점과 용해도가 다른 트리글리세리드의 혼합물이기 때문에 저온이 되면 포화도가 높고 녹는점이 높은 트리글리세리드가 먼저 결정화되어 분리되는 원리를 이용한 방법으로 이 때 회수한 기름을 윈터 오일(winter oil)이라 한다.

식용유를 냉각할 때 석출되는 기름은 녹는 온도가 높은 글리세리드이다. 윈터링할 때 냉각온도에 따라 다형현상이 일어나서 결정의 크기가 달라지므로 급속히 냉각하면 미세하고 수가 많은 결정핵이 생겨 여과하기 곤란하고 서서히 냉각하여 결정의 알맹이를 크게 하면 여과하기가 편리하다.

샐러드유는 0℃에서 보존할 때 5시간 30분 동안 투명한 상태가 유지되어야 하기 때문에 샐러드유로 가장 좋은 면실유는 반드시 이 조작을 해야 한다. 샐러드유는 식탁유(table oil), 마요네즈 등과 함께 생식용으로 이용하는 일이 많으므로 풍미가 좋고 저온에서도 응고에 의한 혼탁이 생기지 않아야 한다. 샐러드유뿐만 아니라 병·통조림용 기름, 간유 등은 윈터링을 할 필요가 있다.

2) 경화유

경화유(hardened oil)의 제조공정은 유지의 정제, 수소첨가와 촉매의 제거, 제품화의 3단계로 크게 나눌 수 있다. 전처리를 한 기름을 탈기, 탈수하고 환원 니켈(Ni)을 0.1~0.2% 넣고 160℃로 가열해서 수소를 불어넣으면 불포화 지방산에 수소가 첨가되어서 포화지방산이 되므로 경화된다.

(1) 경화의 원리

어유나 식물유와 같이 유지를 구성하는 지방산으로 불포화지방산이 많은 액체유는 불안정하고 쉽게 산패되므로 냄새가 많이 난다. 이와 같은 불포화 지방산의 불포화 결합이 있는 곳에 니켈, 백금 등의 촉매를 가해 고온 고압 하에서(160~180℃, 6~12기압) 수소를 첨가하면 수소는 불포화지방산의 이중결합 부분에 부가되어 결합하여 불포화도가 낮은 포화지방산을 얻을 수 있으므로 적당히 단단한 고체지가 된다.

$$C_{17}H_{33}COOH \xrightarrow[+H_2]{Ni,\ Pt} C_{17}H_{35}COOH$$
oleic acid → stearic acid

글리세리드는 포화지방산과 불포화지방산이 결합하고 있지만 이 불포화지방산의 이중결합에 수소가 결합되면 불포화도가 낮아지고 경화유가 생기게 된다. 이 원리를 이용하여 기름에 수소를 결합시켜 니켈, 백금 등의 촉매 존재 하에 반응을 시키면 요오드가(iodine value)가 차차 낮아지고 녹는 온도가 높은 경화유(hardened oil)를 제조할 수 있다.

경화유로 만들면 유지의 안정성이 증가할 뿐 아니라 완전하게 수소첨가를 하지 않고 수소의 양을 조절하여 희망하는 굳기의 유지를 만들므로써 녹는 온도를 조절할 수 있는 장점이 있는데 식용 경화유는 보통 융점이 32~36℃가 되도록 결합하는 수소의 양을 조절하는 것이 좋으며 여름철 마가린 제조용으로서는 40℃의 것을 만들어 쓴다. 원료는 어유, 면실유, 대두유, 기타 식물유를 정제한 것이 주이며 식용 경화유는 충분히 탈취해서 마가린, 쇼트닝의 원료로 이용한다.

(2) 경화장치

경화유를 제조할 때는 원료를 NaOH로 탈산한 후 산성백토로 탈색하고 물을 전기 분해하여 만들어낸 수소를 첨가한다. 원료유, 촉매, 수소, 압력, 온도는 중요한 요소가 된다.

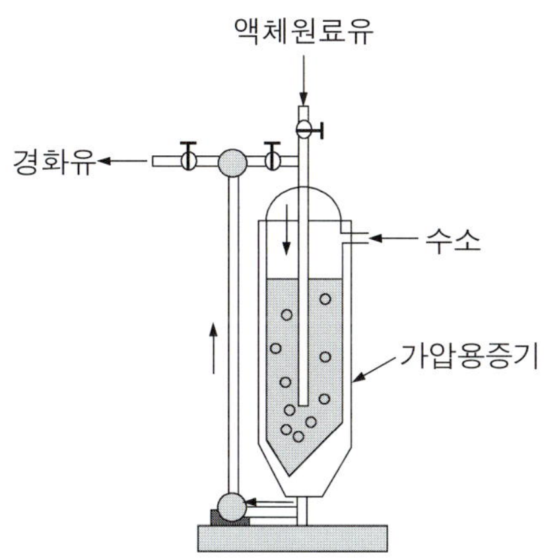

[그림 10-11] 경화장치

2중벽으로 된 탱크인 경화관의 한쪽에서 수소를 불어 넣어 주고, 다른 쪽으로 원료유와 기름의 1~2%가 되는 촉매의 혼합유를 넣어 주며 교반하여 경화유를 만든다.

3) 마가린

마가린(margarine)류란 식용유지에 물, 식품, 식품첨가물 등을 혼합하고 유화시켜 만든 유동상이나 고체상인 유지를 말한다. 마가린, 저지방 마가린 또는 인조 버터라고도 하며 면실유, 대두유, 야자유 등의 식물성 기름, 경화어유, 우지, 돈지 등 동물성 기름과 경화유를 주원료로 하여 소금, 비타민, 착색제 등을 넣어 유화시킨 것이다. 마가린은 원래 버터의 대용품으로 개발된 것인데 리놀레산 함량이나 신전성 등이 버터보다 우수한 제품이 많고 비타민 A, 비타민 D 등의 영양소를 보강할 수 있고 색소나 기타 기능성 물질의 첨가가 용이하여 많이 사용되고 있다.

표 10-8 마가린 및 쇼트닝의 규격기준(식품위생법)

항 목	마가린	쇼트닝
수분(%)	< 18.0	< 0.5
조지방(%)	> 80.0	–
산가	< 1.0	< 1.0
산화방지제(g/kg)		
– BHA, BHT, TBHQ	< 0.2	< 0.2
– propyl gallate	< 0.1	< 0.1
– EDTA. $CaNa_2$	< 0.075	< 0.075
보존료(g/kg) – dehydroacetate	< 0.5	–
권장유통기한	1년	1년

(1) 원료유의 배합

원료는 식용 경화유와 야자유, 팜핵유, 소기름 등을 충분히 탈취한 것으로 융점 32~36℃가 되도록 배합한다. 마가린은 실온에서 고체가 되고 식용으로 할 때는 입안에서 용해될 정도가 되어야 하므로 원료 배합 시 융점의 조절이 필요하다.

발효유를 첨가하는데 발효유는 향기를 좋게 하고 또한 유지와 비타민 A의 산화를 방지하는 효과가 있다. 발효유를 넣지 않을 경우에는 향료를 넣는데 향료로는 디아세틸(diacetyl), 아세틸메틸(acetylmethyl), 바닐린(vaniline), 카르보닐(carbonyl) 등이 쓰이며 식염수를 넣는 일도 있다.

마가린은 유중수적형의 유화물이고, 수분 15~16%, 식염 3~5%, 유지 80% 이상으로 원료에 대한 제품의 비율은 원료유지에 대해서 약 125%이다.

표 10-9 마가린 원료배합의 예(%)

재 료	수 량
원료유지	80 이상
물, 탈지분유 또는 발효유	16~17
소금	1.5~2.5
유화제(lecithin)	0.1~0.5
착색료(β-carotene 등)	$0.6 \sim 1/10^3$
향료(diacetyl, vanilla)	$1 \sim 2/10^3$
비타민 A	4,500 I. U. 이상/100g

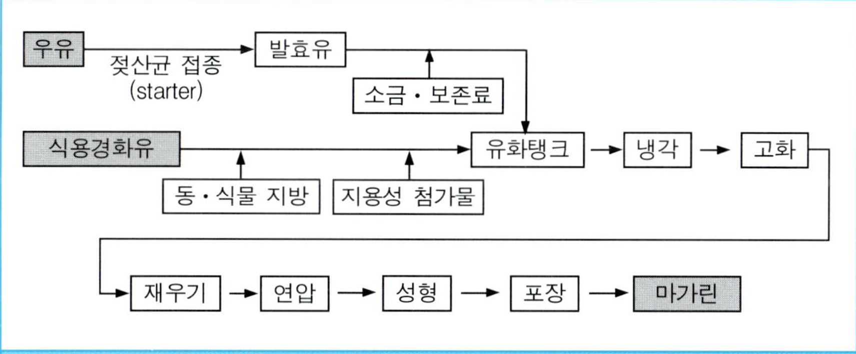

[그림 10-12] 마가린의 제조공정

(2) 유화와 냉각

표 10-9의 부원료를 가하여 잘 유화시킨 후 급냉시켜 굳힌 다음 혼합기에서 혼합한다.

유화기에는 고속도 교반식 호모게나이저(homogenizer)나 보테타(votator)라고 하는 밀폐가압 연속식 유화기가 있다. 보테타(votator)는 원료를 혼합해서 고속도 회전 샤프트와 냉각관 사이를 압력을 가해서 밀어내어 냉각해서

굳히고 다공판을 통해서 밀어내고 굳히는 장치이다. 가압하면서 유화, 열화하므로 기포가 들어있지 않다.

최근에 많이 쓰이는 순식물성 마가린은 식물 유지에 경화식물유를 배합하여 만든 것으로 소프트형이 많으며 하드형에 비하여 리놀레산 함량은 많지만 산화안정성이 낮아 냉암소에 보존하는 것이 좋다(표 10-10).

표 10-10 보존 기간에 따른 마가린 유지의 변화

마가린의 종 류	저장온도	과산화물가			
		0	3개월	6개월	12개월
소프트형	5℃	0.18	1.11	3.18	7.16
	20℃	0.18	3.77	11.56	29.93
하드형	5℃	0	0.54	1.72	3.40
	20℃	0	2.01	4.09	8.50

4) 쇼트닝

쇼트닝기름(shortening oil)은 식품에 부드럽고 씹히는 맛이 좋은 성질인 쇼트네스성(shorthness)를 주기 위해서 이용되는 지방으로 제과, 제빵, 조리에 라드(lard)대용으로 점차 많이 사용되고 있다.

쇼트닝기름은 충분히 정제한 각종 경화유, 돈지, 우지, 팜유, 콩기름 등 정제 유지만을 배합하여 급냉한 후 10~20%의 질소가스 또는 탄산가스를 갖게 하여 제품의 가소성을 좋게 한 것이다. 마가린과 다른 점은 유화작업이 없어 유화되어 있지 않고 혼합에 중점을 두고 있고 수분과 식염, 향료, 색소 등 부원료를 전혀 포함하지 않으며 질소가스 중에서 롤러(roller)로 섞고 제품을 부드럽게 해서 사용하기 쉽고 또 산화를 방지하는 효과가 있다는 점이다.

쇼트닝기름은 식품 속에 넣을 뿐만 아니라 철판이나 빵틀에 발라서 구울 때 잘 분리되도록 하기 위해서도 사용한다. 쇼트닝기름의 규격은 수분 0.5% 이하, 산가 1.0% 이하, 가스량 100 g 중 20 mL 이하이다.

쇼트닝기름은 다음과 같은 특징이 있어 제과, 제빵에 널리 쓰이고 있다.

① 부스러지기 쉬운 성질(쇼트닝성) : 쇼트닝을 밀가루에 섞을 때 가루주위를 덮어서 가루사이를 차단하든가 글루텐과 녹말이 굳는 것을 방지하므로 제품에 부스러지기 쉬운 성질을 준다.

② 포기성(크림성) : 설탕과 밀가루가 잘 섞이는데 이 때 공기를 안고 들어가는 성질이 있어 빵의 결을 좋게 한다.

③ 컨시스턴시(consistency) : 광범위한 온도에서 끈기를 갖는 성질이 있다.

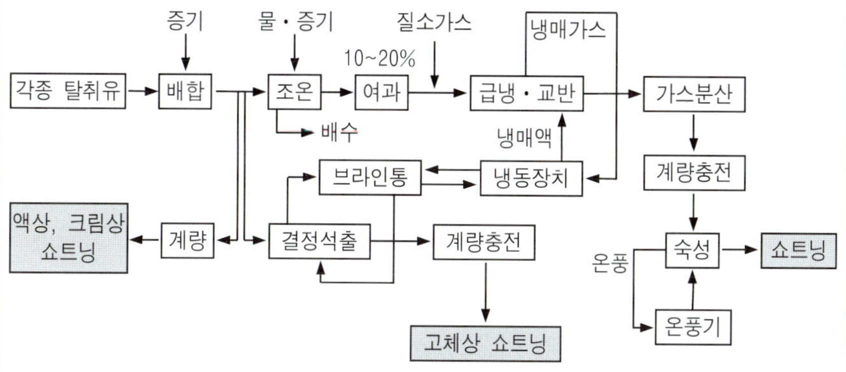

[그림 10-13] 쇼트닝 제조공정

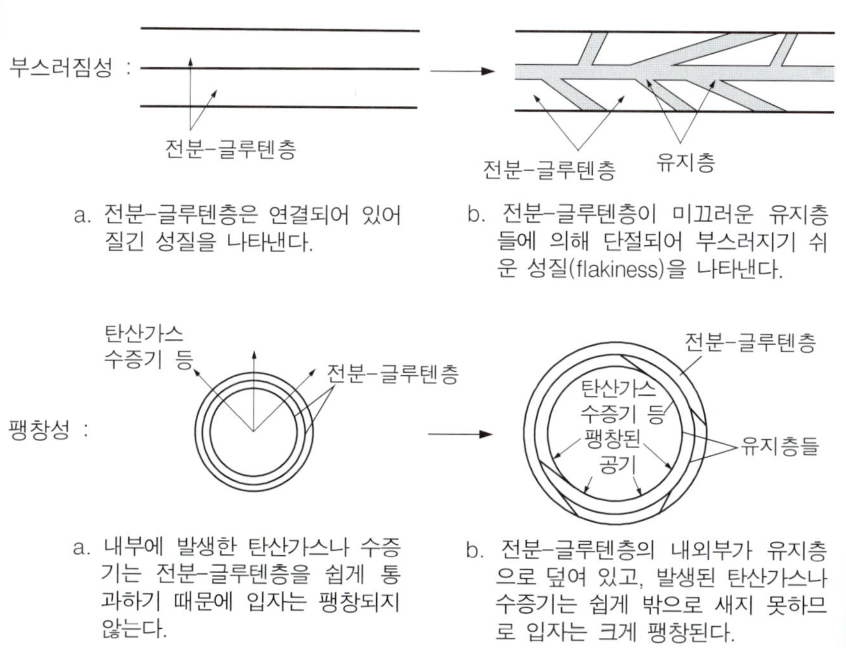

[그림 10-14] 비스킷, 빵, 케이크류 속에서 유지의 역할

5) 분말유지(powder oil)

가공식품의 발달로 각종 즉석 식품에 첨가되는 유지를 분말화할 필요가 증대되어 개발한 분말형태의 유지이다. 식용유지에 카제인, 젤라틴 등의 단백질, 유화제, 물을 섞어서 유화하고 유화된 유지를 분무건조하여 분말화한 것으로 식물유지의 미립자가 단백질의 피막으로 둘러 싸여 있기 때문에 산화에 대한 안정성이 좋고 취급도 편리하다. 분말 스프, 케이크 믹스, 도넛 믹스 등 각종 제품에 이용되고 있다.

6) 마요네즈

마요네즈(mayonnaise)는 소스의 일종으로 샐러드유, 난황, 식초, 조미료를 넣어서 유화한 수중유적형의 에멀견(emulsion)이다. 마요네즈는 최근 유지가공식품 중에서 가장 많이 이용되고 있다. 제조법은 367쪽 계란가공에서 이미 언급하였다.

7) 레시틴(lecithin)

(1) 레시틴의 제조

레시틴은 식용 유지에 관련되는 제품으로 유지를 탈검할 때 얻은 검질을 진공건조기에서 탈수한 후 레시틴의 물리적 성질을 조절하기 위하여 콩기름을 적당히 혼합하여 판매한다.

(2) 레시틴의 성질

레시틴은 인지질로서 동식물에 있어서 생리적으로 중요한 부분, 예컨대 뇌조직, 심장, 혈액, 계란, 종자에 많이 함유되어 있고 영양적 가치도 높다.

레시틴은 분자 안에 친수기와 친유기를 모두 가지고 있으므로 식품 가공이나 저장에 있어서 유화제, 삼투제, 점도조정제, 습윤제로 사용되고 있다.

(3) 레시틴의 식품가공에의 이용

① 마가린, 쇼트닝 : 유화제와 산화방지제로 지방의 0.1~0.5%를 사용한다.

② 초콜릿, 카라멜 : 제품에 윤을 내고 감촉이 좋아지므로 0.5~2%를 사용한다.
③ 빵, 비스킷, 케이크 : 전분의 노화 방지 및 항산화 작용이 있다. 비스킷을 만들 때 밀가루의 0.3~0.5%를 사용한다.
④ 아이스크림 : 젖당의 결정과 물의 결징을 방지하는 안정제로 사용된다.
⑤ 국수, 마카로니 : 레시틴을 첨가하여 질긴 제품을 만든다.

8) 식용유지의 감별

(1) 참기름

기름 10 mL에 푸르푸랄 2%, 알코올용액 0.1 mL와 진한 염산 10 mL를 섞어 30초 정도 흔든 후 방치할 때 밑이 붉은색을 띠면 대체로 참기름이다.

(2) 콩기름

기름에 5%의 클로로포름 용액과 2%의 산용액을 넣어 흔들었을 때 황색의 유탁액이 생기면 콩기름이다.

(3) 평지기름

기름 10 mL를 2배의 에테르에 녹이고 여기에 포화 질산은의 알코올용액 20방울 정도를 넣고 세게 흔든 후 어두운 곳에 방치할 때 밑층에 암흑색이 생기면 평지기름이다.

(4) 동백기름

기름 2 mL에 비버시약(진한황산-발연 질산 및 물을 같은 양 섞은 것) 100 mL를 넣어 접촉면의 색을 주의하면서 흔들어 방치할 때 녹색을 띠게 되면 동백기름이다.

이상의 감별방법은 정확하지는 못하나 대체로 진품과 위조품을 감별해낼 수 있으며 더욱 정확하게 감별하기 위해서는 그 식용유의 굴절률을 재면 된다.

7. 유지의 저장과 산패

식용유지나 지방질 식품은 불포화지방산이 들어있으므로 장기간 저장할 때 공기 중의 산소나 광선, 효소, 미생물의 작용에 의해서 산화되기 쉽고 불쾌한 맛과 냄새(off flavor)가 나며 착색이 되기도 한다. 산화된 기름은 신선한 기름에 비하여 영양가도 낮고 유독해지는 일도 있다. 이러한 품질저하 현상을 산패라고 한다. 산패(rancidity)는 그 원인에 따라 가수분해에 의한 산패, 외부의 나쁜 냄새를 흡수함으로써 일어나는 산패, 산화에 의한 산패 등으로 분류한다. 가수분해에 의한 산패는 육류제품, 육류, 냉동식품 등의 저장과 관계가 깊고 식용유지 저장 중의 산패는 주로 산화에 의한 것이 많다. 산화에 의한 산패는 공기 중의 산소에 의하여 유지가 산화되어 하이드로퍼옥사이드(hydroperoxide)가 생성되고 반응이 자동적으로 진행되므로 유지의 자동산화(autooxidation)라고도 한다.

자동산화의 단계는 초기 개시반응(initiation reaction), 연쇄 전파반응(propagation reaction), 종결반응(termination reaction)의 3단계로 나눌 수 있는데 생성된 하이드로퍼옥사이드(hydroperoxide)의 분해반응단계를 추가하기도 한다.

유지의 저장 중에 일어나는 유지의 산화는 산소뿐만 아니라 광선, 수분, 열(온도), 미량의 금속류(Cu, Fe, Mn, Ni, Co, Al, Sn, Zn 등)가 있으면 한층 촉진된다. 따라서 유지가 다량으로 들어있는 가공식품에는 항산화제(antioxidant)를 첨가한다. 항산화제는 유지의 산패를 억제하는 물질로 산패의 유도기간을 연장시켜 준다. 항산화제는 유지에 녹기 쉽고 계절에 따라서 보존이 용이하며 저농도에서도 효력이 있고 첨가될 유지나 식품에 바람직하지 않은 색이나 풍미, 냄새를 주지 않고 인체에 무해한 것이 이상적이다. 우리 나라에서 주로 쓰이고 있는 항산화제는 BHA(butyl hydroxy anisole), BHT(butyl hydroxy toluene), 토코페롤 등이다(표 10-11).

식물성 유지가 동물성 유지보다 산패가 잘 일어나지 않는데 이는 식물성 유지에 존재하는 토코페롤(tocopherol), 세사몰(sesamol), 아스코르빈산(ascorbic acid), 쿼세틴(quercetin), 갈산(gallic acid) 등의 항산화제가 들어 있기 때문이다. 그러나 이들 항산화물질은 항산화력이 강하지 않고 양도 적기 때문에 식용유지의 저장에는 자신은 항산화력이 없으나 식품에 첨가함으로써 항산화제의 능력을 크게 하는 효과가 있는 구연산, 말레산(maleic acid), 중합인산 등과 같은 상승제(synergist)를 더 첨가하여야 한다.

표 10-11 항산화제와 상승제

항산화제	천연*	tocopherol, sesamol(참깨), gossypol(면실), flavonoid, caffeic acid 유도체, aminocarbonyl 반응물
	합성*	BHA, BHT, propyl gallate, norihydroguaiaretic acid, *dl*-tocopherol, erythorbic acid, sodium erythorbate
상승제		citric acid, phosphoric acid, tartaric acid, maleic acid, ascorbic acid, phytin, phospholipid

* 허가된 식품 첨가물

기름은 되도록 입구가 작은 용기에 가득 채워 공기에 접촉하는 부분이 적도록 밀봉한 후 냉암소에 저장하는 것이 산패를 막는 방법이 된다. 또 일단 개봉한 것은 다시 밀봉하여도 산화가 촉진되며 쓰던 기름을 새 기름과 섞어 써도 역시 산패가 쉽게 일어나므로 식용유지를 구입할 때에는 제조년월일을 확인하고 가족 수에 맞추어 적당량을 구입하도록 하며 개봉한 것은 되도록 빨리 소비하는 것이 바람직하다. 일반적으로 통에 넣은 기름은 제조 후 약 2년, 유리병(갈색)에 넣은 것은 1년~1년 6개월, 플라스틱 용기에는 6개월~1년 동안은 풍미가 그다지 떨어지지 않고 저장할 수 있다. 수분이 적고 다공질이며 표면적이 큰 포테이토칩, 즉석 면류와 같은 튀김식품에 들어있는 유지는 식용유지보다 쉽게 산화되므로 주의해야 한다.

제 11 장

건강기능 식품

우리나라는 경제성장과 소득수준의 향상을 통하여 식품의 1차 기능(영양기능 : 각종 영양소 공급으로 기아 해결, 체력 및 건강유지, 체위향상)과 2차 기능(감각기능 : 쾌감유발, 풍요로운 감각 제공)이 어느 정도 달성된 지금 식품을 통한 건강유지 및 향상과 질병을 예방하고자 하는 식품의 3차 기능(생체조절기능)이 요구되고 있다. 이러한 3차 기능을 강조한 식품을 광범위하게 기능성식품(Functional food)라고 한다. 2000년대에 들어서면서 평균수명의 연장으로 고령화 사회에 접어들면서 각종 성인병이 급증하고 있으며 이에 따른 의료비 부담과 삶의 질 저하가 큰 문제로 대두되었다. 또한 소비자들의 건강에 대한 관심이 고조되고 있으며, 식품을 통하여 이를 예방하기 위한 기능성식품의 개발은 21세기 식품산업의 가장 큰 화두로 등장하였다.

우리나라에서는 1977년에 식품위생법에 "영양식품"제도를 도입하여 기능성식품을 관리해 왔으며 1989년에 건강보조식품과 특수영양식품 등으로 구분하여 관리하였다. 2002년 8월에는 기능성식품의 체계적인 관리를 위하여 "건강기능식품에 관한 법률"을 제정하여 건강기능식품의 정의, 기준 및 규격, 제조업 허가 및 판매, 수입, 표시 및 광고 등을 관리하고 있다.

1. 건강기능식품의 정의

건강기능식품에 관한 법률에서 건강기능식품이란 "인체에 유용한 기능성을 가진 원료나 성분을 사용하여 정제 캅셀 분말 과립 액상 환 등의 형태로 제조 가공한 식품"으로 정의된다. 2008년 3월부터는 건강기능식품의 6가지 제형에 관한 부분이 삭제되어 더욱 다양한 형태의 건강기능식품의 제조가 가능하게 되었다.

여기서 "기능성"이라는 것은 "인체의 구조 및 기능에 대하여 영양소를 조절하거나 생리학적 작용 등과 같은 보건 용도에 유용한 효과를 얻는 것"을 말한다.

2. 건강기능 식품의 종류

우리나라에서 건강기능 식품은 크게 두 가지로 나눌 수 있다.

1) 고시형(기준 규격형)

식품의약품안전청(이하 식약청)에서 정한 품목으로 일정 자격을 갖춘 영업자라면 누구든지 제조·수입할 수 있는 건강기능식품으로 영양소, 페놀류, 지방산, 지질류, 당, 탄수화물, 발효미생물류, 아미노산 및 단백질류에 해당하는 품목들이 있다. 2010년 현재 약 80개의 기능성 원료와 각각의 기준규격이 고시되어 있다.

- 영양소 : 비타민류 및 무기질(또는 미네랄), 식이섬유, 단백질, 필수지방산
- 터펀류 : 인삼, 홍삼, 엽록소함유식물, 스피루리나, 클로렐라
- 페놀류 : 녹차추출물, 알로에 전잎, 프로폴리스추출물
- 지방산 및 지질류 : 오메가-3 지방산 함유 유지, 감마리놀렌산 함유 유지, 레시틴, 스쿠알렌, 식물스테롤, 식물스테롤에스테르, 알콕시글리세롤 함유 상어간유, 옥타코사놀 함유 유지, 매실추출물, 공액리놀레산
- 당 및 탄수화물류 : 글루코사민, N-아세틸글루코사민, 뮤코다당, 단백, 식이섬유, 알로에 겔, 영지버섯 자실체 추출물, 키토산, 키토올리고당, 프락토올리고당

- 발효미생물류 : 프로바이오틱스, 홍국
- 아미노산 및 단백질류 : 대두단백
- 일반원료 : 로얄젤리, 버섯, 식물추출물발효, 자라, 효모, 효소, 화분

2) 개별인정형

고시형 건강기능식품에 해당되지 않는 원료에 대한 안전성과 기능성에 관한 자료를 식약청에 제출하여 일정한 심사를 거쳐 기능성 원료로서 인정받고, 그 원료로 만든 제품의 기준규격을 인정받아 제조한 건강기능식품이 여기에 해당한다.

개별인정형 건강기능식품은 일정기간 평가를 거쳐 고시형 건강기능식품으로 편입될 수 있다.

안정성 및 기능성 자료 제출 →	안정성평가 →	기능성평가 →	기능성표시
영업자는 안정성, 기능성에 관한 자료를 준비하여 제출함	① 안정성자료 검색 및 보완 ② 독성시험 평가 ③ 외국 등에서의 사용 현황 ④ 섭취량 평가	① 기능성자료 검색 및 보완 ② 자료의 적절성 검토 ③ 선정된 자료의 개별 검토 ④ 종합검토	- 질병발생위험 감소표시 - 기타기능표시

[그림 11-1] 건강기능식품의 안전성 • 기능성 평가절차

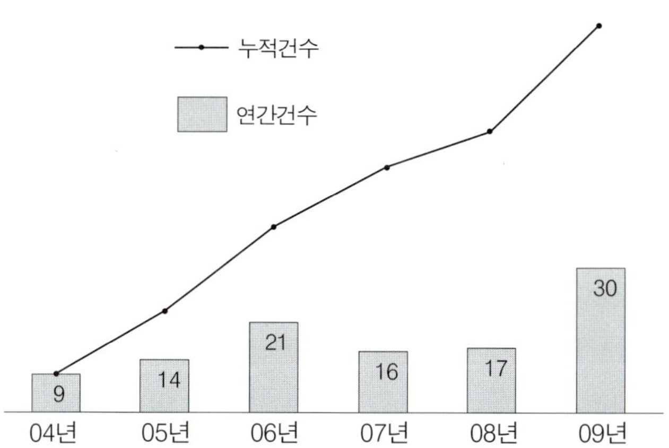

[그림 11-2] 연도별 개별인정 건강기능식품 건수 및 누적건수

기능성원료의 기준규격 고시 예

1. 프로바이오틱스

1) 제조기준

(1) 원재료 : 다음의 미생물 또는 이를 혼합한 균과 균 또는 배양체를 배양시키기 위한 배지 및 보호제

	종 류
Lactobacillus	*L. acidophilus, L. casei, L. gasseri, L. helveticus, L. delbrueckii* ssp. *bulgaricus, L. fermentum, L. paracasei, L. plantarum, L. reuteri, L. rhamnosus, L. salivarius*
Lactococcus	*Lc. lactis*
Enterococcus	*E. faecium, E. faecalis*
Streptococcus	*S. thermophilus*
Bifidobacterium	*B. bifidum, B. breve, B. longum, B. animalis* spp. *lactis*

(2) 제조방법 : 상기 미생물을 배양·건조하여 식용에 적합하도록 함.

(3) 기능성분(또는 지표성분)의 함량 : 생균을 100,000,000 CFU/g 이상 함유하고 있어야 함

2) 규 격

(1) 성상 : 고유의 색택과 향미를 가지며 이미·이취가 없어야 함

(2) 프로바이오틱스 수 : 표시량 이상

(3) 대장균군 : 음성

3) 최종제품의 요건

(1) 기능성 내용 : 유익한 유산균 증식, 유해균 억제 또는 배변활동 원활

(2) 일일 권장섭취량

100,000,000~10,000,000,000 CFU

4) 시험법

(1) 프로바이오틱스 수

(가) 유산간균 및 구균 : III.3.8.1 유산간균 및 구균

(나) 비피더스균(*Bifidobacterium*) : III.3.8.2 비피더스균(*Bifidobacterium*)

(2) 대장균군

3. 건강기능식품의 표시내용 및 표시기준

건강기능식품의 표시기준에 의하면 건강기능식품에는 다음의 사항이 표시되어 있어야 한다.

- 건강기능식품이라는 문자 또는 건강기능식품임을 나타내는 도형
- 기능성분 또는 영양소 및 그 영양권장량에 대한 비율(영양권장량이 설정된 것에 한한다.)
- 섭취량 및 섭취방법, 섭취 시 주의사항
- 유통기한 및 보관방법
- 질병의 예방 및 치료를 위한 의약품이 아니라는 내용의 표현
- 그 밖에 식품의약품안전청장이 정하는 사항

또한 건강기능식품은 의약품과의 혼동을 방지하기 위하여 아래 사항과 같이 허위과대광고에 대한 기준을 제시하고 있다.

[건강기능식품의 허위 · 과대광고 범위]

- 질병의 예방 및 치료에 효능, 효과가 있거나 의약품으로 오인, 혼동할 우려가 있는 내용의 표시 또는 광고에 해당하는 경우
- 사실과 다르거나 과장된 표시 또는 광고에 해당하는 경우
- 소비자를 기만하거나 오인, 혼동시킬 우려가 있는 표시 또는 광고에 해당하는 경우
- 의약품의 용도로만 사용되는 명칭(한약의 처방명을 포함한다.)의 표시 또는 광고의 경우 : 법 제24조 제3항의 규정에 따라 식품의약품안전청장이 정한 의약품의 용도로만 사용되는 원료에 관한 내용의 표시 또는 광고

[그림 11-3] 표시·광고 사전 심의 필 마크

① 영양·기능정보		
② 1회 분량		
③ 1회 분량당	함량	④%영양소기준치
⑤ **열량**	150㎉	
⑥ **탄수화물**	23g	7%
식이섬유	3g	12%
당류	10g	
⑦ **단백질**	2g	3%
⑧ **지방**	6g	11%
포화지방산	2g	
불포화지방산	3g	
콜레스테롤	10㎎	3%
⑨ **나트륨**	55㎎	2%
⑩ 비타민 C	11㎎	20%
⑪ 칼슘	20㎎	7%
⑫ 기능성분 또는 지표성분	0㎎	
⑬ ※%영양소기준치 : 1일 영양소기준치에 대한 비율		

[그림 11-4] 건강기능식품 마크 및 영양·기능 정보 표시 예

4. 효능별 건강기능식품의 종류

1) 장의 건강에 도움을 주는 건강기능식품 (프로바이오틱스, 프락토올리고당, 목이버섯, 알로에, 효소)

프로바이오틱스란 살아있는 상태로 체내에 들어가서 건강에 좋은 효과를 주는 세균을 말하며 현재까지 알려진 대부분의 프로바이오틱스는 유산균들이

다. 프로바이오틱스균(유산균, 비피더스균) 등을 함유한 건강기능식품은 장에 유익한 균을 공급해 준다. 유익한 균은 유기산을 만들어 장을 산성화 시켜주기 때문에, 산성에 약한 유해균의 성장을 저해하여 바람직한 장내 세균총이 자리잡을 수 있도록 도와준다. 또한 유해균이 생성하는 유독물질의 생성을 감소시키고, 비타민을 합성하여 영양소를 보충해 줄 수 있다.

프락토올리고당 등 프리바이오틱스는 장내 유익한 균을 증식시켜 장 건강에 도움을 줄 수 있다. 인체 효소에 의해 소화되지 않는 당질은 소장에서 흡수되지 않고 대장에 도달한 후 유익한 균의 좋은 영양공급원이 된다. 따라서 식이섬유, 프락토올리고당 등을 함유한 건강기능식품은 대장 내의 유익한 균의 성장을 촉진하고, 유해균의 성장을 방해하여, 장내 환경을 개선하는데 도움을 줄 수 있다. 배변활동을 개선하여 장 건강에 도움을 줄 수 있다. 식이섬유 등 소화되지 않는 물질이 장내에 많아지면 배변양도 많아지고, 수분을 많이 함유하게 되어 부드러워져 원활한 배변활동에 도움을 줄 수 있다. 목이버섯 등을 함유한 건강기능식품은 배변활동을 개선하여, 장 건강에 도움을 줄 수 있다.

2) 콜레스테롤 유지에 도움을 주는 건강기능식품(감마리놀렌산, 레시틴, 키토산, 키토올리고당, 대두단백, 식물스테롤, 홍국)

콜레스테롤은 인체의 정상적인 생리기능에 필수적인 지질이지만 인체에 과량 들어오게 되면 고혈압, 고지혈증 등의 성인병을 유발할 수 있다. 따라서 적절한 콜레스테롤의 유지가 매우 중요하다.

키토산, 키토올리고당, 식물스테롤 등을 함유한 건강기능식품은 소장에서 흡수되기 어렵도록 콜레스테롤과 결합하거나, 콜레스테롤과 구조가 유사하여 흡수를 방해할 수 있다. 이렇게 흡수되지 못한 콜레스테롤은 변으로 배출되므로, 콜레스테롤의 수치를 낮추는데 도움을 줄 수 있다.

담즙산의 재흡수를 방해하여 콜레스테롤 수치를 낮추는데 도움을 줄 수 있다. 우리 몸의 과량의 콜레스테롤이 배출되는 방법은, 간에서 담즙산의 원료로 이용되어, 소장으로 분비되는 것이다. 소장에서 지방의 소화를 도와주는 담즙산은, 대부분 다시 흡수되는데, 이 때 재흡수를 방해하여, 배설을 촉진할 수 있다. 따라서 배출된 만큼의 담즙산을 만들기 위해, 간에서 콜레스테롤을 이용하므로, 콜레스테롤 수치를 낮추는데 도움을 줄 수 있다.

콜레스테롤의 합성을 조절하여 콜레스테롤 수치를 낮추는데 도움을 줄 수 있다. 식품으로 섭취하는 것 외에 우리 몸에서도 콜레스테롤을 만드는데, 이 과정에서 특정 효소(HMG-CoA reductase)가 콜레스테롤을 만드는 속도를 조절한다. 홍국 등을 함유한 건강기능식품은 콜레스테롤 합성에 필요한 효소의 작용을 어렵게 하여, 콜레스테롤의 합성을 방해할 수 있다. 따라서 혈중 콜레스테롤의 수치를 낮추는데 도움을 줄 수 있다. HDL과 LDL을 조절하여 혈액 중 콜레스테롤 수치를 개선하는데 도움을 줄 수 있다.

혈액 중의 LDL의 비율이 높으면 혈관손상의 위험이 높고 HDL의 비율이 높으면 혈중 콜레스테롤 수치를 낮출 수 있다. 감마리놀렌산, 레시틴, 대두단백 등을 함유한 건강기능식품은 지단백(HDL, LDL 등)이 콜레스테롤을 운반하는 과정 중 여러 효소를 조절하여 혈중 HDL의 수치를 높이거나 LDL의 수치를 낮추는데 도움을 줄 수 있다.

3) 건강한 혈액의 흐름에 도움을 주는 건강기능식품 (EPA/DHA, 감마리놀렌산, 버섯)

혈액이 혈관을 통해서 신체의 각 부분으로 이동하는 것을 의미한다. 혈액은 신체의 각 조직으로 산소와 영양분을 공급하고, 세포에서 만들어낸 노폐물을 제거해 주며, 우리 몸에 필요한 호르몬을 운반하고 외부 유해물질로부터 세포를 방어하며 적당한 체온을 유지시켜주고, 지혈작용을 하는 등 신체 내의 항상성을 유지시켜주는 역할을 한다. 따라서 원활한 혈액의 흐름은 신체기능을 유지하는데 매우 중요한 요인이다.

혈액의 혈소판과 혈액응고인자들은 손상된 혈관부위에 응고됨으로써 지혈작용을 한다. 그러나 여러 조절 물질들에 의하여 과도한 혈액응고가 일어나면, 혈액의 흐름에 방해가 될 수 있다. EPA · DHA, 감마리놀렌산 등을 함유한 건강기능식품은 과도한 혈액응고작용을 방해하여, 혈액을 원활히 흐르는데 도움을 줄 수 있다.

혈액 속에 높은 LDL 콜레스테롤이나 중성지방 등은, 혈관에 지방 침착물을 축적하게 한다. 이로 인해 혈관벽이 두꺼워져, 탄력성이 감소하고 혈관이 좁아져, 혈액의 흐름을 방해하게 된다. EPA, DHA, 감마리놀렌산 등을 함유한 건강기능식품은 혈액중의 콜레스테롤이나 중성지방을 수치를 낮추어 원활한 혈액의 흐름에 도움을 줄 수 있다.

4) 건강한 혈압의 유지에 도움을 주는 건강기능식품 (정어리 펩타이드)

체액의 항상성 유지에 관여하여 약간 높은 혈압을 조절하는데 도움을 줄 수 있다. 신장은 나트륨의 함량을 조절하여 혈압을 일정하게 유지하는데, 레닌-안지오텐신계에 의해 조절된다.

신장에서 레닌이라는 효소를 혈액으로 분비하면, 안지오텐신 I이라는 물질이 만들어지고, 안지오텐신 I은 특정 효소에 의해 안지오텐신 II로 변한다. 안지오텐신 II는 혈관을 수축시키고, 신장에서 나트륨(소금) 재흡수를 통해 혈액량을 증가시켜, 결국 혈압을 상승시키는 역할을 한다. 이 과정에서 여러 단계를 조절해 주면 혈압 조절이 가능하게 된다.

정어리펩타이드 등을 함유한 건강기능식품은 혈압을 상승시키는 호르몬(안지오텐신 II)의 작용을 어렵게 하여, 약간 높은 혈압을 낮추는데 도움을 줄 수 있다.

5) 건강한 체지방 유지에 도움을 주는 건강기능식품 (히비스커스복합추출물, 공액리놀렌산, 식이섬유)

우리가 섭취하는 음식은 흡수되기 좋은 형태로 소화되어야만 에너지원으로 쓰일 수 있다.

식이섬유 등을 함유한 건강기능식품은 당질과 지방의 소화를 도와주는 효소를 방해하거나, 소장에서의 흡수를 어렵게 하여 섭취에너지를 줄이는 역할을 할 수 있다. 따라서 체지방으로 합성될 수 있는 여분의 에너지를 줄여, 체지방 감소에 도움을 줄 수 있다.

우리가 섭취하는 에너지 중 쓰고 남는 것은, 간에서 다시 지방산으로 합성된다. 합성된 지방산은 신체 각 부위의 지방세포에 저장되어 체지방이 된다. 공액리놀렌산 등을 함유한 건강기능식품은 남는 에너지를 지방으로 합성하는 과정을 방해하여, 체지방 감소에 도움을 줄 수 있다.

음식으로 섭취하거나 몸에 축적되어 있던 지방은, 세포에서 베타산화작용에 의하여 에너지원으로 쓰인다. 이 과정에는 카르니틴, 지방분해 효소 등 특정 물질이 필요하다. 히비스커스 등 복합추출물, 가르시니아캄보지아 등을 함유한 건강기능식품은 이 특정 물질을 조절하여, 지방을 에너지로 쓰는 것을 촉진할 수 있다. 즉, 지방의 분해를 촉진하여, 체지방을 줄이는데 도움을 줄 수 있다.

6) 건강한 혈당유지에 도움을 주는 기능성식품 (난소화성말토덱스트린, 바나바주정추출물)

음식으로 섭취한 당질은, 단당류(포도당, 과당, 갈락토즈)로 분해되고 소장에서 흡수되어, 간으로 가게 된다. 이때, 소장에서의 통과시간을 지연시키거나, 식사에 들어있는 당의 흡수를 방해하면, 혈당이 서서히 상승할 수 있다. 따라서, 난소화성말토덱스트린 등이 함유된 건강기능식품을 식사와 같이 섭취하면, 혈당을 서서히 상승하도록 도와주어 혈당 조절에 도움을 줄 수 있다.

포도당을 세포에서 이용할 수 있게 하려면, 혈액에 있는 포도당이 원활하게 세포로 들어가야 한다. 이때 인슐린은 포도당을 세포로 들어오게 하는 운반체(GLUT4)가, 활동을 할 수 있게 신호를 보내게 되고, 포도당운반체(GLUT4)는 포도당을 세포로 들어올 수 있게 한다. 따라서 바나바주정추출물 등이 함유된 건강기능식품은 포도당의 운반체의 활동을 도와주어, 궁극적으로 혈당을 원활하게 쓰이게 하여, 식사 후 높아진 혈당을 낮추는데 도움을 줄 수 있다.

7) 인체에 유해한 활성산소의 제거에 도움을 주는 건강기능식품 (녹차추출물, 엽록소, 베타카로틴)

우리가 호흡하는 산소는, 에너지를 만드는 과정에서 활성 산소로 바뀌어, 주위의 세포의 여러 부위를 공격한다. 이런 활성 산소가 주위를 공격하기 전에, 빨리 없애 주어야 하는데, 특정 물질들(항산화 효소와 항산화 물질)은 활성산소를 공격성이 없는 안정한 물질로 바꾸어 놓는다.

녹차추출물, 엽록소, 베타카로틴 등을 함유한 건강기능식품은 항산화 효소의 기능을 원활히 하도록 도와주거나, 항산화 물질을 공급해 줄 수 있다. 따라서 과량으로 생성된 활성산소 제거에 도움을 줄 수 있다.

8) 건강한 면역 기능유지에 도움을 주는 건강기능식품 (인삼, 홍삼, 알콕시글리세롤)

건강한 면역능력을 유지하려면 적절한 면역세포가 제 역할을 원활히 수행해야 한다. 인삼, 홍삼 등을 함유한 건강기능식품은 필요한 면역세포를 증가시키거나, 그 기능을 조절하여 면역능력에 도움을 줄 수 있다.

9) 뼈와 관절 건강에 도움을 주는 건강기능성 식품 (뮤코다당, 단백질, 글루코사민, 프락토올리고당, N-아세틸글루코사민, 유니베스틴케이황금등복학추출물, 디메틸썰폰, 초록입홍합추출오일복합물)

프락토올리고당 등을 원료로 하는 건강기능식품은, 장에서 칼슘과 같은 무기질의 흡수를 증가시켜, 체내의 칼슘농도를 높일 수 있다. 또한 뮤코다당, 단백질, 글루코사민 등을 원료로 하는 건강기능식품은, 관절의 연골세포를 구성하는 성분을 제공한다. 따라서 연골 세포의 생성을 촉진하고, 관절의 윤활작용을 하는 윤활액 생성을 증가시켜, 관절기능이 원활하게 이루어질 수 있도록 도움을 줄 수 있다.

초록입홍합추출오일복합물, 유니베스틴케이황금등복합추출물 등을 원료로 하는 건강기능식품은, 관절에서 염증을 유발하는 물질 또는 이를 주로 생성하는 세포의 수를 감소시켜, 관절건강에 도움을 줄 수 있다.

10) 인지능력 유지에 도움을 주는 건강기능성 식품 (참당귀뿌리주정추출분말)

뇌세포를 손상시키는 물질은 여러 가지가 있다. 에너지를 만드는 과정에서 생긴 활성산소뿐만 아니라 베타아밀로우즈라는 독성물질 역시 뇌세포를 공격할 수 있다. 참당귀주정추출분말 등을 함유한 건강기능식품은 여러 유해물질을 조절하여 뇌세포가 손상 받지 않도록 보호하는데 도움을 줄 수 있다.

11) 치아건강에 도움을 주는 건강기능식품(자일리톨)

충치균(*S. mutans*)은 설탕과 비슷한 당알코올을 설탕으로 착각하고 먹게 되는데, 당알코올은 충치균에 의해 소화되지 않아, 치아 손상의 원인인 산(酸)을 만들어내지 못한다. 충치균(*S. mutans*)은 당알코올을 계속해서 먹게 되고, 이러한 과정에서 에너지를 다 소비하게 되면서 활동은 약해지게 된다. 따라서 자일리톨 등이 함유된 건강기능식품은 충치균이 산을 만드는 것을 방해하여, 충치 발생을 감소시킬 수 있다.

표 11-1 기능성내용에 따른 건강기능식품의 분류

기능성 내용	관련 제품군
장의 건강에 도움	프로바이오틱스, 프락토올리고당, 목이버섯, 알로에, 효소
건강한 콜레스테롤 유지	감마리놀렌산, 레시틴, 키토산, 키토올리고당, 대두단백, 식물스테롤, 홍국
건강한 혈액의 흐름	EPA/DHA, 감마리놀렌산, 버섯
건강한 체중과 체지방 유지	히비스커스복합추출물, 공액리놀렌산, 식이섬유
건강한 혈당유지	난소화성말토덱스트린, 바나나주정추출물
유해활성 산소제거에 도움	녹차추출물, 엽록소, 베타카로틴
건강한 면역기능 유지	인삼, 홍삼, 알콕시글리세롤
뼈와 관절건강에 도움	뮤코다당, 단백, 글루코사민, 프락토올리고당, N-아세틸글루코사민, 유니베스틴케이황금등복합추출물, 디메틸썰폰, 초록입홍합추출오일복합물
인지능력 유지	참당귀뿌리주정추출분말
치아건강에 도움	자일리톨

5. 건강기능식품의 제조

건강기능식품의 제조와 관련하여 식품의약품안전청고시 2004-7호에 의하여 2004년 2월 1일부터 우수건강기능식품제조기준(GMP)을 시행하기 시작하였으며 그 범위를 점차 확대하여 건강기능식품전문제조업소 중 위탁생산을 하는 업체의 경우 2년의 경과조치기간 이후인 2006년 2월 1일부터는 의무적으로 GMP를 도입하도록 법제화하고 있다.

이미 미국과 유럽, 일본 등은 이런 필요에 의하여 CGMP(Current Good Manufacturing Practice)혹은 HACCP(Hazard Analysis Critical Control Point)와 같은 제도를 관련법규로 규정하여 식품공통 혹은 일부 분류군에 적용하고 있으며, 표 11-2에서와 같이 건강기능식품과 유사한 형태인 dietary supplement(식이보조제)의 제조에 있어 GMP 생산을 권장하고 있는 것이 세계적인 추세라고 할 수 있다.

표 11-2 각종 GMP기준(*제정연도순임)

GMP의 명칭	제정근거	제정 연도	규제대상	약칭
의약품제조 및 품질관리기준	약사법시행규칙 제40조 [별표. 4]	77. 3.	의약품제조업	KGMP
우수의약품(인삼류)제조관리기준	보건복지부 예규 제513호	86.12.	홍삼제품제조업	*폐지(98)
우수화장품제조 및 품질관리기준	식품의약품안전청고시 제2000-59호	90. 4.	화장품제조업	CGMP
우수원료의약품제조 및 품질관리	약사법시행규칙 제40조 [별표. 4]	90. 4.	원료의약품제조업	BGMP
우수위생용품제조 및 품질관리기준	보건복지부 예규 제576호	90. 4.	위생용품제조업	*폐지(00)
한약(생약)제제의 KGMP실시지침	약정 제31260-9165호	91. 7.	한약제제제조업	-
의료용구제조 및 품질관리기준	약사법시행규칙 제40조 [별표. 4의 2]	97. 6.	의료용구제조업	-
수입의료용구제조 및 품질관리기준	약사법시행규칙 제40조 [별표. 4의 3]	00. 3.	수입의료용구업	-
생물학적제제등 제조 및 품질관리기준	약사법시행규칙 제40조 [별표. 4의 4]	00. 6.	생물학제제등 제조업	BioGMP
수입혈장관리기준	약사법시행규칙 제40조 [별표. 4의 5]	02. 1.	혈장수입업	-
우수건강기능식품제조기준	식품의약품안전청고시 제2004-7호	04. 1.	건강기능식품	GMP

1) 우수건강기능식품제조기준(GMP)

우수건강기능식품제조기준(GMP)란 “Good Manufcturing Practice”의 약칭이며 “품질이 우수한 건강기능식품을 제조하는 데에 필요한 요건을 설정한 기준”으로, 건강기능식품제조업소가 우수한 품질이 보장된 건강기능식품을 제조하기 위하여 준수하여야 할 사항을 제정한 구조·설비와, 제조관리 및 품질관리 등에 관한 기준의 규범이다.

새롭게 제정된 건강기능식품법은 기존의 건강보조식품과는 달리 기능성에 대한 표시를 가능하게 함으로써 건강기능식품을 섭취하는 소비자의 유용성에 대한 기대가 높아지고 있으며, 기능성 및 안전성 즉, 위해요소의 관리와 식품의 특정성분 또는 기능성성분이 품질관리에 중요한 부분을 차지하게 되었다. 따라서 종래의 제품관리와 같이 최종 품질관리 시험 결과 일변도의 평가관리 방법은 건강기능식품의 품질보장을 기대하기 어렵게 되었다.

따라서 원료로부터 최종제품의 출하에 이르기까지 모든 제조관리와 품질관리가 생산계획에 따라 체계적, 조직적이며, 작업환경이 위생적이며 합리적으로 운영되게 함으로써 특정의 품질을 지속적으로 유지하는 것이 품질관리의 중요한 목표이며, GMP제도는 표준화된 작업관리와 위생관리로 항상 특정기준의 제품품질을 보장할 수 있는 생산체제를 확립할 수 있는 제도를 의미한다.

현재 국제교류의 필요에 따라 각 산업분야 별로 GMP제도의 도입을 유도하였으며 표 11-2와 같이 의약품GMP(KGMP), 인삼제품GMP, 화장품GMP(CGMP), 의료용구GMP, 생물학적제제 등 GMP(BioGMP), 원료의약품GMP(BGMP) 등의 각종 GMP를 제정·실시함으로서 명실상부한 GMP시대를 열게 하였다.

GMP의 도입에 있어서 중요한 것은 품질보증체계의 확립이며, 이를 위해서는 먼저 합리적이고 과학적인 구조설계와 우수한 제조설비·시설의 확보를 하여야 한다. 이를 기반으로 과학적인 근거와 타당성에 기초한 제조관리방법의 확립과 자사에 맞는 운영체계(기준서 및 규정)를 갖추고 있어야 GMP를 성공적으로 도입할 수 있다.

또한, 이를 시행하는 기업의 높은 도덕적 사명감이 무엇보다 중요하며, 기업의 지속적이며, 자주적으로 제품의 품질보증을 위한 노력이 필요하다. 이러한 GMP제도의 성실한 이행은 우수하고 안정적인 품질을 보증하고 기업의 신뢰성을 높여주며 기업활동의 연속적인 확대재생산의 원동력이 되어 궁극적으로는 이윤 창출의 원동력이 된다.

표 11-3 각국에서 dietary supplement의 GMP적용사례

국 가	GMP 적용	비고
미 국	의무적용	'04년 시행
일 본	권 장	협회 자가기준
E U	적극 권장	향후 의무화 예정
호 주	의무적용	법률규정(NHP)
캐나다	의무적용	법률규정(TGA)

2) GMP도입의 필요성

현대인의 건강에 대한 관심고조와 더불어 각종 건강기능식품의 출현하였고, 이후 끊임없는 기술개발과 소비자의 의식수준향상으로 건강기능식품의 품질이 향상되어 왔다. 한편, 건강기능식품에 대한 소비자의 기호 또한 복잡하고 다양화되고, 전문화되고 있는 추세이므로 이들 건강기능식품의 품질은 과학적으로 보장된 유효성(Efficacy), 안전성(Safety), 안정성(Stability)을 보증할 수 있어야 하며, 이러한 품질향상에 대한 요구는 더욱 거세질 것으로 보인다.

기존의 건강보조식품 중 소위 건강식품은 과장·허위 광고와 안정성, 안정성이 확보되지 않은 상태에서 무분별하게 생산되어 유통됨으로써 안전성문제와 유효성 논란 등 많은 사회적인 문제를 유발한 사례가 많았다. 특히, 건강기능식품은 본인의 선택에 의하여 장기간 섭취하게 되는 특성을 지니므로 안전성과 균질성이 확보되지 않은 제품의 경우 영양불균형은 물론 생명까지도 위협할 우려가 있다.

건강기능식품의 품질을 확보하기 위해서는 우선 제품의 전 공정에 걸쳐 법적으로 승인된 규격과 기준을 준수하여야 하여 이와 더불어 자체적으로 공정기준보다 강화된 자가기준을 엄격하게 적용함으로써 품질개선 노력을 기울여야 한다. 특히, 불순물, 이물 기타 다른 제품으로부터의 오염 또는 혼입이 발생하지 않도록 예방조치를 강구함과 동시에 혼동이나 작업자의 오류에 의한 품질의 인위적인 오류를 최소화할 수 있도록 하여야 한다.

그러기 위해서는 건강기능식품은 원료 및 부재료의 입고와 반제품, 완제품, 출고에 이르기까지 전 제조공정에서 조직적인 제조관리와 생산계획에 의한

계획적이고 조직적인 품질관리를 하여야 하며 건강기능식품의 유효성, 안전성 및 안정성이 보장되고 그 효과의 재현성 및 유의성이 보장될 수 있도록 규정한 것이 GMP제도이다.

[그림 11-5] GMP 인증 마크

3) GMP의 요건

이미 기술한 바와 같이 「제품의 품질보장 확립」이란 지표 하에, 건강기능식품제조기업이 제품의 품질보장 확립을 위한 GMP의 3대 요건은 다음과 같다.

GMP의 3대요건은 다음과 같다.

① 인위적과오의 최소화(과오 최소화)

② 제품의 미생물오염 및 교차오염의 방지(품질저하 방지)

③ 고도의 품질보장체계의 확립(체제의 정립)

이러한 GMP의 3대 요건을 충족시키기 위하여 제조업소의 인적 조직체제를 위시하여, 구조·설비 및 이를 운영 관리하는 각종 기준·규정·기록 등이 필요하게 된다.

(1) 조직 편성

GMP의 성공적인 운영을 위해서는 인적구성을 조직화하여 영업자, GMP총괄책임자, 제조관리부서책임자, 품질관리부서 책임자로 구성된다. 특히 GMP 총괄책임자는 품질관리인 이어야 하며, 그 자격조건을 법제화하고 있다.

(2) 구조 · 설비

우수건강기능식품제조업을 하려면 건강기능식품에 관한 법률에 따라 GMP를 준수하여야 하며 이를 위하여 필요한 작업장, 보관시설, 제조시설, 품질관리시설 및 필요에 따라 특수 작업장 등의 구조 · 설비를 하고, 제조에 필요한 설비 · 기계기구 등을 비치 운영하여야 한다. 이들 구조와 설비에 대한 기준 및 요구사항이 제시되어 있다.

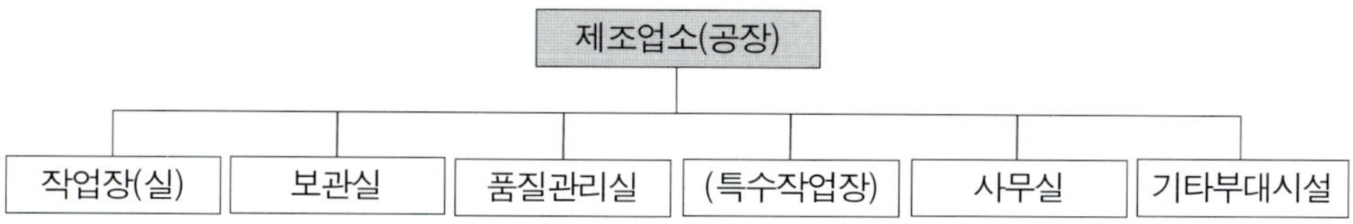

(3) 각종 기준, 규정 및 기록서 등

GMP의 합리적인 운영을 위하여 각종 기준서, 규정 및 기록서를 비치 운영하여야 한다. GMP의 주요목적인 안전성(safety), 안정성(Stability), 유효성(Efficacy)의 효과적인 목적달성을 위하여 사내 규정에 의한 기준서를 정의하고 설비양식 및 기구의 정확한 운영방침을 갖추어야 한다. 이들 규정문서에는 제품표준서, 제조관리기준서, 제조위생관리 기준서, 품질관리 기준서 등의 4대 기준서가 있으며 모든 규정이나 규제는 이를 근간으로 작성, 비치, 운영된다.

표 11-4 GMP 4대 기준서 및 내용

4대 기준서	내 용
제품표준서	허가사항, 제조방법 및 공정검사, 원료 반제품 및 완제품의 기준 및 시험방법, 원료 반제품 완제품의 보관조거, 기타 제조 및 품질관리에 필요한 시설 기구 등에 대한 사항
제조관리기준서	원료 자재 및 완제품의 입고와 보관 및 제조공정전반에 걸친 공정별 관리와 시설 및 기구관리에 관한 사항과 작업원의 작업관리 등에 관한 사항
제조위생관리기준서	작업실, 구조설비, 작업원에 대한 전반적인 위생관리와 제품의 오염방지 등에 관한 사항
품질관리기준서	시험검사 시 검체의 채취, 시험결과의 결과판정, 전달방법 등의 품질관리에 관한 사항

우수건강기능식품제조업소
(GMP 지정업소)

KFDA 식품의약품안전청
Korea Food & Drug Administration

[그림 11-6] 우수건강기능식품제조기준적용업소표지판

참고문헌

김덕웅 외 식품가공저장학 광문각 2001
김병묵 외 식품저장학 도서출판 진로 2010
김재욱, 박상기, 김정호 식품가공학 문운당 2006
남궁석 외 식품저장 및 가공 선진문화사 1988
노봉수 외 식품가공저장학 수학사 2009
박무현 이동선 이광호 식품포장학 형설출판사 1995
박원종 외 식품가공의 이해 효일문화사 2006
박헌국 외 식품가공저장학 진로연구사 2002
방병호 외 식품미생물학 진로연구사 2008
손태화 외 식품가공학 형설출판사 2002
송재철, 박현정 최신 식품가공학 효일문화사 1998
신성균, 이석원, 이수정, 주난영, 최남순 식품가공저장학 파워북 2008
심상국 외 발효식품학 도서출판 진로 2004
안용근 외 현대 식품가공저장학 도서출판 효일 2001
안장우 외 식품저장 및 가공 한국방송통신대학 출판부 2004
양철영, 고명수 축산식품이용학 형설출판사 2002
오만진 외 농산식품가공학 선진문화사 2007
이경애, 김미정, 윤혜현, 송효남 식품가공저장학 교문사 2004년
이경혜 수산식품가공학 도서출판 진로 2009
장학길 식품가공저장학 라이프사이언스 2006
장학길 외 식품가공학 신광출판사 2004
정강현, 임지순, 오문헌, 김종국 식품가공학 문운당 2007
한국식품과학회 식품공전 2000
한명규 저 식품가공저장학 형설출판사 2003

INDEX

찾아보기

식품가공저장학

2017년 8월 10일 3차 수정판 발행
2020년 2월 12일 1쇄 발행

저　자 | 박명수 · 박헌국 · 방병호 · 조갑연
조효현 · 최부돌 · 강창수
발행인 | 임종철
발행처 | 도서출판 진로
등　록 | 제305-2003-28호
주　소 | 서울 · 동대문구 고미술로 49(의증빌딩 3층)
전　화 | 02-2215-0203
팩　스 | 02-2216-0208
ISBN | 978-89-86877-63-2(93590)

정　가 | 20,000원